应对气候变化国家研究进展报告 2019

科学技术部 社会发展科技司
中国21世纪议程管理中心 编著

科学出版社
北京

内 容 简 介

本书面向巴黎会议后中国应对气候变化过程中面临的国际国内重大问题。从国际层面提出深度参与新的全球气候治理和落实谈判关键议题的立场和策略；从国内层面开展应对气候变化风险研究，推动制定中国21世纪中叶低碳排放战略，充分发挥科技创新在应对气候变化中的支撑作用等。本书包括巴黎会议后全球气候治理走向、关键问题和中国对策研究，应对气候变化中长期战略，科技发展及其在全球气候治理中的引领与支撑作用三篇内容。

本书可供气候、环境、农业、林业、水资源、经济、能源和外交等领域的科研、教学及管理人员参考，也可供对气候和环境变化感兴趣的读者阅读。

图书在版编目(CIP)数据

应对气候变化国家研究进展报告.2019／科学技术部社会发展科技司，中国21世纪议程管理中心编著.—北京：科学出版社，2019.5

ISBN 978-7-03-061092-8

Ⅰ.①应…　Ⅱ.①科…　②中…　Ⅲ.①气候变化-研究报告-中国-2019　Ⅳ.①P467

中国版本图书馆CIP数据核字（2019）第077070号

责任编辑：王　倩／责任校对：樊雅琼
责任印制：吴兆东／封面设计：无极书装

科学出版社出版
北京东黄城根北街16号
邮政编码：100717
http://www.sciencep.com

北京建宏印刷有限公司印刷
科学出版社发行　各地新华书店经销
*
2019年5月第　一　版　开本：787×1092　1/16
2019年5月第一次印刷　印张：18 1/4
字数：450 000

定价：188.00元

（如有印装质量问题，我社负责调换）

编写委员会

主　任　吴远彬　黄　晶

副主任　邓小明　汪　航

核心编写人员(以姓氏笔画为序)

王　灿　王文涛　朱松丽　仲　平　康相武　滕　飞

主要编写人员(以姓氏笔画为序)

卫新锋　马爱民　王瑞军　刘荣霞　刘家琰　许洪华

杨　扬　杨　帆　李宇航　李海林　吴绍洪　何　正

何霄嘉　张　贤　张希良　陈小鸥　陈文颖　周　剑

胡国权　侯文娟　秦　媛　贾　莉　贾国伟　夏玉辉

徐华清　高新全　崔　童　巢清尘　彭雪婷　葛全胜

董文杰　韩　鹏　揭晓蒙　曾维华　樊　俊

序

气候变化不仅是21世纪人类生存和发展面临的严峻挑战，也是当前国际政治、经济、外交博弈中的重大全球性问题。积极应对气候变化，加快推进低碳发展，已成为国际社会的普遍共识和不可逆转的时代潮流。2015年12月，《联合国气候变化框架公约》近200个缔约方一致同意并通过的《巴黎协定》，明确了2020年以后全球应对气候变化的行动安排，成为全球气候治理的重要里程碑。

《巴黎协定》确立了一种全缔约方参与，以“自主贡献+审评”为中心，全面涉及减缓、适应及其支持的全球应对气候变化新模式。不同于《京都议定书》“自上而下”的治理机制，《巴黎协定》确定了以“自下而上”的治理机制为主，同时兼有“自上而下”治理成分的混合型治理机制。虽然《巴黎协定》与《京都议定书》都是具有法律约束力的条约，但《巴黎协定》在国家自主贡献等核心条款上的法律约束力更多是程序上的而非实质性的。此外，《巴黎协定》中对减缓、适应、资金、技术、能力建设、透明度、全球盘点、遵约机制等各要素做了平衡的安排，强调所有国家按照各自能力和自愿原则进行国家自主贡献的共同行动。在这一新模式下，各缔约方都在加强对《巴黎协定》中各相关条款的解读，评价其可能的影响、风险与效果，并研究新的实施细则和方案。

党的十九大提出，坚持人与自然和谐共生，坚持绿水青山就是金山银山的理念，建设生态文明，形成绿色发展方式和生活方式，建设美丽中国，并为全球生态安全做出贡献；推动构建人类命运共同体，秉持共商、共建、共享的全球治理观，积极参与全球治理体系改革和建设，不断贡献中国智慧和力量。中国一直是全球应对气候变化事业的积极参与者，目前已成为世界节能和利用新能源、可再生能源第一大国。中国将落实创新、协调、绿色、开放、共享的发展理念，以高度负责任的态度在气候变化国际谈判中发挥积极、建设性作用，促进各方凝聚共识，推动全球气候治理进程，引导应对气候变化国际合作，成为全球生态文明建设的重要参与者、贡献者、引领者。中国在“国家自主贡献”中提出，将于2030年左右二氧化碳排放达到峰值并争取尽早实现，2030年单位国内生产总值二氧化碳排放比2005年下降60%~65%，非化石能源占一次能源消费比例达到20%左右，森林蓄积量比2005年增加45亿m^3左右。近10年来，中国在经济增长的同时减少了41亿t的二氧化碳排放，做到了气候行动与经济社会发展相协调，实现了双赢。

对中国而言，《巴黎协定》的新模式提出了一系列重大问题：一是全球气候治理新特征和新趋势与中国应对策略问题；二是国家自主贡献与全球2℃温升目标的缺口问题；三是落实关键谈判议题的细则和策略问题；四是气候变化风险与中国应对措施问题；五是发挥科技创新在应对气候变化中支撑作用的问题。

该书旨在解决上述一系列重大问题，支撑国际谈判，设计符合中国国家利益且具有全球可行性的相关规则、机制和方案，提出中国深度参与全球气候治理的战略和对策建议。

该书是国内众多学者集体智慧的结晶，由40余位国内气候变化领域的知名专家参与撰写。相信该书的出版，能够帮助中国落实《巴黎协定》谈判的立场和策略，促进全球应对气候变化的谈判进程，继续保持中国在全球气候治理中的引领作用，展现中国为推动全人类共同发展的大国责任担当。

刘燕华

国务院参事、科学技术部原副部长
国家气候变化专家委员会主任
2019年3月

前　言

2015 年 12 月通过的《巴黎协定》是在《联合国气候变化框架公约》下，根据《联合国气候变化框架公约》的目标，并遵循其原则，由《联合国气候变化框架公约》缔约方大会一致通过的、适用于所有缔约方并具有法律约束力的协定，对 2020 年以后全球应对气候变化合作行动做出了制度性安排，并在“共同但有区别的责任”原则下，对减缓、适应、资金、技术、能力建设、透明度、全球盘点、遵约机制等各要素做了平衡的安排。

《巴黎协定》确立的新国际制度框架，是全球治理理念和模式的一个重要转折。这一方面体现了世界范围内对“气候变化对人类社会和地球构成紧迫的可能无法逆转的威胁”的空前共识与合作应对的共同政治意愿；另一方面体现了激励各国“自下而上”确立有雄心的目标和行动计划，而非“自上而下”强制性分配责任义务，体现了由“零和博弈”向“合作博弈”思维的转变。《巴黎协定》提出了一系列新概念、新机制和新进程。对中国而言，把握全球气候治理新趋势，针对全球气候治理涌现的新问题、新挑战及时做出新的战略部署，将全球气候治理与国内推进绿色低碳发展战略有机结合，进而成为全球环境治理的重要参与者、贡献者和引领者就显得尤为重要。

作为最大的发展中国家和最大的温室气体排放国，中国在巴黎会议后将面临国际国内双重压力和问题。从国际层面来看，当前气候谈判的核心是制定《巴黎协定》实施细则。但在过去的几十年，尤其是最近的十余年，无论是在公约谈判中还是履约实践中，中国越来越成为全球关注的对象和推动进程的重要力量；在“后巴黎时代”，中国在错综复杂的谈判局面中提出可操作的方案是必须面对的现实需求。从国内层面来看，中国虽然制定了低碳发展战略、方案、规划，但仍未能解决长远利益与短期发展空间的冲突；国内的能源、温室气体排放数据统计和报告尚不足以满足国际规则要求；气候变化南南合作需要进一步完善章程，扩大资金规模，拓展支出方式。这些问题都需要有妥善的解决方案，以有利于中国讲好模范履约故事，发挥示范引领作用。

本书的主要目标旨在识别并解决巴黎会议后中国应对气候变化中面临的国际国内重大问题。在国际层面，包括如何深度参与新的全球气候治理；如何撬动并提高各国国家自主贡献；如何落实谈判关键议题的立场和策略以及如何进一步推动气候变化南南合作等。在国内层面，包括如何识别并应对气候变化风险；如何制定中国 21 世纪中叶低碳排放战略以及如何发挥科技发展和创新在应对气候变化中的支撑作用等。通过解决上述面临的一系列重大问题，帮助中国统筹国内资源环境、经济发展与国际气候变化、全球环境两个大局，内促发展、外树形象，促进可持续发展。

针对上述重要问题，本书分三篇共 16 章进行系统阐述，包括：巴黎会议后全球气候治理走向、关键问题和中国对策研究，应对气候变化中长期战略，科技发展及其在全球气候治理中的引领与支撑作用。第一篇包括了巴黎会议后全球气候治理的走向分析、《巴黎协定》实施细则磋商关键议题分析、国家自主贡献（NDC）及全球盘点机制的影响和对策研究、新时期应对气候变化南南合作重大问题研究、中国深度参与全球气候治理的战略思考；第二篇包括了《巴黎协定》全球长期温升目标的实现途径分析及对策研究、气候变化风险重大问题研究、不同温升目标下有序适应气候变化研究、中国 21 世纪中叶低碳排放发展战略研究、基于地球系统模式的气候变化治理关键问题研究；第三篇包括了国际国内应对气候变化科学评估进展研究、科技发展引领应对气候变化治理策略研究、中国低碳技术成果转化推广研究与行动、中国应对气候变化科技统计体系研究、“创新使命”重点任务和战略机制研究、应对气候变化技术创新国际合作战略与对策。

本书由科学技术部社会发展科技司、中国 21 世纪议程管理中心组织编写而成。在本书编写期间，编写委员会多次召开会议，就本书结构、章节内容、修改与统筹等进行专门研讨。本书的编写得到科学技术部改革发展专项项目“巴黎会议后应对气候变化急迫重大问题研究”（项目编号：YJ201603）和中国清洁发展机制基金赠款项目“典型国家适应气候变化方案研究与中国适应策略和行动方案”（项目编号：2013034）的资助。感谢杜祥琬院士、何建坤教授、潘家华研究员对本书编写工作的指导。

由于编著者水平有限，书中难免存在不足之处，恳请广大读者批评指正。

本书编写委员会

2019 年 1 月

目　　录

第二篇　应对气候变化中长期战略

第一篇　巴黎会议后全球气候治理走向、关键问题和中国对策研究

第1章　巴黎会议后全球气候治理的走向分析

《巴黎协定》是全球气候治理的新起点。与《联合国气候变化框架公约》（United Nations Framework Convention on Climate Change，UNFCCC，简称《公约》）自1992年以来的实践相比，《巴黎协定》既保持了一贯性和连续性，又体现了制度的变迁和发展，对2020年以后全球气候治理提出了新的要求。同时，《巴黎协定》也是一个框架性的文件，细化《巴黎协定》的后续谈判任务艰巨。巴黎会议后，全球治理出现倒退趋势，不可避免地影响全球气候治理进程，重点体现在主要国家气候政策的保守甚至后退倾向，使全球气候治理的减缓、适应、资金、技术以及领导力缺口不断扩大。同时，应对气候变化逐渐成为构建人类命运共同体的重要组成部分，与其他社会经济问题日益紧密结合，是实现联合国可持续发展目标的重要抓手。如果应对得当，全球气候治理有望成为下一轮全球化的推进器。

1.1　引　言

2015年11～12月，《公约》第21次缔约方大会（简称巴黎会议）成功召开，顺利达成《巴黎协定》，标志着应对气候变化国际合作进入新阶段。《巴黎协定》是在全球经济社会发展的背景下，多方谈判诉求、立场再平衡的结果，反映了国际社会在合作应对气候变化责任和行动等方面的新共识，提供了未来全球气候治理新范式。从这个意义来讲，《巴黎协定》不是谈判的终点，更不是全球气候治理的终点，而是“全球责任共担、携手积极行动”的新起点。因此，后续的谈判任务依然非常繁重，不仅要细化和落实《巴黎协定》中不同实施主体的责任和义务，还要进一步明晰其中模糊的环节，以期逐步克服《巴黎协定》实施所面临的挑战。同时，巴黎会议以来，全球治理出现退缩局面，气候治理面临新的挑战和任务。

1.2　《巴黎协定》主要内容解读以及后续谈判需求

1.2.1　《巴黎协定》反映了国际气候制度的发展和变迁

《巴黎协定》共29条，以巴黎会议1号文件的附件面世，涵盖了减缓、适应、资金、技术、能力建设、透明度全球盘点、遵约机制等要素，对缔约方在2020年以后如何落实和强化实施《公约》提出了框架性规定。国际社会普遍认为这是一个全面平衡、持久有效、具有一定法律约束力的气候变化国际协议，为 2020 年以后全球合作应对气候变化指明了方向和目标，是人类应对气候变化的又一个里程碑[①]。与《公约》自 1992 年以来的实践相比，《巴黎协定》既保持了一贯性和连续性，又体现了制度的变迁和发展，对 2020 年以后全球气候治理提出了新的要求。

在原则方面，《巴黎协定》在前言中开宗明义地表明遵循《公约》原则，包括公平、"共同但有区别的责任"和各自能力原则，并"参照各自国情"。新增的"国情"表述来自 2014 年签订的《中美应对气候变化联合声明》，反映了两国在这个关键问题上的共识，得到了其他缔约方的认可，同时使原则的解读变得更加灵活[②]。具体而言，公平合理仍是"后巴黎时代"气候谈判的核心问题，但体现的方式出现了动态变化。一是《巴黎协定》进一步模糊了国家之间的分类，更多考虑了单个国家的差异性。这使得《巴黎协定》附件一和非附件一国家的区分已经不那么重要。二是《巴黎协定》不同要素下的发达国家与发展中国家区分存在差别，使得后续规则谈判十分复杂。如何在后续规则谈判中设计必要的区分以确保公平合理，将是非常棘手的问题。

在气候治理目标方面，《巴黎协定》在《公约》和《巴厘行动计划》的基础上，正式将减缓、适应、资金支持作为并列的应对气候变化全球合作目标。其中进一步表示要"把全球平均气温升幅控制在不超过工业化前水平 2℃之内，并努力将全球平均温度升幅控制在工业化前水平 1.5℃之内"。1.5℃目标首次成为全球共识，展现了国际社会对加强全球气候治理的殷切期待。适应目标与全球温升目标相联系，旨在"提高适应能力、加强复原力和减少对气候变化的脆弱性"。同时，还首次明确要"使资金流动符合温室气体低排放和气候适应型发展的路径"，这为实现全球减缓与适应目标提供了努力的方向，也体现了近年来在绿色金融等国际治理议题方面的进展。

在减缓模式方面，在《京都议定书》"自上而下"模式以及《巴厘行动计划》混合模式的基础上，《巴黎协定》确认了所有缔约方"自下而上"提出国家自主贡献（nationally determined contributions，NDC）的减缓合作模式和弥补差距的全球盘点机制以及"自上而下"的透明度体系。相比《京都议定书》，减缓模式虽然有所退化（为了全面参与），但整个逻辑主线合理清晰。让人不安的是，《公约》规定的附件一国家率先减排强制义务在《巴黎协定》中被削弱为不具有硬约束（由《公约》中的 shall 变为《巴黎协定》中的 should）[③]。

在资金支持方面，《巴黎协定》将既有的发达国家向发展中国家提供资金支持，演变成所有国家都要考虑应对气候变化的资金流动，一方面模糊了资金支持对象，另一方面将各国国内的资金流动纳入考虑。与此同时，《巴黎协定》还扩展了资金支持的提供主体，首次对发展中国家提出了提供资金支持的规定，尽管只是自愿性质的行动。

在透明度机制方面，《巴黎协定》在为发展中国家提供必要灵活性、向发展中国家提

① 杜祥琬．应对气候变化进入历史性阶段［J］．气候变化研究进展，2016，12（2）：79-82.

② 朱松丽．利马气候变化大会成果分析［J］．中国能源，2015，37（1）：10-13，20.

③ 朱松丽，高翔．从哥本哈根到巴黎——国际气候制度的变迁和发展［M］．北京：清华大学出版社，2017.

供履约和能力建设支持的基础上，强化了对各国透明度的共同要求。

在约束力方面，《巴黎协定》建立的气候治理体系不具有强法律约束力，即对各国行动的内容没有硬性要求，但提出了以透明度机制为主的程序性约束。

以上的种种变迁和发展在一定程度上表明发展中国家和发达国家站到了同一条起跑线上。这是对目前全球政治经济现实的客观反映，也是中近期合理可行的选择。这种演变说明国际气候制度的发展不是直线形和单向的，而是曲折的、迂回的。这种模式暂时放弃了“力度”硬性要求，更注重缔约方的全面参与，引导各国都参与低碳转型实践；同时通过“循环审评”机制，明确减排差距并提高紧迫性，通过类似“绿色俱乐部”、各种《公约》外机制、非国家行为体的活动，多方面发掘减排潜力，最终在全球形成绿色发展的氛围，推动减排成为一种“自觉”行为。

1.2.2 《巴黎协定》努力做到了各方面的精妙平衡

作为一个面面俱到、得到 190 多个缔约方认可的协定，《巴黎协定》的内容全面平衡。后续实施细则谈判中偏重任何一点都可能加剧其落地的难度。选择性模糊也将带来重新解读《巴黎协定》的可能性。

首先，《巴黎协定》实现了参与度和力度之间的微妙平衡。从参与度来讲，《巴黎协定》做到了史无前例的广泛参与；从力度来讲，《巴黎协定》不仅再次肯定了 2℃这个长期目标，而且还出人意料地纳入努力追求 1.5℃目标的表述，要求全球在 21 世纪下半叶实现人为温室气体源与汇的平衡。同时，全球盘点和循环审评是提高力度的方式。但总体而言，从全球盘点实施细则谈判面临的困难就不难看出，为了追求全面参与，力度受到了损害。从这个意义来讲，《巴黎协定》是“大而弱”的。面对气候变化的紧迫性，提高力度是《巴黎协定》通过之后各国首先面临的重任。

其次，《巴黎协定》保持了灵活性和约束力之间的平衡。为保证参与度，《巴黎协定》体现了最大程度的灵活性。不具有硬约束的“should”一词频繁出现，而该词在《京都议定书》中只出现了一次。应特别注意的是，虽然硬性要求各缔约方按期提交 NDC，但对其内容却未强制要求，充分体现国家自主原则。尽管如此，在规则和程序方面，《巴黎协定》具有约束力，如各缔约方都必须定期提交 NDC，按照透明度规则报告进展接受审评等。约束对象的不同也将直接影响行动力度。

再次，《巴黎协定》做到了各个要素之间的平衡。每个缔约方都得到了部分想要的东西，但不可能得到全部。例如，损失损害作为单独的内容列出，但同时也明确未包括责任和赔偿除外；应部分发展中国家要求，人权、代际公平、气候正义、健康权力等非传统气候概念被纳入，但只出现在《巴黎协定》的前言中，正文中并未给予更多呼应；构建了强化 2020 年前行动的机制，但没有实质约束力。同时，《巴黎协定》还第一次正式呼吁非国家行为体的参与，鼓励将非国家行为体的参与切实落实，争取发现国家行为体和非国家行为体之间的平衡。

最后，《巴黎协定》做到了要素内部的平衡。例如，虽然建立了统一的透明度机制框架，但保持了灵活空间；资金筹措的范围有可能扩大，但发达国家的义务仍有强制性，而其他国家属于被鼓励行列，具有可选性，满足了新兴国家的关切。

为顺利取得成果，避免“哥本哈根悲剧”，缔约方心照不宣地、建设性地、选择性地回避了一些问题，留待后续谈判中解决。最关键的几个问题包括：如何切实提高 2020 年前减排和支持力度（1000 亿美元）、NDC 的性质和范围、损失损害如何定位。这些都需要在细则谈判中解决。此外，还需警惕的是《巴黎协定》不仅强化了《公约》的实施，同时因其全面性很可能替代和架空《公约》，成为未来解读所有行动的本源。

1.2.3 巴黎会议为后续谈判留下的“作业”

《巴黎协定》后续谈判任务非常明确，即如期达成《巴黎协定》实施细则，包括解决遗留问题，促成《巴黎协定》落地。巴黎会议为后续谈判留下的“作业”具体如下：

（1）1.5℃目标的科学评估。到底应采取 1.5℃还是 2℃作为最终的长期目标，需要基于不同温升的目标情景全球可能出现的风险及实现该目标的难度来做出决策。而当前，对于 1.5℃与 2℃未来情景的研究还十分有限，并存在着巨大的科学不确定性。若想为全球盘点以及长期目标的选取提供更有力的支持，还需要对 1.5℃与 2℃目标做进一步的探索，并评估不同温升情景下不同地区受到的影响情况，这对于一些非线性趋势的变化尤为重要。《巴黎协定》的目标是政治风险评估的结果，这很大程度上依赖于科学上对未来情景的预测。《公约》已经授权政府间气候变化专门委员会（Intergovernmental Panel on Climate Change，IPCC）开展特别研究，相关支撑成果将陆续发布。理论上，这不是一个谈判问题，但对气候治理中的长期目标、力度评估有重要影响。

（2）NDC 属性，即性质、范围、格式和核算。由于各缔约方提交的 NDC 没有统一的表达方式，其核算充满了困难与不确定性。一些缔约方提供了减排的区间而不是具体数字，还有一些缔约方的 NDC 言辞模糊，缺乏必要的细节，如未阐明其覆盖的部门与温室气体类型、基准年份、土地利用排放的计算方法，也未指明减排的特定市场机制等。而且，一些 NDC 的提出建立在附加条件上，如他国的资金或技术援助①。而这一议题的不确定性不但会导致对各缔约方实际努力的估计存在偏差，更会导致对全球未来政策评估的不确定性。同时，NDC 的范围也是发展中国家异常关注的问题。

（3）全球盘点。该议题对提升力度至关重要，面临的挑战也是最艰巨的，将解决全球盘点如何进行，盘点结果如何应用的问题。在“国家自主”“参照国情”原则的指导下，任何强制性的提升手段都会被质疑。为此，《公约》安排了“促进性对话”活动、非国家行为体参与空间，试图通过这些方式提升力度。然而“促进性对话”如何介入政治进程，非国家行为体参与缔约方磋商的合法性都有待解决。

---

① Damassa T，Fransen T，Ge M，et al. Interpreting NDCs：Assessing Transparency of Post- 2020 Greenhouse Gas Emissions Targets for 8 Top-Emitting Economies（R/OL）. 2015. http：//www.wri. org/sites/default/files/WRI_WP_InterpretingNDCs. pdf［2017-8-1］.

（4）透明度。这一议题将完成“统一”框架的细化问题，包括整合现有碎片化的报告、审评/分析、多边进程机制，并具体讨论灵活性如何体现，能力建设需求如何评估等。

（5）资金机制。包括资金目标、资金信息前评估、资金支持后评估的方法和机制。这是发展中国家非常关注的议题，与之相关的还有适应基金（adaptation fund，AF）、损失损害等。

（6）2020年前减排和支持力度。这两个问题久拖不决，而2020年已近在眼前，发展中国家可借此向发达国家施压。

1.3 巴黎会议后全球气候治理的形势分析

1.3.1 温室气体浓度再创新高

经历了三年让人兴奋的排放“平台期”后（图1-1），2017年全球二氧化碳排放反弹约2%（0.8%～3.0%）①。国际社会将其归因为中国排放的反弹（约3.5%），实际上2017年没有减缓工作十分出色的国家，美国和欧盟减缓步伐都有所放缓②。与之相伴的是温室气体浓度的惊人上升：夏威夷冒纳罗亚（Mauna Loa）天文台观测数据显示，2018年4月大气中二氧化碳平均浓度首次超过410ppm③，创下人类历史以来的最高纪录④，且现有趋势表明，2018年二氧化碳最低浓度将超过400ppm，比工业革命前高出约40%。

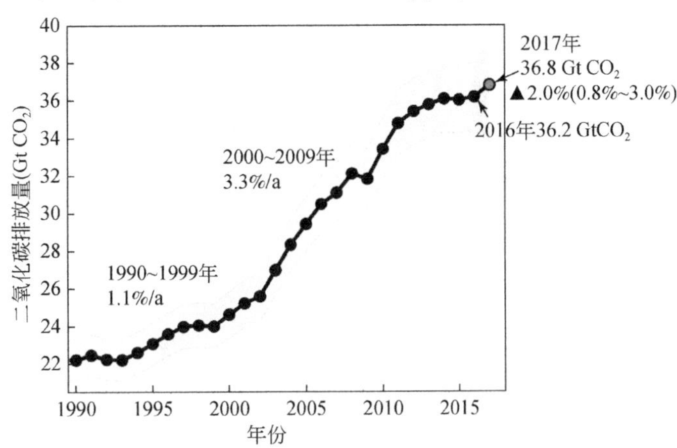

图1-1　全球二氧化碳排放量（化石燃料燃烧+水泥生产过程）排放趋势

资料来源：GCB

① Jackson R B, Quéré C L, Andrew R M, et al. Warning signs for stabilizing global CO_2 emissions［J］. Environmental Research Letters, 2017, 12（11）: 110202.

② Tollefson J. Carbon's future in black and white［J］. Nature. 2018, 556: 422-425.

③ $1ppm=1\times10^{-6}$.

④ Holthaus E. Humans didn't exist the last time there was this much CO_2 in the air［R/OL］. 2018. https://grist.org/article/humans-didnt-exist-the-last-time-there-was-this-much-co2-in-the-air/［2018-5-7］.

1.3.2 巴黎会议后全球治理出现退化趋势

2016 年以来，特朗普当选美国总统、英国脱离欧盟公投成功、意大利修宪公投遭到否决、法国荷兰极右势力一度猖獗等事件标志着西方国家主导的新一轮去全球化浪潮的开始。新一轮去全球化浪潮主要表现为反对外来移民、反对自由贸易①、收回国家主权、减少国际公共物品的提供、压制新兴国家②等国家利己主义③行为。此外，发达国家视新兴经济体为全球化的“搭便车者”“不公平竞争者”。特朗普主张对中国、墨西哥等国家的货物征收惩罚性关税。欧盟 2016 年 6 月发表的《欧盟对华新战略要素》，公开指责中国新近立法与市场开放、公平竞争相悖，并认为中国产能过剩对欧洲经济形成冲击④。这股浪潮目前还在持续。

1.3.3 主要发达国家国内气候治理出现保守局面

在去全球化背景下，全球气候治理难以独善其身。目前遭遇到的最大挑战是 2017 年美国总统特朗普宣布退出《巴黎协定》，气候政策发生颠覆性变化⑤。虽然从工作或技术层面来看，这一决定对《巴黎协定》实施细则的谈判并没有立竿见影的影响，但其政治或长远影响是显著的⑥。美国为大力发展化石能源产业而导致国家气候政策严重倒退，一向积极的欧洲国家为保护本国煤炭产业利益和就业也在重新评估减缓力度，或多或少呈现出保守局面。尽管部分成员国提出了呼吁，但欧盟仍坚决拒绝提高其 2020 年前减排目标。目前来看，欧盟 2020 年实现 30% 的目标确实存在困难。由于政党之间意见分歧、“去煤”不利以及“去煤”和“弃核”之间的矛盾，德国减排出现瓶颈，很难实现其 2020 年减排 40% 的目标，可能只能实现 30%。加拿大《泛加拿大清洁增长和气候变化框架》显示了前所未有的政策雄心，但其能源转型难度大，受美国能源政策的影响，油砂、页岩油等高排放能源产量还将增加。2018 年 5 月日本发布的《第五次基本能源计划草案》，让世人感觉日本要重回“煤炭”怀抱⑦。该计划着重阐述了日本电力发展规划：到 2030 年，核电发电比例为 20% ~22%，可再生能源发电比例为 22% ~24%，包括煤电在内的火力发电

---

① 周琪，付随鑫．美国的反全球化及其对国际秩序的影响［J］．太平洋学报，2017，25（4）：1-13.

② 刘明礼．西方国家“反全球化”现象透析［J］．现代国际关系，2017，(1)：32-37，44.

③ 马峰．全球化与不平等：欧美国家民粹浪潮成因分析［J］．社会主义研究，2017，(1)：129-140.

④ Elements for a New EU Strategy on China［R/OL］. 2016. http://eeas.europa.eu/china/docs/joint_communication_to_the_european_parliament_and_the_council_-_elements_for_a_new_eu_strategy_on_china.pdf［2016-9-18］.

⑤ 朱松丽，高世宪，崔成．美国气候变化政策演变及原因和影响分析［J］．中国能源，2017，39（10）：19-24，31.

⑥ 傅莎，柴麒敏，徐华清．美国宣布退出《巴黎协定》后全球气候减缓、资金和治理差距分析［J］．气候变化研究进展，2017，13（5）：1-12.

⑦ エネルギー基本計画（案）［R/OL］. 2018. http://search.e-gov.go.jp/servlet/PcmFileDownload? seqNo=0000173982［2018-5-30］.

比例仍将占 56%，其中煤电发电比例在 26% 左右，仅比目前水平降低 3% ~4%。而此前日本提出了到 2030 年核电发电比例达 50%、煤电发电比例降低到 10% 以下的目标。在该计划下，有报告认为，到 2030 年日本的煤炭装机将新增 17GW，新增二氧化碳排放 1 亿 t[①]。日本政府似乎对已经提出的 NDC 毫不在意，电力规划的核心与美国类似，即保障供应和成本可接受性，忽略环境因素。美国的负面影响再一次显现。

1.3.4 《巴黎协定》实施细则谈判中，资金和提高力度是难点问题

2016 年《公约》第 22 次缔约方大会（COP22）上，在特朗普已经胜选的阴影下，缔约方一致通过决定，2018 年的《公约》第 24 次缔约方大会（COP24）完成《巴黎协定》实施细则的谈判，促成《巴黎协定》落地。2017 年到 2018 年 5 月，细则的谈判仍处于做加法阶段，各重要议题形成了程度不一的非正式中间成果，逐步向选项清晰的案文靠拢。应缔约方要求，《公约》秘书处决定在 COP24 之前在曼谷（2018 年 9 月）加开一次谈判会议，确保 2018 年底完成马拉喀什授权。

细则磋商的焦点问题还是如何体现发达国家与发展中国家“二分”这个传统问题。总体来看，“统一框架+灵活性+能力建设”正在成为被各方所接受的解读“共同但有区别的责任”原则的方法，原汁原味的解读（附件一+非附件一泾渭分明的“二分”）在巴黎会议后已经变得不可能。此外，还有一个关键问题就是如何保证实施细则全面、均衡地向前迈进。相关挑战有两个：一是与细则相关的议题散落在《公约》及其各个附属机构下，没有更高层次的协调较难做到步调一致。二是两个集团的关注点不同，发达国家努力推进透明度、市场机制等以“减缓”为重点的议题，进展相对顺畅；而适应、资金、技术转让等发达国家不关注的议题，推进速度相对缓慢。目前《公约》秘书处正在加强各工作组之间的沟通，试图梳理各工作组之间的关系。关键的障碍在于各集团的关注点不一致。这种现象在《公约》谈判过程中曾多次出现。最终的妥协方法一般是工作组尽可能推进各自的工作，解决技术层面的分歧或将选项清晰罗列，留待部长级会议解决资金等需要政治意愿推动的难题并确定技术选项，最终形成一揽子决定。而发达国家是否履行资金承诺另说，很多时候都是开了空头支票。资金问题确实又一次成为细则磋商的议题（具体内容见 2.5 节）。

此外，作为提高力度重要手段的全球盘点也是细则磋商中面临挑战的议题之一。在 2018 年以前，该议题基本处于胶着状态。2018 年在波恩会议中取得一定进展，特别是公平原则的加入受到发展中国家的欢迎，但是该议题要想如期取得突破性进展几乎是不可能的。

---

① Climate Action Tracker［R/OL］. 2018. https://climateactiontracker.org/countries/japan/［2018-5-30］.

1.3.5 非国家行为体在全球气候治理体系中的地位和作用得到很大提升

自《巴黎协定》正式肯定了非国家行为体的参与以来，气候治理的主体逐渐多元化，非国家行为体活动日益活跃。截至 2018 年 5 月，在《公约》网站注册的非国家行为体自愿承诺数量达到 12 549 个①，其中包括 2508 个城市、209 个地区、2138 个公司、479 个投资者、238 个社会团体。从承诺类型来看，绝对量减排、能源效率提升、发展可再生能源、建设韧性社会、利用碳价、鼓励私人融资等不一而足。

特别是 2018 年 5 月波恩会议（SB48）举行的促进性对话（又称为 Talanoa 对话）更充分体现了非国家行为体的参与度。根据《巴黎协定》授权，在《公约》第 23 次缔约方大会（COP23）斐济主席团的主持下，促进性对话在 5 月 6 日顺利进行，共 210 位政府代表和 105 位非国家行为体代表参加了对话。为保证充分参与，对话分成 7 个小组平行进行，就“我们在哪里”“我们想去哪里”及“我们如何去那里”进行讨论。代表共分享了 700 多个“故事”，涵盖国家、城市、商业、学术等各个领域。尽管人数不占优，非国家行为体在对话前后的表现很突出。在会前征集的 220 份提案中，只有 15 份来自缔约方，其余均来自非国家行为体，包括科研学术机构、工商业机构、私人团体、公民社会、次国家政府、联合国机构等。各方对此次促进性对话最广泛的评价是，代表以轻松自然的方式而不是“缔约方”的方式进行了交流（not as negotiators，but as human beings），氛围显得难能可贵。

1.4 全球气候治理的新特征

1.4.1 气候变化问题成为构建人类命运共同体的重要组成部分

2017 年，习近平主席在世界经济论坛年会和联合国日内瓦总部发表两场演讲，提出构建人类命运共同体，实现共赢共享的中国方案，自此人类命运共同体的概念成为世界各国应对全球挑战的重要指导思想之一。气候变化是一个具有最大时空尺度的外部性问题，超越了世界范围内现有国家主权决策主体的常规决策视野，需要打破传统的“零和”思维模式，形成相互依存的共同利益观，努力推动国际合作与共赢。《巴黎协定》的达成体现了各缔约方对气候科学的普遍共识，未来各国共同的气候行动有望成为构建人类命运共同体的重要部分，保护后代和整个地球的利益。在 2030 年可持续发展议程设定的 17 项可持续发展目标中，应对气候变化与其他 16 项目标存在紧密的联系与互通的路径。应对气候变化所要求的能效提高、经济结构转型、生产方式调整等努力，可以对脱贫、就业、促进公

① NAZCA. 2018. http://climateaction. unfccc. int/［2018-5-30］.

平等其他目标产生积极的协同效果。各国在制定发展方略时充分考虑减缓与适应气候变化，可以帮助推动全球整体的低碳转型。

1.4.2 发达国家与发展中国家“二分”法逐步解构

全球的排放布局在近几十年发生了大幅度扭转。在1992年《公约》达成之初，发达国家占全球人口的20%，却排放了70%的温室气体①，属于当之无愧的“排放主体”。而随着新兴大国的迅速发展，中国于2006年赶超美国成为全球第一大排放国，印度于2009年赶超俄罗斯成为第四大排放国。发达国家与发展中国家的“二分”法界线逐渐模糊，《公约》基石之一“共同但有区别的责任”原则受到部分发达国家的挑战。部分发达国家根据《巴黎协定》中“同时要根据不同的国情”的模糊表述，试图以《巴黎协定》取代《公约》，以“责任的共同性”取代“共同但有区别的责任”基本原则，要求所有国家承担强制减排的责任和义务。但是要考虑到，尽管近年形势变化很快，自工业革命以来，发达国家历史累积碳排放量仍高于发展中国家，其经济成果建立在数百年高污染、高排放发展路径的基础上。发展中国家工业化、城市化、现代化进程尚未完成，在可再生能源尚未完全具备经济竞争力的当下，仍有利用廉价化石能源开发基础设施、摆脱贫困的需求，不可避免产生一定程度的二氧化碳排放量。因而，尊重发展中国家发展的权利，适当放宽减排力度与时间，坚持“共同但有区别的责任”原则仍具有历史和现实意义。

尽管发展中国家核心利益一致，却因发展阶段的不同逐渐分化，统一立场共同发声面临困难。气候谈判中形成小岛屿国家联盟、立场相近发展中国家集团、拉美独立国家联盟等新的利益团体，“基础四国”也因发展阶段差距拉开出现较大分歧，气候谈判的参与方正经历着立场、责任与话语权的调整与重构。

1.4.3 大国外交与全球民主之间的平衡在谈判中的作用日益突显

中国和美国分别是全球最大的发展中国家和发达国家，也是全球前两大排放国，其一举一动深刻影响着全球的减排动力与承诺。在美国总统奥巴马任期内，两国气候外交取得了长足发展。2013年4月、2014年11月与2015年9月，两国共同发表两份《中美气候变化联合声明》与一份《中美元首气候变化联合声明》，深化双边合作，重申气候承诺，为其他国家树立了榜样，为《巴黎协定》达成奠定了基础。美国总统特朗普上台后，美国气候立场不确定性增强，从全球气候治理中逐渐淡出，留下一定程度的气候领导力空白，中国、欧盟、加拿大等则发挥了旗帜性作用，及时重申气候承诺，维持全球气候行动的势头。在2017年5月第八届彼得斯堡气候对话论坛上，中国、欧盟、加拿大就推动《巴黎协定》落实展开了对话，并于2017年9月15~16日联合发起第一

---

① 陈向国．李俊峰：盼望中国早日成为能够承担更多责任的发达国家［J］．节能与环保，2013，(8)：18-24.

次气候行动部长级会议。主要大国通过高级别的互动，维护《巴黎协定》来之不易的成果，奠定了全球气候行动的基调，提升了其他国家应对气候变化的信心和决心。大国以其在国际舞台上的话语权与领导力，协助规则的制定与落实，稳定联合国为主渠道的全球气候治理既有秩序。中国作为一个积极的参与者，在坚定完成本国气候目标的同时积极为发展中国家集团发声，照顾多方利益，对维护全球民主平衡、推动务实合作起到了重要作用。

1.4.4 全球气候治理的主体更加多元与分散

活跃的非政府组织、跨国公司、学术机构、媒体和次国家政府对《巴黎协定》的达成与生效起到了持续的推动作用。巴黎会议共吸纳了 36 276 位参会者，其中 36% 为非政府组织及各类机构[①]，通过发布报告、公众传播、交流经验、维护权利等方式，代表不同利益相关方的个体积极发声，促进《巴黎协定》的全面性、平衡性和合理性。在美国联邦政府宣布退出《巴黎协定》后，其国内的气候行动势头并未受到遏止，州、城市、企业、非政府组织反而走向公众视野，坚定落实美国的气候承诺。2017 年 11 月，在美国宣布退出《巴黎协定》后的第一届气候大会中，美国的气候变化支持者自发组建了“美国人民代表团”，在谈判场外搭建美国行动中心，并发布《美国承诺》行动报告。报告称，坚持承诺的州、城市和企业代表了美国社会的一半以上，如果它们组成一个“国家”，将成为全球的第三大经济体 。2018 年 5 月启动的 Talanoa 对话被视为非国家行为体在正式谈判进程中作用的一大飞跃。但是，如何将这些分散的故事或观点纳入接下来的气候谈判进程是个难题，更多的反对可能来自发展中国家。

1.4.5 气候变化问题与更多的多边国际机制相结合成为全球治理与结构转型的重要部分

在《公约》机制之外，行业多边机制也将气候议题纳入考虑范围。2016 年 10 月国际民航组织（International Civil Aviation Organization，ICAO）第 39 届大会通过了《国际民航组织关于环境保护的持续政策和做法的综合声明——气候变化》和《国际民航组织关于环境保护的持续政策和做法的综合声明——全球市场措施机制》两份重要文件，形成了第一个全球性行业减排市场机制；而后国际海事组织（International Maritime Organization，IMO）于 2018 年 4 月首次达成行业气候战略，承诺于 2050 年前将行业碳排放削减 50%。二十国集团（Group 20，G20）作为影响力较大的经济合作论坛，将结构性改革列为重点议题，通过了《二十国集团深化结构性改革议程》，并将“增强环境可持续性”确立为九大结构性改革优先领域之一。其指导原则包括：推广市场机制以减少污染并提高资源效

---

① UNFCCC. COP21 List of Participants ［R/OL］. 2015. http：//unfccc. int/resource/docs/2015/cop21/eng/misc02p01. pdf［2018-5-30］.

率，促进清洁和可再生能源以及气候适应型基础设施的发展，推动与环境有关的创新的开发及运用和提高能源效率。2016 年、2017 年二十国集团领导人峰会（G20 Summit）都在公报中重申气候承诺，进一步确认世界经济绿色转型大趋势。《公约》外进程的持续推进，对《公约》内部国家为主体的谈判形成良性互动与互补作用。《巴黎协定》的核心内容被一步步深化，并与行业标准、贸易、投资等产生更紧密的联系。内外互动推动了《巴黎协定》的尽快落实，将低碳进程与全球结构转型有机结合，有利于充分发挥气候行动的潜力与影响力。

1.4.6 气候变化给地缘政治格局带来深远影响

越来越多的研究表明，气候-能源-水之间高度耦合，气候变化对整个能源系统和水循环的变迁都有重大影响。气候变化对水资源的影响体现在干旱、洪水、冰川融化、海平面上升和风暴等方面，而适度的水资源管理，如流域管理和可持续基础设施建设，可从一定程度上增强地区对气候变化的恢复能力。气候变化对能源系统的低碳化转型提出了迫切要求，以化石燃料为主的全球能源结构需逐步被非化石燃料所替代。但随着特朗普就任美国总统，美国加大了化石能源，特别是油气资源的开采及出口力度，可能对中东产油国以及俄罗斯等油气出口大国产生重要影响，并对地缘政治格局带来潜在影响。

1.5 全球气候治理面临的挑战

《巴黎协定》一经敲定就面临着各种挑战，其中最大的挑战莫过于全球气候治理需求与供给之间的严重不平衡。在全球化出现倒退和全球气候治理进入低谷的“后巴黎时代”，这种不平衡有加剧的趋势。

一是减排赤字。目前共有 147 个缔约方提出了包含减缓目标或行动的 NDC 方案。研究表明，即使这些方案全面实施，到 2100 年全球气温升幅仍将达到 2.7～3.1℃[①]，无法满足《巴黎协定》确定的 2℃温升目标；如果进一步实施 1.5℃温升目标，那么在 2050 年左右就必须达到近零排放，比实施 2℃温升目标早 10～20 年。在最新的跟踪研究中[②]，大部分国家的现行政策都不能保证其 NDC 的按期实现，距离 1.5℃温升目标更加遥远。

二是适应赤字。《巴黎协定》确定的适应目标要求提高适应气候变化不利影响的能力，并以不威胁粮食生产的方式增强气候复原力和温室气体低排放发展，同时在《巴黎协定》

① Climate Action Tracker. INDCs lower projected warming to 2.7℃: significant progress but still above 2℃ [R/OL]. 2015. https://climateactiontracker.org/publications/indcs-lower-projected-warming-to-27c-significant-progress-but-still-above-2c/ [2017-5-10].

② Climate Action Tracker. Paris Tango: Climate Action so far in 2018. [R/OL]. 2018. https://climateactiontracker.org/publications/paris-tango-climate-action-so-far-2018-individual-countries-step-forward-others-backward-risking-stranded-coal-assets/ [2018-5-31].

第七条确立了全球适应目标。然而与各种减缓行动最终可以用减排的二氧化碳当量（CO_2eq）作为指标来统一衡量有所不同，适应气候变化行动涉及农业、林业、水利、资源、海洋、气象、公共卫生、防灾减灾等诸多方面，目前没有合适的指标体系来统筹各种适应行动的成效，这一全球适应目标也没有全球公认的实现路径。可以说，《巴黎协定》为全球适应气候变化的行动设定了一个良好的愿望与方向，但如何实现，科学界、决策界都还有很长的路要走。

三是资金赤字。早在 2007 年和 2010 年《公约》秘书处①和世界银行（World Bank，WB）② 的报告就分别指出，2010～2030 年全球应对气候变化资金需求量将达到 1700 亿～6000 亿美元，发达国家承诺出资力度远远不能满足需求。按照目前已经提出的第一轮 NDC 测算，2030 年发展中国家减缓资金需求量约为 2765 亿美元，适应资金需求量约为 1975 亿美元，资金总需求量高达 4740 亿美元③。而根据乐施会（Oxfam）估计，2015～2016 年发达国家公共资金出资规模仅为 160 亿～210 亿美元/a，不仅低于需求，也低于之前的承诺（480 亿美元/a）④。随着美国资金立场软化和其他发达国家的暗中应和，资金赤字规模将不断扩大。

四是技术赤字。达成《巴黎协定》长期减缓目标对减缓路径以及技术需求有直接的隐含要求，其中部分技术从现在看来还不具备大规模使用的条件。其中最典型的即为生物质能碳捕集与封存（biomass energy with carbon capture and storage，BECCS）技术。在当前大多数预测模型的 1.5℃与 2℃目标的实现路径中，全球碳排放需要在 2020 年达峰，并在 21 世纪下半叶实现全球负排放。在当前的 NDC 水平下，如果将全球温升控制在 2℃以下，人们未来对于 BECCS 的应用需要是无比巨大的：在 2030～2050 年，每年的碳捕集量需要增加 10～100 倍，并在 2050 年达到每年 10Gt$CO_2$⑤。这样算来，在 2030～2050 年，每年需要新装机 85GW 的碳捕集设备，这与当前每年全球新装机的太阳能与风能设备发电总量是相同的。BECCS 尽管在理论上可行，但是大规模使用还未被试验，而且可能由于公众接受度、与粮食生产在水和土地资源存在竞争等原因，其实施困难重重⑥。

五是全球化遇冷后的领导力赤字。在气候变化进程中每一个里程碑式的成果后面，都可以看到领导的力量。《京都议定书》背后的欧盟，《巴黎协定》背后的中美欧大国政治，

---

① UNFCCC. Investment and financial flows to address climate change [R/OL]. Bonn: UNFCCC Secretariat, 2007. http://unfccc.int/resource/docs/publications/financial_flows.pdf [2016-1-20].

② World Bank. World development report 2010: development and climate change [R/OL]. New York: World Bank, 2010. http://www.worldbank.org/en/publication/wdr/wdr-archive [2016-1-20].

③ 潘寻. 基于国家自主贡献的发展中国家应对气候变化资金需求研究 [J]. 气候变化研究进展, 2016, 12(5): 450-456.

④ ECO. Newsletter NO. 4 for SB-48: Time for a finance enlightenment [R/OL]. 2018. http://eco.climatenetwork.org/sb48-eco4-3/ [2018-5-4].

⑤ Rogelj J, Den E M, Höhne N, et al. Paris Agreement climate proposals need a boost to keep warming well below 2℃ [J]. Nature, 2016, 534: 631-639.

⑥ Smith P, Davis S J, Creulzig F, et al. Biophysical and economic limits to negative CO_2 emissions [J]. Nature Climate Change, 2016, 6: 42-50.

而随着美国退出《巴黎协定》、欧盟力不从心、基础四国（中国、印度、巴西、南非）实质性共识缩小、发展中国家利益诉求多样化，“真空”状况再一次出现在气候领导力领域，直接削弱了气候治理对力度的迫切需求。世界需要“大而强”的治理机制，并在后续谈判中强化《巴黎协定》“弱”的一面，而在目前的政治现实下，这一步异常艰难。在平衡各方观点、提出搭桥方案方面，中国正在逐步显示出更多的领导力①，但在提高力度的呼声面前也很难做到首先发声。

1.6 全球气候治理的趋势展望

（1）在“逆全球化”“反全球化”的背景下，气候变化议题重要性降低，合作氛围淡化，面临短期的波折与挑战。

2017 年，英国脱欧、欧洲遭遇难民潮、美国极右派共和党人特朗普当选总统，国际政治风云变幻，国内国际问题错综复杂，对气候治理的热情被其他问题冲淡，《巴黎协定》后续谈判在不利的国际环境中踟蹰前行。2018 年，朝核问题与贸易战等议题成为国际焦点，相互妥协、合作共赢的氛围进一步弱化，气候议题优先序与提及频率再次降低。

（2）尽管面临多重变数，全球各国对气候变化科学事实的共识已基本达成，中长期内全球绿色低碳发展的趋势不可逆转。

在科学层面，全球约有 97% 的科学家认同气候变化的科学事实，美国的政治姿态并未对科学界的共识造成根本性影响。在行动层面，《巴黎协定》签署后，全球绿色低碳进程一直在不断推进。全球煤炭消费自 2015 年开始下滑，天然气价格跌破新低，可再生能源自 2000 年起每年以 4% 的增速递增，并在 2016 年占到全球发电的 1/4②。在部分发达国家，可再生能源发电已比化石燃料更便宜。国际能源署（International Energy Agency，IEA）预测，到 2040 年，全球低碳能源和天然气需求将增长 85%，电动汽车将新增 3 亿辆，天然气将成为继石油后的第二大能源③。减缓与适应气候变化，不再是各国谈判中因妥协达成的承诺，而已成为协助产业结构升级、提高要素生产率、驱动经济增长与转型的推动力，以及降低极端自然灾害损失、保护人类生命安全的必要手段。

（3）气候变化作为全人类的共同挑战，比其他全球治理议题更容易达成多方共识，有望成为下一轮全球化的助推器。

作为历史上最多国家参与，通过和平谈判方式达成的具有法律约束力的协定，《巴黎协定》同时具有对其他全球治理领域的借鉴意义。面对美国退出《巴黎协定》的意愿，其余 195 个缔约方仍坚持气候承诺，形成“195 : 1”的对峙局面，证明了《巴黎协定》本身的合理性与抗风险能力。在相对较长的时间尺度内，各缔约方以《巴黎协定》为根基，持续推进与低碳相关的多领域合作，巩固来之不易的政治共识，有助于顺利推进国家间互

① 庄贵阳，薄凡，张靖．中国在全球气候治理中的角色定位与战略选择［J］．世界经济与政治，2018，4：4-27.

②③ International Energy Agency. World Energy Outlook［R］. 2017.

利共赢，共享新一轮全球化的成果。

首先，《巴黎协定》提高了各国对低碳转型和可持续发展的意识与行动。尽管《巴黎协定》自身存在约束力弱、惩罚机制不足等问题，但作为全体缔约方通过的、来之不易的共识，它有效地凝聚了各缔约方的共同意愿，形成了统一的发展目标，增强了各国共同应对全球挑战的信心。《巴黎协定》对 2020 年以后全球应对气候变化进行安排，确立了 21 世纪末将全球升温控制在 2℃以内，并向 1.5℃努力的长期目标，为市场释放了稳定的长期信号。欧盟如今已将碳排放作为基础设施建设和贸易进出口的主要考虑因素之一，在区域内坚持贯彻落实可持续发展思想。在 2018 年发表的《中国的北极政策》白皮书中，“气候变化”关键词出现了 23 次，深入渗透在中国北极政策的目标和基本原则之中，体现出中国对北极中长期生态环境的关切与重视。按照《巴黎协定》的要求，各国需要以 5 年为循环周期更新 NDC，提升气候承诺，第一轮已有超过 160 个国家交至《公约》秘书处；同时《公约》外的 G20 国家、世界贸易组织（World Trade Organization，WTO）、世界银行、亚洲基础设施投资银行（Asian Infrastructure Investment Bank，AIIB）、南南合作等国际机制或组织均将气候风险、低碳投资等议题纳入讨论进程，对《公约》内气候行动起到多层面的补充作用。

其次，《巴黎协定》谈判过程的成功经验，可为贸易谈判、安全治理等领域提供借鉴。相比于其他环境类议题，气候变化议题由于参与国家多、涉及领域广、宣传力度强，具备更高的公众关注度，引起了政府的高度重视，为与之相关的国际合作创造了众多切入点。科学研究和政治博弈的双轨推进，至最终达成全体缔约方同意的协定文本，从一定程度上阻止了“搭便车”现象的发生。气候治理的思路可以作为其他领域治理的有效参考。一方面，在达成全球统一目标的同时不能忽略各国国情和能力的差异，要始终坚持“共同但有区别的责任”原则。模糊责任边界、混淆国家角色的谈判，最终只能以冲突与分歧收场。另一方面，各国需要主动沟通本国的底线与需求，合理展示对全球治理的贡献，从而获得与自己身份相符的责任与义务。中国由于以往在其他领域全球治理中的话语权不足，往往失去了规则制定的权利和机会，处于被动接受的角色。在《巴黎协定》的达成过程中，中美、中欧领导人提前就《巴黎协定》内容进行了广泛协商，积极推进规则制定，加快了谈判进程，也使得《巴黎协定》基本符合中国立场。中国可将气候治理中的参与作为经验，积极融入其他领域的全球治理中，讲好“中国故事”，在世界舞台上扮演更积极的角色。

最后，在当前“逆全球化”的浪潮下，气候治理可以作为新一轮全球化的助推器。美国宣布退出《巴黎协定》及与之相关的退出联合国教育、科学及文化组织（United Nations Educational Scientific and Cultural Organization，UNESCO），退出《伊朗核协定》，进行单边贸易制裁等动作，展现了保护主义与孤立主义的倾向，是当今“逆全球化”趋势的主要代表。在西方世界国内矛盾突出、民主政治遭受挫折、贫富差距不断拉大的当下，发达国家提供公共物品的意愿减弱，新兴国家崛起造成的国际力量对比变化，使全球治理体系变革成为大势所趋。在网络安全治理、跨境恐怖主义等问题遇到谈判症结时，气候治理有望凭借现有的政治共识凝聚各方力量，坚守发展目标，继续推进国际合作的发展。西方国家在全球治理机制的参与意愿降低，给发展中国家更多制度性话语权和规则制定机会，有望推动全球治理朝着更平衡、更公正、更合理的方向转型。同时，气候治理中包含的能源变革与可持续发展思想，有利于帮助处于贫困状态的发展中国家实现跨越式发展，探索不同于传统西方国家的创新型发展路径，为全球经济增长注入新的动力。

第2章　《巴黎协定》实施细则磋商关键议题分析

透明度、适应/损失损害、市场机制和资金机制是《巴黎协定》实施细则谈判中的重要议题。透明度议题的焦点问题是新旧机制的关系、规则的通用性和如何赋予发展中国家灵活性；适应/损失损害的焦点问题是全球适应目标与全球盘点、NDC的关系以及损失损害涉及的资金问题；市场机制的焦点问题是机制管理体制设计和环境完整性；资金机制的焦点问题是资金信息评估、资金长期目标。总体而言，细则磋商的焦点问题是如何保持发达国家和发展中国家“二分”，“统一框架+灵活性+能力建设”正在成为被各方所接受的既体现“共同”又体现“区分”的通用方法。实施细则谈判成果将对我国提出新的要求。

2.1　引　　言

如1.2.3节所述，《巴黎协定》为后续谈判留下了众多“作业”。这里选择透明度、适应/损失损害、市场机制和资金机制四个主要谈判议题，分析其所涉及的焦点问题，追踪谈判立场和动向，深入研究各个议题的谈判情景，从而深入分析这些议题谈判成果可能对我国提出的要求和我国的应对策略。

2.2　透　明　度

《巴黎协定》确定了2020年以后全球气候治理的框架，是全球合作应对气候变化进程中的重要里程碑。对于任何一个成熟的国际机制而言，确保透明度是建立政治互信、维护机制运行的重要基础。目前在《公约》下，发达国家与发展中国家在透明度规则上存在不同要求，主要反映了各自在《公约》下有区别的义务和各自能力的不同。巴黎会议成果明确要求2020年以后建立强化的透明度机制，该机制应建立在现有透明度机制的基础上，制定通用的操作指南，并给予发展中国家一定灵活性。

2.2.1　焦点问题

1）新透明度机制与现有机制的关系

《巴黎协定》基于《公约》20余年来的实践，在为发展中国家提供必要灵活性、向发展中国家提供履约和相应能力建设支持的基础上，强化了对各国的透明度要求。这些要求主要表现在三个方面：一是各国都需要定期报告全面的行动与支持信息；二是各国都要接受国际专家组审评，并参与国际多边信息交流；三是国际专家组将对各国如何改进信息报告提出建议，同时分析提出发展中国家的能力建设需求。尽管目前《巴黎协定》尚未明确这些透明度规则的具体内容、操作程序、相应后果、发展中国家的适用灵活性安排等细节，但总的来说，无论是框架性要求，还是帮助发展中国家增强相关能力，全球气候治理的透明度机制又向着通用规则前进了一步①。

然而《巴黎协定》并未明确所建透明度机制与既有透明度机制的关系。《京都议定书》的透明度机制是在《公约》透明度机制的基础上进行的增补，仅针对缔约方在《京都议定书》下额外的义务。考虑到《京都议定书》第二承诺期尚未生效，第三承诺期或许不复存在，因此《巴黎协定》新建的透明度机制与《京都议定书》的机制不会有重叠和冲突。

缔约方在《公约》的基础上，根据“坎昆协议”建立起来的发达国家双年报告、国际评估与审评、发展中国家双年更新报告、国际磋商与分析机制，已经在巴黎会议 1 号文件中设立了“日落条款”，理应不再与《巴黎协定》的透明度机制发生冲突，但是考虑到“坎昆协议”机制是针对各缔约方 2020 年的减缓行动，而相应的报告与审评程序需要在 2024 年才能完成，因此在时间上将与《巴黎协定》的透明度机制有所交叉。至于“坎昆协议”创造的这些工具能否被《巴黎协定》所引用，各缔约方尚有不同观点。

《巴黎协定》所建透明度机制实施后，《公约》要求发达国家每四年一度提交国家信息通报并接受审评，每年提交温室气体清单并审评，发展中国家每四年一度提交国家信息通报的做法，是否还沿用，目前并不清楚。尤其是如果所有缔约方在《巴黎协定》所建透明度机制下每两年一度提交国家信息通报并接受审评，那么上述年度或四年一度的做法是否还有必要，尚需后续谈判解决。

在与《公约》现有透明度安排的关系上，各缔约方主要争议在于是否基于现有透明度机制安排进行未来模式、程序和指南（MPGs）的工作。以美国、新西兰以及欧盟为首的国家或地区虽然承认现有测量、报告和核查（MRV）安排的重要性，但强调只可借用其经验而不能借用其框架，意图抛开现有安排重构透明度框架，其目的是推动透明度体系向“共同”发展。而大多数发展中国家则强调应意识到发达国家与发展中国家的起点不同，从现有透明度框架安排出发，辨识需增强的新要素，在此基础上进一步建立“增强”的透明度安排。

此外，在为有需要的发展中国家依能力提供灵活性的问题上，美国、欧盟等国家或地区重申了其在提案中的立场，即通过类似 IPCC 的“层级”（tiers）方法为发展中国家提供灵活性。而七十七国集团（Group 77，G77）在此问题上通过协调形成了一致立场，即强调灵活性仅针对发展中国家，并且灵活性是全面的或系统的，也即在程序上适用于报告、专家审评和多边审议，在维度上适用于范围、频率、详细程度等要素。但在是否由发展中国家自主决定灵活性尺度的问题上，由于小岛屿国家意见不同，未能形成 G77 共同立场。中国明确强调以 NDC 类型的区别及 IPCC 清单方法学内嵌的“层级”方法不代表灵活性，

---

① 高翔，滕飞．《巴黎协定》与全球气候治理体系的变迁［J］．中国能源，2016，38（2）：29-32.

仅体现了国家自主选择和信息本身的差异，而与能力无关，灵活性尺度应由发展中国家自主决定而不能由外部确定。

2）透明度 MPGs 的通用性

《巴黎协定》采用“增强”的措辞避免了透明度结构上“共同”与“二分”的争议，但从技术操作的角度来看，未来的 MPGs 如何体现这一共识其实并未解决。美国、欧盟及小岛屿国家在谈判中均明确强调未来的 MPGs 是通用的，灵活性是内嵌在共同的 MPGs 之下的，即主张开发一套统一的 MPGs，并在相应部分讨论是否及如何对发展中国家依能力适用灵活性。而立场相近发展中国家集团及中印等发展中国家则认为协定第十三条的第九款与第十款中明确区分了发达国家和发展中国家在国家信息通报上的区别，因此“增强”的透明度框架未必能通用。而在谈判和提案中，巴西及拉美集团、加勒比共同体也提出未来的 MPGs 应是通用的。

3）关于赋予发展中国家灵活性

《巴黎协定》第十三条的第二款明确规定，透明度框架应（shall）为发展中国家缔约方提供灵活性。自 2016 年 5 月波恩会议以来，各缔约方在灵活性的理解上存在很大分歧，但基本认同灵活性与发展中国家透明度有密切联系。从 2016 年 5 月的波恩会议谈判成果来看，针对灵活性问题的立场基本有三类：一是以印度为代表的支持以“二分”反映灵活性；二是以美国和沙特阿拉伯为代表的支持按 NDC 类型反映灵活性；三是以欧盟、瑞士、圣卢西亚为代表的支持“共同基本要求+灵活性”，以及其他国家所指出按透明度条款在撰写指南中逐条考虑灵活性（所有发达国家）等诸多尚未成形的方案。在联合主席提出的会议结论草案中，强调透明度应当考虑“共同基本要求+灵活性”，与欧盟立场接近。

2.2.2 潜在影响

1）强化透明度不仅是国际趋势，也是我国自身发展的需求

《巴黎协定》所确定的强化透明度框架，标志着气候变化透明度的国际发展趋势。作为《巴黎协定》的缔约方，提高透明度也是我国履行国际法的责任和义务。同时，提高应对气候变化透明度也是我国自身的需求。第一，透明度的提升将为我国气候变化治理决策提供更为全面、系统和准确的信息，从而对决策形成有力的支撑。第二，透明度的提升将为我国建立碳市场提供保障和支持。对于碳市场而言，有关排放许可和排放量的信息是确定市场价格的最基本信息，而信息可信度是必要内容，因此强化的透明度体系可以提升碳市场的可信度、接受度以及系统有效性。第三，强化的透明度机制将提升我国应对气候变化的公众意识，并进一步有效地促进我国应对气候变化的能力建设。

2）我国透明度体系仍需进一步完善

在《巴黎协定》达成后，我国应根据透明度机制建设的需求，积极使国内应对气候变化透明度体系建设与国际规则接轨。就目前来看，我国在透明度的统计资源整合、统计数据时效性、统计机构能力建设以及相关法律法规建全上仍需要进一步完善。在统计资源整合上，当前我国统计体系架构相对分散，主要为国家和地方统计局、国务院各部委及下属统计机构、行业协会或数据采集业务部门。为实现统计口径的一致性，平衡各机构统计能力的差别，统计资源有待进一步整合与完善，从而充分发挥我国现有统计体系各组成部分的资源潜力和专业优势。在统计数据时效性上，我国统计数据发布时间相对滞后，特别是能源统计数据发布时间滞后于国民经济统计数据约一年，难以为温室气体清单编制等提供及时的数据支持。在统计机构能力建设上，透明度机制的强化有赖于相关指标的统计，需要及时、准确、有效的统计数据。加强各类统计机构的能力建设是国家和地区温室气体清单编制、应对气候变化信息收集的基本保障，也是实现强化透明度体系建设的关键要素。

3）积极参与国际合作，提高我国履约能力

自“巴厘路线图”以来，缔约方谈判已经建立了相对完善的国际气候变化透明度机制，各国也都加强了测量、报告与核实力度以及相应的透明度能力。然而《巴黎协定》对发展中国家提出了新的要求，特别是在清单报告频率的提高、清单审评以及资金统计报告与核实方面，提出了较大的挑战。我国需逐步完善测量、统计、报告、国内评估以及接受国际审评的体系。考虑到我国尚未接受过气候变化国际审评，尽管有极少数专家参与了对其他国家的审评，但总的来说经验十分有限，尤其是政府部门对此缺少充分经验，建议国家组织承担气候变化信息报告和未来将承担国际审评准备工作的相应部门，开展与《公约》秘书处，韩国、南非、巴西、新加坡等已经在接受国际审评的国家，以及美国等已经接受国际审评 10 余年的发达国家开展学习交流活动。一方面有利于我国自身做好适应《巴黎协定》透明度体系的准备，另一方面有利于我国积极参与相应国际指南的谈判与规则制定，维护国家利益。同时还需要对国内、国际透明度体系制度及相关规则开展深入研究，特别是关于透明度能力、遵约机制、核算方法学等方面，以便在后续国内工作中形成更好的透明度工作思路和体系构建，在国际谈判中积极给出符合中国大国形象的、有逻辑的、可操作的建设性方案。

2.3 适应/损失损害

适应/损失损害议题是气候变化多边进程当中备受发展中国家关注的议题，在《巴黎协定》的第七条和第八条中也对适应/损失损害所涉问题及相关机制做出了相应安排。总体来看，《巴黎协定》的适应文本对“二分”问题十分淡化，更多强调适应是所有缔约方的挑战，支持部分的语义与《坎昆适应框架》相比十分模糊，仅强调了要给予发展中国家的适应行动过程与编制适应信息通报提供持续的和增强的国际支持，但既没有明确资金规模，也没有明确资金来源，甚至《坎昆适应框架》中描述发达国家资金支持的“可预测的、不断增加的、新的、额外的”的表述也被弱化为“持续的和增强的支持”，概念模糊了很多。在 2016 年 11 月特朗普当选美国总统和 2017 年 5 月美国宣布退出《巴黎协定》之后，很多发展中国家，尤其是小岛国集团和最不发达国家集团，都相应降低了对全球多边气候治理的预期。虽然整体国际政治经济形势不会干扰《巴黎协定》特设工作组完成相应的技术性工作，但是对于发展中国家在适应方面关注的核心问题，预计发达国家向发展中国家提供适应支持的意愿将不进反退。

2.3.1 焦点问题

适应信息通报谈判的关键在于适应信息通报（全球适应目标）与全球盘点、NDC，可谓“在适应谈判之外”。

第一，全球适应目标及其与全球盘点之间的关系，即是否会量化全球适应目标并分解落实到各国。非洲集团是全球适应目标的倡导者，其目的不仅是建立国家和全球两个层面适应行动的联系，还希望在全球范围建立排放基准、减缓行动和适应成本之间的联系，这对排放大国有一定风险。因发达国家强烈反对，全球适应目标在最终的《巴黎协定》文本中仅得到碎片化体现。但是，由于多数发展中国家和发达国家都不反对将适应信息通报作为推动和评估全球适应目标的工具，不排除非洲集团要求重新强化。考虑到团结非洲集团，化害为利，将全球适应目标的实现引向发达国家对发展中国家适应行动的支持，中国可启动全球适应目标的预案研究，主动提出“中国方案”。

第二，适应信息通报与 NDC 之间的关系，以及适应信息通报的技术专家评审。中国认为 NDC 应是综合的，包括减缓、适应、资金、技术和能力建设等内容。但根据《巴黎协定》的透明度规则，通过 NDC 提交的适应信息通报要经过技术专家评审，这是大多数发展中国家不愿意看到的。单从适应信息通报的编制能力和开展适应行动的充分性而言，是否对适应信息通报进行技术专家评审都可接受。但需要考虑适应、减缓和透明度议题的联系，要注意 NDC 技术专家评审内容和形式谈判的进展，从整体谈判进程和团结发展中国家等多方面综合考虑。

第三，损失损害谈判的核心还是资金问题。总体来看，未来损失损害的谈判还将围绕华沙国际机制（Warsaw implementation mechanism，WIM）展开，WIM 原来是《坎昆适应框架》的组成部分，具有增强综合风险管理方法的知识和理解，增强不同利益相关者之间的对话、协调、一致和协同，以及增强行动与支持三大功能。因此，在实施《巴黎协定》第八条的背景下，如何考虑 WIM 的安置和授权问题，尤其是与增强对损失损害的支持功能相关的授权，将是近几年的谈判重点。小岛国集团希望增强 WIM 对损失损害支持的授权，希望 2019 年审查之前可以完成对损失损害资金机制的现状评估，并对如何增强损失损害支持提出建议。此外在 COP23 上，小岛国集团和一些非政府组织认为处理损失损害问题最大的差距是资金差距，因此希望制定一个两年的工作计划为充足和可预测的损失损害资金设计公平的、创新性的、满足“共同但有区别的责任”和各自能力原则的路线图。许多非政府组织提出要为特别脆弱的发展中国家处理损失损害问题设计创新性的资金机制，但是目前提出的所有创新性的资金机制都是基于活动（如能源开采、航空航海旅客或者燃油费、碳税、金融交易税等）的收费或者税收，基本没有考虑“共同但有区别的责任”原则和历史责任原则，本质上是采取了“污染者付费”原则。从目前来看，现有的创新性损失损害资金机制都是对中国不利的，给中国的谈判带来了很大的压力，将是中国、发达国家和其他发展中国家长期交锋的阵地。

从谈判进展来看，目前缔约方之间虽然有分歧，但是也达成了很多共识，该议题应会如期谈出一个相对松散、区分共同要素和额外要素的指南，但 2018 年底的谈判无法一次性解决适应信息通报的关键问题，缔约方对全球适应目标和全球盘点模式方面较难达成一致。一些缔约方强调适应信息通报指南的编制应是一个不断完善的过程，在第一轮谈判结束时很可能会设置修订或者审查指南的时间和程序。

2.3.2 潜在影响

考虑到中国的经济总量和排放量，很多国家希望中国成为全球气候治理新的引领者，他们对中国更高的预期会给中国在适应支持问题的谈判上带来更大压力。中国首先在 2018 年 3 月组建的国家国际发展合作署的工作中充分考虑和反映气候变化问题，充分体现中国对南南合作及发展中国家应对气候变化工作的重视和贡献；其次应该在气候变化南南合作基金的设计和运行中考虑如何增强对其他发展中国家开展适应行动的支持，制定南南合作战略，综合考虑政治、经济、外交等因素，明确气候变化南南合作基金受援国及其优先需求和重点领域，提高气候变化南南合作基金援助方向与中国应对气候变化相关利益诉求和谈判立场的契合度，充分回应发展中国家的关切，缓解自身的谈判压力。

《巴黎协定》提出的全球适应目标可促进中国适应战略制定与实施，中国应主动提出自己的适应目标并坚持气候适应型发展路径。《巴黎协定》确立了“提高适应能力、加强复原力和减少对气候变化的脆弱性”的全球适应目标，从而为在全球尺度增强和评估适应行动提供了新的出发点和推动力。但是，全球适应目标是多方面的，其全球和国家层面的目标与指标并不明确，目前虽未开展针对全球适应目标的具体谈判，但理论上该目标可以是定性目标、半定量目标和定量目标。从谈判角度来看，由于全球适应目标连接了“充分的适应反应”与长期温升目标，其进展是全球盘点的一部分，且以非洲集团为首的发展中国家和集团试图推动建立减排、适应和资金机制之间的量化联系。从排放大国的立场来看，应尽量避免量化的全球适应目标。

事实上，目前全世界有 40 多个国家已经构建或者正在构建国家层面的适应监测和评估系统，以设置适应目标并监测评估适应行动的进展。因此，在国家行动层面，中国应主动制定自己的国家适应计划，并将全球适应目标中的“提高适应能力、增强复原力和减少对气候变化的脆弱性”作为构建国家适应目标的指导，将气候适应型发展作为构建生态文明的重要支撑。此外，中国可以构建“以人为本”的国家适应目标，即以人口对气候灾害和损失的暴露度为出发点评估国家整体的脆弱性、适应能力与复原力，构建气候变化脆弱性与扶贫、灾害风险防控和可持续发展目标之间的联系，定期评估中国的适应进展。

2.4 市场机制

为促进缔约方之间开展减排合作，提高 NDC 的减排力度，《巴黎协定》建立了两种市场机制：一是第 6 条第 2 款和第 3 款建立的合作方法，允许缔约方使用国际转让的减排成果（ITMOs）实现其 NDC；二是第 6 条第 4 ~7 款建立的可持续发展机制，允许使用机制下所产生的减排成果实现东道国或另一缔约方的 NDC。目前，缔约方仍在就《巴黎协定》第 6 条所建的两种市场机制的细化规则进行讨论。

2.4.1 焦点问题

1）合作方法及其谈判中的关键问题

《巴黎协定》第 6 条第 2 款和第 3 款建立的合作方法，允许缔约方使用 ITMOs 实现其 NDC，并应促进可持续发展，确保环境完整性和透明性，包括需要建立稳健的核算规则，避免双重计算。合作方法谈判中涉及的核心问题包括合作方法的管理体制、ITMOs 的性质和范围、NDC 的“相应调整”、环境完整性和透明度等。

（1）管理体制。部分缔约方认为合作方法应采用非集中的管理体制，《巴黎协定》缔约方会议（CMA）仅负责制定参与合作的缔约方必须遵守的基本核算准则、不干预机制的具体运行。也有缔约方认为，合作方法应采用集中的管理体制，CMA 就具体合作手段、可用于转让的 ITMOs 等均做出具体规定，并设立一个专门机构对 ITMOs 的签发和转让进行监管。

（2）ITMOs 的性质和范围。主要包括三个问题：①产生 ITMOs 的机制类型。目前缔约方普遍认为产生 ITMOs 的机制类型可以有多种，包括碳排放权交易体系（emission trading system，ETS）的连接、信用机制以及政府之间的减排成果转让等。②ITMOs 与东道国缔约方 NDC 的关系。一种观点认为 ITMOs 必须产生于东道国缔约方 NDC 覆盖范围之内，以确保环境完整性；另一种观点认为 ITMOs 也可以产生于东道国缔约方 NDC 覆盖范围之外，以促进更多缔约方参与国际合作，促进缔约方提高减排力度。③ITMOs 的类型。一些缔约方认为 ITMOs 必须是温室气体减排指标，也有缔约方认为由于缔约方的 NDC 类型多样，ITMOs 既可以是温室气体减排指标，也可以是其他类型的减排指标，如能效指标和可再生能源指标等。

（3）NDC 的“相应调整”。为避免 ITMOs 使用中的双重计算，参与合作方法的缔约方需要对其 NDC 进行“相应调整”。对 NDC 进行调整主要有两种方法：第一种方法是调整缔约方的温室气体排放量；第二种方法是调整缔约方基于 NDC 减排目标的温室气体排放预算。使用第一种方法进行调整时，购买国需要在其排放清单的基础上减去与已购买的 ITMOs 等量的排放量；转让国（或东道国）需要在其排放清单的基础上增加与已转让的 ITMOs 等量的排放量，这部分减排成果不能再被转让国用于实现其 NDC。使用第二种方法进行调整时，购买国和转让国首先需要根据各自的 NDC 目标计算排放预算，当获得 ITMOs 时，购买国可以增加等量的排放预算，从而可以在 NDC 承诺期间产生更多排放；而转让国需要在其排放预算中减去相应的数量。各缔约方关于采用哪种方法进行 NDC 调整，目前还未达成共识。另外，由于各缔约方 NDC 下减排目标的多样性，可能存在承诺采取减排行动而非排放目标等形式的 NDC 目标无法调整的问题，也有部分缔约方的 NDC

是单一年份目标，是否允许此类缔约方参与合作以及是否设置参与的前提条件也是各缔约方争议焦点之一。

（4）环境完整性。缔约方关于应在 ITMOs 的哪些阶段采取措施确保环境完整性存在分歧。一种观点认为，确保环境完整性只应针对 ITMOs 的转让阶段，可通过稳健的核算和透明度规则实现；另一种观点认为，不仅应针对 ITMOs 的转让阶段，还应针对 ITMOs 的产生阶段，即产生的 ITMOs 本身需满足特定的合规性要求。两种观点也体现了缔约方对于合作方法管理体制以及 CMA 应发挥的主要职能的不同看法。

（5）透明度。合作方法的实施涉及 NDC 的调整等，如何与《巴黎协定》第 13 条建立的强化透明度框架保持一致是各缔约方关注的关键问题。以何种合适的方式核算、追踪和报告跨境转移的减排成果，满足透明度框架中提出的追踪缔约方在实现各自 NDC 方面取得进展的要求，各缔约方尚有不同观点，有的缔约方提出需要建立国家登记簿，有的缔约方则提出建立国际层面的登记簿。

2）可持续发展机制及其谈判中的关键问题

《巴黎协定》第 6 条第 4 ~ 7 款建立的可持续发展机制，将受 CMA 指定机构的监督；该机制将促进东道国和全球排放水平的降低，相关减排活动产生的减排量可被东道国或购买国中的一方用于实现 NDC；减排收益的一部分将被用于补偿管理费用和适应目的。可持续发展机制谈判中涉及的核心问题包括机制的范围、额外性论证、避免双重计算、全面减缓的实现、清洁发展机制（clean development mechanism，CDM）的过渡等。

（1）机制的范围。由于额外性是可持续发展机制下的一个基本要求，因此许多缔约方认为该机制应是信用机制，而不应是总量和交易机制。也有一些缔约方认为可持续发展机制应超越基于项目的合作，其范围应进一步扩展至部门甚至是政策层面。关于该机制的减排活动与东道国 NDC 的关系，目前有三种不同的选择：一是减排活动只能在东道国 NDC 覆盖范围之内；二是减排活动只能在东道国 NDC 覆盖范围之外；三是减排活动可以在东道国 NDC 覆盖范围之内或之外。

（2）额外性论证。可持续发展机制下减排活动的额外性论证需考虑《巴黎协定》所建立的新气候治理体系的特征，在 NDC 的大背景下进行，但关于在评估额外性时如何考虑相关国家的 NDC，各缔约方分歧严重。一些缔约方认为评估额外性时，应将 NDC 下预期可实现的减排成果考虑在内，即在设定基准线时，可能需要假设东道国预计可以实现其 NDC，并实施了一系列相关的国内减排政策。也有一些缔约方则反对这一方式，认为额外性评估只有在 NDC 实现后才能进行，因而违背市场机制促进 NDC 实现的设计初衷。

（3）避免双重计算。可持续发展机制下也应设立适当的核算规则，避免产生的减排成果同时被两个缔约方用于实现 NDC，从而导致双重计算。关于核算规则，各缔约方分歧主要在于针对合作方法下 ITMOs 转让的核算指南是否也适用于该机制下减排指标的转让。一些缔约方认为该机制下减排指标进行国际转让时就是 ITMOs，也有一些缔约方认为不是 ITMOs，而需建立专门的规则核算。

（4）全面减缓的实现。可持续发展机制的实施需要实现全球排放的全面减缓，关于全面减缓的实现方式，缔约方的不同观点包括取消部分东道国转让的减排量、取消部分购买国获得的减排量、使用保守的基准线、限制信用期等。

（5）CDM 的过渡。在《巴黎协定》下的市场机制建立起来后，《京都议定书》下的市场机制（主要是 CDM）向《巴黎协定》下的市场机制过渡也将很大可能在可持续发展机制下解决。有缔约方提出应明确是否以及如何将《京都议定书》下的 CDM 规则、项目和减排指标向该机制过渡。目前各缔约方的关键争议在于相关的过渡应自动进行，还是所有的规则，尤其是项目需要重新按照该机制的规则进行评估。

2.4.2 潜在影响

（1）对我国 NDC 目标实现和国内减排行动的影响。未来我国若选择参与合作方法，可能的方式包括试点碳排放权交易体系与其他国家或区域碳排放权交易体系的连接（短期或中期）、全国碳排放权交易体系与其他国家或区域碳排放权交易体系的连接（长期）、双边或多边的信用机制、政府之间直接转让减排成果等。若选择参与可持续发展机制，可能的方式包括基于项目或部门的信用机制。如果我国作为东道国，国际合作获得的资金和技术收益有利于我国减排行动力度的加强，并带来协同效益，如降低污染物排放、促进能源结构调整等，有利于实现我国的低碳发展目标，但由于《巴黎协定》关于 NDC 的调整规定，从动态来看，对外转让减排成果会影响我国将来 NDC 目标的实现。如果我国作为购买国，则购买 ITMOs 可以降低我国 NDC 目标实现的成本，有利于提高 NDC 的力度，但也可能会降低在国内采取减排行动可带来的协同效益等。

（2）与我国国内减排政策的相互作用。参与可持续发展机制，需要对减排的额外性进行论证，而如何在论证中考虑我国为实现 NDC 目标而实施的国内强制减排政策将直接影响论证结果。因此，参与国际市场机制与我国国内减排政策工具之间存在直接的相互影响，在制定我国参与国际市场机制或者制定国内政策时需要考虑两者在政策目标和管控对象方面的交叉重叠以及可能由此导致的效率降低等。

（3）对我国已注册 CDM 项目的影响。我国是最大的 CDM 项目东道国，因此，CDM 项目是否以及如何向《巴黎协定》下的市场机制过渡将对我国产生重要影响。在国内已经实施碳排放权交易以及 NDC 的背景下，我国已有的 CDM 项目是否能够满足新机制下的额外性要求，将从技术上决定其能否向新机制过渡。同时，考虑到新机制下减排指标的出售可能需要相应地调整我国 NDC，从而对 NDC 的实现产生直接影响，我国需要认真考虑是否允许现有 CDM 项目向新机制的转移，转移以后对减排指标的出售如何进行监管。

（4）对我国能力建设的要求。为满足强化透明度框架以及避免双重计算等的要求，参与《巴黎协定》下市场机制除了需要我国根据参与方式进一步完善温室气体统计核算体系建设，提高数据质量，并定期报告参与国际市场机制的相关信息外，还可能需要根据我国的具体参与方式，建立相关的减排成果的追踪系统，如国家登记簿。

2.5 资金机制

气候资金机制是气候变化国际谈判与合作的核心要素，也是有助于发展中国家维护自身权益和平等参与国际治理的“共同但有区别的责任”原则能否得以维系的重要议题。

2.5.1 焦点问题

根据《巴黎协定》，资金机制议题将讨论三个问题：一是如何按照《巴黎协定》第 9 条的第 5 款和第 7 款，开展关于发达国家相关信息上报、两年资金信息通信的谈判，通俗地说，也就是关于资金支持透明度或资金支持事前评估、事后评估的谈判。此外，AF 如何服务于《巴黎协定》也是其中的一个问题。二是发达国家如何实现 2009 年承诺的到 2020 年每年动员 1000 亿美元资金支持的目标。三是是否通过磋商确定一个新的资金筹措目标，如到 2025 年的目标。发达国家特别是美国，对于以上诉求给予了坚决反对，而发展中国家强烈要求 COP24 成果中必须体现资金机制议题进展。可以说，截至 2018 年 5 月，资金机制是《巴黎协定》细则谈判过程中进展相对最小的议题。

2016 年 10 月，由澳大利亚与英国牵头，发达国家联合发布了《1000 亿美元路线图报告》（简称《报告》）。《报告》在 COP22 召开前发布，受到各缔约方的关注。《报告》包括背景、1000 亿美元进展情况、落实 1000 亿美元路线图和推动转型以促进《巴黎协定》实施等内容。

《报告》指出，2010 年《公约》第 16 次缔约方大会（COP16）认可发达国家承诺到 2020 年每年共同动员 1000 亿美元资金支持的目标，资金来自公共和私营部门、双边和多边多种来源，包括替代性资金（alternative resources）。2015 年，巴黎大会敦促发达国家扩大资金规模，制定实现到 2020 年为支持发展中国家气候行动每年动员 1000 亿美元资金支持目标的具体路线图。为此，发达国家共同发布了该《报告》。

根据 2016 年经济合作与发展组织（Organization for Economic Co-operation and Development，OECD）发布的《2020 年气候资金预测》报告，2015 年发达国家和多边开发银行所做资金承诺将使公共气候资金规模由 2013 ~ 2014 年的年均 410 亿美元增加到 2020 年的 670 亿美元。其中 90% 是已有承诺，包括发达国家双边渠道出资承诺［327 亿美元，含向绿色气候基金（Green Climate Fund，GCF）和联合国专门机构出资］和作为发达国家贡献（attribute to developed countries）的多边开发银行气候资金承诺（280 亿美元），其他来源包括对尚未做出承诺的发达国家出资的预测值（37 亿美元，基于 2013 ~ 2014 年出资的平均值）、气候基金预期回流资金（14 亿美元）、发达国家其他承诺（9 亿美元）等。《报告》在其附表中简单罗列了发达国家和多边开发银行所做资金承诺金额。《报告》还指出，参照 2013 ~ 2014 年公共资金撬动私营部门资金的比率（2013 年为 128 亿美元，2014 年为 167 亿美元）保守估计，到 2020 年公共资金将撬动 242 亿美元私营部门资金，如基于最高撬动比率等假设条件测算，则 2020 年由公共资金和公共资金撬动的私营部门资金合计将达到 1330 亿美元。此外，《报告》还将出口信贷计入，但未提供具体预测值。基于上述测算，发达国家有信心实现到 2020 年每年动员 1000 亿美元资金支持的目标。

《报告》在一定程度上体现了发达国家合作共赢的姿态，但也存在很多问题。一是采用发达国家与 OECD 自身的标准及方法界定气候资金并测算发达国家出资额，不具有广泛代表性，也缺乏可信度与法律效力。二是统计较为粗放，缺乏实质内容。只谈出资承诺，未谈如何具体兑现。只对发达国家出资承诺进行简单加总，未提供每个国家兑现承诺的清晰时间表、渠道、出资优惠程度等必要信息，缺乏透明度。三是侧重动员私营部门资金，未对发达国家如何通过公共预算出资等进行深入分析与论述。四是突出多边开发银行作用，忽视气候资金“新的、额外的”的性质。尽管 1000 亿美元资金可以来自双边、多边等多种来源，但发展中国家认为多种来源应主要包括 GCF 等《公约》下的专门气候资金机构，将以减贫与发展为宗旨的多边开发银行资金贴上气候标签计入 1000 亿美元，混淆了官方发展援助与气候资金之间的区别，存在重复计算。而且，将多边开发银行气候资金中的大部分贡献归功于发达国家，缺乏可信的依据。五是未体现气候资金优惠性和由发达国家流向发展中国家的特性。双边和多边贷款要求还本付息，私营部门投资要求获取超额利润，出口信贷一般要求与发达国家出口挂钩，这些资金最终都将从发展中国家回流至发达国家。六是借资金问题在减排上向发展中国家加压，要求发展中国家取消化石燃料补贴、实行碳定价、在投资和国际发展援助中将气候因素主流化等。

2.5.2 潜在影响

在《公约》内的气候资金谈判上，发展中国家普遍面临严峻的谈判形势，在未来谈判情景的评估上有以下几方面的特征：

（1）内外部双重压力增大。一方面，从内部发展来看，随着我国排放的增加以及经济实力和政治地位的增强，面临的国际期待和关注在不断增加。另一方面，从外部发展来看，发达国家已经开始对发展中国家进行类别划分，试图分化新型大国经济体和其他经济发展一般与较弱的发展中国家。

（2）中长期资金面临挑战。创新性资金逐步融入气候资金筹资体系，但中长期资金面临严峻挑战。发达国家刻意混淆对“新的、额外的”资金的定义，逃避供资义务和责任，并欲推动形成新的全球资金义务分担机制，将发展中国家纳入该体制。发展中国家虽然在谈判中督促发达国家切实履行承诺，要求提高资金落实情况的透明度并对这部分资金进行“衡量、报告、核查”，但是受制于发展中国家内部不同集团谈判诉求的差异，无法团结一致并在谈判中对发达国家真正履行供资义务施加足够大的压力。从整体来看，资金来源呈现出由公共到私营、单一到多元、发达国家出资到与主要经济体共同承担的趋势。

（3）气候资金机制重要性进一步凸显，但《公约》内资金机制有弱化趋势，并受到《公约》外平台冲击。《巴黎协定》重申了《公约》气候资金的原则，明确了全球环境基金（Global Environment Fund）、绿色气候基金（Green Climate Fund，GCF）等《公约》资金机制运营实体为《巴黎协定》的实施服务。GCF 已经筹集资金 103 亿美元并正式启动运营，GEF 于 2018 年启动第七次增资，将为促进《巴黎协定》的实施发挥重要作用。

（4）未来几年内发达国家在出资方面难有新的实质性行动。由于方法学和国内预算安排方面的限制，预计发达国家不可能再拿出具体路线图，而且除了向 GEF 和 GCF 正常出资外，在增加公共部门出资方面难有大的新动作，将继续通过碳定价等市场机制、动员私营部门资金、推动多边开发银行气候因素主流化等替代方式扩大气候资金来源，缓解公共部门出资压力。

第3章 NDC及全球盘点机制的影响和对策研究

NDC及全球盘点机制是《巴黎协定》的核心机制。通过对各国提出的第一轮NDC分析发现，各国NDC的格式、内容各不相同；至2030年现有NDC与实现2℃目标之间的排放差距为110亿~150亿tCO_2eq，与实现1.5℃目标之间的排放差距将进一步扩大，为200亿~230亿tCO_2eq，到2100年全球将升温2.4~2.7℃。美国退出《巴黎协定》可能造成巨额的全球减缓赤字，直接增加实现全球2℃/1.5℃目标的风险。发达国家可能通过提高现有政策的力度、可再生能源比例及提供更多资金支持等方式提升NDC。发展中国家实现NDC的资金需求为0.22万亿~0.60万亿美元/a，资金缺口为0.16万亿~0.54万亿美元/a，但是让发达国家兑现资金承诺的方案有限。同时，研究认为中国在2020年调整NDC具有积极效应，方案有多种选择。研究还提出了全球盘点谈判中的“中国方案”建议。

3.1 引 言

NDC及全球盘点机制是《巴黎协定》的核心机制。本章将重点分析各国提出的第一轮NDC累积效果与全球长期目标之间的差距、主要国家NDC力度和公平性；发展中国家实现NDC的资金需求和资金缺口；发达国家提高NDC的可能方式；中国更新现有NDC的可能性；中国参与全球盘点的方案设计。

3.2 主要国家及集团NDC的特征

NDC是《巴黎协定》核心机制之一，是最终实现全球长期目标的“国家贡献+全球盘点”序贯累进机制中最为重要的组成部分。NDC最大的特征是自主性和渐进性，即依据缔约方自身的发展阶段和具体国情，自主决定未来一个时期的贡献目标和实现方式，同时参考较为宽泛的通用导则和全球盘点提供的总体信息，不断修正、更新并序贯提出下一阶段提高力度的贡献方案。

自2015年年初开始，缔约方陆续向《公约》秘书处提交NDC。截至2018年年底，已有193个国家和组织提交了165份NDC，涵盖全球总排放量的99%。其中，欧盟28国（包括英国）共同提交一份NDC；附件一国家均提交了NDC；148个非附件一国家提交了NDC，占非附件一国家总数的96%。

在165份NDC中，126个国家（77%）提出了具体的温室气体减排目标。大多数国家的温室气体减排目标为相对照常情景减排目标（65%）或相对基准年减排目标（26%）（图3-1）。其他温室气体减排目标的形式包括累积排放减排目标（如南非等）、排放强度减排目标（如中国和印度等）和峰值目标（如中国和新加坡）。所有提出了温室气体减排目标的 NDC 均覆盖能源部门，但对其他部门的覆盖不一。发达国家 NDC 均为全经济范围的目标。而发展中国家的 NDC 很多仅覆盖一个或者几个部门，有些只覆盖某部门下面的几个子部门。

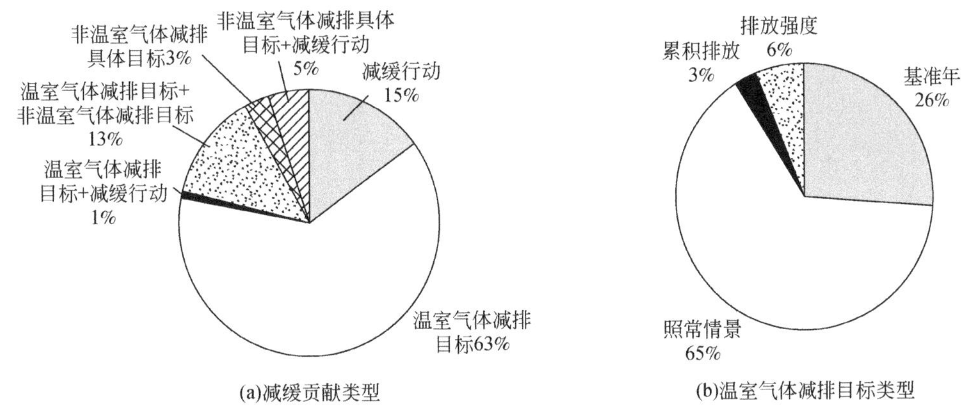

图 3-1 不同国家及集团 NDC 的类型

发达国家的 NDC 均包括全部温室气体，绝大部分国家的 NDC 包括二氧化碳，大部分国家的 NDC 包括甲烷（CH_4）和氧化亚氮（N_2O）。绝大部分包含温室气体减排目标的 NDC 参考了 IPCC 指南，但具体使用的指南仍有差异，约有 1/3 的国家参考了不止一种 IPCC 指南。另外各国使用的增温潜势（GWP、GTP）也有差异。尽管超过 70% 的国家将土地利用、土地利用变化和林业（LULUCF）的核算纳入减排目标中，但只有少数国家提及了核算参考指南。近 50% 提出温室气体减排目标的国家表示愿意参与国际市场机制。

在 165 份 NDC 中，有 140 份 NDC 提出了适应行动，其中 99 份 NDC 由非洲和亚太发展中国家提出，占比超过 70%。有些发展中国家，特别是小岛屿国家和温室气体排放量较少的小国家等，提出本国应对气候变化行动会优先考虑适应行动。各国的适应行动主要包括全面评估本国气候脆弱性、评估气候变化可能带来的损失、制定相应法律法规、建立健全灾害监测预警系统、完善居民生活设施、加强国内设施的抗灾能力等方面。本研究主要评估各国温室气体减排目标，因此仅关注各国 NDC 的减缓部分。

3.3 主要国家及集团 NDC 的力度、公平性及与长期目标的关系

3.3.1 2℃和 1.5℃目标下的全球累积排放空间和排放路径

2℃和 1.5℃目标，以及 2℃目标的不同子情景之间，在累积排放、关键时间点的减排要求、实现排放峰值及碳中和的时间要求与对负排放技术的需求等方面，都存在很大不同。如表 3-1 和图 3-2 所示，2℃目标下，全球 2010 ~ 2050 年累积碳排放为 960（670 ~

表 3-1　2℃和 1.5℃目标下的全球累积排放空间和排放路径

目标	子情景	情景数量（个）	累积碳排放（不包括 LULUCF）（$GtCO_2eq$）		相对 2010 年碳排放的下降率（%）		CO_2 排放年均下降率（%）		实现碳排放峰值的时间	实现碳中和的时间
			2010～2050 年	2010～2100 年	2030 年	2050 年	2020～2030 年	2030～2050 年		
1.5℃	全部情景	37	690（540～850）	460（160～580）	37（16～59）	89（79～112）	3.1（1.5～4.0）	4.0（3.1～5.7）	2015 年前（2015～2020 年）	2060 年（2050～2075 年）
2℃	全部情景	249	960（670～1290）	1020（690～1250）	17（–25～50）	63（21～83）	1.5（–1.0～5.1）	2.7（1.3～4.3）	2015 年（2015～2030 年）	2080 年（2060～2100 年后）
	现有政策路径（A）	37	1140（960～1290）	1030（880～1250）	–17（–25～–11）	67（21～83）	–0.4（–1.0～0.1）	3.6（1.9～4.3）	2030 年（2020～2030 年）	2070 年（2060～2100 年后）
	NDC 路径（B）	37	1100（940～1180）	1020（690～1250）	3（–5～11）	57（36～79）	0.7（–0.1～1.7）	2.9（1.9～3.9）	2020 年（2015～2030 年前）	2070 年（2060～2090 年）
	强化 NDC 路径（C）	99	970（850～1080）	1020（810～1250）	16（3～23）	60（42～80）	1.5（0.4～3.6）	2.7（1.7～3.8）	2015 年前（2015 年前～2020 年）	2080 年（2065～2100 年后）
	最小成本路径（D）	76	850（670～960）	920（810～1240）	30（23～50）	65（48～83）	2.1（1.0～5.1）	2.4（1.3～3.3）	2015 年前（2015 年前～2020 年）	2100 年（2070～2100 年后）

1290) $GtCO_2eq$，2010～2100年累积碳排放为1020（690～1250) $GtCO_2eq$。1.5℃目标对全球累积碳排放预算的约束更为严格，2010～2050年累积碳排放为690(540～850) $GtCO_2eq$，相对2℃目标削减30%左右；2010～2100年累积碳排放为460(160～580) $GtCO_2eq$，相对2℃目标削减一半以上。2℃和1.5℃目标下严格的碳排放预算约束意味着全球剩余碳排放空间将很快耗竭。根据2013年的全球碳排放数据，2013年能源燃烧和工业过程相关的碳排放为36.0 $GtCO_2eq$。因此如果全球排放维持在2013年的水平上，则2℃目标下的全球剩余碳排放预算仅够排放30年左右，而1.5℃目标下的全球剩余碳排放预算的耗竭时间还不到15年。综合来看，相对2℃目标，1.5℃目标对全球剩余碳排放空间施加了更为严格的约束，全球碳排放预算将削减一半以上，2030年和2050年相对2010年的碳排放目标分别提高20%左右和26%左右，碳排放达峰和碳中和时间需要分别提前10年左右和20年左右。

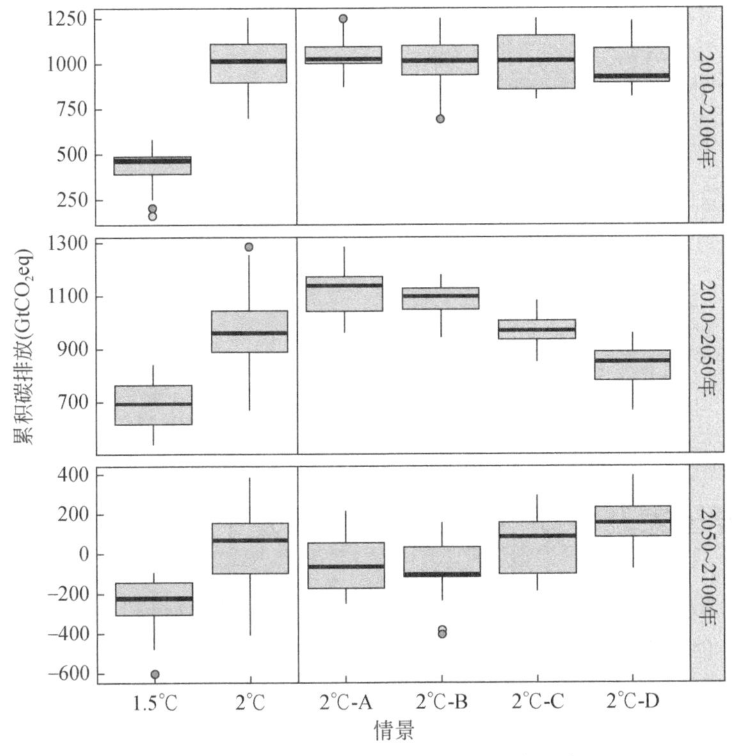

图3-2　2℃和1.5℃目标下的累积碳排放

图中小圆点表示该情景下存在异常值

实现2℃目标存在不同的碳排放路径。延迟近期（2030年以前）的减排行动，将会使2030年以后的碳排放空间被大幅度压缩，中长期的减排要求大幅度提高，2030～2050年年均碳减排率增加约1.2%，实现碳中和的时间提前近20年。同时高碳基础设施造成的锁定效应，给未来的低碳转型带来更大困难。因此全球应当尽可能提高近期的碳减排力度，给未来碳排放留出充裕的空间。近期碳减排力度越弱的情景，2010～2050年累积碳排放越高，则 2050 ~ 2100 年累积碳排放越低。延迟近期的碳减排行动，本质上就是将碳减排要求向后推，导致 21 世纪下半叶所允许的碳排放空间被大幅度压缩。

1.5℃目标还会带来对负排放技术更大的依赖。与部分情景在不实现零排放的情况下就能实现 2℃目标不同，1.5℃目标下所有情景都需要负排放技术的大规模应用。在 1.5℃目标下，总累积净负排放为 230（125 ~ 625）$GtCO_2eq$（图 3-3）。因此实现 1.5℃目标，不能仅仅依赖提高能源效率、增加可再生能源比例等现有常规的低碳措施，还必须要依赖目前尚不成熟的负排放技术。这将大大提高实现目标的成本，并且可能存在较大的技术风险和生态环境风险。同时，负排放技术对水资源和土地的需求很大，会与粮食生产形成竞争，给全球的粮食安全带来巨大的挑战。

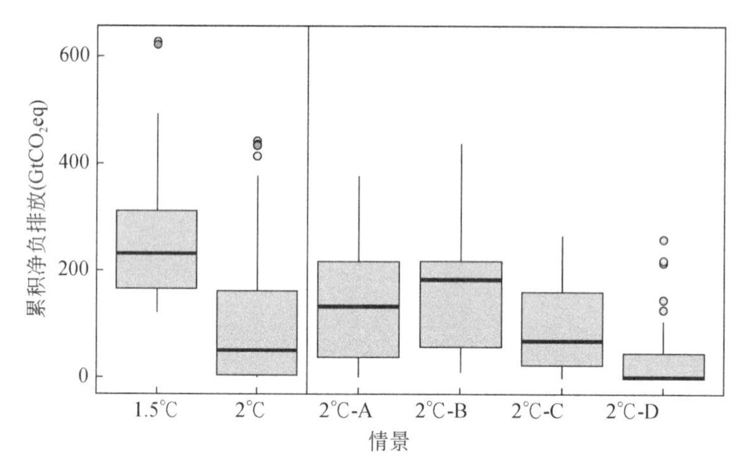

图 3-3　2℃和 1.5℃目标下 2011 ~ 2100 年累积净负排放

图中小圆点表示该情景下存在异常值

3.3.2　主要国家及集团 NDC 的力度和公平性

从碳排放总量来看［图 3-4（a）］，未来提出绝对量化减排目标的发达国家碳排放量将进一步下降，但下降速率不一。而提出相对减排目标的发展中国家，如中国、印度，其未来碳排放虽然仍将保持增长，但增长速率将大幅度趋缓。尽管如此，随着发达国家碳排

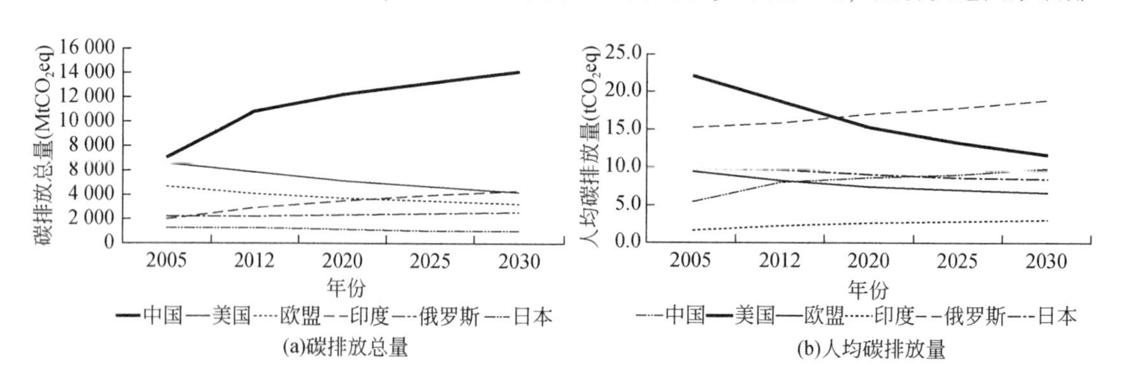

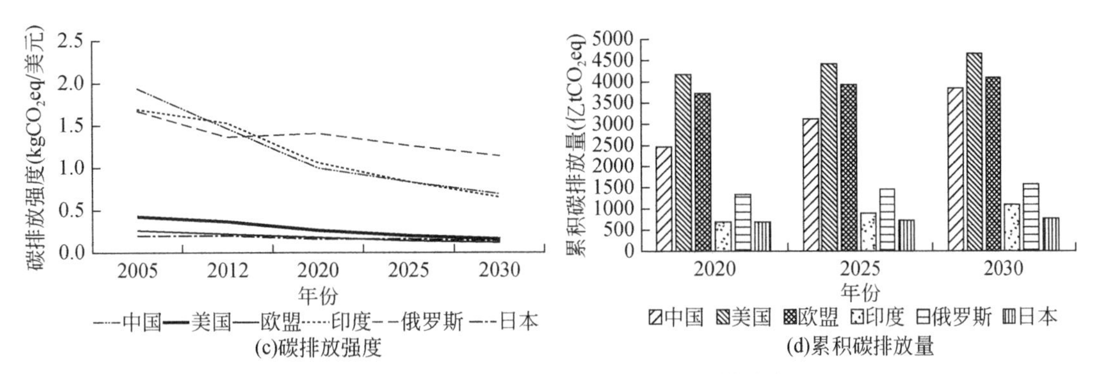

图 3-4 前六大排放国家及集团 NDC 下的排放路径

放量的下降，发展中国家在全球碳排放中的占比将进一步提高，虽然其累积碳排放与发达国家仍有较大差距，但面临的碳减排压力势必越来越大。

从人均碳排放量来看［图 3-4（b）］，中国的人均碳排放量已经超过欧盟，到 2025 年左右将进一步超过日本，到 2030 年将进一步缩小与美国的差距。印度的人均碳排放量相对仍保持在较低水平。

从碳排放强度来看［图 3-4（c）］，由于经济转型和能源脱碳，发展中国家碳排放强度的下降率将高于发达国家。美国 2005～2025 年年均下降率为 3.5%～3.6%，欧盟 2005～2030 年年均下降率约为 3.2%，中国未来三个“五年计划”年均下降率幅度预期为 4% 左右，比前两者力度都大。

从累积碳排放量来看［图 3-4（d）］，到 2030 年中国历史累积碳排放量将始终保持低于美国和欧盟的水平，印度更是不到美国和欧盟的 1/3。

从需新增非化石能源装机来看，中国远高于美国和欧盟。2005～2030 年，中国非化石能源比例将从 7.4% 提高到 20%。据测算，如果中国能实现 2030 年非化石能源比例达到 20% 的目标，届时可再生能源和核能的装机规模将达 13.4 亿 kW 左右，相当于美国当前发电装机总量。其中水电装机容量将达 4 亿 kW 左右，风电、太阳能发电的装机容量分别达 4.4 亿 kW 左右、3.5 亿 kW 左右，核电装机容量达 1.5 亿 kW 左右。2014～2030 年，中国非化石能源供应量仍需以年均 7% 左右的速度增长，2030 年中国非化石电力装机容量预期需在 2014 年的基础上增加 9 亿 kW 左右，与 2014 年全国火电总装机基本相当，相当于每年需新投产风电机组和太阳能发电装机容量各 2000 万 kW 左右，每年新增核电装机容量约 800 万 kW，远高于美国和欧盟同期（图 3-5）。

同时，研究还通过对比美国、欧盟、中国、印度 NDC 的减排目标（图 3-6），与 2℃ 和 1.5℃ 目标公平分配方案下的减排要求，评估主要国家及集团 NDC 目标的力度和排放差距。结果表明，主要国家及集团现有 NDC 目标与实现 2℃ 目标之间总体仍然存在巨大的排放差距；相对更为严格的 1.5℃ 目标，排放差距将进一步扩大。

美国 NDC 目标的排放差距，在 2℃ 目标下为-0.1～3.1$GtCO_2eq$，在 1.5℃ 目标下为1.0～5.0$GtCO_2eq$。在基数方案下的排放差距最小，甚至能够满足 2℃ 目标下的减排要求；在责任方案下的排放差距最大，在 2℃ 目标下为 3.1$GtCO_2eq$，在 1.5℃ 目标下扩大到 5.0$GtCO_2eq$。

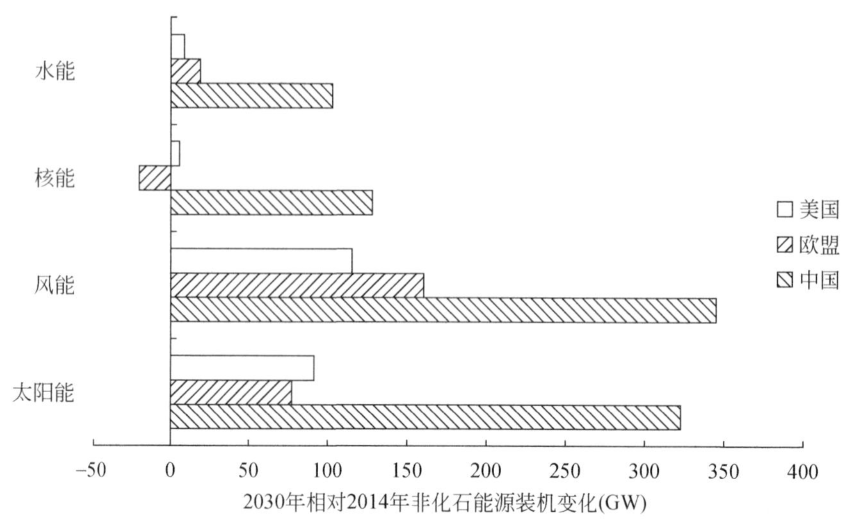

图 3-5　中国、美国、欧盟 2030 年相对 2014 年非化石能源装机变化

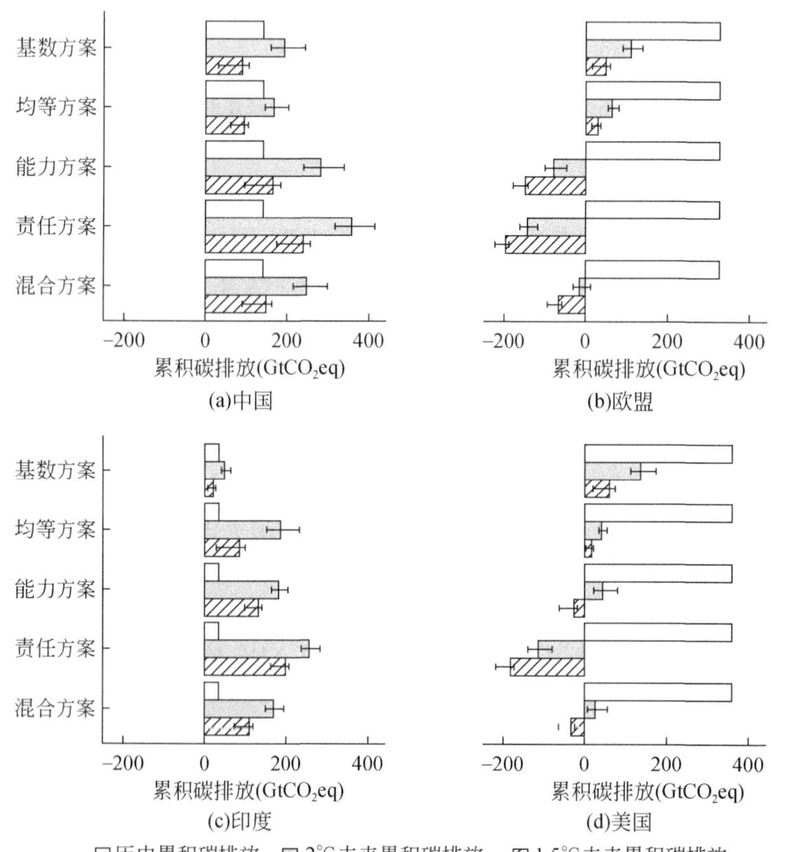

图 3-6　不同公平分配方案下 2011～2100 年主要国家及集团 NDC 的力度和公平性

欧盟NDC目标的排放差距，在2℃目标下为-0.2 ~3.0GtCO_2eq，在1.5℃目标下扩大到0.5 ~4.3GtCO_2eq。欧盟NDC目标在不同公平分配方案下的变化趋势与美国大致相同。在2℃目标和基数方案下，欧盟获得的碳排放配额略高于欧盟实现NDC目标后的排放，因此排放差距为负值；在责任方案下，欧盟获得的碳排放配额最少，排放差距最大，在2℃目标下为3.0GtCO_2eq，在1.5℃目标下扩大到4.3GtCO_2eq。

中国2030年的排放规模远远大于美国、欧盟和印度，因此中国排放差距的绝对量也较大，达到1.1 ~6.6 GtCO_2eq。中国不同公平分配方案下的排放差距同样巨大。在基数方案和均等方案下，中国的排放差距较大，在2℃目标下分别为5.9GtCO_2eq和6.6GtCO_2eq，在1.5℃目标下扩大到7.3GtCO_2eq和7.7GtCO_2eq。在责任方案下，中国的排放差距最小，在2℃和1.5℃目标下分别为1.1GtCO_2eq和2.3GtCO_2eq。

印度在均等方案和责任方案下，现有NDC能够满足2℃目标的减排要求，针对1.5℃目标，也仅有0.2GtCO_2eq左右的排放差距。基数方案对印度最为不利，在2℃和1.5℃目标下，印度现有NDC的排放差距分别为2.2GtCO_2eq和2.6GtCO_2eq。

3.3.3 不同国家及集团NDC与全球2℃和1.5℃长期温升目标的关系

根据评估，在无条件NDC情景下，全球2030年排放量为520亿 ~580亿tCO_2eq，中值为550亿tCO_2eq；在有条件NDC情景下，全球2030年排放量约比无条件NDC情况减少24亿tCO_2eq。

2030年现有NDC与实现2℃目标之间的排放差距为110亿 ~150亿tCO_2eq，与实现1.5℃目标之间的排放差距将进一步扩大到200亿 ~230亿tCO_2eq。到2100年全球将升温2.4 ~2.7℃。

美国退出《巴黎协定》可能造成巨额的全球减缓赤字，直接增加实现全球2℃/1.5℃温升目标的风险。据评估，若在不考虑已废除政策和高危政策的情况下，美国2025年温室气体排放相对2005年将下降14.3%（低碳汇潜力）和18.1%（高碳汇潜力）；若在不考虑已废除政策和中高危政策的情况下，美国2025年温室气体排放相对2005年将下降17.5%（低碳汇潜力）和21.3%（高碳汇潜力）。不管是哪个情景，美国2025年都难以实现其减排26.0% ~28.0%的NDC目标。非国家行为体的行动虽然可在2025年实现相对2005年减排2.4%的额外减排贡献，但与废除政策和高危政策分别增加的4.25%和1.54%的额外减排需求相比，仍有较大差距。

若其他国家坚持实施有条件NDC目标，美国退出《巴黎协定》有可能导致全球2030年温室气体排放上升13.2（9.9 ~16.6）亿t CO_2eq，给实现全球2℃目标额外增加8.2% ~13.8%的新差距，给实现全球1.5℃目标额外增加5.8% ~9.8%的新差距。若考虑日本、澳大利亚、加拿大、新西兰等伞形国家停止实施NDC且发展中国家因支持不足无力实施有条件NDC的情况，美国退出《巴黎协定》有可能导致全球2030年温室气体排放上升42.4（38.6 ~46.2）亿t CO_2eq，给实现全球2℃目标额外增加32.2% ~38.5%的新差距，给实现全球 1.5℃ 目标额外增加 22.7% ~27.2% 的新差距。在考虑对全球应对气候进程影响的情况下，美国退出《巴黎协定》可能造成全球 2100 年温度升高 0.1 ~0.2℃。

3.4 主要发达国家及集团在不同长期目标下提高 NDC 的可能范围及建议

3.4.1 发达国家提高 NDC 的可能范围分析

1）现行政策评估提高发达国家 NDC 的可能范围

本研究设计考虑未来人口、经济发展及能源结构，结合不同国家及集团最新的减缓政策，设定不同的未来发展情景，通过分析各部门终端能源消耗强度、终端能耗与一次能源消耗之间的转换效率、能源结构等与人均 GDP 之间的统计特征，进一步构建分部门细化模型，模拟不同情景下未来不同国家及集团碳排放水平的变化，分析未来发达国家提高 NDC 的范围及方式。

研究表明，从目前的政策情景来看，欧盟和美国在未来减排努力仅够勉强完成各自提出的 NDC 目标，难以实现 2℃甚至 1.5℃的公平分配份额目标。为了更进一步减缓全球增暖，确保 21 世纪末温升幅度低于 2℃甚至 1.5℃，美国需增加减排 2.9 亿 tCO_2eq 甚至 8.8 亿 tCO_2eq；欧盟需增加减排 44.9 亿 tCO_2eq 甚至 55.3 亿 tCO_2eq。因此需要欧盟、美国等出台更积极有效的政策，进一步推进减排举措、技术、资金等的落实，包括带头推进 CCS 技术，以尽早实现碳排放负增长，并对发展中国家提供资金和技术支持，仅靠目前的经济结构调整和清洁能源计划，难以实现长期的全球温升目标。

2）利用可再生能源提高 NDC 的可能性

为完成《巴黎协定》的温升目标，必须加快可再生能源转型，可再生能源发电主要包括大水电、光伏发电、风电、生物质发电、地热发电、小水电、光热发电等。为实现 2030 年减排承诺，需要增加 1274GW 可再生能源装机容量，需要比 2014 年增长 76%，需要投资 1.7 万亿美元，其中 30% 的资金需要来自发达国家和国际组织的援助。另外，全球电力供应系统需要面临彻底改革，2020 年需要可再生能源至少占全球电力供应的 30%，并在 2050 年快速过渡到零排放。

风能并未在与传统化石能源的竞争中具备明显价格优势。目前，风电发展水平还很大程度上受制于经济状况，因此发达国家的风电开发利用水平较高。尽管风电成本已有大幅度降低，但其高昂的前期投资成本和技术需求仍然是限制其在发展中国家推广的主要因素。旨在控制排放的国际气候资金支持有助于加速化石能源向可再生能源的转型，风能发展也将受益于此。通过对全球不同国家及集团 2030 年的风电提升潜力和相应的资金需求做出综合评估，发现在基于当前能源政策发展条件下的参考情景中，2017 ~2030 年全球风电利用可减少 14.2$GtCO_2eq$ 的排放总量；而在具备持续的国际气候资金支持的加速情景中，2017 ~2030 年全球风电利用可减少 17.8$GtCO_2eq$ 的排放总量。实现上述减排，需要发达国家提供每年约 760 亿美元的资金支持。

3）其他途径

在 COP23 期间，部分发达国家和国际组织宣布了投资总额近 10 亿美元的新气候资金用于减缓和适应气候变化。挪威、联合利华公司和其他合作伙伴宣布了一项投资 4 亿美元的基金用于支持更高效的农业、小农和可持续森林管理。德国、英国和其他合作伙伴宣布投资 1.53 亿美元用于扩大亚马孙雨林应对气候变化和森林砍伐的方案。欧洲投资银行（European Investment Bank，EIB）宣布投资 7500 万美元，以加强居住在斐济首都苏瓦的 224 000 人的配水和污水处理的适应能力。绿色气候基金（Green Climate Fund，GCF）和欧洲复兴开发银行（European Bank of Reconstruction and Development，EBRD）为 2.43 亿美元的 Saïss 水保项目投入了 3700 多万美元，以协助摩洛哥提高农业的适应能力。联合国开发计划署（United Nations Development Programme，UNDP）和欧盟启动了一项 4200 万欧元（5200 万美元）的国家坚定捐款支持计划，以帮助各国履行《巴黎协定》。国际能源机构（International Energy Agency，IEA）在 13 个国家的支持下宣布投资国际原子能机构（International Atomic Energy Agency，IAEA）清洁能源转换计划 3000 万欧元（3700 万美元）。若上述倡议和支持能够得到有效执行，可视为发达国家提高 NDC 的有效途径。

3.4.2 主要发达国家及集团在不同长期目标下提高 NDC 的建议

从历史责任或减排和适应能力的角度来考虑，发达国家应承担更多的减排义务，更应积极地提供技术和资金支持。关于提高发达国家 NDC 的政策建议，包括以下几点。

1）策略上对发达国家保持适当压力

按照目前的 NDC 力度，到 21 世纪末全球温室气体排放量将突破 2℃ 目标下的排放量上限，难以实现全球长期目标，要控制大气中温室气体含量的升高，就需要各缔约方提高减排力度。与发达国家开展对话，保持密切沟通，从策略上对发达国家保持适当压力，但仍应以“自主决定”为基础，不强加减排量。在未来气候变化谈判和国际对话中，弱化 NDC 信息的核算，弱化 NDC 的量化，应强调 NDC 的多样性，包括减排、适应和技术支持，综合评估温室气体排放量、可再生能源、能源使用量和气候政策方面的进展。发达国家减排空间相对发展中国家小，应推动其通过技术、资金支持等方式为长期目标做贡献。

2）加强政治承诺以加快全球可再生能源转型

相比发展中国家，发达国家拥有更丰富的经验和成熟的技术，需要加强发达国家的政治承诺以加快全球可再生能源转型。目前的研究结果显示，加快可再生能源的部署将推动经济发展、创造新的就业机会、提高人类福祉，有助于构建气候安全型未来。随着可再生能源份额逐步增加，需要制定新的政策框架，加强可再生能源、能源效率及终端行业之间的深度协同，促进实现能源系统的彻底转型。鼓励发达国家在可再生能源领域的技术创新，以开启新市场、驱动可再生能源价格下降。

3）鼓励气候金融和技术的进步

在今后几年内缩小减缓目标与现行政策轨迹之间的差距非常重要。可通过碳中和、CCS 等技术手段实现净零排放和稀释大气中的二氧化碳浓度，然而目前技术还不够成熟。需要通过附加的政策和新的市场发展，推动发达国家在技术方面的投资和进步。鼓励发达国家启动工业转型试点，建立工业转型区域，提高创新能力，消除投资壁垒，优化工人技能，为工业和社会变革做好准备。到 2020 年，需要所有金融机构都披露脱碳战略，以便更好地配置投资组合，为必要的转型提供融资，需要发达国家每年至少投资 2000 亿美元公共资源和 8000 亿美元私有资源用于气候行动。

3.5 发展中国家 NDC 的资金需求、来源及缺口

气候变化资金议题是全球气候治理体系的重要组成部分，一直是全球气候谈判的难点和焦点之一。其中以发展中国家不断增长的气候资金需求与发达国家难以实现的气候资金资助承诺为主要矛盾。根据《巴黎协定》第 9 条规定，发达国家应协助发展中国家缔约方提供减缓和适应两方面的资金。发达国家的气候资金资助承诺是推动发展中国家实现 NDC 目标的有力保障，也是发展中国家关切的重要问题。然而，发达国家履行气候资金承诺的实际情况遭到发展中国家普遍质疑，发展中国家对气候资金的需求预估值也在不断增加，这使得发展中国家的气候资金需求与发达国家的气候资金承诺之间的差距越来越大。因此，分析《巴黎协定》后发展中国家的具体资金需求、来源及缺口，有助于中国在未来气候谈判资金问题上做到心中有数，增强发展中国家之间的互信和协作，并为发达国家承担历史责任，完成其气候资金承诺提供参考。

3.5.1 NDC 文件中发展中国家资金需求

本研究首先通过梳理 NDC 文件的资金信息，收集发展中国家资金需求数据。基于 151 份 NDC 文件，收集文件内容中涉及资金需求与援助的相关数据及信息。发展中国家提交的 151 份 NDC 中，有 138 份提出了明确的资金需求，其中，84 份 NDC 文件提出了具体的资金数额，占发展中国家 NDC 文件（151 份）的 56%。研究统计了这些国家 NDC 文件中的资金内容，收集了资金需求数据。

84 份提出具体资金数额的 NDC 文件提出的未来时间框架内实现其 NDC 的资金需求总和为 4. 4 万亿美元，年均资金需求为 0. 29 万亿美元。其中印度的资金需求最大，达 2. 5 万亿美元，占资金需求总和的 57%，远高于资金需求排名第二的伊朗（1925 亿美元），约为伊朗资金需求的 13 倍。在 84 个提出具体资金需求的国家或组织中，有 39 个为最不发达国家，资金总需求达 7500 亿美元；24 个为小岛屿发展中国家，资金总需求达 698. 1 亿美元。

通过分析 NDC 文件中提出具体资金需求的发展中国家分布情况及资金需求数额等级，可以看出高额的气候资金需求主要出现在亚洲，非洲提出具体资金需求的国家数量最多，

46 个非洲国家提出的气候资金总需求达 1.3 万亿美元。

根据各国提交的 NDC 文件，各国提出的 NDC 资金需求、年均资金需求、年人均资金需求、资金需求占 GDP 比例、国内外需求比值、减缓与适应资金需求比值、减排成本等差异悬殊。年人均资金需求范围为 0.3 ~ 895 美元；年均资金需求占总 GDP 比例范围为 0.04% ~ 40%；国外资金需求与国内资金需求平均比值约为 7 : 3；减缓与适应资金需求平均比值约为 6 : 4。NDC 文件中提出的减排成本差异较大，范围为 0.7 万 ~ 1.7 万美元/tCO_2eq。各国在估算本国的气候资金需求时各行其是，除少数几个国家外，大部分国家在提出具体资金需求时未给出具体的气候资金需求估算依据，目前《巴黎协定》也未提供各国估算本国气候资金需求的统一规则和算法模型，这是造成目前各项数据差异悬殊的主要原因。

3.5.2 合理的 NDC 资金需求

结合其他研究成果 [麦肯锡为 20 ~ 25 美元/tCO_2eq，联合国环境规划署 (United Nations Environment Programme，UNEP) 为 25 ~ 54 美元/tCO_2eq，部分发展中国家 NDC 为 22 美元/tCO_2eq]，本研究认为合理的碳减排平均成本约为 20 美元/tCO_2eq。根据各国提交的 NDC 文件，估算的预期累积减排量乘以减排成本即得出各发展中国家 NDC 减排的合理资金需求。从 NDC 来看，预期的发展中国家累积减排量为 119$GtCO_2eq$，合理减排资金需求约为 2.4 万亿美元，年均为 0.16 万亿美元。其中国际减排资金需求约为 1.7 万亿美元，年均国际减排资金需求总量为 0.11 万亿美元。再按 1 : 1 配置适应资金，则 NDC 资金总需求年均为 0.22 万亿美元。

提高发展中国家的适应能力，需要尽早采取行动以改善季节性气候预报、粮食保障、淡水供应、救灾应急，而饥荒预警系统和保险能够使未来气候变化造成的损害最小化，同时带来许多实际益处。但对发展中国家来说，因为这些国家的经济严重依赖农业等易受气候影响的行业，所以其适应能力与工业化国家更是相形见绌，适应能力建设需要更多的资金与技术支持。因此，考虑未来气候变化可能导致新的适应需求，资金需求可能远大于 0.22 万亿美元。

3.5.3 发展中国家资金来源与缺口估算

《巴黎协定》规定发达国家需继续提供资金帮助发展中国家采取减缓和适应行动，发展中国家的履约程度取决于发达国家提供支持的力度。目前发展中国家的主要国际资金来源主要为《公约》下的 GEF、GCF 和 AF，发展中国家与发达国家的双边基金援助及私募基金等。另外，有部分发展中国家依据自愿原则，投入气候资金也是发展中国家的主要资金来源。这些国家主要是一些经济体量大、经济发展繁荣的发展中国家，如中国在 2015 年投资 200 亿元建立气候变化南南合作基金，与多个发展中国家开展南南合作，用于从减缓和适应两方面帮助落后发展中国家。其他资金来源还有印度-巴西-南非 (IBSA) 扶贫和减少饥饿基金及韩国南南合作和三角合作资助减少贫困能力建设方案等。

根据 OECD 的统计，发达国家在近几年的资金援助额每年为 500 亿～600 亿美元，其中双边公共财政为 220 亿～230 亿美元，多边公共财政为 150 亿～200 亿美元，出口信贷为 16 亿美元，私人募集为 120 亿～170 亿美元。根据各缔约方提交的双年报数据，2013～2014 年发达国家提供的公共资金约为 410 亿美元，然而，实际气候资助金额可能更不足。根据乐施会 2016 年发布的气候资金影子报告，对 2013～2014 年气候资金贡献（公共资金中的多边和双边气候资金）进行评估，认为全球气候资金的在录水平大幅度夸大了提供给发展中国家的实际支持（针对气候的支持、净援助），针对发展中国家气候变化的净援助仅有 110 亿～210 亿美元。

发展中国家 NDC 的资金需求每年达 2200 亿～6000 亿美元，目前已兑现的资金来源每年为 500 亿～600 亿美元估算，尚有资金缺口每年为 1600 亿～5400 亿美元。若仅考虑减排部分，资金需求为 1100 亿～3000 亿美元，目前的资金来源仅为需求的 30%～50%，仍存在较大的资金缺口。随着节能的深入，未来节能潜力会越来越小，节能投资将加倍增长，因此未来的资金缺口可能还会增加。欧盟虽然在节能减排政策制定和技术方面处于领先地位，但资金和技术转让问题上缺乏诚意。

另外，美国作为出资的主要国家，其退出《巴黎协定》，拒绝支付 GCF，拒绝继续履行资金支持义务，使本不充裕的气候资金机制雪上加霜，GCF 的筹资缺口将增加 20 亿美元，而长期气候资金的缺口每年将增加 50 亿美元左右。这就要求欧盟和日本对 GCF 的捐助至少上升 40%，同时欧盟及其成员国的长期资金支持至少上浮 25.2% 才能填补上述资金赤字。

3.6 通过全球盘点加强发达国家资金承诺的目标与方案

3.6.1 发达国家资金承诺与实施情况

自 2009 年《哥本哈根协议》签订以来，发达国家承诺的每年 1000 亿美元气候资金迟迟没有兑现。在《巴黎协定》中，虽然保留了“发达国家到 2020 年每年动员 1000 亿美元，并在 2025 年前设定每年不低于 1000 亿美元的集体量化出资目标”的文字表述，但仍未就发达国家未来如何分摊出资义务达成一致，也未就到 2020 年前每年动员 1000 亿美元资金目标规划出清晰的实现路径。在发达国家 NDC 报告中，均以减缓为主要内容，而对资金捐助的事宜只字未提。

资金范围、来源和用途如何界定存在较大分歧。目前，还没有建立切实可行的资金捐助机制。在资金来源方面，除无偿资金援助外，其他类型的资金（如优惠贷款）是否能计入 1000 亿美元尚存争议，私募资金是否计入也存争议（因为这些资金仅是出于个人意愿，而非政府努力推动的）；在国家界定方面，1000 亿美元是否严格限定为发达国家向发展中国家提供的直接资金，双边、多边资金是否算入；在受助对象方面，各类非政府组织能否计入 1000 亿美元资金的接收方；在资金用途方面，没有统一的资金使用机制，如何对气候资金的使用进行分配也存在很大的不确定性。

目前，各气候资金执行实体间竞争关系超过合作互补关系。随着气候基金实体的增多，各组织和机构都依托自身的治理规则对基金进行管理。而大多数基金机构以资金的保值增值为运营目标，各自为战，缺乏对整体气候资金的宏观把控。各基金运营实体往往集中投资汇报高的项目，而一些亟须资助的项目则无人问津，如一些小岛屿国家，由于国家体量小，气候资金的投入收益较其他国家低，在国际上申请到气候基金资助的概率较小，但这些国家同时也是受气候变化影响最大，气候体系最为脆弱的国家。脱离《公约》体系下的多渠道资金，使气候变化适应与减缓效果不再是基金的首要诉求，对这些脆弱国家的资助往往不足。

发达国家借现有的自主贡献机制，回避讨论资金议题。由于自主贡献方案是各缔约方依据自身国情设置未来的减排发展目标，对自主贡献的内容虽然做了需要具有的基本组成部分的规定，但实际上并没有强制性。这就为发达国家在这种相对自由的框架下，回避对资金问题的探讨留下了空间。事实亦证明，目前附件一国家的自主贡献文件中，都没有提到对发展中国家进行资金资助的具体数量与措施。土耳其作为唯一一个在 NDC 文件中提出资金资助的国家，居然也提出了需要国际气候资金支持以继续推进其国内抑制气候变化行动。

大部分发展中国家没有设立专门的气候基金机构。发展中国家作为气候资金的接收者，没有专门的气候基金机构对接国际气候资金支持，多数由政府相关部门或者科研机构及非政府组织对接国际气候资金进行运作。专门的气候基金部门的缺失，使发展中国家在对外吸收国际气候资金，对内管理气候资金在本国内的运作、使用方面，都缺乏统一的规范。有些国家，将国外的气候资金与国内原本的减排计划综合，或分拨入几个部门，使发展中国家的气候资金无迹可寻。发展中国家气候基金机构的缺失也为验收气候资金效果设置了阻碍，不利于国际气候资金资助的持续引入。

3.6.2 加强发达国家资金承诺的方案

（1）发展中国家应统一立场，坚决强调资金在各国自主减排中的重要性。发展中国家应该充分意识到资金在 NDC 中的重要意义，在气候谈判中一致强调资金援助将对各国完成 NDC 减排目标具有重要作用。发展中国家应尽快对资金需求进行科学汇总和客观评估，为发达国家设立新的气候出资目标。

（2）各国应完善 NDC 文件内容，提高各国气候资金的透明度，明确各国的资金分摊义务。发达国家 NDC 文件中都避免谈具体的资金资助，可通过下次 NDC 盘点时，由广大发展中国家呼吁《公约》秘书处对各国提交的 NDC 文件制定规范，使发达国家不得不对本国资金援助给出具体数值。边界模糊的资金捐助界定以及缺乏可实施的资金分配机制是目前气候融资的主要困境，也是发达国家不兑现 1000 亿美元资助承诺的主要原因。在今后 NDC 盘点时，需要通过广大发展中国家的强烈呼吁，迫使发达国家按历史责任及未来发展情景明确对减排资金的负担比率，量化具体的资金目标。

（3）应通过多种举措构建发达国家资金捐助与发展中国家资金需求的互动平衡。例如，发达国家如何帮助发展中国家提高减缓贡献，制定适应计划，以吸引更多的气候投资；发达国家如何与发展中国家一起跨过气候资金的实施障碍，帮助发展中国家进行能力建设，优化国际气候政治环境。建议可以通过公共基金和政治导向推动私人资金投资于应对气候变化领域，这不仅限于实现每年 1000 亿美元的目标，更应向实现《巴黎协定》的目标靠拢；可以与国际机构（如各类多边发展银行）合作，以带来更多的气候资金，如 GCF、GEF 等；将应对气候变化融入政府决策之中，并使之成为主流观点，从而在处理气候变化问题的同时，实现可持续发展目标；继续提高对气候资金的追踪，为了解资金运转路线、提高自主效率提供参考。

3.7 针对中国 NDC 更新的思考

中国已于 2015 年 6 月 30 日提出了 NDC 方案，承诺 2030 年左右实现碳排放达峰，并努力尽早达峰，2030 年单位 GDP 二氧化碳排放比 2005 年下降 60% ~65%，2030 年非化石能源占一次能源消费比例达到 20% 左右，以及 2030 年森林蓄积量比 2005 年增加 45 亿 m^3左右。同时承诺将继续主动适应气候变化。

3.7.1 NDC 实施进展和政策评估

为实现应对气候变化 NDC 目标，中国在 NDC 方案中提出了将在国家战略、区域战略、能源体系、产业体系、建筑交通、森林碳汇、生活方式、适应能力、发展模式、科技支撑、资金支持、市场机制、统计核算、社会参与、国际合作共 15 个领域采取强化行动的政策和措施。据评估，除战略部署和保障措施外，现有政策的预期实施效果和贡献如图 3-7所示。上述政策措施目前稳步推进并已取得了明显成效。

尽管如此，从目前实施的政策措施具体评估来看，仍然存在三方面的问题：一是政策实施不平衡，15 类强化行动的政策和措施的数量及力度差异比较大，目前主要聚焦在供给侧的能源和产业类排放，对未来增长较快的需求侧消费部门政策布局较为有限，政策数量、覆盖范围、政策内容等均有待细化与加强。二是政策实施不充分，15 类强化行动的政策和措施大体都只提出了到 2020 年的量化支撑目标或任务，还没有到 2025 年或 2030 年的目标，在 62 项政策目标或任务中仅有 8 项涉及 2030 年，尚无法对实施 2030 年 NDC 目标提供直接支撑，而且政策覆盖对象还不完全，部分领域减排政策仍存在空白。三是政策实施不协调，15 类强化行动的政策和措施“政出多门”，节能、减碳、减常规污染物等不同部门政策存在交叉、矛盾、不合理等问题，仅市场机制就包括碳排放权交易、绿色证书交易、用能权交易等多种相互交叉或冲突的政策工具，在碳排放总量和强度、能源消费总量和强度政策上也存在一定的重叠性，在政策形式上“过剩”但力度上不足的问题较为显著。上述问题如不能有效解决，将有可能造成现有政策难以支撑 NDC 峰值目标的提前实现。

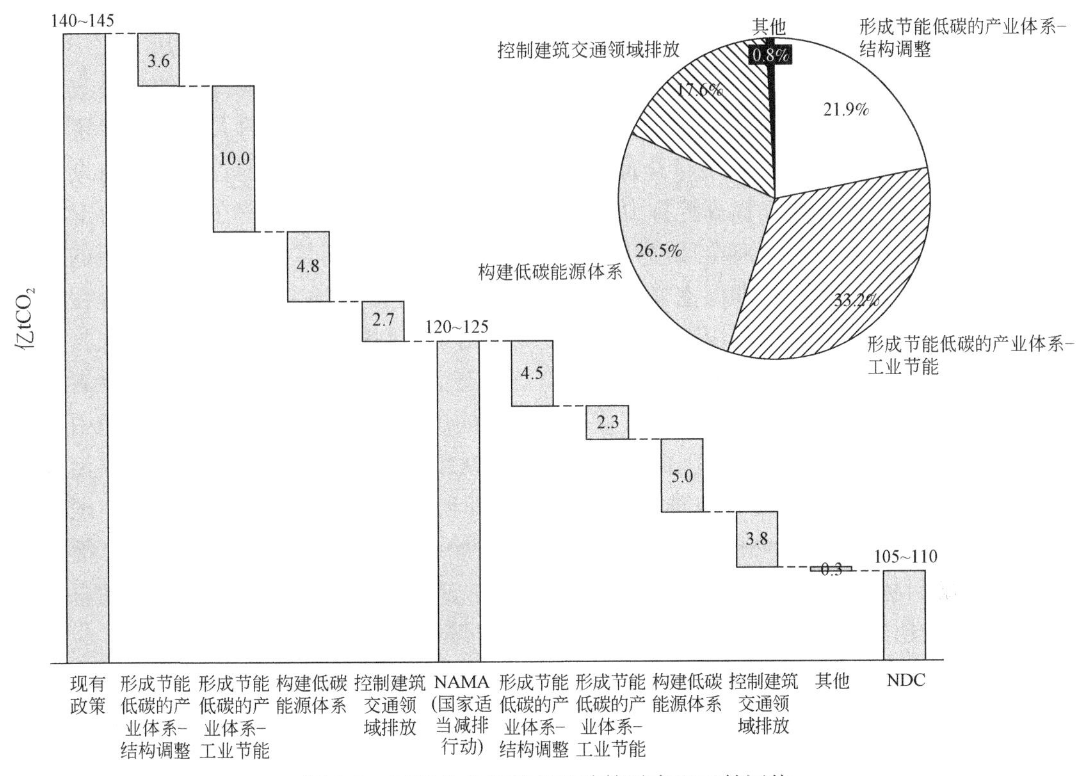

图 3-7 国家自主贡献主要政策需求和贡献评估

关于 NDC 实施政策的延续、强化、协调和创新的工作仍需要进一步加强，具体考虑如下：一是政策延续，现有行之有效的一些政策手段，如严格的目标分解考核制度、区域低碳发展试点示范、可再生能源及新能源汽车补贴、淘汰落后产能、节能标识和补贴、新增投资节能评估等需要在未来持续执行。二是政策强化，在当前各部门、各行业、各区域 2020 年目标和政策的基础上，逐步强化实施力度，对重点工业产品能耗限额标准、机动车燃油经济性标准、强制性建筑节能标准等需要及时根据技术进步予以更新。三是政策创新，更好地发挥市场机制和政府作用，建立碳排放总量管理制度，完善碳排放权交易市场机制，创新气候投融资和消费类政策。四是政策协调，加强国家应对气候变化领导小组的协调作用，从并行、互补、冲突的角度，分类统筹相关政策实施，共享基础设施，避免重复建设，最大化政策间协同效应。

3.7.2 NDC 更新的利弊分析与策略选择

除更好地实施中国 NDC 之外，更新 NDC 也需要提上议程，主要是因为：一是根据目前《巴黎协定》和后续缔约方会议决议的要求，中国需要在 2020 年通报或更新 2030 年 NDC。《巴黎协定》要求每五年通报一次 NDC，准备、通报并持续提交的后续 NDC 需要比当前的 NDC 有所进步，并尽可能地反映其努力。同时，作为发展中国家，中国还应当继续加强减缓努力，鼓励根据各国不同的国情，为逐步实现全球温室气体总量限排目标做出行动。二是中国作为全球第一大排放国，维护负责任大国形象面临国际舆论压力。中国作为拥有近 14 亿人口的全球第一大排放国和第二大经济体，在全球气候行动的总体进展中有着举足轻重的地位，中国 2016 年占据了全球 18% 的 GDP 和 19% 的人口，消费了全球 22% 的能源和 52% 的煤炭，排放了全球 28% 的二氧化碳。中国 NDC 的首次更新将会受到国际社会的广泛关注，要求提高控排力度的压力也将与时俱增，特别是在《巴黎协定》各缔约方自主贡献力度总和距离全球温升控制在 2℃/1.5℃ 的长期目标仍有较大差距的情况下，不排除各方会在提交长期温室气体低排放发展战略前和 2020 年更新 NDC 的进程中向中国施压。三是党中央对中国应对全球气候变化提出了更高的要求。党的十九大报告首次提出了“引导应对气候变化国际合作，成为全球生态文明建设的重要参与者、贡献者、引领者”的论述，这是对中国参与全球气候治理作用的历史性认识，更为中国更好地引领这项工作的开展提出了新的要求。因此，中国有必要从维护国家利益和引领全球气候治理的角度，研究和论证更新 NDC 的可能性和方式，分析利弊并做出基本判断。四是中国具备提高 NDC 的潜力和条件。根据本研究，在适当增加政策力度的前提下，中国具备提高 2030 年 NDC 目标的潜力，二氧化碳排放峰值有望在 2030 年前实现，碳强度下降和森林蓄积量目标也能超额完成，根据国家《能源生产和消费革命战略（2016—2030）》，非化石能源消费占比的提高也有可能加快部署。同时，中国也多次宣布，有望提前、超额完成 2020 年前国家适当减缓行动的目标，以此作为基础，一定程度上提升了我国提高后续 NDC 目标力度的信心。

2020 年调整 NDC 目标对中国具有积极效应，一方面是可以展现国内应对气候变化工作的努力和良好成效，彰显中国引领全球气候治理的负责任大国形象；另一方面是可发挥“以外促内”的积极作用，推动国内绿色低碳发展转型。与此同时，中国调整 NDC 也面临着一些挑战和风险。一是可能影响中国提出 NDC 的严肃性和权威性，NDC 目标的制定是根据自身国情、发展阶段、可持续发展战略和国际责任担当，历经多轮技术论证和政治决策，并经国务院批复后最终提交《公约》秘书处的，调整贡献必须要有充分理由和合适的时机。二是可能引发国际社会对中国贡献力度不足的质疑，并对中国抱有更高的预期，国际上一直有一些声音怀疑中国 NDC 的目标留有余地，在提出目标数年内就对其进行调整，反而可能成为其他国家批评中国贡献目标力度不够的口实，欧盟此前类似举动就未获得国际社会的一致好评。三是单方面提高贡献目标可能使中国短期内面临潜在的竞争力“比较劣势”，也为后续每五年的更新和通报制造了累进的难度。

因此，综合考虑上述各因素，在 2020 年通报更新 NDC，中国目前有以下四种可能方案：一是根据新的 NDC 特征、信息和核算导则要求完善 NDC，提供必要的补充信息，使现有 NDC 目标更为澄清、透明、易于理解，特别是关于目标本身的描述，就目标核算的方法学提供补充说明。二是强化 NDC 既有目标力度，如明确提前达峰的时间或峰值水平、提高碳强度下降、非化石能源消费占比或森林蓄积量目标等。三是拓展目标的范围，主要考虑纳入非二氧化碳的温室气体排放控制目标。四是增加或细化部分政策措施，包括细化不同部门的温室气体排放控制的政策措施、补充全国碳排放交易权市场建设的相关政策、增加南南合作等国际合作机制内容等。中国在 2020 年是否以及如何更新 NDC 需统筹考虑国内外多方面因素，对多种方案利弊进行综合评估，审慎决策。

3.7.3 NDC 实施和更新的政策建议

NDC 的实施是应对气候变化工作的“灵魂”，其更新和衔接更是关乎中国中长期发展战略的具体安排。如何设计好、运用好 NDC 这一统筹国内外两个大局的双重政策工具，下好打造“美丽中国和世界”“全球生态文明”和“人类命运共同体”这盘“大棋”，协同和平衡国家利益与国际形象，是新时代赋予我们的使命。有关 NDC 实施和更新的下一阶段工作的政策建议如下：

（1）尽快研究提出 2030 年 NDC 实施的行动计划。对到 2030 年的 NDC 的政策和行动进行盘点与评估，主要思路可考虑从当前以五年规划调整为主要方式的“强度主导型”政策体系，转变为中长期目标分解与倒逼的“峰值引领型”政策体系，在重点行业和地区探索试行的基础上，加快部署碳排放总量控制制度，针对实施中出现的不平衡、不充分和不协调的突出问题，延续、强化、协调和创新支撑 NDC 实施的主要政策和行动，完善分阶段、分行业、分部门、分区域的 NDC 实施的行动计划。

（2）着手研究准备 2020 年 NDC 更新的通报方案。对在 2020 年通报更新、2030 年 NDC 的备选方案进行评估和论证，确定更新力度调整的基调，主要思路可考虑以《巴黎协定》确立的 NDC 特征、信息和核算导则要求相应调整中国 NDC，同时考虑纳入非二氧化碳的温室气体排放控制目标，以增加或细化部分政策措施为主，审慎考虑提高碳强度、达峰时间等具体指标的力度，并考虑更新通报的策略，以及是否共同发布与主要国家及集团的联合声明，以引导国际社会的预期。

3.8 针对全球盘点机制的对策及政策建议

在注重现实起点的同时，强调形成不断提高力度的机制是《巴黎协定》最为重要的精髓。《巴黎协定》中要求的各国提交的 NDC 是通过“自下而上”和“弱约束”的方式力求最大程度的参与，并通过定期更新等制度安排来解决力度不足的问题。其中，NDC 定期提交和更新是协调各缔约方行动的实际载体，强化的透明度体系是有效落实各缔约方应对气候变化行动和支持的条件基础，而全球盘点机制是建立“自下而上”贡献目标与长期目标的联系，确保《巴黎协定》的可持续性，以落实《巴黎协定》的重要制度安排，对于盘点《公约》和《巴黎协定》整体实施进程与促进低碳、气候适应型和可持续发展至关重要。全球盘点机制的产出和结果将对我国未来 NDC 目标等决策产生较大影响。

3.8.1 全球盘点“中国方案”的思路主线

全球盘点目的是通过持续的、互动的、强化的和“干中学”的国际合作进程，减少各国特别是发展中国家面临的社会、经济、技术等方面的挑战和不确定性，以提高整体应对气候变化的力度，实现《公约》和《巴黎协定》宗旨及长期目标。

全球盘点“中国方案”应符合决策者思维模式。单纯的对力度差距的量化盘点无法达到提高行动和支持力度的作用。要实现推动缔约方提高力度的目标，需要全球盘点能结合决策者真正关心的内容，提供更广泛、更积极、更具可操作性的对决策者可用的信息，如可供推广的做法和经验、弥补差距的激励合作机制等。同时，发展中国家强化行动离不开资金、技术、能力建设方面的支持，应涵盖支持需求及如何强化支持的内容。

全球盘点“中国方案”应致力回答如下问题，即科学要求是什么？已有进展是什么？是否足够？不够怎么办？有哪些选项？如何满足资金、技术、能力建设等适宜条件？有什么好的做法可以值得借鉴？为回答上述问题，全球盘点“中国方案”需要体现如下四方面特征：

（1）全面性。全球盘点应全面考虑减缓、适应以及实施手段和支持问题，并顾及公平和现有最佳科学认知，确保减缓和适应、行动和支持的平衡。

（2）促进性。全球盘点应以促进性的方式开展，其结果如何应用于缔约方后续更新、强化行动和支持是由缔约方自主决定的。全球盘点重在提供信息。

（3）整体性。全球盘点评估的是整体进展而非个体进展，应着重评估整体进展和整体差距。

（4）积极性。全球盘点不能仅限于对力度差距的量化盘点，不能陷入“互相指责”和“谴责游戏”，要查找问题、吸取教训和提供良好做法，特别是如何强化资金、技术、能力建设支持的国际合作方案。

3.8.2 全球盘点“中国方案”的结构

全球盘点机制的设计与其基本概念、内涵和遵循的原则紧密相关，因此，识别全球盘点的信息来源和确定全球盘点的模式不能脱离对全球盘点机制总体性与实质性问题，如全球盘点的内涵和联系、全球盘点的产出和成果、全球盘点的信息来源等的通盘考虑。

如图 3-8 所示，为确保全球盘点机制的完整性和有效性，除了讨论全球盘点的程序性安排，即“怎么盘点”外，回答诸如“盘点什么”“盘点产出和成果”等问题也至关重要。上述三个要素是密切相关的且受全球盘点的目标和指导原则的指引。对“整体进展”的理解将决定信息需求，并影响全球盘点相应的产出形式。全球盘点的信息来源区别于信息需求，但两者之间又有着紧密联系。同时，全球盘点的产出和成果也与全球盘点的信息需求和信息来源密切相关，信息需求的确定应反映全球盘点的产出和成果要求。在具体的案文中，对全球盘点内涵及其旨在解决问题的描述既可作为一般性要素，也可分别在模式和信息中予以体现，具有一定的灵活性。

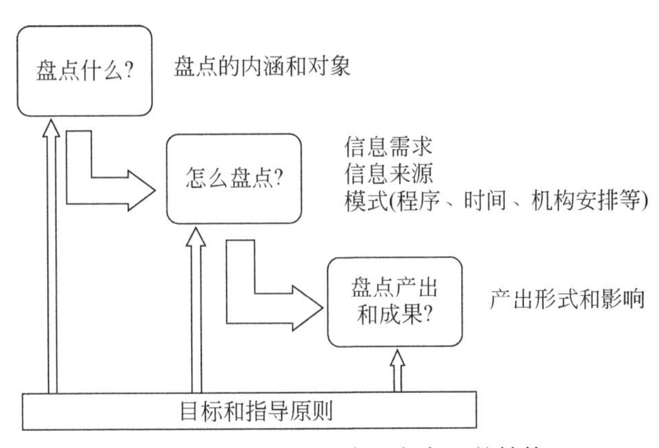

图 3-8　全球盘点“中国方案”的结构

针对“盘点什么”的问题，“整体进展”是全球盘点的对象（图 3-9）。“整体进展”区分于加总努力，不能仅限于对力度差距的量化盘点，而应包含更广泛、更积极的内容：①转型进展。如全球低碳转型进展（包括减缓绩效、提高能效和发展可再生能源的进展）、适应进展（适应行动和绩效）以及在技术研发和转让、政策实施、能力提升、资金支持和投资撬动等方面的进展等。②目标进展和差距。一是全球减缓、适应和资金、技术能力建设支持方面整体进展与各国承诺目标之间的差距；二是全球减缓、适应和资金、技术能力建设支持方面整体进展与《巴黎协定》宗旨和长期目标要求之间的差距。③优秀实践。包括可资借鉴的经验教训和推广的最佳实践以及强化合作的潜在机会。

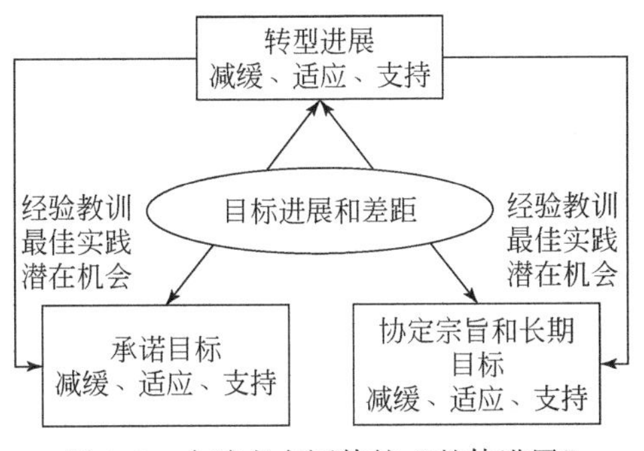

图 3-9　全球盘点评估的“整体进展”

全球盘点应通过交流转型进展、目标进展和差距、优秀实践，评估实现《巴黎协定》宗旨和长期目标的整体进展情况和差距，进而促进潜在合作和加强行动。同时，全球盘点应帮助识别和克服落实《巴黎协定》的潜在障碍，进一步帮助履约困难的发展中国家克服障碍，加强行动。

3.8.3　全球盘点的信息来源

全球盘点的信息需求应保持减缓和适应、行动和支持等要素间的平衡，具体见表 3-2。

表 3-2　全球盘点的信息需求

交流内容	适应	减缓	行动和支持
转型进展	适应努力行动及绩效 适应充分性和有效性 适应技术、政策等方面的信息 面临的困难和挑战	温室气体排放趋势和减排绩效 减缓行动和项目实例 技术进步、低碳投资、消费行为、制度政策的相关信息 面临的挑战和困难	发达国家和机构向发展中国家提供资金、技术、能力建设支持的相关信息 《公约》相关机构（如 GCF、AF）的运营情况、绩效和面临问题
目标进展和差距	实施全球适应目标方面的整体进展和差距 适应资金、技术、能力建设的需求和差距	实施全球温升、减缓目标方面的整体进展和差距 减缓资金、技术、能力建设的需求和差距	实施资金、技术、能力建设目标的整体进展 发展中国家收到的资金、技术、能力建设支持与需求间的差距
优秀实践	缔约方/多边机构的优良做法和经验 强化适应国际合作的潜在机会	缔约方/多边机构的优良做法和经验 强化减缓国际合作的潜在机会	最佳实践、经验教训 潜在障碍和解决方法，特别是在气候融资和技术创新方面等的国际合作机会

在信息来源方面，除《公约》提到的信息来源外，全球盘点还应考虑下列信息来源：

（1）缔约方依据全球盘点的信息需求提交的提案，包括最佳实践、经验教训方面的信息。

（2）国家信息通报、发展中国家两年更新报、发达国家两年报、国家排放清单、国际评估和审评、国际磋商和分析，以及缔约方和《公约》下的其他报告。

（3）联合国、其他多边机构和国际组织发布的相关报告，但需要缔约方同意。

（4）缔约方协商一致确定的其他信息来源。

信息来源列表应相对开放，允许新的相关信息被纳入考虑。但是，为确保信息可控，在增补信息来源时应遵循一定的原则，如科学标准和缔约方一致认可等。

3.8.4　全球盘点的模式

为确保全球盘点的效果和效率，全球盘点的模式和程序需简单实用，以确保缔约方尤其是发展中国家充分参与到盘点进程中。

全球盘点的模式设计可参考《公约》已有经验，包括提高 2020 年前力度的技术审查机制、《京都议定书》目标重申和 2013 ~ 2015 年审评的相关经验。

全球盘点的模式应确保减缓和适应、行动和支持间的平衡，从过往经验中不断学习和增进互信，并设计跨领域小组解决行动和支持的联系、公平等。

全球盘点的进程包括三方面的活动：信息准备和处理；技术性交流、研讨；成果考虑。每项活动的产出应结合全球盘点需回答的关键问题，并给予回答。具体进程安排如图 3-10 所示。

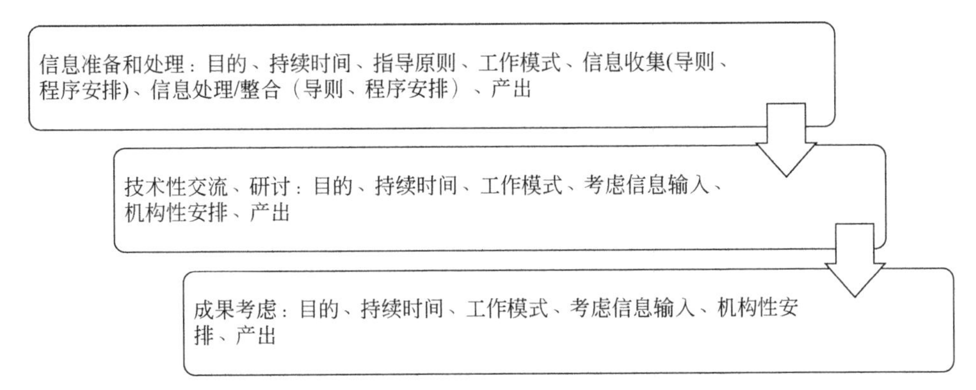

图 3-10　全球盘点的进程安排

全球盘点的进程建议由 CMA 主导，确保全体缔约方参与，特别是发展中国家缔约方的参与，其他相关利益相关方也可参与到盘点进程中。同时，全球盘点的进程应在平衡考虑各要素的基础上，设计专门的跨领域小组解决行动和支持的联系问题。全球盘点应充分发挥《公约》已有机构安排的作用。《公约》秘书处可为全球盘点的实施提供后勤保障。

全球盘点持续时间不超过一年，其依赖于全球盘点的模式设计和全球盘点信息的可得时间。

3.8.5　全球盘点的产出

全球盘点结果应作为缔约方确定其后续行动和支持以及强化应对气候变化国际合作的信息参考。最终全球盘点结果应得到缔约方认可。针对缔约方的任何建议都需要经 CMA 讨论通过，并平衡地、完全地反映缔约方的意见和观点。缔约方自主地根据全球盘点结果和建议采取行动。

具体而言，全球盘点的产出可包括如下内容：

（1）评估减缓、适应、实施手段和支持等方面的整体进展，及其与承诺目标、《巴黎协定》宗旨和长期目标间的差距。

（2）总结各缔约方在减缓、适应、支持领域应对气候变化行动和政策实践的经验与教训，识别机遇和挑战。

（3）就完善《公约》及《巴黎协定》下的相关机制和加强国际合作给出建议。

第4章　新时期应对气候变化南南合作重大问题研究

中国在气候变化南南合作方面积累了丰富的经验和成果，也面临新的机遇和挑战，需要在《巴黎协定》引领的全球气候治理下重新思考南南合作的定位和模式。首先应对气候变化南南合作的目标应该以中国为主，从增强中国气候变化领导力，建立以中国为核心的经济合作、服务气候外交和推广中国技术标准等为基本出发点；其次合作思路应从政府主导向企业主导、从产品输出到产业输出、“授之以鱼”向“授之以渔”的转变；最后基本构架应从驱动源、资源、模式和目标四个方面进行统筹考虑。本研究利用定量分析的方法，通过外交利益、谈判利益、代表性、影响力、发展阶段、合作意愿、地缘政治等多个角度初步确定了中国气候变化南南合作优先国家。

4.1 引　言

2018年3月，中国宣布组建国家国际发展合作署，将商务部对外援助工作有关职责、外交部对外援助协调等职责整合，作为国务院直属的副部级机构，其宗旨是充分发挥对外援助作为大国外交重要手段的作用，加强对外援助的战略谋划和统筹协调，推动援外工作统一管理，改革优化援外方式，更好地服务国家外交总体布局和共建“一带一路”等。具体职责是拟订对外援助战略方针、规划、政策，统筹协调援外重大问题并提出建议，推进援外方式改革，编制对外援助方案和计划，确定对外援助项目并监督评估实施情况等。国家国际发展合作署的组建标志着中国对外援助进入新的历史时期，解决了长久以来的“条块分割”问题，形成“一盘棋”的思维，优化外援战略布局，将显著提升对外援助综合效应，必然对突显中国负责任大国的形象，增加中国在国际事务中的话语权，服务于国家整体外交和对外发展战略的方面具有重要的意义。

2015年9月，中国宣布投资200亿元建立气候变化南南合作基金。在巴黎会议上，习近平主席进一步提出在发展中国家开展10个低碳示范区、100个减缓和适应气候变化项目及1000个应对气候变化培训名额的“十百千项目”，将中国开展气候变化南南合作推向新的高度。短短几年时间，中国应对气候变化南南合作从无到有，走上了快速发展的道路。这一方面展现了中国作为发展中大国负责任的国际形象，另一方面也对中国提出和主导的气候变化南南合作机制的目标诉求、机制设计、绩效评估等方面提出新要求。同时，随着新兴经济体的群体性崛起，发展中国家内部的利益多元化，以“G77+中国”为代表的发展中国家阵营分歧日益明显，气候变化南南合作有希望发展成为团结广大发展中国家的重要手段。

在中国国际发展工作步入新时期的伊始，气候变化南南合作作为近年来快速发展的对外合作领域，既受到国际社会的高度关注，又是国内多个部门着力推动的工作，如何在国家国际发展合作署的统筹下，制定气候变化南南合作的战略方针、规划和政策，需要解答三方面的问题：第一，中国气候变化南南合作的基础与经验；第二，中国气候变化南南合作的资源与成果盘点；第三，下一步气候变化南南合作的基本框架建议。

4.2 中国气候变化南南合作的基础与经验

4.2.1 气候变化南南合作的形势和中国经验

新兴国家发起的气候变化南南合作受到全球的高度重视，特别是中国建立气候变化南南合作基金，标志着主动承担了与自身国情、发展阶段和实际能力相符的国际义务，为《巴黎协定》的达成起到重要的推动作用，得到国际社会的高度评价。近年来，中国、巴西、印度、南非等发展中国家逐渐加大气候变化南南合作的力度，引起全球的广泛关注。IBSA 基金是南南合作多边基金运作十分成功的案例，已有十多年的项目实施经验，为应对气候变化、减少贫穷与饥饿发挥良好的作用。近年来，中国在气候变化南南合作方面成绩显著。中国通过与联合国环境规划署（United Nations Environment Programme，UNEP）、联合国粮食及农业组织（Food and Agriculture Organization of the United Nations，FAO）等开展多边合作，帮助乌干达、蒙古国、埃塞俄比亚、尼日利亚、塞内加尔等发展中国家提高适应气候变化能力，向加纳、赞比亚开展可再生能源技术转移，并开展了一系列的培训与能力建设，获得广泛赞誉。

气候变化南南合作与中国“一带一路”“走出去”“产业结构升级”等目标一致，气候变化南南合作也得到广大发展中国家的响应，以气候变化南南合作为先导，可有力支撑国家战略目标的推进。共建“一带一路”倡议构想体现了中国作为新兴市场与发展中国家经济合作领军者的角色和作用，但发展中国家经济合作机制复杂、因素众多，这种引领和主导必须把握各国经济发展的需要和时机，找到恰当的形式、机制和切入点。气候变化南南合作结合广大发展中国家的迫切需求，涉及基础设施、能源、农业、环保等广阔的领域，是我国落实“一带一路”倡议极好的切入点。中国气候变化南南合作通过产品、技术和产业的输出，利用中国的资金、适用技术解决广大发展中国家应对气候变化的迫切需求，同时，也推动中国广大中小型企业以气候变化南南合作为突破口，实现企业“走出去”。

中国开展气候变化南南合作已经积累了丰富的经验。中国气候变化南南合作从无到有，快速发展，积累了重要的组织与实施经验。一是与国际多边组织合作，在起步阶段依托联合国、GEF 等共同完成项目组织实施。二是国家驱动和平等伙伴关系。三是采用受发展中国家欢迎的支持类型、个人或机构能力建设、技术转让、资金支持等。四是重视发挥中国在南南合作中的比较优势。中国本身就是发展中国家，国内气候适应与减缓积累的丰富经验适用于其他发展中国家，并有着大量优秀专家和技术人员。五是强调“自力更生”

原则下的援助，重视受援国能力建设。

中国推动气候变化南南合作的资金和技术基础已经具备。气候变化南南合作基金的建立与运行标志着中国气候变化南南合作进入新的历史阶段。2011 ~ 2015 年，中国已安排 4.1 亿元资金用于支持小岛屿国家、最不发达国家、非洲国家等应对气候变化；2015 年，中国建立了气候变化南南合作基金，奠定了中国推动气候变化南南合作的资金基础。2016 年 9 月，科学技术部（简称科技部）宣布推动向广大发展中国家实现绿色技术转移的绿色技术银行正式启动。在坚持“改革、开放、创新”理念的指导下，着力发挥绿色技术银行的作用。第一，绿色技术银行要为落实联合国 2030 年可持续发展议程做出重要贡献，促进国内先进技术向发展中国家转移，以技术“走出去”支撑科技强国建设。第二，绿色技术银行要作为落实创新驱动发展战略，破解科技成果转化难题的创新性、前瞻性工作，加强科技与金融资本等要素的融合，加快科技成果转化，促进科技与经济的紧密结合。作为中国落实联合国“2030 年可持续发展议程”的重要行动，绿色技术银行的建立将有利于促进我国应对气候变化先进适用技术向广大发展中国家转移转化。

4.2.2 中国推动气候变化南南合作的机遇与挑战

就挑战而言，一是发展中国家产业结构趋同，缺乏互补性，难以形成紧密的分工关系，传统南南合作多为低层次的经贸合作。发展中国家经济发展水平相近，产业大都以劳动密集型产业和资源密集型产业为主，产业成本递增快，合理经济规模小，也无法形成旨在分享规模经济的协议分工，很难形成类似发达国家高附加值、高技术产业广泛的产业内分工。同时，发展中国家商品出口基本是一种竞争性关系，产业结构的低层次雷同造成生产分工的障碍。经济、技术合作的领域多集中在农牧业、轻工业。二是发展中国家同处于“中心-外围”格局的边缘，南南合作无力打破不合理的政治经济格局。在“中心-外围”格局中，西方国家长期处于中心地位，广大南方国家长期处于“外围”地位，扮演着原料供应方、倾销市场、初级产品加工者的角色。南南合作虽然加强了南方国家的凝聚力，却无力打破不合理的政治经济格局，无法从根本上改变南方国家处于“外围”地位的现实。三是发展中国家以政治、意识形态为导向，南南合作经济效益的延续性和稳定性较差。南南合作通常带有鲜明的政治或意识形态痕迹，经济因素常常遭到轻视。一些合作项目不重视实际效益，不以市场为导向，甚至违背经济规律，其结果使合作缺乏延续性和稳定性。

就机遇而言，与以往相比，当前开展气候变化南南合作在合作的主体、内容和参与者层次上有诸多新的变化。一是发展中国家显著分化，为气候变化南南合作取得突破提供可能。经过 20 多年的发展，南方国家分化为类型多样，诉求各异的不同群体（新兴经济体、中等规模南方国家和不发达国家），形成了新型南南合作的组合。二是新兴国家在经济和技术领域的崛起，使气候变化南南合作深度与广度有质的突破。基于当今发展中国家巨大的经济规模差异，经济发展水平差异，经济发展条件和比较优势的多样性、互补性，以往只有通过南北经济关系中才能获得资金、技术、市场、管理经验、产业链整合等发展要素，如今在发展中国家内部就可以获得。三是发展中国家形成以市场为导向，以经济效益为驱动的南南合作新诉求，构建国家、企业、民间共同参与的富有活力、可持续的新南南合作成为可能和必然。

4.3 中国气候变化南南合作的资源与成果

4.3.1 气候变化南南合作专项资金机制

一是气候变化对外合作专项经费。自 2011 年起，国家发展和改革委员会（简称国家发改委）应对气候变化司执行气候变化对外合作专项经费，主要为气候变化物资赠送和培训提供支持。据统计，2011 ~ 2018 年，除对外援助外，中国政府累积提供了 4.1 亿元用于开展应对气候变化的南南合作。

二是南南合作援助基金。2015 年 9 月 26 日，习近平主席在联合国总部举行的联合国发展峰会上宣布，中国将设立“南南合作援助基金”，首期提供 20 亿美元，支持发展中国家落实 2015 年后发展议程。中国将继续增加对最不发达国家投资，力争 2030 年达到 120 亿美元。2017 年 5 月 14 日，习近平主席在北京出席“一带一路”国际合作高峰论坛开幕式，并发表题为《携手推进“一带一路”建设》的主旨演讲。宣布将向“一带一路”沿线发展中国家提供 20 亿元紧急粮食援助，向南南合作援助基金增资 10 亿美元，在沿线国家实施 100 个“幸福家园”、100 个“爱心助困”、100 个“康复助医”等项目。

三是气候变化南南合作基金。2015 年 11 月 30 日，习近平主席出席气候变化巴黎大会开幕式并发表重要讲话。支持发展中国家特别是最不发达国家、内陆发展中国家、小岛屿发展中国家应对气候变化挑战。为加大支持力度，中国宣布建立气候变化南南合作基金。中国应对气候变化南南合作的以往支出与三个未来支出方案的比较见图 4-1。

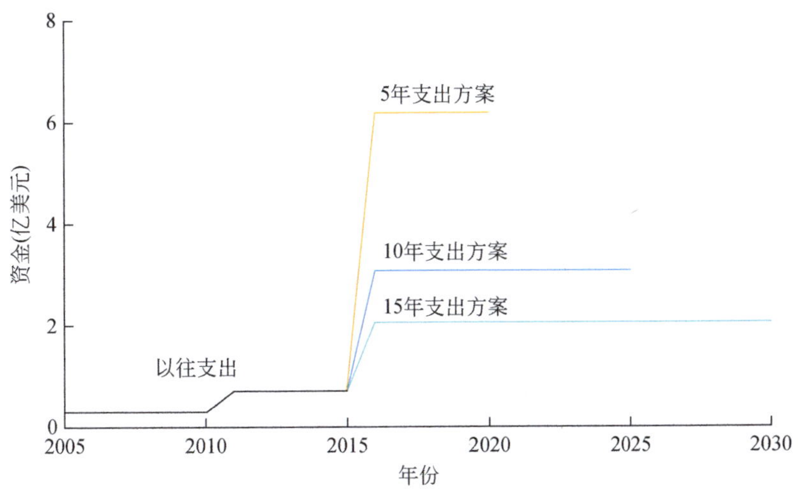

图 4-1 中国应对气候变化南南合作的以往支出和 2015 年支出，与三个未来支出方案的比较
5 年（6.2 亿美元/a，约为 39.4 亿元/a），10 年（3.1 亿美元/a，约为 19.7 亿元/a），
15 年（2.07 亿美元/a，约为 13.2 亿元/a）

中国气候变化事务特别代表解振华在中国南南合作气候基金启动仪式上明确表示，在《公约》框架下，中国不会为获取 GCF 而与其他发展中国家竞争，也不会向 GCF 提供资助。反之，中国启动了自己的基金，这不是应《公约》要求而是完全自愿的基金，为发展中国家提供选择性援助，包括从 GCF 中得到资源进行能力建设。

4.3.2 气候变化南南合作平台

4.3.2.1 气候变化物资赠送与培训

为推动应对气候变化国际谈判与合作进程，支持其他发展中国家提高应对气候变化的能力，2011 年以来，中国通过无偿赠送节能低碳产品和开展气候变化研修班等形式积极开展应对气候变化南南合作，取得了积极成效。

截至 2015 年年底，中国已与 20 个发展中国家签署了 22 个应对气候变化物资赠送谅解备忘录，累积对外赠送 LED 灯 120 余万只，LED 路灯 9000 余套，节能空调 2 万余台，太阳能光伏发电系统 8000 余套。其中，与多米尼克、马尔代夫、汤加、斐济、萨摩亚、安提瓜和巴布达、缅甸、巴基斯坦 8 个国家的谅解备忘录分别由习近平主席和李克强总理见证签署。共举办 11 期应对气候变化与绿色低碳发展培训班，培训了来自 58 个发展中国家的 500 余名气候变化领域的官员和技术人员。上述工作的开展有效地维护了发展中国家的团结，树立了我国积极负责任大国的形象，得到了各方高度好评。

4.3.2.2 南南合作“十百千项目”

2015 年 11 月 30 日，习近平主席出席气候变化巴黎大会开幕式并发表重要讲话。中国从 2016 年起，启动在发展中国家开展 10 个低碳示范区、100 个减缓和适应气候变化项目及 1000 个应对气候变化培训名额的合作项目，继续推进清洁能源、防灾减灾、生态保护、气候适应型农业、低碳智慧型城市建设等领域的国际合作，并帮助发展中国家提高融资能力。

4.3.2.3 粮食安全特别计划

FAO 南南合作是中国政府对国际组织承诺的一项重要的外交任务。积极参与 FAO 南南合作符合中国整体外交政策，有利于推动农业“走出去”战略的实施和提高中国的国际影响力。2015 年，中国已通过 FAO“粮食安全特别计划”框架下的南南合作向亚非、南太和加勒比的 22 个国家或地区派遣了 736 名专家和技术人员，为促进当地农业、农村经济的发展和粮食安全起到了积极作用，受到 FAO 和国际社会的广泛赞誉与欢迎。南南合作技术援助项目旨在支持区域粮食安全计划（RPFS）下国家项目的实施，通过派遣农业专家和技术人员赴受援国开展技术指导、试验示范与培训，促进其利用较为先进的发展中国家的生产经验和专业力量推动受援国的农业生产，实现粮食安全。

4.3.2.4 南南合作与发展学院

南南合作与发展学院（简称南南学院）是习近平主席 2015 年 9 月在联合国成立 70 周

年系列峰会上对外承诺的重大援外举措，2016 年 4 月在北京大学国家发展研究院正式挂牌成立，旨在打造最具吸引力的国家发展研究机构、最具潜力的发展中国家高端人才培养基地和最具活力的发展中国家沟通交流平台，为推进 2030 年可持续发展议程、推动广大发展中国家实现国家治理体系和治理能力现代化提供人才支撑。2016 年 9 月 9 日，商务部和北京大学共同为南南学院第一批新学员举行开学典礼，来自埃塞俄比亚、柬埔寨、牙买加等 27 个国家的首批 49 名硕士、博士新生相聚燕园。

4.3.2.5 南南合作促进会

南南合作促进会（Council for Promoting South-South Cooperation，CPSSC）是经国务院批准成立，具有独立法人地位的全国性、联合性、非营利性社会组织，接受外交部的业务指导和民政部的管理监督。其宗旨是弘扬爱国主义精神，坚决维护祖国利益和荣誉，积极开展公共外交，促进中国与发展中国家之间政治、经济、文化、教育、科技等多领域合作。主要业务范围：①积极与发展中国家的政府部门、企业单位、民间组织和各界人士建立联系，开展国际友好合作活动。广泛宣传中国改革开放和经济政策，介绍中国改革开放巨大成就。②研究发展中国家的内外政策和形势，向国内有合作意愿的单位和企业介绍有关国家或地区的政局及经济、文化、教育、科技政策，接受相关咨询，提供信息服务。③积极为会员搭建市场拓展及信息共享平台，为会员提供优质有效服务。④承办政府部门委托的其他工作。

4.3.2.6 中国南南合作网

中国国际经济技术交流中心作为商务部直属事业单位，其主要职能是根据商务部的授权和委托，归口管理中国与联合国开发计划署（United Nations Development Programme，UNDP）、联合国工业发展组织（United Nations Industrial Development Organization，UNIDO）以及联合国志愿人员组织的对华合作项目。截至 2006 年年底，中国国际经济技术交流中心成功组织实施了 8 亿美元的合作方案，在全国范围内共安排了 800 多个项目，涉及我国经济和社会发展的各个领域。其中，有关南南合作及区域合作的项目超过 100 个，国别资金总额超过 1110 万美元。

20 世纪 80 年代末到 90 年代初，借助于 UNDP 区域间合作资金以及国别方案的部分资金先后在中国建立了 21 个区域和国际研究与培训中心，如亚太地区太阳能研究与培训中心、国际小水电中心、世界气象区域气象培训中心、北京食品生物中心等。这些中心成立之后在加强自身科研及培训能力的同时，通过举办培训班与研讨会为其他发展中国家培训了大批的技术和管理人才，满足了这些国家国内发展的需要，也培养了一些国家政府官员的对华感情。1995 年以这些研究与培训中心为基础，中国南南合作网在联合国项目框架下于北京成立，秘书处设在中国国际经济技术交流中心。中国南南合作网在中国国际经济技术交流中心的领导下，通过提供专家咨询、信息交流、举办会议、接待团组等多种形式的服务，很大程度上促进了发展中国家间技术合作的发展和发展中国家间由技术合作向经济、贸易以及各个领域合作的转变。这是目前中国唯一运转有效的、专门从事南南合作事务的国内组织机构。

4.3.2.7 绿色技术银行

2016年4月，科技部正式提出建设绿色技术银行。绿色技术银行是承担中国气候变化南南技术转移的良好平台：①具备国家科技研发成果库。科技部是主管国家主体科技计划的成果库，基本覆盖了我国应对气候变化科技的全部领域和核心技术成果，为气候变化南南技术转移提供坚实的基础。②引导企业参与南南合作。科技部通过引导企业参与应对气候变化技术研发与应用、组织申报企业先进技术目录、引导企业开展国际合作，为企业参与南南技术转移创造良好的条件。③与国家科技合作政策结合。科技部通过国际科技合作研发计划等，组织国内科研机构、企业开展国际合作，可适当向气候变化南南技术转移倾斜。

秉持“专业化”思维，打造“一站式”创新服务平台，引导绿色环保领域科研活动面向产业发展，促进科研管理向创新服务转变，提供专业化咨询、管理、孵化、转移等服务。绿色技术银行将建立“三化”（国际化、市场化和专业化）融合的科技成果转化机制，推动绿色科技成果向现实生产力转化。

4.3.2.8 南南全球技术产权交易所

南南全球技术产权交易所（South-South Global Assets and Technology Exchange，SS-GATE）是由UNDP与国家有关部门及上海联合产权交易所（SUAEE）共同成立的，专门从事技术产权交易的国际化的、规范独立的、公平、公正、公开的交易平台。旨在通过技术产权交易和技术援助来推动发展中国家的发展。SS-GATE设有交易大厅，有独立的网络交易系统，科技创新成果可在这里发现价值、交易产权，形成资本，走向世界。SS-GATE于2008年11月3日正式揭牌成立，12月9日交易大厅正式启动运行，截至2015年年底，SS-GATE累积挂牌项目近800宗；项目累积配对成功71宗，完成交易20宗，成交金额达1亿美元以上。在挂牌项目中，68%属于发展中国家。SS-GATE不仅为技术合作和产权交易提供平台，也为国际开展企业并购重组、资源优化配置提供信息和资本服务平台。

4.3.2.9 政府间国际科技创新合作重点专项

通过支持重大旗舰型政府间科技创新合作项目、开展共同资助联合研发、推动科技人员交流和合作示范，鼓励参与国际大科学工程（计划），鼓励大型科研基础设施开放共享等方式，全方位支撑科技外交和国际科技创新合作各项重点工作。通过加强统筹协调，集中科技创新合作资源，完善从基础前沿、重大共性关键技术到应用示范的全链条政府间科技合作布局。通过实施具体项目合作落实协议和承诺任务，确保国家科技领域外交主张、倡议和承诺落地，展示中国负责任大国的形象。通过科技创新合作推动构建全球创新合作网络，提升政府间科技创新合作应对全球性和区域性重大共性问题能力，服务国家经济社会发展。其中特别包括了周边国家和其他发展中国家的部署，如中墨（墨西哥）政府间合作项目、中蒙（蒙古国）政府间合作项目、中国印度尼西亚政府间合作项目、中南（南非）政府间合作项目、中埃（埃及）政府间合作项目、金砖国家合作项目等。

4.3.2.10 国家自然科学基金国际（地区）合作交流项目

国际（地区）合作交流项目是国家自然科学基金委员会在组织间协议框架下，鼓励国家自然科学基金项目承担者在项目实施期间开展广泛的国际（地区）合作交流活动，加快在研科学基金项目在提高创新能力、加快人才培养、推动学科发展等方面的进程，提高在研科学基金项目的完成质量。通过这类交流活动，与国外合作伙伴保持良好的双边和多边合作交流关系，为今后开展更广泛、更深入的国际合作奠定良好基础。包括与泰国研究基金会、巴基斯坦科学基金会、埃及科学研究技术院、印度科学与工业研究理事会、南非国家研究基金会、巴西国家科学技术发展委员会等合作。

气候变化南南合作资金是开展相关工作的核心问题。从中国现有的气候变化南南合作资金来源看，由探索阶段的气候变化合作专项经费，逐步发展到南南合作援助基金、气候变化南南合作基金，实现从无到有、从小到大的发展过程。但南南合作援助基金和气候变化南南合作基金作为当前我国南南合作的重要资金渠道，应加强协同与统筹，力争发挥最大的效果。

4.4 气候变化南南合作在“一带一路”倡议中的地位和作用

自中国提出构建“丝绸之路经济带”和“21 世纪海上丝绸之路”重大合作倡议以来，得到了沿线国家的普遍关注与积极响应。从“一带一路”倡议所辐射的地理范围来看，沿线的中亚、西亚、北非、中东欧、南亚、东南亚及大洋洲等地区大部分国家均以发展中国家为主，因此，“一带一路”与南南合作有着内在的紧密联系。在此背景下，建设“丝绸之路经济带”和“21 世纪海上丝绸之路”无疑是中国与广大发展中国家创新南南合作模式的重要实践。在南南合作大框架和原则的保护下，“一带一路”倡议更容易得到广大沿线发展中国家的认同和支持，化解国际社会的疑虑与误解，维护中国在发展中国家和地区的国际与区域战略利益。

气候变化南南合作作为发展中国家应对气候变化的国际治理机制，在“一带一路”倡议中将可能发挥独特的先导作用，实现气候变化南南合作与“一带一路”倡议的协同。

（1）利用发展中国家在应对气候变化问题上的广泛共识，在“一带一路”建设中率先开展气候变化南南合作。

经过近 30 年《公约》的谈判和《巴黎协定》的达成，广大发展中国家普遍认可应对气候变化是人类共同面临的挑战，需要各国和国际社会一起努力、共同应对。通过绿色、低碳、可持续的发展路径，增强全社会适应气候变化的能力，在发展中国家具有很高的共识和接受度。“一带一路”倡议由中国提出和倡导，在实施过程中中国将发挥主导作用。但如果把“一带一路”仅定性和定位为中国的国家战略，将不利于“一带一路”的开展。从中国领导人的讲话和《推动共建丝绸之路经济带和 21 世纪海上丝绸之路的愿景与行动》文件中可以看出，“一带一路”完全可以发展和打造成为跨地区的治理机制与全球发展议程的一部分，气候变化南南合作具有良好的共识基础和《公约》推进的框架，适宜作为“一带一路”倡议中率先开展的优先领域。

（2）在“一带一路”沿线国家优先开展气候变化南南合作，有利于中国绿色先进产业走出去，破除中国输出过剩落后产能的误解。

2017 年 4 月，环境保护部等四部门发布《关于推进绿色“一带一路”建设的指导意见》，强调绿色“一带一路”建设以生态文明与绿色发展理念为指导，坚持资源节约和环境友好原则，提升政策沟通、设施联通、贸易畅通、资金融通、民心相通的绿色化水平，将生态环保融入“一带一路”建设的各方面和全过程。推进绿色“一带一路”建设，加强生态环境保护，有利于增进沿线各国政府、企业和公众的相互理解与支持，分享中国生态文明和绿色发展理念与实践，提高生态环境保护能力，防范生态环境风险，促进沿线国家和地区共同实现 2030 年可持续发展目标，为“一带一路”建设提供有力的服务、支撑和保障。推进绿色“一带一路”建设，是顺应和引领绿色、低碳、循环发展国际潮流的必然选择，是增强经济持续健康发展动力的有效途径。推进绿色“一带一路”建设，应将资源节约和环境友好原则融入国际产能和装备制造合作全过程，促进企业遵守相关环保法律法规和标准，促进绿色技术和产业发展，提高中国参与全球环境治理的能力。全球和区域生态环境挑战日益严峻，良好生态环境成为各国经济社会发展的基本条件和共同需求，防控环境污染和生态破坏是各国的共同责任。推进绿色“一带一路”建设，有利于务实开展合作，推进绿色投资、绿色贸易和绿色金融体系发展，促进经济发展与环境保护双赢，服务于打造利益共同体、责任共同体和命运共同体的总体目标。中国以公开、透明和开放的态度，再次证明“一带一路”倡议不是中国过剩落后产能的输出战略，而是中国绿色先进适用技术在沿线发展中国家的推广应用，将有力推动沿线国家的绿色发展和应对气候变化能力的提升。

（3）依托丝路基金和气候变化南南合作基金，组织实施“一带一路”沿线国家减缓和适应合作项目。

自“一带一路”倡议提出以来，中国出资 400 亿美元成立的丝路基金于 2014 年年底正式启动运作。丝路基金主要为“一带一路”建设中的基础设施、资源开发、产业合作、金融合作提供资金支持。在业务模式上，丝路基金以股权投资为主，兼具债权、基金投资功能；在业务范围上，丝路基金投资主要支持“一带一路”框架下的合作项目，支持各类优质产能“走出去”和技术合作；在资金投向上，丝路基金重点支持实体经济发展，支持投资所在国工业化、城镇化进程和提升经济可持续发展能力。所投资项目要符合所在国家和地区的发展需求。40 多年的改革开放的经验、优质的装备技术和较充裕的资金，是中国有能力通过分享经验并提供装备技术和资金支持、推动“一带一路”建设深入发展的基础。而中国经验、中国技术、中国资本必须要与所在国发展规划和产业政策相契合，才能够有效发挥其资源、产业、技术、资金等方面的比较优势，实现促进所在国经济协调可持续发展的目标。

考虑到发展中国家，特别是“一带一路”沿线对气候变化特别脆弱的最不发达国家、非洲国家等实现低碳发展、实现气候适宜性发展的重要性，中国投资 200 亿元建立气候变化南南合作基金，支持其他发展中国家应对气候变化，包括增强其使用 GCF 资金的能力。

（4）发挥绿色技术银行和 SS-GATE 的作用，为“一带一路”沿线国家应对气候变化提供技术服务。

中国为落实 2030 年可持续发展议程提出建设绿色技术银行。一方面，建设绿色技术银行，有助于中国抓住全球绿色发展的机遇，加快先进绿色技术向发展中国家转移，实现共同发展；另一方面，建设绿色技术银行，兑现大国承诺，有助于以科技外交的手段提升中国国际影响力，对中国引导气候变化谈判发展方向、扩大全球绿色发展话语权、在更广泛的利益共同体范围内参与全球治理具有重要意义。绿色技术银行是完善资源环境领域科技成果转化机制，促进绿色发展和生态文明建设的重要探索。改革开放以来，中国经济社会快速发展，但也积累了很多生态环境问题。中国政府高度重视实施可持续发展战略方针，将绿色发展列为基本国策，提出了推进生态文明建设的总体要求。

SS-GATE 在促进中国与其他发展中国家的经济和技术交流方面做了大量富有成效的工作，为创新发展中国家合作模式开辟了新的路径。“一带一路”建设在项目合作的同时，还要开展技术合作，即在联合国系统的南南合作框架内开展跨地区的发展中国家技术合作，形成发展经验和技术共享的市场化机制，推动国际层面的技术转移。通过 SS-GATE 的全球伙伴关系网络，成员国的最新科技成果可以在这里实现产权交易，推动技术与资本的融合。目前，SS-GATE 已经建立辐射全球的专业技术产权网络交易系统，提供全球范围的技术转让、项目评估、产权交易等服务。“一带一路”建设为南南技术产权交易的转型和升级提供了必要性与可能性。中国需要在同沿线广大发展中国家开展项目合作的同时，加大在发展中国家的高科技产品市场的投入，提升“一带一路”技术产业及其互补，助推发展中国家之间的技术转移，把项目合作与技术合作结合起来。为此，一方面要加强科技交流与合作，加强对人才的培养；另一方面要组织相关的专家学者深入“一带一路”沿线广大发展中国家开展实地调研，将中国发展成为区域的资本和技术中心。

4.5 气候变化南南合作的基本框架建议

4.5.1 中国气候变化南南合作的基本要素

4.5.1.1 中国气候变化南南合作的目标

一是增强中国在气候变化领域的领导力，通过产业、资本和技术的转移提升发展中国家应对气候变化能力。通过绿色产业、技术转移与投资，促进发展中国家向低碳发展转型；通过适应气候变化技术转移与项目实施，提高发展中国家气候恢复力。

二是建立以中国为核心，发展中国家之间深度经济合作形成新的经济循环。构建以中国为核心、相关发展中国家参与的独立“循环”结构，通过资金、管理、科技、产能、市场的合作，形成高附加值高技术产业分工体系，为中国争取广阔的发展空间，帮助前工业化阶段发展中国家经济起飞与发展，使中国成为发展中国家之间新经济循环的主导者和推动者。

三是服务于气候外交，是中国对外援助、体现国际影响力的一个组成部分。配合高层领导出访活动，增加中国在发展中国家的领导力和凝聚力；支持气候谈判进程，通过实施援助，促进中国和相关发展中国家在关键问题上的立场协调，争取发展中国家更广泛的支持。

4.5.1.2 中国气候变化南南合作的思路

1）由政府主导转向企业主导

政府主导气候变化南南合作重点是改善气候外交形象；企业主导气候变化南南合作重点是获取经济利益。随着气候变化南南合作的深入，企业将发挥主导作用。

2）由产品市场升级到产业合作

气候变化南南合作的初级阶段，中国低碳产品、适应技术措施在发展中国家广泛使用；企业对发展中国家市场、资源、投资环境掌握后，将建立以中国为主的产业链条，将产业合作延伸到其他发展中国家。

3）推出“中国经验”，引导其他发展中国家应对气候变化和经济社会发展的道路

气候变化南南合作的高级阶段，中国经济发展、社会进步和积极应对气候变化的经验，将为其他发展中国家提供重要借鉴。通过对“中国经验”的传播与推广，吸引其他发展中国家在更广的范围内开展合作。

4.5.1.3 中国气候变化南南合作的基本架构

通过分析中国开展气候变化南南合作驱动源、资源、模式和目标，提出以下基本框架（图 4-2）。

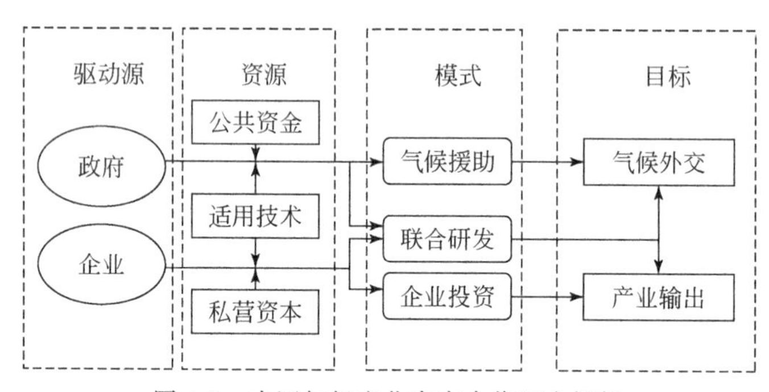

图 4-2　中国气候变化南南合作基本框架

一是驱动源。中国气候变化南南合作的驱动来自政府和企业。在中央政府层面，主要由商务部、国家发改委、科技部、农业农村部、水利部等相关部门组织开展，地方政府积极参与。企业主要由矿产资源、能源、农业、水利等相关企业参与。

二是资源。公共资金主要包括商务部南南合作援助基金、国家发改委气候变化南南合作基金、科技部国际科技合作项目基金、农业农村部南南合作项目基金等。企业主要通过投入私营资本和适用技术推动气候变化南南合作。

三是模式。主要包括气候援助、企业投资和联合研发。

四是目标。帮助发展中国家提高应对气候变化能力，提升中国气候外交形象和影响力，通过产品、技术和产业输出，构建以中国为核心的南南合作经济循环。

4.5.2 中国气候变化南南合作的优先国家

截至目前，中国已经与 30 多个发展中国家开展了应对气候变化南南合作，中国发起建立的南南合作基金和合作机制也受到国际社会的广泛关注与广大发展中国家的热烈响应。这些工作成果，为开展气候变化南南技术合作奠定了基础。

发展中国家适应气候变化的技术需求，在很大程度上与中国存在共性。中国在适应气候变化领域的技术和实践经验，可以帮助其他发展中国家应对气候风险，促进经济社会发展。开展适应气候变化技术的南南合作，应该是一个循序渐进的过程，不可能短时期内与需要适应技术援助、合作的所有国家同时开展合作。这就需要识别和筛选优先开展适应气候变化南南技术合作的国家。

4.5.2.1 选择优先合作国家的原则

（1）外交利益。对外援助和国际合作都是以利益为导向的，南南合作也不例外。开展南南适应气候变化技术合作，可以视为气候外交的一种路径，服务于外交活动的需求。近年来的实践表明，气候变化南南合作总会出现在国家领导人的出访活动成果列表中，在实现环境价值的同时，更支撑和实现了外交利益。未来的优先合作国家，仍将根据中国外交需求，选择合作国家。

（2）谈判利益。南南适应气候变化技术合作不仅要实现外交利益，也要直接服务于中国参与国际气候谈判的谈判利益。国际气候谈判进程中有 132 个国家作为发展中国家参与谈判，发展中国家由于经济社会发展水平和自然资源禀赋的差异，利益诉求有较大差异。中国作为最大的发展中国家和排放量最大的国家参与谈判，必然承受多方压力。有针对性地选择国家开展适应气候变化技术的南南合作，可以在一定程度上帮助中国与特定发展中国家沟通交流，协调立场，从而对中国参与国际气候谈判提供支持。

（3）有代表性。适应气候变化大致可以划分为农业、水资源、人体健康、生态系统、基础设施、沿海海岸带六大领域，选择每个领域受到气候变化威胁最典型的区域开展适应技术合作，将可能发挥最大的示范效果，有利于该技术的普及和推广应用，产生更大的全球环境效益。

（4）有影响力。在国际治理进程中，每个国家的影响力是不同的。一般来说大国具有更大的影响力，其立场观点在国际治理中的权重也更大。但同时也应该注意到，一些小国也在通过积极联合，形成国家联合体或者国家集团共同发声，实现更大的影响力，如小岛屿国家集团、非洲集团、最不发达国家集团等。这些集团的轮值主席国也是非常值得关注的合作对象，由于其主席国的地位，该国的影响力将随着集团影响力的增长而大幅度跃升，如果合作时机得当，将能获得更大的合作红利。

（5）发展阶段。虽然发展中国家经济社会发展水平差异较大，但所有国家都应该享有气候安全和可持续发展的权益。因此，在应对气候变化南南合作国家的选择中，也应该考虑与不同发展水平、发展阶段的发展中国家开展合作，所产生的合作成效和经验，将可以给处于类似发展水平和发展阶段的发展中国家提供借鉴与参考，从而整体推动发展中国家应对气候变化工作的实施。

（6）有合作基础且合作意愿强烈。与有合作基础的发展中国家开展适应气候变化技术合作，在制度和操作实施层面都将更为熟悉，效率更高。在外交上也能不断加深和强化两国的合作与联系。因此，之前开展过国际合作且成效良好的合作伙伴国家，可以作为开展适应气候变化南南合作的优先合作国家。之前尚未开展合作，但合作意愿很强的发展中国家，也可以优先考虑，这些国家在项目实施过程中往往可以给予一些特殊政策，促进和帮助项目实施，同样有利于项目的高效实施并取得更好的实施效果。

（7）"一带一路"沿线国家。"一带一路"倡议是中国在新时期优化开放格局、提升开放层次和拓宽合作领域的重要指针，中国在外交、国内经济社会发展规划中，都围绕推进"一带一路"构想，进行了诸多重要部署。适应气候变化南南技术合作，可以作为推进"一带一路"倡议落实的重要路径之一，在开展应对气候变化工作的同时，协同推进建设"一带一路"。

4.5.2.2 优先国家筛选指标和标准

开展对外援助的国家，总体上应该是经济社会发展低于或略低于中国的发展中国家。因此，对于优先援助国家的筛选，人均 GDP 是一个重要指标，优先选择人均 GDP 比中国低的国家进行资助。根据世界银行 2016 年全球人均 GDP 排序，中国位列第 69 位，排位在中国之前的 68 个国家暂时不作为优先援助国家考虑对象。是否与中国建立官方的外交关系也是中国开展对外援助的先决条件之一，气候变化南南合作没有义务也不应该去援助未与中国建交的发展中国家，因此，未建交的发展中国家，也不属于优先开展气候变化南南合作的考虑对象。《公约》非附件一国家包括了 150 多个国家（不包括中国），减去人均 GDP 比中国高的发展中国家，再减去未与中国建交的发展中国家，中国优先开展南南合作的发展中国家还有 106 个。

4.5.3 中国气候变化南南合作的模式选择

4.5.3.1 气候变化南南合作的模式选择

1）气候援助

气候援助是中国为应对气候变化对特定国家开展的资金、技术等援助措施。为塑造中国气候外交形象，服务政治目标，为中国领导人外事活动提供支撑，使用公共援外资金或气候变化专用资金，以赠送和援建为主要形式，"短平快"地在受援国发挥作用。或者通过在多边组织框架下建立基金，由中方–多边组织–受援国共同实施的气候援助项目。

专栏 4-1　应对气候变化物资赠送案例

2016 年 3 月 21 日，在李克强总理和尼泊尔奥利总理的共同见证下，国家发改委主任徐绍史与尼泊尔人口环境部部长签署了《关于应对气候变化物资赠送的谅解备忘录》。根据该谅解备忘录，国家发改委将向尼泊尔人口环境部赠送 32 000 余套太阳能户用发电系统，用于帮助其提高国内应对气候变化的能力。

采购赠送清单：

家用太阳能光伏电源系统，10Wp①，32 000 套；

10Wp 系统负载 LED 灯，2W/12V，96 000 个；

家用太阳能光伏电源系统，1200Wp，325 套；

1200Wp 系统负载 LED 灯，4W/24V，1300 个。

采购金额：2200 万元。

2）企业投资

鼓励中国具有国际竞争力的优质企业“走出去”，建立南南合作框架下独立的产业分工合作体系，在协助发展中国家实现经济起步的同时，获得重要的生产资源与市场，支撑我国经济转型、“一带一路”倡议与“走出去”战略的实现。

3）技术转移与联合研发

中国经过长期发展，积累了大量具有相对技术优势和市场优势的先进适用技术。对与中国存在明显技术势差的发展中国家，激励中国企业通过技术竞争获得垄断利润，推进中国产业结构优化升级和提升全球竞争力。对与中国科技水平相当的发展中国家，通过优势互补，深入开展气候变化相关的联合研发。

专栏 4-2　“十百千项目”

2015 年 11 月 30 日，习近平主席出席气候变化巴黎大会开幕式并发表重要讲话。讲话中指出，“多年来，中国政府认真落实气候变化领域南南合作政策承诺，支持发展中国家特别是最不发达国家、内陆发展中国家、小岛屿发展中国家应对气候变化挑战。为加大支持力度，中国在今年 9 月宣布设立 200 亿元人民币的中国气候变化南南合作基金。中国将于明年启动在发展中国家开展 10 个低碳示范区、100 个减缓和适应气候变化项目及 1000 个应对气候变化培训名额的合作项目，继续推进清洁能源、防灾减灾、生态保护、气候适应型农业、低碳智慧型城市建设等领域的国际合作，并帮助他们提高融资能力。”

① Wp 是指太阳能电池最大输出功率。

4.5.3.2 当前主要以物资捐赠为主

适应气候变化南南技术合作机制作为应对气候变化南南合作的一部分，可以仿效南南合作机制设计和运行。但即便是应对气候变化南南合作也还处于初期阶段，机制建设并不完整。总体来看，距离成熟的机制化运行还有较大提升空间。目前南南合作的机制较为简单，合作模式主要停留在物资捐赠的层面。在根据领导出访需要或谈判需要等原因确定捐赠目标国后，由国家发改委或相关部委司局与捐赠目标国对接需求，再通过国内招标采购将协议物资赠送给合作国家（图 4-3）。

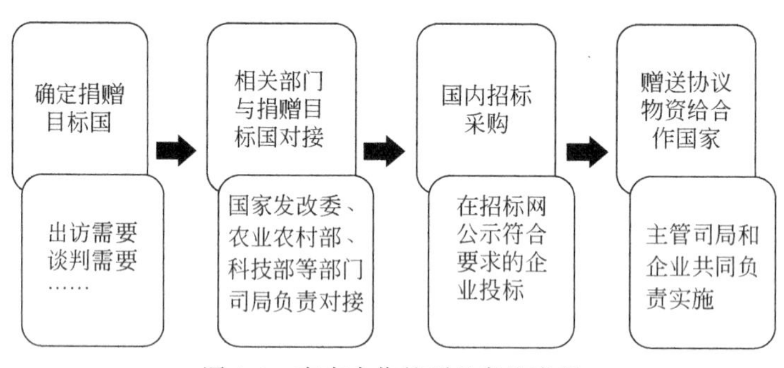

图 4-3 南南合作的项目实施流程

4.5.3.3 当前中国气候变化南南合作所处阶段——从“授之以鱼”转向“授之以渔”，下一步将提升科技合作、企业投资和产业输出水平

1）“授之以鱼”的阶段

2012 年 6 月，中国在联合国可持续发展大会上宣布开展应对气候变化南南合作。《中国经济导报》记者获取的独家数据显示，2011 ~ 2015 年年底，中央财政安排 4.1 亿元用于支持气候变化国际合作。国家发改委已与 20 个发展中国家签署了 22 个《关于应对气候变化物资赠送的谅解备忘录》，累积对外赠送 LED 灯 120 余万支，LED 路灯 9000 余套，节能空调 2 万余台，太阳能光伏发电系统 8000 余套。其中，与多米尼克、马尔代夫、汤加、斐济、萨摩亚、安提瓜和巴布达、缅甸、巴基斯坦八个国家的谅解备忘录分别由国家主席习近平和国务院总理李克强见证签署（表 4-1）。“授之以鱼”的阶段本质上是传统的南南合作模式，以政治目标为主，赠送商品为手段，合作的长期性和持续性不佳，不利于中国与发展中国家开展深层次的气候变化南南合作。

表 4-1 南南合作应对气候变化物资赠送（不完全统计）

年份	受援国	产品	金额	目的
2012	尼日利亚	节能空调	—	—
2012	马达加斯加	节能空调	—	—
2012	格林纳达	节能产品	—	—

续表

年份	受援国	产品	金额	目的
2012	乌干达	节能产品	—	—
2012	贝宁	物资	—	应对海岸侵蚀、洪水、沙漠化、生活用水匮乏等一系列问题
2012	马尔代夫	LED 灯	2 471 万元	—
2012	喀麦隆	LED 灯	1 913.49 万元	—
2012	布隆迪	1 808 台壁挂冷暖变频空调	—	—
2013	多米尼克	2 500 套太阳能 LED 路灯	—	—
2014	巴巴多斯	空调	568 万元	—
2014	玻利维亚	一套多星一体化气象卫星数据移动接收处理应用系统，即气象机动站	—	当地水资源、冰雪消融、陆表干旱等问题的及时检测
2015	安提瓜和巴布达	太阳能 LED 路灯	—	—
2015	汤加	LED 灯、LED 路灯、节能空调、太阳能光伏发电系统	—	—
2015	巴基斯坦		—	—
2015	斐济		800 万元	—
2015	萨摩亚	太阳能 LED 路灯	1 600 万	—
2015	加纳	太阳能 LED 路灯	—	—
2016		家用太阳能光伏电源系统	2 000 万元	—
2015	缅甸	户用太阳能光伏电源系统	不超过 2 000 万元	—
2016		清洁炉具	—	—
2016	埃及	物资	2 200 万元	—
2016	伊朗	物资	2 000 万元	—
2016	尼泊尔	32 000 余套太阳能户用发电系统	—	—
2016		用太阳能光伏电源系统	—	监测干旱、洪涝、水资源和森林面积变化等
2016	蒙古国	物资	—	—
2016	古巴	家用太阳能光伏发电系统及 LED 灯等	—	—
2016	埃塞俄比亚	一颗多光谱微小卫星及地面测控应用系统	—	—
2016	孟加拉国	125 万盏 LED 节能灯	—	—
2017	埃及	太阳能 LED 路灯、LED 节能灯、太阳能户用发电系统和节能空调等	—	—

2）“授之以渔”的阶段

2015 年 12 月，气候变化南南合作基金正式建立，在发展中国家开展 10 个低碳示范区、100 个减缓和适应气候变化项目及 1000 个应对气候变化培训名额的合作项目，即应对气候变化“十百千项目”。通过“太阳能联盟”和“非洲可再生能源倡议”等行动，正在为区域和全球低碳转型做出重大贡献。“授之以渔”的阶段主要以中国先进适用科学、技术的推广为主，有利于中国技术转移、企业“走出去”、产业输出，标志中国气候变化南南合作进入较高阶段。

未来，中国的气候变化南南合作中，政府的主导作用需要弱化，积极引导以企业为主体的先进技术转移和产业输出，与广大发展中国家建立以我国为主的产业、经济和政治联系。当气候变化南南合作升级到科技合作、企业投资和产业输出等高级阶段时，构建适应技术的南南合作机制，可以从双边和多边两个方向入手同时构建“政府主导”与“政府加企业或国际组织”两个平台，充分调动社会资源参与合作，同时体现政府对合作机制的引导和监管。

基于适应气候变化技术的特点，适应气候变化技术南南合作未来将在合作模式、合作水平、合作领域、合作方式上开拓创新。这些创新可以体现为三大特征：第一，从物资赠送等产品层面的合作拓展为技术服务；第二，从设备、硬件产品的合作提升为开发标准并在合作中推广技术标准的服务；第三，从适用技术、管理技术的合作上升为发展理念的合作。适应气候变化技术的南南合作，不仅要帮助发展中国家更好地适应气候变化，保障经济社会稳定发展，还可能产生中国参与国际气候治理的外溢效应，实现更广泛的气候外交红利。

第 5 章 中国深度参与全球气候治理的战略思考

巴黎会议后国际社会对中国发挥领导力的期望空前高涨，但中国参与全球气候治理的能力仍有欠缺，同时《巴黎协定》也给中国提供了一定的机遇。中国需要以“倡导维护人类共同利益，主动引领全球气候治理变革”为指导思想，积极在全球气候治理中贡献中国智慧和中国方案，引领全球气候治理向着于中国有利，于世界和平、发展、合作、共赢有利的方向变革，而不是片面追求全球领导力。建议明确中国参与全球气候治理的战略选择：坚持独立自主、各尽所能的合作模式；坚持广泛参与、大国引领的治理方式；坚持发展中国家定位，避免为部分国家出头；倡导落实义务与切实合作的氛围，反对推诿指责。明确中国参与全球气候治理的战略路径：继续强化应对气候变化的科学性；继续保持中美和中欧合作；加强南南合作，帮助发展中国家应对气候变化；发挥联合国和 G20 的互补作用；推动气候友好技术务实合作；深化国内改革，讲好“中国故事”。

5.1 引　　言

凝聚着全球最高、最广泛政治共识的气候变化《巴黎协定》已步入落实阶段。随着美国政府宣布退出《巴黎协定》，主要发达国家气候政策出现摇移，全球气候治理又产生了变数。中国坚定地认为应对气候变化是打造人类命运共同体的必要内容，将其视为在多边场合推动全球治理体系变革、双边场合构建新型大国关系和巩固战略依托的重要领域。本章将从巴黎会议后中国面临的特有挑战和机遇出发，提出中国深度参与全球气候治理的战略思路和战略路径。

5.2 巴黎会议后中国面临的特有挑战和机遇

5.2.1 国际社会对中国发挥领导力的期望

国际社会对中国发挥领导力的期望空前高涨，但同时也有呼声呼吁中国慎重。中国通过主动与关键各方协调立场、积极参与谈判、建设性提出解决方案、身体力行地为履行 2020 年前承诺做出表率，有力地促进了《巴黎协定》的达成，得到国际社会的一致赞誉。在美国总统特朗普宣布退出《巴黎协定》后，中国表示，中国政府积极参与推动并签署《巴黎协定》，将会继续履行《巴黎协定》承诺。在美国淡化气候治理、欧盟内部事务棘手的形势下，国际社会将发挥全球气候治理领导力的期望聚焦在中国；但也有研究认为“领导世界”是个虚构故事，美国也从来没有“领导过世界”[①]，中国可以发挥引导作用，但不应谋求全球气候治理的领导地位[②③]。

5.2.2 中国参与全球气候治理的能力仍有欠缺

从国际层面来看，当前气候谈判的核心是制定《巴黎协定》实施细则。中国在过去20余年中，虽然积极参与谈判，认真履行义务，但由于《公约》和《京都议定书》为发展中国家规定的义务较少，中国无论是在谈判还是履约实践中，参与程度都不深，对气候变化履约国际规则的理解不透，对规则制定的过程不熟，这是中国在“后巴黎时代”提出可操作的“中国方案”必须克服的实际困难[④]。而作为“负责任的发展中大国”，中国未来将承担何种责任与义务一直是国际社会关注的焦点，也成为中国在后续气候谈判与国际气候合作中需要解决的难点[③]。

从国内层面来看，发达国家经过20余年的气候变化履约行动，已经在低碳发展的战略统筹、数据信息统计报告、对外资金和技术援助等方面积累了丰富经验。中国虽然也制定了低碳发展战略、方案、规划，但仍未能解决长远利益与短期发展空间的冲突[③]；国内的能源、温室气体排放数据统计和报告尚不足以满足国际规则要求；气候变化南南合作存在章程缺乏、资金规模小、支出方式单一等缺陷，这些都不利于中国讲好模范履约故事，发挥示范吸引作用。

5.2.3 《巴黎协定》重新确立碳市场机制，促进中国统一碳市场的建立

《京都议定书》根据各国情况制定了三种交易机制，CDM作为涉及发达国家、发展中国家的碳信用制度体系，在国际碳交易中比例较大。但是，2015年年底通过的《巴黎协定》提出了四种新市场机制方案，即基线与信用及碳交易机制、基线与信用“自上而下”机制、基线与信用“自下而上”机制和国际碳交易机制。尽管其措辞为具体解释留下很大的空间，各国定义NDC的方法也不相同，但2016年联合国马拉喀什气候大会已确立《巴黎协定》第6条有关市场机制谈判的时间表，很遗憾的是，由于部分缔约方的意见差异迟迟未能达成一致，最终导致碳市场机制指导细则未能出台。具体而言，可持续发展机制相当于启动一个更新且大范围的CDM，国际减排成果转让相当于更全面与进取的全球区域间碳市场的互联互通。各国通过碳交易市场机制，开展国际碳

---

① 阮宗泽．“领导世界”从来就是个虚构故事［N/OL］．环球网，2016-12-13. http：//opinion. huanqiu. com/1152/2016-12/9801405. html［2017-6-12］.

② 李慧明．全球气候治理与国际秩序转型［J］．世界经济与政治，2017，(3)：62-84.

③ 刘雪莲，晏娇．中国参与全球气候治理面临的挑战及应对［J］．社会科学战线，2016，(9)：171-177.

④ 安树民，张世秋．《巴黎协定》下中国气候治理的挑战与应对策略［J］．环境保护，2016，44（22)：43-48.

要素有序自由流动、绿色市场互联互通，实现全球气候治理目标。未来国际市场机制可能发展为双边、多边的碳交易市场链接，甚至形成全球统一碳市场。这种潜在的新市场机制既成为未来全球气候治理的重要路径，也标志着全球气候治理进入一个新的阶段。

为了中国 NDC 承诺的实现，有必要通过建立统一碳市场来达到气候行动和可持续发展的双赢。欧盟、美国、日本、澳大利亚、韩国等已分别建立碳交易市场机制，而中国拥有较大碳交易量优势，通过搭建统一有效的碳交易平台，提高软硬件配置，统一碳排放标准，增强碳排放权市场交易多样性，助推碳交易的可持续发展，可进一步把握全球碳交易定价权与规则制定走向。

5.2.4 美国退出《巴黎协定》给中国提供了一定的机遇

首先，美国全球气候治理理念的缺失和道义优先性的下降，有利于提升中国的气候治理话语权。美国政府对全球气候治理缺乏清晰理念并强调自利，有助于中国在全球气候治理中提升话语权和影响力，占据道义制高点，提升中国的国际形象和软实力。习近平主席提出的全球治理新理念也为中国提升气候治理话语权奠定了理念和话语基础。

其次，由于美国退出《巴黎协定》，中国客观上在《巴黎协定》规则塑造过程中发挥更大的影响力。无论美国是否宣布退出《巴黎协定》，美国总统特朗普已经抛弃了美国前任总统奥巴马的“清洁电力计划”，美国不可能完成其在《巴黎协定》下的自主减排承诺，更不可能增加减排承诺。美国留在《巴黎协定》内同样会破坏《巴黎协定》的精神和目标的实现。由于美国退出，其对《巴黎协定》影响力的下降，客观上有助于中国在“后巴黎时代”遵循公开、透明、包容原则，推进各议题谈判，在规则制定过程中发挥更大的作用。

最后，中美在清洁能源领域仍存在巨大合作空间。美国总统特朗普宣布退出《巴黎协定》并非意味着美国要停止做清洁能源技术的领军者。其试图通过寻求在化石燃料、可再生电力以及核能等领域的技术进步，继续确保能源组合的多样性、高效性和可持续性。美国在清洁能源领域与中国合作的意愿较强，其优先领域为液化天然气、核能源和碳捕集等。中国在向绿色、低碳、高效的能源转型过程中，与美国在清洁能源领域存在着巨大的合作空间。

5.3 中国深度参与全球气候治理的战略思路

5.3.1 中国参与全球气候治理的战略指导思想

气候变化全球性的特征，要求各国合作才能解决，这是其自然属性带来的必然要求。

恩格斯指出国际合作只有在平等者之间才有可能[①]，领导与被领导，不符合马克思主义的国际关系思想。同时，中国国内树立创新、协调、绿色、开放、共享的发展理念，经济发展提质增效，系统性抓好生态文明建设，都要求尽快实现低碳转型。

中国以打造人类命运共同体作为构建新型国际关系的旗帜，把推动可持续发展作为打造人类命运共同体的必要条件，应当以“倡导维护人类共同利益，主动引领全球气候治理变革”为指导思想，明确全球气候治理是打造人类命运共同体的重要内容，积极在全球气候治理中贡献中国智慧和“中国方案”，引领全球气候治理向着于中国有利，于世界和平、发展、合作、共赢有利的方向变革，而不是追求全球领导力。

5.3.2 中国参与全球气候治理的战略目标

（1）提升塑造国际制度的软实力。《巴黎协定》达成后，气候变化国际谈判的核心任务是制定具体实施规则并促进各国落实。中国应以此为契机，进一步总结全球气候治理达成政治共识的经验，强化国际规则设计、博弈、成文、解读和落实能力，确保《巴黎协定》一揽子规则向着于中国有利的方向落实，并为中国全面参与各领域国际合作提供借鉴。

（2）服务国家整体外交需求。近年来，有效应对气候变化是中国受到国际社会一致称赞的外交领域，中国可以通过运筹全球气候治理，积极推动气候变化成为中国多边外交和双边关系中的亮点，服务于外交整体战略和布局。

（3）为国内绿色低碳发展创造良好的外部环境。中国发展战略机遇期已经由加快发展速度的机遇转变为加快经济发展方式转变的机遇。绿色低碳发展是中国生态文明建设的重要组成部分，推动经济转型升级、能源生产和消费革命、实行严格的生态环境保护制度，是国内的迫切需求，实现稳中求进。中国参与全球气候治理既要为促进绿色低碳发展创造氛围和条件，也要为国内有序推进“四个全面”总方略确保时间窗口。

5.3.3 中国参与全球气候治理的战略选择

（1）坚持独立自主、各尽所能的合作模式。互相尊重主权、互不干涉内政作为和平共处五项原则的重要内容，是中国奉行独立自主和平外交政策的基础。主权原则在中国参与全球治理和国际合作中，必须高于其他一切原则。《巴黎协定》建立的由各国提出 NDC 的模式，同时建立了支持、透明度、全球盘点、遵约四大辅助机制，有助于推进各国和全球的行动，逐步提高行动力度。中国在“后巴黎时代”应坚决维护以 NDC 为核心的模式，建设性推动四大辅助机制的设计与落实，提高各国应对气候变化的能力与意愿，为实现各尽所能创造必要的条件。

（2）坚持广泛参与、大国引领的治理方式。比较《哥本哈根协议》的失败与《巴黎

---

① 中共中央编译局．马克思恩格斯选集（第四卷）．北京：人民出版社，1972.

协定》的成功可以看出，在联合国框架下解决气候变化问题是取得成功的基础性保障。《哥本哈根协议》的失败在于违反多边规则，企图以小部分国家的意志主导整个进程。同时，包括中国在内的大国达成政治共识，是推动成功的核心动能。同时《哥本哈根协议》的失败在于主要国家在会前并未达成足够的共识。中国在“后巴黎时代”主动引领全球气候治理，必须借鉴历史经验教训，既坚持各国公平参与，又重视大国共识，在两个方面上都要发挥引领作用，并且要保持两者的紧密结合。

（3）坚持发展中国家定位，避免为部分国家出头。自中国温室气体排放量超过美国成为全球第一、经济总量超过日本成为全球第二以来，中国在全球气候治理中还要不要站在发展中国家一边，在国际国内都引起关注。邓小平曾指出，中国永远站在第三世界一边。而从责任和所受影响来看，发展中国家在应对气候变化问题上占据道义制高点。因此在“后巴黎时代”，中国既应力所能及积极承担更多责任，又必须坚持发展中国家的身份，坚持公平和“共同但有区别的责任”原则，以使中国拥有更大的话语权和弹性空间。同时必须注意到，发展中国家的利益分歧日渐显著，印度、沙特阿拉伯、委内瑞拉等低碳转型较慢的发展中大国，与南非、巴西、哥伦比亚等转型较快的发展中国家，以及小岛屿国家、最不发达国家等受气候变化不利影响显著的国家，在具体问题上利益差异进一步突显。在维护发展中国家共同利益与整体团结的基础上，中国应当继续高举大旗，尽最大努力推动形成共同立场，但要注意避免为阵营内部一部分国家挡箭，导致分化加剧。

（4）倡导落实义务与切实合作的氛围，反对推诿指责。在“后巴黎时代”，中国应当主动履约，彰显大国担当，强化履约透明度，建立国际互信。突破“没有义务就不能主动贡献”的束缚，在确保履行义务与自愿行动的法律属性差异下，建立涵盖二者的统一平台，推动实施规则的协调化、简捷化，促进落实应对气候变化行动与技术研发推广，倡导多分享自己行动经验，少指责别国进展不利，提高“中国方案”的吸引力①。

5.4 中国参与全球气候治理的战略路径

（1）继续强化应对气候变化的科学性。科学性是共同携手引领全球气候治理的基础。中国应当继续强化气候变化研究，开展气候变化观测、归因、预测等自然科学研究，以及应对气候变化的经济学理论、政策手段、国际政治与国际法、工程技术支撑研究。在国际上积极推动气候变化科学研究与合作进展，积极参与 IPCC 的科学评估进程，推动 IPCC 在打造人类命运共同体的视野下开展气候变化科学评估，正确引领国际科学评估与国际气候谈判的互动，巩固人类社会有序应对气候变化的国际共识②。

（2）继续保持中美和中欧合作。推动全球气候治理协作共进，必须发挥中美欧三边的最大合作潜力。与美国加强合作有利于维护独立自主、各尽所能的合作模式。尽管美国总

① 陈志敏，周国荣．国际领导与中国协进型领导角色的构建［J］．世界经济与政治，2017，(3)：15-34.

② 叶笃正，董文杰．联合国应如何组织人类开展有序应对气候变化问题的科学研究？——我们的思考和建议［J］.气候变化研究进展，2010，6（5）：381-382.

统特朗普宣布美国退出《巴黎协定》，但美国许多地方、企业和民众都表达了对积极应对气候变化的支持。中国应当继续推进中美地方和企业低碳发展、适应行动技术与项目合作，加强民众应对气候变化交流，同时继续保持中美高层气候对话[①②]，敦促美国政府不要背离包括美国人民在内的全世界人民的利益。欧盟始终是推动全球气候治理的重要力量，中国应进一步强化与欧盟及其成员国在全球、双边、地方、企业等各层面的合作，从中欧单向援助迈向国际协调，帮助全球转向低碳经济[③]，适时与欧盟发起联合倡议，提振全球信心[④]。

（3）加强南南合作，帮助发展中国家应对气候变化。中国永远站在第三世界一边是中国的战略定位。在应对气候变化问题上，中国一方面应当继续在全球气候治理机制中，为维护发展中国家共同利益发声，另一方面应当继续为帮助发展中国家实现可持续发展而努力，在与发展中国家开展双边、多边合作时，真心实意帮助其应对气候变化。这需要中国强化南南合作的体制机制，逐渐建立起与国际通用规则接轨的制度，与合作国紧密开展需求调研，制定国别合作战略，拓展合作形式与资金利用方式，制定完善南南合作绩效评估体系，不断提高中国帮助发展中国家应对气候变化的水平[⑤~⑧]。

（4）发挥联合国和 G20 的互补作用。比较《哥本哈根协议》的失败与《巴黎协定》的成功可以看出，是否按照联合国框架下的多边规则行事，是否在大国之间达成政治共识，是推动成功的核心动能。中国应当继续坚定维护以联合国为主渠道的全球气候治理国际秩序和国际体系，鼓励全球各国在《公约》下的广泛参与，同时推动 G20 从打造人类命运共同体的基本立场出发，积极作为，主动承担大国责任，形成政治共识，发挥大国协调引领多边合作的作用[⑨]。

（5）从全球气候治理整体需求出发，推动气候友好技术务实合作。无论是减缓还是适应气候变化，归根到底都依赖于技术进步及其应用。全球气候治理必须从政治谈判走向技术研发与推广应用，这应当成为中国深度参与、共同引领全球气候治理的抓手。中国应当在敦促发达国家履行技术转让义务的同时，从全球需求出发设计提出“中国方案”。这一方案应当兼容发达国家履行技术转移的义务与其他国家自愿开展技术转移合作，“共同但有区别的责任”原则将两者纳入同一个平台和机制，避免人为制造两套体系，加剧发达国家与发展中国家的割裂，从而促进资源整合，提高效率，在务实合作中帮助其他发展中国

---

① 薄燕．中美在全球气候变化治理中的合作与分歧中美在全球气候变化治理中的合作与分歧［J］．上海交通大学学报（哲学社会科学版），2016，24（1）：17-27.

② 康晓．多元共生：中美气候合作的全球治理观创新［J］．世界经济与政治，2016，（7）：34-57.

③ 金玲．中欧气候变化伙伴关系十年：走向全方位务实合作［J］．国际问题研究，2015，（5）：38-50.

④ 康晓．中欧多层气候合作探析［J］．国际展望，2017，（1）：90-108.

⑤ 冯存万．南南合作框架下的中国气候援助［J］．国际展望，2015，（1）：34-51.

⑥ 高翔．中国应对气候变化南南合作进展与展望［J］．上海交通大学学报（哲学社会科学版），2016，24（1）：38-49.

⑦ 刘燕华，冯之浚．南南合作：气候援外的新策略［J］．中国经济周刊，2011，（9）：18-19.

⑧ 祁悦．中国在应对气候变化国际合作中的定位［J］．世界环境，2014，（6）：31-32.

⑨ 董亮．G20 参与全球气候治理的动力、议程与影响［J］．东北亚论坛，2017，（2）：59-70.

家应对气候变化。

（6）深化国内改革，讲好“中国故事”。尽管近年来中国在应对气候变化领域开展了许多工作，取得了显著成效，但仍存在许多不足。中国应当以《巴黎协定》的履约要求为参照，促进国内应对气候变化政策决策体系、数据信息统计报告体系、接受外国援助和对外开展南南合作的绩效评价体系等相关体制机制改革，改善应对气候变化战略、目标、规划与政策的顶层设计，提高信息透明度，讲好“中国故事”，树立可信赖、负责任的大国形象。

（7）充分认识碳市场机制在全球治理中的作用，明确碳市场作为绿色金融手段的重要地位。碳市场机制不仅有助于投资回报率与资源产出率相向而行，更有利于解决全球面临的严峻环境问题，是世界各国面对环境恶化的策略选择，是中国转变经济发展方式的现实需要。根据中国 NDC 方案，中国碳排放达峰需要投资 48 万亿元左右，这样大的投资就要动员社会资本，而碳市场可以发挥关键作用。欧洲、美国加利福尼亚州经验显示碳市场可以成为绿色金融手段。通过碳市场机制激励绿色投资、抑制污染性投资，提升投资者和企业的环境责任感和消费者对绿色消费的偏好，从源头疏解发展与环境的矛盾，促进绿色金融体系构筑。

第二篇　应对气候变化中长期战略

第6章 《巴黎协定》全球长期温升目标的实现途径分析及对策研究

《巴黎协定》确定了将全球平均温度升幅控制在不高于工业化前2℃以内的全球目标，并为把全球平均温度升幅控制在1.5℃以内而努力，以大幅度降低气候变化的风险。目前各国NDC与控制全球平均温度升幅2℃的长期目标尚有差距，在NDC情景下，到2100年全球平均温度升幅可能达到2.8～3.2℃。为实现2℃目标，需将2016～2100年全球温室气体排放总量控制在1.2万亿～1.5万亿 tCO_2eq 以下。为实现这一排放路径，全球温室气体需要在2020～2030年达峰，并在21世纪末实现温室气体零排放，其中二氧化碳需要在2075年前达到零排放。《巴黎协定》长期目标及相应排放路径能否实现，主要依赖于减排技术的发展与实施，而减排技术的推进成为全球各国关注的焦点问题。据估算，所有发展中国家实施自主减排的资金需求量每年约为6700亿美元，适应资金需求每年约为6200亿美元，而发达国家每年1000亿美元气候资金资助承诺持续落空，实际气候资助金额不足是落实《巴黎协定》面临的严峻挑战。

6.1 引　　言

根据《巴黎协定》的内容，各国将加强应对气候变化行动，将全球平均温度升幅控制在不高于工业化前2℃以内作为全球目标，并为把全球平均温度升幅控制在1.5℃以内而努力，以大幅度减少气候变化的风险和影响；为了达到这一目标，各国将根据自身情况确定应对气候变化行动目标，以NDC的方式参与全球应对气候变化行动，并就此建立了一个盘点机制，即从2023年开始，每5年对全球行动总体进展进行一次盘点，以帮助各国提高力度，加强国际合作，实现全球应对气候变化长期目标。同时，在2018年建立一个对话机制，盘点减排进展与长期目标的差距，以便各国制定新的NDC。

截至2017年12月，已有192个国家向《公约》秘书处提交了各国强化气候行动的NDC文件。尽管NDC显示了各国努力减排的决心，但目前各国NDC中的减排承诺力度，与2025年和2030年全球所需达到的碳减排量仍有较大差距。按照目前减排承诺，到2100年全球平均温度升幅为2.6～4.3℃，因此，《巴黎协定》进一步指出各国需要不断加强减缓气候变化的力度，弥补各国承诺和全球目标要求之间的差距。

6.2 NDC排放情景下的全球气候变化响应格局

截至2017年12月，共有192个国家向《公约》秘书处提交了各国在2030年以前的

NDC 排放目标。NDC 排放目标是通过“自下而上”的方式，由各国根据自身国情现状和经济发展水平提出体现各国国情的自主减排意愿，与以往“自上而下”的减排配额方式相比，该方式更具有可操作性。

但由此产生的问题是：各国 NDC 累加后是否能满足全球长期温升目标？对应的全球及区域气候变化的格局与特征是什么？特别是中国在 NDC 目标情景下，其具体气候变化的时空格局及响应机制尚不清楚。相关研究内容属于当前气候变化研究的热点和前沿问题。

6.2.1 全球自主贡献排放情景

6.2.1.1 研究方法

（1）获取 192 个国家的 NDC 报告资料，采用指标归一化方法计算各国 NDC 排放量。从 UNFCCC 网站上获取各国更新的 NDC 资料，对各国 NDC 内容按照类别进行梳理，建立各国 NDC 信息数据库，如减排形式、参考年、承诺年、排放量计算方法、覆盖气体范围等，提取涉及温室气体排放的指标数据，如温室气体绝对排放量、排放强度、基准年排放量等。各国给出的减缓指标的形式、目标、覆盖气体等存在较大差异，因此对各类指标进行归一化处理。

（2）计算 NDC 方案下全球未来温室气体排放量。采用国家加总法计算全球未来 2030 年温室气体排放量；根据 NDC 的排放量变化趋势，将 NDC 目标情景延长至 2100 年，假设全球排放量在 2030 年达峰，之后稳定下降。这一假设是基于大量研究的结果而得出，许多研究认为如果全球要实现长期温升目标，则需要全球温室气体年排放量尽早达峰，已有研究给出了 NDC 方案下排放量在 2030 年达峰的成本最优化路径，因此本研究参照该路径方式。具体变化率参照 IPCC 第五次评估报告（AR5）情景数据库中多种社会经济模式模拟的未来排放量变化率和 CAT 模拟的 2030 年后 NDC 排放量年变化率来确定。

6.2.1.2 NDC 排放水平

截至 2017 年 12 月，共有 192 个国家提交了 NDC 减排目标，既包括无条件目标，也包括有条件目标。对于无条件目标，2030 年的 NDC 排放量约为 15.0$GtCO_2eq$，比 2010 年高 16%，比 1990 年高出 53%。2012～2030 年，排放量年均增长速度为 0.7%。对于有条件目标，2030 年的 NDC 排放量约为 14.2$GtCO_2eq$，比 2010 年高出 10%，比 1990 年高出 45%。2012～2030 年，排放量年均增长速度约为 0.4%。为了将 NDC 的情况延伸到 21 世纪末，我们假定在 2030 年以后各国的减排力度将持续下去，全球排放量预计在 2030 年达到峰值，然后稳步下降，在 2030 年以后假定全球保持相对恒定的“脱碳率”，这与 Rogelj 等[①]提出的“持续行动”路径相一致。模拟得到 2100 年全球排放量为 6.5～9.1$GtCO_2eq$，

---

① Rogelj J，Luderer G，Pietzcker R C，et al. Energy system transformations for limiting end-of-century warming to below 1.5℃［J］. Nature Climate Change，2016，5（6）：519-527.

比 2010 年低 30% ~50%。相比 RCP2.6 情景（通常称为 2℃情景），全球自主减排情景下到 2030 年，NDC 排放量将比 RCP2.6 情景下的排放量高 3.7 ~4.4GtCO_2eq /a；2030 ~2100 年，NDC 排放量将比 RCP2.6 情景下的排放量高 4.5 ~9.2GtCO_2eq /a。NDC 承诺的排放路径与 RCP 4.5 情景的排放路径有很好的一致性，在 21 世纪后期 NDC 承诺的排放水平略高于 RCP 4.5 情景的排放水平。

根据计算，当前全球历史累积排放量已达到 2000GtCO_2eq(1880 ~2014 年)。在基准情景下，到 2030 年全球累积排放量为(998±122) GtCO_2eq(2015 ~2030 年)。在 NDC 情景下，到 2030 年全球累积排放量为(829±11) GtCO_2eq(2015 ~2030 年)。

6.2.2 NDC 排放情景下气候响应特征

6.2.2.1 气候变化对温室气体排放的敏感度

基于 14 个地球系统模式的 78 个气候敏感度试验，构建了气候敏感度函数，建立了全温室气体排放与气候响应之间的定量关系，这将为评估未来减排政策下的气候响应提供一种评估手段。表 6-1 给出了本研究采用的检测气候敏感度的 CMIP5 通用环流模式（GCMs）。

表 6-1 检测气候敏感度的 CMIP5 通用环流模式（GCMs）①

模式	开发国家	模式分辨率
BCC-CSM 1.1	中国	128×64
BCC-CSM 1.1-m	中国	320×160
CanESM2	加拿大	128×64
CESM1-BGC	美国	288×192
HadGEM2-CC	美国	192×145
HadGEM2-ES	美国	192×145
IPSL-CM5A-LR	法国	96×96
IPSL-CM5A-MR	法国	144×143
IPSL-CM5B-LR	法国	96×96
MIROC-ESM	日本	128×64
MIROC-ESM-CHEM	日本	128×64
MPI-ESM-LR	德国	192×96
MPI-ESM-MR	德国	192×96

① Taylor K E, Stouffer R J, Meehl G A. An Overview of CMIP5 and the Experiment Design [J]. Bulletin of the American Meteorological Society, 2012, 93 (4): 485-498.

续表

模式	开发国家	模式分辨率
NorESM1-ME	挪威	144×96

气候敏感度检测试验既涵盖了二氧化碳主要温室气体的影响，也涵盖了其他非二氧化碳温室气体的影响。气候敏感度的计算公式如下：

$$TCRE_{all} = \frac{\Delta T}{\Delta I} \tag{6-1}$$

式中，$TCRE_{all}$为全球平均温度对温室气体排放的敏感度，包含了二氧化碳、甲烷等多种温室气体；ΔI 为人为累积温室气体排放量，这里所有的非二氧化碳温室气体排放量都是根据各自的全球变暖潜势统一转化为二氧化碳当量①；ΔT 为全球平均温度变化。根据不同 RCP 情景方案（RCP 2.6、RCP 4.5 和 RCP 8.5），采用 14 个通用环流模式和 78 个气候敏感度试验，得到温室气体累积排放与温度变化的关系，如图 6-1 所示。

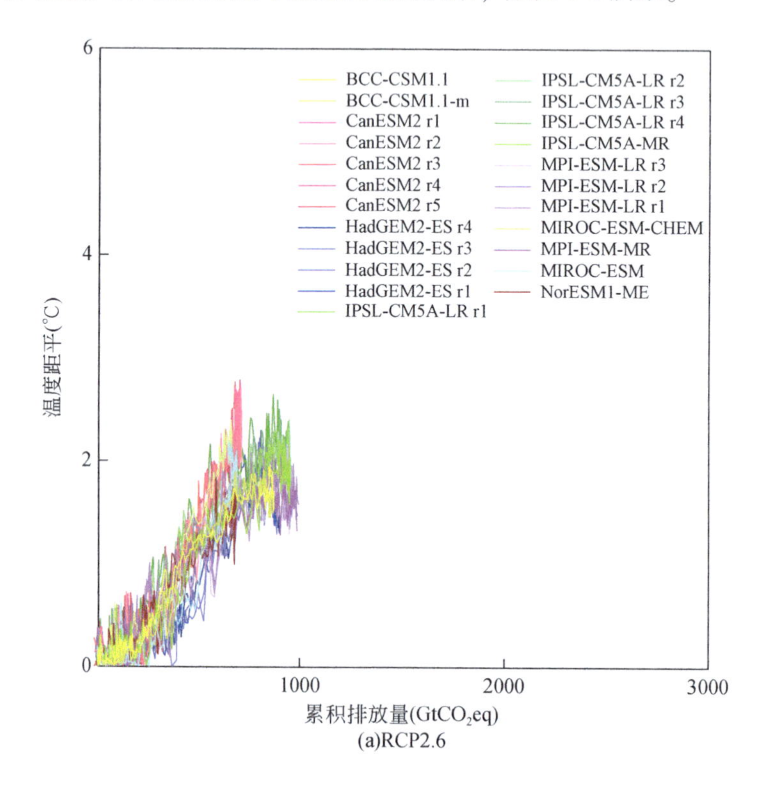

(a)RCP2.6

① Myhre G, Shindell D, Bréon F-M, et al. Anthropogenic and natural radiative forcing [C] //Stocker T F, Qin D, Plattner G K, et al. The Physical Science Basis [M] . Cambridge: Cambridge University Press, 2013.

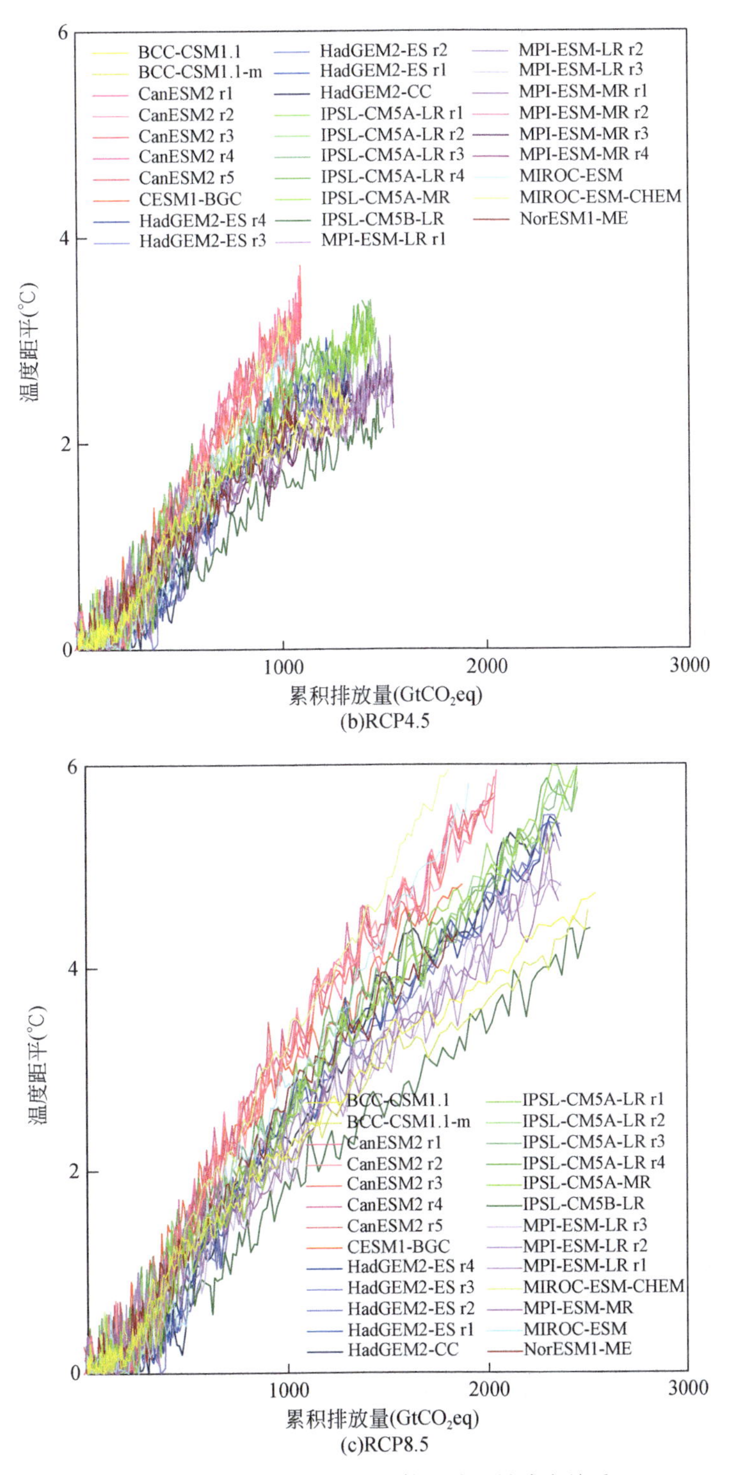

图 6-1　气温升高与温室气体排放的敏感度关系

根据 CMIP5 的不同情景试验，估计的 $TCRE_{all}$ 的中位数值为 2.12℃/1000GtCO_2eq（从 2012 年起）。根据 MAGICC 模式试验，估计的 $TCRE_{all}$ 的中位数值为 2.06℃/1000GtCO_2eq，略低于 CMIP5 结果。根据所有模型模拟的 $TCRE_{all}$ 不确定性范围是 1.6～3.1℃/1000GtCO_2eq（图 6-2 在同一张图上显示了所有模拟结果）。如果只考虑 CO_2 导致的温度变化（基于 1PCT 模拟试验，即大气二氧化碳浓度增加 1%/a），则 $TCRE_{co_2}$（全球平均温度对二氧化碳排放的敏感度）更低，因为 1PCT 模拟试验不包括非二氧化碳温室气体导致的额外变暖影响[①]。

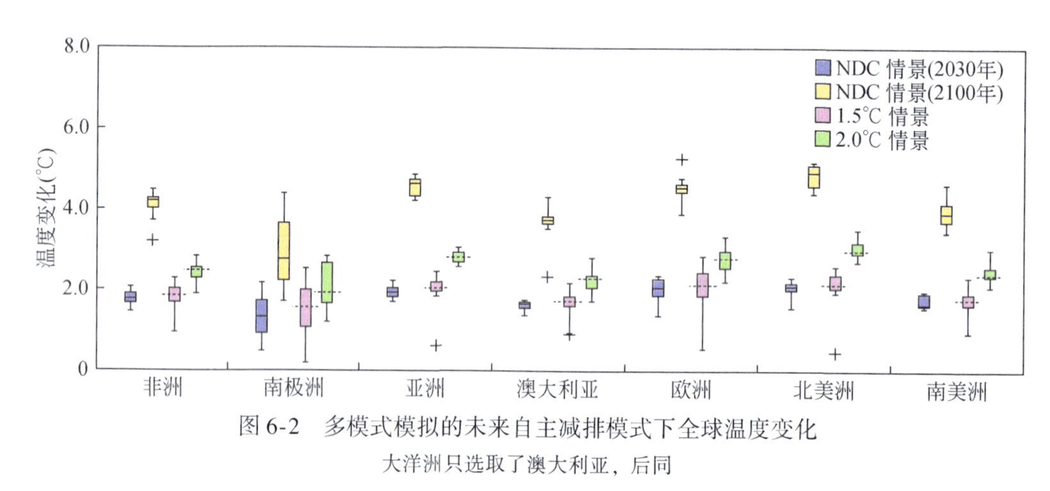

图 6-2 多模式模拟的未来自主减排模式下全球温度变化

大洋洲只选取了澳大利亚，后同

6.2.2.2 NDC 方案下气候变化的响应特征

1）温度

在无条件 NDC 承诺下，到 2030 年全球平均温度升幅将高于工业化前水平约 1.4（1.41）℃（中位数及其不确定性范围为 1.3～1.7℃）。到 21 世纪末，全球平均温度升幅可能达到 3.2℃（中位数及不确定范围为 2.6～4.3℃）。在有条件 NDC 承诺下，到 2030 年全球平均温度升幅将高于工业化前水平约 1.4℃（中位数及不确定范围为 1.3～1.7℃），21 世纪末，全球平均温度升幅将高于工业化前水平约 2.8℃（中位数及不确定范围为 2.4～3.7℃）。

全球大部分海洋的变暖幅度比全球平均水平较低，然而，北极海洋温度变化幅度预计将是全球最高的，相对于工业化前水平增加约 3.5℃（2030 年）和 9℃（2100 年）。在 2030 年和 2100 年，全球陆地变暖幅度超过了全球平均水平，特别是陆地高纬度地区的气候变暖程度更高，在北美洲、亚洲和欧洲的北部（在 70°N～85°N），预计 2100 年的平均温度升幅将比工业化前水平高 6.5～9.0℃。从各季节来看，全球大部分地区的四季都有明显变暖的趋势，冬季平均气温预计升高 3.3℃（12 月至次年 2 月）、春季平均气温预

① Hajima T，Ise T，Tchiir K，et al. Climate change，allowable emission，and earth system response to representative concentration pathway scenarios［J］. Journal of the Meteorological Society of Japan. Ser. Ⅱ，90（3）：417-432.

计升高3.1℃（3~5月）、夏季平均气温预计升高3.0℃（6~8月）、秋季平均气温预计升高3.3℃（9~11月）。

我们比较了NDC情景与全球长期目标（1.5℃和2℃）情景下区域尺度的温度变化差异。结果表明，到2100年NDC情景下所有大洲的变暖幅度将大大超过全球1.5℃和2℃的目标。2100年，各区域在NDC情景下超过长期目标的变暖幅度分别为：1.9~2.7℃（北美洲）、1.8~2.6℃（亚洲）、1.8~2.4℃（欧洲）、1.5~2.1℃（非洲）、1.3~1.9℃（南美洲）、1.3~1.9℃（澳大利亚）和1.3~1.9℃（南极洲）。在北半球，高纬度地区的温升幅度（比1.5℃和2℃情景）比低纬度地区的要高得多。此外，如果未来全球温室气体排放是依照NDC情景发展，则全球大多数陆地区域到2030年的变暖幅度将接近1.5℃情景目标水平。

2）降水

到2030年，NDC排放情景下全球平均降水量与工业化前水平相比没有显著变化。到2100年，全球平均降水量预计略有增加，约为6%（4%~9%）；其中，冬季和秋季的全球平均降水量增加略多，约为8%；春季和夏季的全球平均降水量变化幅度较小。在全球大部分区域，降水的变化格局符合由热力学变化引起的"正反馈"机制①。赤道太平洋地区的降水量增加幅度最大，约为工业化前水平的1.3倍，2100年为2.2倍。北极地区的降水量也呈上升趋势，到2030年和2100年分别为工业化前水平的1.1倍和1.4倍。中纬度海洋（大西洋和太平洋，近30°N和30°S）与工业前水平相比，降水量呈下降趋势，这与其他研究一致②。在陆地上，中部非洲的降水量相对于工业化前水平显著增加（特别是在冬季和秋季）；撒哈拉地区的未来降水量相对于工业化前水平会显著增加，在工业化前这里的降水量极低。此外，南极洲、亚洲和北美洲的降水量与工业化前水平相比略有增加。然而，地中海、北非和中美洲普遍存在显著下降的趋势，分别为：地中海和北非（-30%）、中美洲（-15%）。

我们比较了全球NDC情景与全球1.5℃和2℃目标情景下各大洲的降水量变化差异（图6-3）。结果表明，到2100年，NDC情景下亚洲、北美洲和南极洲的降水量与全球1.5℃和2℃情景相比略有增加，各大洲的增加幅度（与全球1.5℃和2℃目标情景相比）分别为：6.3%~7.8%（亚洲）、4.9%~7.4%（北美洲）和12.1%~17.2%（南极洲）。相比之下，欧洲、南美洲和非洲的降水量在NDC情景和全球1.5℃和2℃场景下均显示较小的变化。需要注意的是，模式对未来降水量变化的预测结果不确定性将大于模式对未来温度变化的不确定性（图6-2和图6-3）。

---

① Chou C, Neelin J D, Chen C A, et al. Evaluating the "Rich-Get-Richer" mechanism in tropical precipitation change under global warming [J]. Journal of Climate, 2009, 22 (8): 1982-2005.

② Collins M, Kuntti R, Arblaster J, et al. Long-term climate change: projections, commitments and irreversibility [C] //Stocker T F, Qin D, Plattner G K, et al. The Physical Science Basis [M]. Cambridge: Cambridge University Press, 2013.

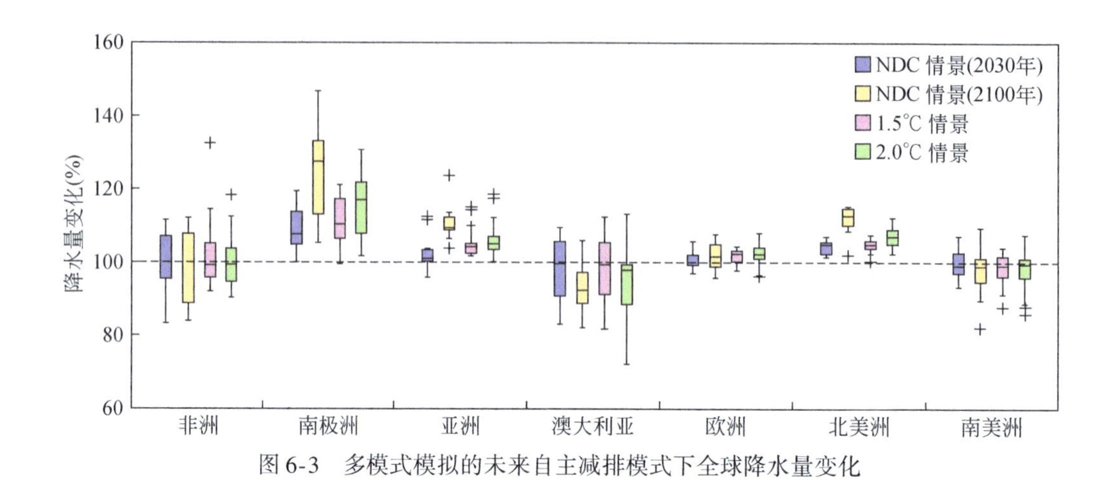

图 6-3　多模式模拟的未来自主减排模式下全球降水量变化

6.3　满足 2℃与 1.5℃温升目标的可行排放路径

6.3.1　2℃与 1.5℃温升目标下 21 世纪剩余可排放量

2016 年全球大气二氧化碳平均浓度已达 402.8ppm，较工业化前的 278ppm 有显著增加，到 21 世纪末，要想将全球温升控制在 2℃甚至 1.5℃以内，必须大幅度减少二氧化碳和其他温室气体的排放，虽然目前还不能给出温室气体增加与气温上升的精确关系，但到 2100 年，全球二氧化碳平均浓度需控制在 450ppm 以内（相应温室气体平均浓度约为 465ppmCO_2eq），将有很大概率保证届时温升不超过 2℃，而对 1.5℃目标而言，全球二氧化碳平均浓度需控制在 410ppm 以内（相应二氧化碳平均浓度约为 425ppm）。

据多个国际研究团队测算，不论采取何种路径，要实现 2℃目标，在 50% 的实现可能性下，均需将 2016～2100 年温室气体排放总量控制在 15 000 亿 tCO_2eq 以下；在更高的实现可能性下（66%），均需将 2016～2100 年温室气体排放总量控制在 12 000 亿 tCO_2eq 以下，才能以较大概率实现全球温升不高于 2℃阈值。要实现 1.5℃目标，在 50% 的实现可能性下，均需将 2016～2100 年温室气体排放总量控制在 6000 亿 tCO_2eq 以下；在更高的实现可能性下（66%），均需将 2016～2100 年温室气体排放总量控制在 4000 亿 tCO_2eq 以下，才能以较大概率实现全球温升不高于 1.5℃阈值（表 6-2）。

表 6-2　两种目标类型的剩余碳预算

目标	实现目标的可能性（%）	“阈值返回路径”的碳预算（GtCO_2eq）	“阈值达峰路径”的碳预算（GtCO_2eq）
1.5℃	50	590（420～880）	580（490～640）
	66	390（200～730）	无

续表

目标	实现目标的可能性（%）	“阈值返回路径”的碳预算（$GtCO_2eq$）	“阈值达峰路径”的碳预算（$GtCO_2eq$）
2℃	50	960（570～1460）	1450（1330～1550）
	66	910（570～1210）	1180（1050～1380）

注：数据是基于各种可能的情景以及实现1.5℃或2℃目标的可能性来确定的。数据显示的是中位数及不确定性范围，起算时间是2016年1月1日

6.3.2 满足2℃与1.5℃温升目标的可能排放路径

6.3.2.1 关于2℃目标的排放路径

全球实现2℃目标的排放路径大致有两种（图6-4和表6-3）：一是保持当前全球500亿tCO_2eq/a左右的温室气体排放水平到2020年，随后逐渐开始下降，到2030年减至400亿tCO_2eq/a左右，到2060年减至200亿tCO_2eq/a左右。二是全球温室气体排放量持续增长，到2030年达峰，峰值控制在600亿tCO_2eq/a以下，之后迅速下降，到2050年减至250亿tCO_2eq/a以下。两者均需在21世纪末实现温室气体零排放，其中二氧化碳需在2075年前达到零排放。

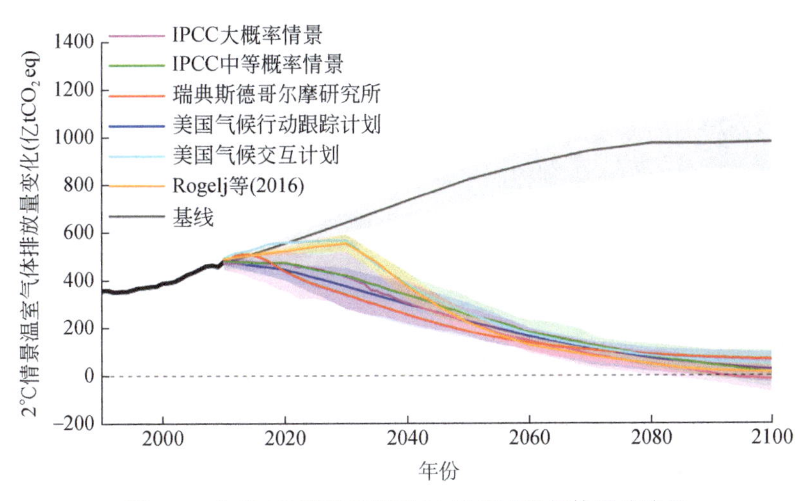

图6-4 全球2℃温升目标下21世纪温室气体排放路径

表6-3 全球2℃和1.5℃温升目标下21世纪未来关键年排放量（中位数和10%～90%分位数区间）

排放量估计（$GtCO_2eq/a$）			
情景	2025年全球总排放	2030年全球总排放	总共的情景数
无政策基准情景	61.0（56.7～64.3）	64.7（59.5～69.5）	179
当前政策情景	55.4（53.5～56.8）	58.9（57.6～60.7）	4

续表

排放量估计（$GtCO_2eq/a$）			
情景	2025 年全球总排放	2030 年全球总排放	总共的情景数
无条件 NDC	53.8（50.6～53.3）	55.2（51.9～56.2）	10
有条件 NDC	52.2（49.3～54.0）	52.8（49.5～54.2）	10（6+4）
2℃路径（66%的可能性实现 2℃目标，从 2020 年起采用最低成本）	47.7（46.2～50.2）	41.8（30.6～43.5）	10
1.5℃路径（50%～66%的可能性实现 1.5℃目标，从 2020 年起采用最低成本）	44.5（43.1～45.5）	36.5（32～37.7）	6

6.3.2.2 关于 1.5℃目标的排放路径

到 21 世纪末将全球变暖控制在 1.5℃面临很大挑战，目前已有研究给出了两种潜在的实现路径：一种路径是在整个 21 世纪温度持续上升至 1.5℃达到峰值，期间的升温幅度都不超出 1.5℃；另一种路径是全球升温幅度可短暂超过 1.5℃，然后在 2100 年前回落至 1.5℃，即短暂溢出路径。两种路径都意味着全球温室气体排放近期要开始下降，且在 21 世纪中叶或之后不久达到净零排放。这两种路径不能仅依赖常规的低碳措施（如提高能源效率和增加可再生能源比例），还必须依赖大规模的且目前尚不成熟的碳移除技术（即将化石能源排出的二氧化碳从大气中移除）。相比之下，第二种路径比第一种路径需要更大规模的碳移除量，用于抵消短暂溢出部分的碳排放。值得注意的是，目前国际上的碳移除技术尚不成熟，不具备规模化示范与市场化运行的条件，而且从大气中规模化移除二氧化碳的手段可能存在较大的技术风险和生态环境风险。

目前国际社会已经充分认识到控制二氧化碳排放的重要性，但是仅控制二氧化碳排放还不够，还需要充分重视非二氧化碳温室气体的减排，主要是应当考虑甲烷、黑碳和氢氟碳化物等。如果非二氧化碳温室气体的排放量没有显著减少，即使执行了 1.5℃情景下最严格的二氧化碳减排，在 21 世纪末全球升温仍有很大可能（超过 66%的可能性）超过 1.5℃。在 IPCC 的评估报告中，多次强调了非二氧化碳温室气体对于气候变化和大气污染的双重影响。下一步，非二氧化碳温室气体减排有可能成为气候谈判重点关注的议题。

6.3.3 2℃与 1.5℃温升目标排放路径的可实施性分析

6.3.3.1 关于 2℃目标

在 2℃目标下，全球温室气体排放即刻下降的路径几乎不可行。一些研究认为在 2℃目标下需要全球温室气体排放从 2020 年前开始下降，即在 2020 年前达峰，峰值年排放需要控制在 510 亿 tCO_2eq 以下，随后以平均每年 6 亿 tCO_2eq 的速度下降，至 21 世纪末实现温室气体零排放。这是实现 2℃目标最理想型的路径，全球温室气体排放和经济发展都不会出现显著剧烈的变化，但是这种路径要求全球温室气体排放当即达峰，不能再有增长，这对全球未来经济发展提出巨大挑战。在当前全球经济持续发展的情况下，温室气体排放即刻下降的路径几乎是不可行的。

在2℃目标下，全球温室气体排放先缓慢增长，至2030年达峰，之后迅速下降的路径是可能的。一些研究认为在2℃目标下，全球温室气体排放量可持续增长，至2030年达峰，峰值控制在560亿tCO_2eq，随后30年需以平均每年15亿tCO_2eq的速度迅速下降，至21世纪末实现温室气体零排放。这种路径为全球经济发展赢得了数年的时间，当全球经济发展到一定水平后，且碳减排技术，特别是碳捕集、利用与封存技术（carbon capture utilization and storage，CCUS）已发展得相对成熟，全球温室气体排放有较大可能性实现快速下降。在这条路径下，即使各国2030年（或2025年）之前的NDC减排目标没有明显提高，仍然有可能在21世纪末实现2℃温升目标。

6.3.3.2 关于1.5℃目标

按照当前的排放水平推算，几乎不可能将全球变暖控制在1.5℃。如果全球排放按照2014~2016年水平（约为$49GtCO_2eq/a$）持续下去，未来12~16年的排放量为588~$784GtCO_2eq$，而全球升温1.5℃所对应的可排放总量为490~$640GtCO_2eq$。因此，如果维持当前的排放水平，那么几乎不可能将全球变暖控制在1.5℃。

按照目前各国承诺的减排力度，也难以在21世纪末将全球变暖控制在1.5℃。在《巴黎协定》中，各国承诺到2030年温室气体排放量能够控制在52~$56GtCO_2eq$，而1.5℃目标对应的2030年温室气体排放量能够控制在32~$38GtCO_2eq$。因此，即使各国承诺的减排能实现，也难以在21世纪末将温度升幅控制在1.5℃。

按照目前的全球变暖速率，到2040年全球平均温度升幅就可能达到1.5℃。观测显示，自1950年以来，全球平均温度约每十年增加0.17℃（±0.07℃），至2017年/2018年全球平均温度已经比工业化前水平高出约1℃。目前，全球有超过1/4的人口生活在已经比全球平均水平更加变暖的地区，特别是在北半球中高纬度地区。如果按照目前的温室气体排放水平和全球变暖速率，则到2040年全球平均温度升幅就将达到1.5℃。

鉴于1.5℃温升目标有必要实现，但是实现的难度很大，建议在全球气候变化谈判中应将1.5℃温升设定为“跳一跳、够得着”的目标，以此为前提和出发点，呼吁世界各国从严设定自己的减排目标。

6.4 2℃和1.5℃减排目标与现有自主贡献的差距

6.4.1 全球碳排放与长期温升目标的差距分析

到2030年NDC承诺的减排力度不足。如果到21世纪末将全球平均温度升幅控制在2℃以内，则2030年全球温室气体排放量应低于$42GtCO_2eq$；如果到21世纪末将全球平均温度升幅控制在 1.5℃以内，则 2030 年全球温室气体排放量应低于 $36GtCO_2eq$。在各国现有气候政策与排放状况下，到 2030 年全球温室气体排放量为 58 ~ $61GtCO_2eq$，远超过 2℃温升目标对应的 $42GtCO_2eq$ 和 1.5℃ 温升目标对应的 $36GtCO_2eq$。按照目前各国已提出的无条件 NDC 目标推算，到 2030 年全球温室气体排放量能够控制在 52 ~ $56GtCO_2eq$，仍然超出上述温升目标所需的 $42GtCO_2eq$ 和 $36GtCO_2eq$。按照目前各国已提出的有条件 NDC 目标（即在更多资金和技术支持的情况下，发展中国家承诺可以完成更多的减排）推算，到 2030 年全球温室气体排放量能够控制在 50 ~ $54GtCO_2eq$（此推算结果仅为理论值，因为发达国家不愿意提供更多的资金和技术支持），仍然超出上述温升目标所需的 $42GtCO_2eq$ 和 $36GtCO_2eq$。因此，即使到 2030 年各国 NDC 的无条件减排承诺可以完全兑现，全球碳排放与 2℃或 1.5℃温升目标所对应的温室气体排放量之间仍存在较大差距，与 2℃温升目标对应的温室气体排放量差距为 10 ~ $14GtCO_2eq$，与 1.5℃温升目标对应的温室气体排放量差距为 16 ~ $20GtCO_2eq$。可见，到 2030 年 NDC 承诺的减排力度明显不足。

当前的 NDC 承诺有些难以实现，有些不具有减排力度。UNEP 跟踪的全球主要排放国（G20）的近期减排政策及行动进展显示，大多数国家需要通过新的努力，采取新的政策和行动才能实现其 2030 年 NDC 减排承诺。例如，阿根廷、澳大利亚、加拿大、欧盟、印度尼西亚、日本、墨西哥、南非、韩国和美国在目前已出台的政策支持下难以实现其承诺的 2030 年减排目标，需要采取额外的减排政策才能达到其 2030 年减排目标。还有少数国家的 NDC 目标不具有减排力度，其承诺的 2030 年排放水平高于这些国家现有气候政策下能达到的排放量，因此这些国家的 NDC 目标对于推动全球减排产生不了实质性贡献。如果上述主要排放国家 NDC 目标到 2030 年难以实现、少数国家 NDC 目标不具有减排力度的状况继续维持下去，将进一步增加全球碳排放与长期气候目标对应的碳排放之间的差距，实现 2℃温升目标的难度很大，实现 1.5℃温升目标的希望则更加渺茫。

6.4.2 在长期气候目标下提高主要国家自主贡献目标的分析

考虑到减排实施的可操作性，尽管各国的 NDC 目标是自主提出的，但为了弥补全球减排差距，需要大部分国家加强减排力度和提高 NDC 目标范围。现有研究已经提出了众多减排额度分配方案，如采用各国人均排放、减排能力、历史责任等不同的公平原则及其组合，将未来全球碳预算分配到各个国家，然而这种“自上而下”分配方案在不同国家或利益集团之间尚无法达成共识。而“自下而上”承诺机制正在成为推进未来各国减排义务划分的主流模式。

从各国提交的 NDC 目标来看，发达国家在 2030 年的排放量为 14 ~ $15GtCO_2eq$，仍占到全球总量的 1/4 左右。如果发达国家在 NDC 目标的基础上再增加约 5% 的减排力度，为 710 ~ $730MtCO_2eq$，则相当于全球增加减排 1.2% ~ 1.4%，或相当于发展中国家增加减排 1.7% ~ 1.9%。而从人均减排效果来看，长期以来，发达国家的人均排放水平高于发展中国家的人均排放水平，据统计，2005 年全球人均排放水平约为 $6.2tCO_2eq$，而发达国家人均排放水平约为 $16tCO_2eq$，远高于全球人均排放水平的两倍。如果到 2030 年，发达国家能在2005年人均排放水平的基础上进一步减排5%，约每人增加减排0.8tCO_2eq，则相当于全球人均增加减排12%，或相当于发展中国家人均增加减排19%。如果到2030年发达国家人均排放水平进一步减排5%，则可实现全球在NDC的基础上进一步减排近10亿tCO_2eq。

以下对几个排放大国或集团的NDC减排目标及在气候长期目标下可能提高的潜力进行分析。欧盟的历史累积二氧化碳排放量占全球的22.2%（1900~2014年累积）、19.5%（1950~2014年累积），若按照2℃目标责任和能力原则进行减排义务分担，则欧盟在未来需要承担较多的历史责任，其减排分担份额占比约为22%（2017~2030年）。欧盟提出的NDC目标是到2030年将温室气体排放量较1990年降低40%。该NDC减排目标远低于其公平分担的减排份额。《巴黎协定》生效后，欧盟采取了一系列积极政策完成NDC目标，欧盟于2016年下半年颁布政策，提出每个成员国2030年的碳排放目标，该政策旨在减少欧盟排放交易体系之外部门的排放量，包括制定运输、农业和建筑方面的法律规范。所有的欧盟成员国和欧洲议会必须在两年之内批准该政策生效。欧盟正在朝着强力的“去碳化”趋势发展，据全球碳项目（Global Carbon Project，GCP）统计，2016年欧盟的二氧化碳排放强度比1990年降低了21.5%，新的低碳政策正在助力欧盟加速完成NDC目标并可能超额完成。在长期气候目标下，欧盟应带头提高减排目标以缩小全球减排差距，据测算，欧盟的减排目标若在NDC的基础上提高5%~15%，其实施的能源战略规划依然可保障其完成提高的目标。

美国的历史累积二氧化碳排放量占全球的26.4%（1900~2014年累积）、23.7%（1950~2014年累积），若按照2℃目标责任和能力原则进行减排义务分担，则美国分担的减排份额占比较高，约为27%（2017~2030年）。美国前任总统奥巴马提出的NDC目标是到2025年温室气体排放量较2005年降低26%~28%。而美国总统特朗普任期下的政策方向变化引起了各方对美国当初对《巴黎协定》的承诺能否实现的质疑。据GCP统计，2016年美国的二氧化碳排放强度较2005年下降了13.4%；低碳能源发电量创历史新高，约占美国电力的1/8；燃煤发电达到历史最低点，仅为美国电力的1/3，不到2005年的一半。基于当前美国能源政策、市场力量以及州政府加强的低碳政策，依然可以确保美国的二氧化碳排放强度保持减少趋势。然而，未来是否能完成其NDC的目标尚不明确。在未来长期气候目标下，各方期待美国能早日回到《巴黎协定》中，执行其NDC减排目标，而进一步提高其减排目标的愿望难以推行；在未来2℃和1.5℃温升目标下，各方期待美国实施减缓目标的底线应是维持其在《巴黎协定》中提出的NDC水平。

印度的历史累积二氧化碳排放量占全球的2.8%（1900~2014年累积）、3.1%（1950~2014年累积），若按照2℃目标责任和能力原则进行减排义务分担，则印度分担的减排份额占比较低。印度提出的NDC减排目标是到2030年二氧化碳排放强度较2005年降低33%~35%，非化石能源发电占比达到40%。据GCP统计，2016年印度的二氧化碳排放强度较2005年降低10.3%。印度正在采取一系列雄心勃勃的气候行动，有望达到甚至超越其NDC目标。例如，印度通过政府规划、私人投资及国际合作手段正在推进风能与太阳能产业的快速增长，其规划到2022年太阳能和风能发电容量分别达到100GW和60GW，而仅在过去一年多时间内其可再生能源发电容量就增加了 11.3GW。未来印度的 GDP 预计会高速增长，导致其二氧化碳排放强度减缓目标在不需要更新或加强额外低碳政策下也可能完成。为了弥补全球减排差距，在一定的资金和技术支持下，印度在现有 NDC 目标水平上仍有一定的潜力提高其减排力度。

中国的历史累积二氧化碳排放占全球的 12.2%（1900～2014 年累积）、13.9%（1950～2014 年累积），若按照 2℃目标责任和能力原则进行减排义务分担，则中国需要承担的历史责任较少，分担的减排份额占比较低，为 12%（2017～2030 年）。中国在《巴黎协定》中提出的 NDC 减排目标是到 2030 年碳排放强度较 2005 年降低 60%～65%。据 GCP 统计，中国 2016 年的二氧化碳排放强度较 2005 年下降了 35.3%，预计到 2025～2030 年可以超额完成 NDC 目标。巴黎会议后，中国于 2016 年公布的“十三五”规划，在能源领域提出更严格的减排目标，包括到 2020 年单位 GDP 能耗和单位 GDP 二氧化碳排放较 2015 年降低 15% 和 18%；此外对煤炭消费比例的上限控制进一步加强，要求到 2020 年降至 58% 以下，较 2014 年提出的 62% 目标提高 4%。这些政策措施使中国的二氧化碳排放量自 2014 年以来已连续三年下降或保持稳定。在气候长期目标下，中国有望超额完成 NDC 目标。

6.5 实现 2℃与 1.5℃目标的关键减排途径

将全球平均温度升幅控制在 2℃或 1.5℃之内已被国际社会设定为应对气候变化的长期温升目标。该温升目标能否实现，将主要依赖于减排技术的发展与实施。当前，全球减排面临着一定的压力与挑战，而减排技术的推进成为全球各国关注的焦点问题。

6.5.1 电力热力行业

当前电力热力部门的排放超过全球总量的 1/4，每年约为 $12GtCO_2eq$，2012 年 32% 的电力来自可再生能源和其他零和低碳能源（大部分是核电和水电，风能和太阳能发电占 3%），根据能源系统模型预测，未来需要电力热力部门承担最快的过渡，以达到温度目标。

在 1.5℃温升目标的要求下，需要电力二氧化碳排放在 2020 年减少到约 $7GtCO_2eq$（当前 $12GtCO_2eq$），在 2030 年减少到 $4GtCO_2eq$，在 2050 年减少到 0（完全脱碳）；要求电力产生的份额中，可再生能源和零和低碳能源在 2020 年达到 50%，2030 年达到 70%，2050 年接近 100%（当前水平略高于 30%）。而在 2℃温升目标的要求下，可比 1.5℃推后 10 年脱碳。在未来几十年，发电行业首先需要迅速从煤炭转型，到天然气，再到可再生能源和其他零和低碳能源。

可再生能源在技术投资与政策支持方面均有所提升。在政策方面，当前许多国家（地区）对可再生能源给予巨大支持：据估算，目前有 110 个国家（地区）具有可再生能源补贴政策，100 个国家（地区）具有可再生能源投资组合标准或配额政策，64 个国家（地区）可招标/公开竞标可再生能源[①]。鉴于当前良好的市场环境和大量政策扶持，未来可再生能源发展前景良好。

6.5.2 煤炭行业

2013 年，煤炭占世界一次能源供应的 29%，其中 59% 用来发电。全球电力的 41% 来自燃煤电厂。2014 年，全球煤炭消费量从 79.9 亿 t 降到 79.2 亿 t，这是 21 世纪第一次出现下降。

为了保持温升在 2℃以下，全球煤炭储量大部分（88%）不能再被开采[②]。由于煤炭排放强度高、开采成本低，未来控制煤炭开采和利用将是全球减排的最重要行动之一。为了保持温升在 1.5℃下，电力行业需要在 2050 年左右达到零排放，因此，燃煤发电厂必须在 2050 年以前淘汰；在 2025 年煤炭的发电量应至少减少 30%，到 2030 年至少减少 65%，且不能再新建燃煤发电厂。

目前，欧盟部分国家已实现了“无煤化”，如比利时、塞浦路斯、卢森堡、马耳他、爱沙尼亚、拉脱维亚和立陶宛，还有部分欧盟国家正在计划关停煤炭，如英国和葡萄牙。这些国家的例子表明，在发电中逐步淘汰煤炭、减少发电厂的碳排放是相对可行的。

6.5.3 工业

工业部门占全球温室气体排放总量的 40% 以上。工业温室气体排放量的 85% 是二氧化碳。排放主要来自自然资源或原材料的生产转化过程。据统计，工业二氧化碳排放的 44% 来自生产钢铁和水泥[③]。

在 2℃温升目标下，到 2025 年需要工业能源使用量和二氧化碳排放量比当前分别降低 12% 和 16%，未来几年需要工业高排放部门实行所有新建装置的低碳化，提高能源使用效率，在某些特定部门可以考虑 CCS 技术，并最大限度地提高材料使用效率（可通过改进最终产品属性进而减少产品需求）。

以钢铁部门为例，其二氧化碳排放量占工业总排放量的 26%，未来工业的减排可能主要源于钢铁部门。根据多家机构分析，认为要满足温升目标，需要钢铁部门的碳排放水平到 2040 年左右比当前水平减半。钢铁部门减排可从三个方面入手：一是 2020 年后争取不再建新的常规高炉。有研究表明，2050 年后在全球钢铁市场上可能不再需要新的初级钢生产，在过去的 20 年中，钢的增加很大程度上是由于回收钢废料的增加。未来通过增加钢

---

① IRENA. Renwables 2016 global status report. Abu Dhabi, United Arab Emirates: international renwable energy agency. http://www.ren21.net/wpcontent/uploads/2016/06/GSR_2016_Full_Report_REN21.pdf [2017-5-30].

② Mcglade C, Ekins P. The geographical distribution of fossil fuels unused when limiting global warming to 2℃ [J]. Nature, 2015, 517 (7533): 187-190.

③ Fischedick M, Roy J, Abdel-Aziz A, et al. Industry [C] //Edenhofer R, Pichs-Madruga Y, Sokona E, et al. Climate Change 2014: Mitigation of Climate Change [M]. Cambridge: Cambridge University Press, 2013.

废料的回收、提高材料效率等有望实现2020年后不再兴建大型的炼钢高炉的目标。二是发展低碳初级炼钢技术。根据IEA预测，在炼钢中配备CCS的低碳炼钢技术可从2025年开始供应。但迄今还没有商业规模的示范工厂投入运行。三是努力解决产能过剩问题。

6.5.4 交通行业

交通部门的排放量占全球总排放量的15.3%，在过去10年交通部门排放以每年1.9%的速度增加。为实现温升目标，需要交通部门在未来10年排放量出现峰值并开始降低，并到21世纪中叶转向零碳排放。

在个人运输方面，零排放车辆（主要指电动车）应成为未来个人交通的主要模式。在1.5℃温升目标下，需要2050年全部使用零排放汽车，假设一个汽车的平均寿命为15年，则使用化石燃料动力车必须在2035年前销售完。目前挪威是全球电动车领跑者，电动车注册占新车的近30%（全球平均为0.6%），可借鉴推广的方式包括靠金融政策激励（税收优惠）和行为激励（允许电动车司机行驶公交车道和给他们提供免费的公共停车场）帮助提高电动车销售等。

交通行业的另一大排放部门是航空，其排放量约占全球总排放量的2%，其中2/3可归因于国际航空。ICAO预测，到2050年，来自航空的全球排放量可能至少比现在水平高出300%。减少航空部门的排放需要在三个方面采取行动：提高飞机能源效率，降低燃料碳含量以及转变需求模式。在2℃温升目标下，航空低碳燃料的份额需要在2020年增加到10%，2025年达到14%（生物燃料在2011年被批准用于航空业）。

6.5.5 建筑行业

2010年，建筑行业几乎占全球温室气体排放量的1/5，为9GtCO_2eq。建筑物排放包括直接排放和间接排放。直接排放占比较小（3GtCO_2eq）（受建筑材料能源强度影响）。间接排放（主要驱动力是建筑物中的大型和小型电器、空调、其他装备的增长）占比最大、增长最快，主要是电力使用（6GtCO_2eq）。

在2℃温升目标下，需要建筑部门直接排放量到2050年减少70%~80%。在1.5℃温升目标下，需要建筑部门直接排放量到2050年减少80%~90%①，这将主要依赖两方面措施，对新建筑要实施严格的建筑标准以及大力改造现有的建筑（能耗高的住房）。当前在建筑能效方面的进展缓慢，过去10年全球建筑能效的改善速率为每年1.5%，至2025年这一速率需要增至2.5%~5%。

---

① Rogelj J, Luderer G, Pietzcker R C, et al. Energy system transformations for limiting end-of-century warming to below 1.5℃ [J]. Nature Climate Change, 2016, 5 (6): 519-527.

6.5.6 碳移除技术

当前全球减排力度不足以支撑完成全球长期温升目标，因此为了满足温升目标，从21世纪中叶开始有必要采用CCUS技术。目前碳移除技术主要有空气直接捕获二氧化碳加存储、BECCS。

尽管CCUS技术的各部分已经具备，而且已经试验性地用在化石燃料提取及冶炼工业，但CCUS技术尚未规模化用于大型商业性化石燃料电厂。为了满足2℃或1.5℃目标，需要在未来5～10年部署碳移除技术实施的准备工作，以减少规模化运行的风险。具体包括：①需要加强研究和开发CCUS相关的技术和工程，如大规模低能耗的碳分离与捕集技术、安全可靠的碳输送与封存技术、大规模技术集成与示范工程等；②加强碳捕集、运输、利用及封存系统的基础理论研究，开展相关环境影响与风险控制方面的评估研究；③推进CCUS相关的法规研究，从国家立法的角度考虑如何解决碳运输和储存的相关责任问题；④采取一切必要措施，尽量减少对碳移除的需求量，如尽早减少化石燃料的碳排放、尽快减少农业和工业排放等。

BECCS技术的原理是通过混合燃烧树木和农作物获得的能量与利用CCS技术，来实现温室气体大规模负排放。BECCS依赖生物质能源系统。未来需要生物能源快速增长。大规模部署生物能源必须依赖“第二代”生物（来自木质纤维素作物、农业和林业残留物、粪便和有机废物）。使用“第二代”生物有助于降低粮食安全的风险。BECCS技术部署的项目目前最大规模为100万tCO_2/a（试点规模）。而要实现2℃或1.5℃温升目标需要每年移除约至少上亿吨二氧化碳，因此当前规模是远远不够的。当前，这种技术的大规模部署尚未建立，需要进一步研究，可能在2030～2050年得到迅速提升。

6.6 不同温升目标下发展中国家的资金需求及发达国家的资金承诺分析

6.6.1 发展中国家的资金需求

为实现低碳经济的发展与转型，大多数发展中国家实行减排则需要大量的资金支持。资金议题一直是气候谈判的焦点问题之一。本研究对发展中国家自主提出的资金需求进行了系统梳理，对资金来源及缺口进行了估算。

6.6.1.1 NDC提出自主贡献资金需求国家方案概况

发展中国家提交的151份NDC中，有86%（138份）提出了明确的资金需求，其中，84份NDC文件提出了具体的资金数额，占发展中国家NDC文件（151份）的56%。通过对84份提出了具体的资金需求数额的NDC文件进行分析，发现21份NDC同时提出有条件与无条件资金需求，24 份 NDC 仅提出有条件资金需求，其余 39 份 NDC 未说明有无条件资金需求［图 6-5（a）］。发展中国家的资金需求分为减缓资金需求和适应资金需求［图 6-5（b）］，其中有 18 份 NDC 文件仅给出减缓资金需求，3 份 NDC 仅给出适应资金需求，48 份 NDC 同时给出减缓及适应两部分资金需求，另有 15 份 NDC 仅提出资金需求总数，未指明为减缓或适应资金需求。从资金来源上看，有 9 份 NDC 提出资金将全部依靠国际支持，30 份 NDC 给出了国内和国际两部分资金需求，45 份 NDC 仅给出总资金需求，未对资金需求来源做进一步探讨［图 6-5（c）］。

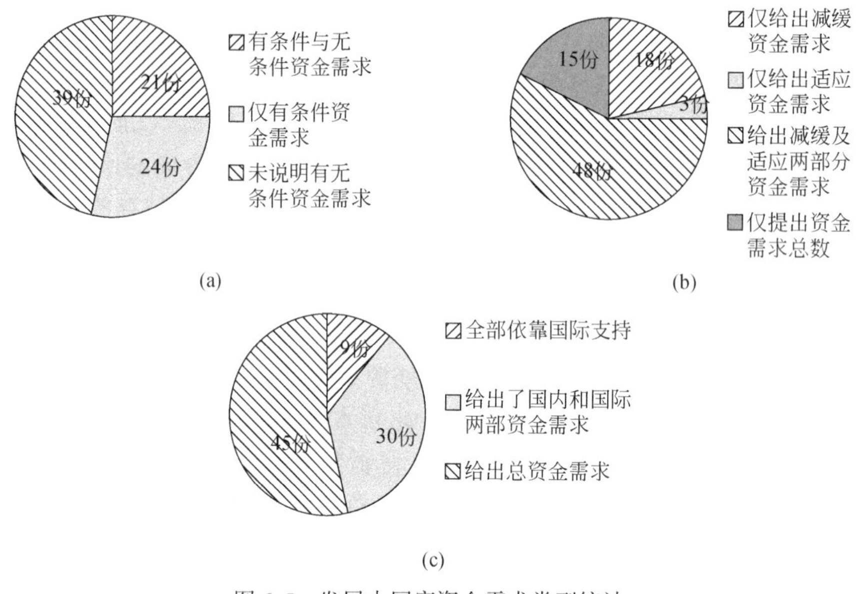

图 6-5　发展中国家资金需求类型统计

6.6.1.2　NDC 资金需求的主要特征

NDC 资金需求主要来自非附件一国家。大多数非附件一国家普遍强调国内应对气候变化行动的实施需要国际社会提供可预测的、可持续的资金、能力建设和技术支持（附件一国家中土耳其也强调需要国际资金需求）。在 150 份非附件一国家的 NDC 中，有 124 份涉及资金内容，其中有 67 份提出具体的自主贡献资金需求。

大部分缔约方对资金需求的定义表述模糊。尽管有 67 个国家提出了具体的资金数额需求，但对于所提出的资金需求为有条件资金还是无条件资金，是需要国际出资还是需要国内政府出资，很大比例的国家并未对此进行界定。例如，印度提出需要高达25 000亿美元的减缓资金需求，但并未提出是否全部为国际资金资助，且未明确给出资金的使用时间框架。

适应资金需求关注度远低于减缓资金需求。不同国家对减缓和适应的资金需求分配不一，在提出具体资金预期数额国家中，有 25 个国家对减缓资金的需求大于适应资金，差距最大的为巴基斯坦，减缓资金需求为适应资金需求的 52.5 倍；有 12 个国家对适应资金的需求大于减缓资金，差距最大的为伯利兹，适应资金为减缓资金的 33 倍。但整体看来，发展中国家对减缓资金的关注度更高。

不同国家提出的资金需求标准不一致。不同国家的 NDC 执行时间框架亦不同，按平均执行时间框架为 10 年计算，目前有 67 个国家提出共 4700 亿美元/a 的资金需求；各国家提出的资金需求差异较大，55 万 ~ 2000 亿美金/a。其中，印度提出资金需求最多，需要 2500 亿美元/a，远高于其他发展中国家的 73 亿美元/a。但由于印度人口数量大，其人均资金需求仅为 1.9 美元/a，为所有提出具体资金需求国家中人均资金需求的平均值；人均资金需求最高的为南非，高达 16 美元/a。通过整理各国家 NDC 中的资金需求和减排承诺，发现各国家计算的减排成本差异较大，为 10 ~ 15 000 美元/tCO_2eq。

6.6.1.3 NDC 资金需求的估算

给出资金需求数额的 67 个国家的资金需求量为 4700 亿美元/a（用作减缓用途）；对于未给出资金需求数额但有明确资金需求的 57 个国家，我们根据这些国家的承诺减排量对减缓资金需求做了估算，他们承诺 2030 年减排量约为 91 亿 tCO_2eq，减排成本参照相关研究数据（麦肯锡为 20 ~ 25 美元/tCO_2eq，UNEP 为 25 ~ 54 美元/tCO_2eq，部分发展中国家为 22 美元/tCO_2eq），减排成本按 22 美元/tCO_2eq 估算，这 57 个国家的减缓资金需求量约为 2000 亿美元/a。因此 124 个国家实施自主减排的资金需求量约为 6700 亿美元/a。

此外，适应措施也需要相应的资金支持。提交的 NDC 报告中有 41 个国家提出具体的适应资金需求量，总额约达 2700 亿美元/a。根据 GCF 的预计，减缓资金与适应资金将以 1∶1的比例投入，因此，我们将减缓资金与适应资金的需求比例按 1∶1 估算，预测其他 83 个国家适应资金需求量总额为 3500 亿元/a，合计 6200 亿美元/a。这一数值略高于 UNEP 2016 年报告预估的到 2030 年为 1400 亿 ~ 3000 亿美元，到 2050 年为 2800 亿 ~ 5000 亿美元。

6.6.1.4 在温升目标下发展中国家的资金需求

在 2℃温升目标下，发展中国家的减排量在 2030 年约为 200 亿 tCO_2eq，减排成本参照相关研究数据（麦肯锡为 20 ~ 25 美元/tCO_2eq，UNEP 为 25 ~ 54 美元/tCO_2eq），减排成本按 25 美元/tCO_2eq 估算，发展中国家的减缓资金需求量约为 5000 亿美元/a。在 1.5℃温升目标下，发展中国家的减排量在 2030 年约为 255 亿 tCO_2eq，减排成本按 30 美元/tCO_2eq 估算，发展中国家的减缓资金需求量约为 7650 亿美元/a。

6.6.2 发达国家的资金承诺分析

每年 1000 亿美元气候资金资助承诺持续落空。自 2009 年《哥本哈根协议》签订以来，发达国家迟迟没有兑现承诺的每年 1000 亿美元的气候资金。在《巴黎协定》中，虽然保留了“发达国家到 2020 年每年动员 1000 亿美元，并在 2025 年前设定每年不低于 1000 亿美元的集体量化出资目标”的文字表述，但仍未就发达国家未来如何分摊出资义务达成一致，也未就 2020 年前每年动员 1000 亿美元资金目标规划出清晰的实现路径。《巴黎协定》指出，气候资金可有各种来源，包括国家和私人、双边贸易或多边贸易，以及其他资金来源。根据 OECD 的统计，发达国家在近几年的资金援助额每年为 50 亿 ~600 亿美元，其中双边公共财政为 220 亿 ~230 亿美元，多边公共财政为 150 亿 ~200 亿美元，出口信贷为 16 亿美元，私人募集为 120 亿 ~170 亿美元。然而，这些资金仍不足以完成 1000 亿美元的资金资助目标，这将严重影响发展中国家推行减排政策和实施减排行动。

双年报资金数据夸大，实际气候资助金额可能更不足。根据各国提交的双年报数据，2013 ~2014 年发达国家提供的公共资金约为 410 亿美元。然而，乐施会 2016 年发布的气候资金影子报告指出全球气候资金的在录水平大幅度夸大了提供给发展中国家的实际支持（针对气候的支持、净援助），原因包括但不限于许多国家以面值而不是以赠款等值计算贷款额。在 2013 ~2014 年，在录贷款的金额是实际援助发展中国家的贷款金额的 3 倍，针对发展中国家气候变化的净援助仅有 110 亿 ~210 亿美元。这是由于将未聚焦于气候变化的资金计算在内，在录的气候资金中很大一部分可能并非聚焦于气候变化。如果将气候变化作为融资目标的重要性考虑在内，2013 ~2014 年双边气候资金流量可能比每年的报告值低 60 亿 ~100 亿美元。

发达国家实现气候资金承诺动力不足。随着近年来全球经济的转缓，发达国家在气候资金的投资放缓，尤其是 2017 年美国宣布退出《巴黎协定》，造成 GCF 的筹资缺口大幅度增加，这就要求欧盟和日本对 GCF 的捐助至少上升 40%，同时欧盟及其成员国的长期资金支持至少上浮 25.2% 才能填补上述资金赤字。从目前来看，美国退出《巴黎协定》并未引起发达国家接连退出《巴黎协定》的连锁反应，但发达国家在气候资金的表现尚需进一步观察。

6.7 结论与政策建议

6.7.1 针对实现 2℃或 1.5℃温升目标的政策建议

虽然全球已经就 2℃温升目标达成政治共识，1.5℃有可能成为新的温升目标，但是要实现这些温升目标，需要全球大力加强减排力度。中国作为温室气体排放大国，在未来应对气候变化谈判中将面临巨大挑战。

（1）建议由《公约》秘书处向各缔约方强调当前全球减排力度与温升目标要求之间的差距，并向各缔约方强调当前全球减排力度的不足，推动各缔约方提高减排力度，争取全球温室气体排放在 2025 年前达到峰值，并大力研发示范 CCUS 技术，在 2080 年左右实现大气中温室气体净移除，是最为可行的策略。

（2）建议在国际气候变化谈判中，继续关注在 21 世纪末将全球平均温度升幅控制在 2.0℃范围，同时关注和强调 1.5℃温升目标，将 1.5℃温升目标作为 2℃温升目标的前置努力目标，为人类应对全球气候变化提供两种努力的目标方案，增强国际社会的紧迫性认识。

（3）鉴于 1.5℃温升目标有必要实现，但是实现的难度很大，建议在全球气候变化谈判中将 1.5℃温升设定为“跳一跳、够得着”的目标，以此为前提和出发点，呼吁世界各国从严设定自己的减排目标。

（4）建议中国加强对到 21 世纪末实现 1.5℃温升目标的两种路径的科学研究和认识，关注两种路径各自的实现可能性与实现过程中的动态变化，判断和甄别哪种路径对中国经济社会发展的制约较小。同时，积极推动碳移除技术的创新与研发，在全球气候变化谈判中将国际社会的减排行动纳入对我国制约最小的路径中，从而有利于中国减排行动实施和经济社会可持续发展。

6.7.2 在长期温升目标下提高自主减排目标的相关建议

（1）推动尽快落实盘点机制。从 2017 年气候变化大会的谈判情况来看，各方对全球盘点的模式、内涵、范围等具体实施细节存在较大分歧。鉴于全球盘点机制的确立是维护《巴黎协定》顺利实施的重要保障，因此应呼吁国际社会进一步重视，强调减缓行动是全人类的共同责任，要求和督促各缔约方更新、提高其 NDC 目标值，以消弭排放差距。

（2）紧抓 2018 年和 2020 年两个关键节点。2018 年促进对话和 2020 年国家 NDC 的修订将成为 2030 年前大幅度加强减排行动的重要机遇。因此，应当紧抓 2018 年和 2020 年两个关键时间节点，进一步消弭 2030 年排放差距。这两个时间节点已由《公约》谈判确定，并得到各缔约方的承认。如果国际社会在这两个时间节点上不能有所作为，则很难在 2030 年前提出更具有可行性的替代方案。

（3）从人均减排角度呼吁和督促发达国家发挥领导作用。鉴于发达国家的历史累积排放量高，且其人均排放水平长期以来远远高于发展中国家的人均排放水平，因此建议国际社会可从人均减排角度呼吁和督促发达国家进一步提高 NDC 的目标范围。

6.7.3 面向温升目标推进减排技术实施的相关建议

为达到温升目标，中国应继续加强清洁能源体制机制建设，推进高新技术研发。大力控制和规范我国煤炭开发及使用，将是未来全球实现零碳排放的重要保证。中国在推进“一带一路”沿线国家的基础设施建设过程中应加强低碳技术输出和可再生能源合作。中国需要加强 CCUS 技术的研发与集成示范，争取尽早实现规模化运营。

第7章 气候变化风险重大问题研究

气候变化的风险主要来自于全球温室气体增加的排放风险、气候变化影响的直接风险及与其他因素叠加形成的系统性风险。在NDC情景下，全球温升控制在2℃之内的概率为15.4%，温升超过4℃的概率约为32.9%。为实现控制全球温升在2℃之内的目标，全球单位GDP能源强度年下降率必须保持在2.5%左右，而单位能源碳排放强度需要在2020年达到2%以上，2030年和2040年进一步提高到4%左右和5%左右。随着全球平均温度的逐渐升高，高温热浪和极端强降水等极端事件的发生频率将更高，强度将更大，极端事件的影响将比预估的结果更严重；我国降水和蒸发总体上呈增加趋势，但空间分布不均的态势更加明显，水资源短缺与水文极端事件频发可能并存；同时未来干旱灾害风险格局发生变化，粮食安全形势与生态安全格局将更加严峻。我国应当加强气候变化风险研究，在长期规划和大型基础设施建设中充分考虑气候变化的风险因素，将气候安全和气候变化风险管理纳入国家安全体系统筹考虑。

7.1 引　言

气候变化是当今人类面临的最严重的全球性环境问题，也是最具挑战的风险管理问题。气候变化的风险主要来自于三个方面：一是全球低碳转型受挫、温室气体排放持续增加的风险；二是气候变化引起的直接影响超过“无法忍受”的阈值的风险；三是气候变化风险与其他风险相互作用，使灾害叠加、放大形成的系统性风险。由于气候变化的广泛影响和人类社会在影响面前的脆弱性，气候变化正进一步对国家安全和繁荣带来严重威胁。近年来气候变化已经与国家安全问题紧密联系，从战略角度通过应对气候变化，避免不可控的安全问题变得愈加重要。

人类活动导致了温室气体排放的增加，而自工业化革命以来，经济和人口的飞速增长，人为温室气体排放进一步增加，使大气中二氧化碳、甲烷和氧化亚氮等温室气体的浓度达到过去80万年来前所未有的水平。而人类活动导致的温室气体排放的增加极有可能是观测到以全球变暖为代表的全球气候变化的主要原因。

由十全球温室气体排放路径主要受全球人口规模、经济发展水平、生活方式、能源利用技术水平和气候政策等因素驱动，未来的全球温室气体排放路径也受这些因素变动的影响，且存在较大的不确定性。当前的气候政策将在很大程度上决定未来几十年全球的排放路径，进而对全球累积排放和温升产生重要影响。只有做出比现在更大的减排努力，全球温室气体排放才有可能显著减少，实现将全球地表平均温升限制在较低水平的全球减缓目标。但由于气候不确定性的存在，全球地表平均温升仍然有达到较高水平的可能，而通过全球减排努力实现的低排放路径可以大幅度降低高温升的风险。

7.2 未来全球温室气体排放路径及其风险

近年来，人为温室气体排放总量持续上升。根据全球大气研究排放数据库（EDGAR）的估计，2016年全球温室气体排放量达到了35.8GtCO_2eq。1970~2012年全球温室气体排放量从24.3GtCO_2eq增加到46.4GtCO_2eq。

IPCC AR5的多重证据表明，温室气体的累积排放与2100年全球温升变化预估之间存在很强的线性关系，即温室气体的累积排放在很大程度上决定了21世纪末期及以后的全球平均温升。因而给定全球平均温升目标，也就大致决定了对应的累积排放空间，即碳预算。IPCC AR5的多模式结果表明，如果要将21世纪末全球地表温升控制在不超过工业化前（1861~1880年）2℃以内（概率高于66%），则需要将自1870年以来人为源温室气体的累积排放量控制在2550~3150GtCO_2eq，而至2015年已经排放了约2000GtCO_2eq。

因此我们主要讨论两类与全球排放路径相关的风险问题：一是影响未来全球温室气体排放的主要驱动因素是什么，如何通过恰当的指标来衡量这些驱动因素对全球排放路径的影响；二是未来全球排放路径如何影响不同温升目标的实现概率，低排放路径在多大程度上可以降低高温升的风险。

7.2.1 排放路径风险评估的方法学

目前在IPCC及有关文献中对不确定性及风险进行评估的方法主要有两种：一是基于多模型评估，即将不同模型的结果综合在一起来评估，其不确定性的来源更多的是不同模型之间的差异；二是基于单模型的随机化参数评估，即对单个模型中的关键参数随机化，其更多地体现了参数的不确定性。在IPCC AR5评估碳预算时分别采用了以上两种方法，其中第一工作组（WGI）采用的是多模型评估方法，而第三工作组（WGIII）采用的是基于MAGICC模型的单模型随机化参数评估方法。在本研究中，我们也综合采用了以上两种方法。在评估影响未来全球排放路径的主要风险指标时，我们采用的是方法一，即基于IPCC AR5排放情景数据库中多情景的结果进行了多模型评估；而在考虑全球排放路径对温升概率的影响时，我们采用了一个开源的简单气候模式的随机化参数评估方法，即方法二。

IPCC AR5情景数据库是基于其第三工作组的工作建立的，情景数据库共包含了31个模型和1184个排放情景的集合，包含在该情景数据库中的情景具有四个共同的特征：情景来源于同行评审后的文献、包含必要的数据变量和情景说明、研究的对象是整个能源系统以及情景数据至少要能达到2030年。总的来看，该情景数据库中的情景绝大部分可以分为基准情景（business as usual，BAU）、550情景和450情景三类，其中550情景和450情景分别是指将大气层中的温室气体浓度控制在550ppm和450ppm二氧化碳当量的排放情景。除这三类情景外，数据库还包括个别其他情景，如400情景等。就具体排放情景而言，每个排放情景包含的数据变量包括能源相关变量（如分部门的终端能源消费数据等），温室气体排放相关变量（如二氧化碳排放量等），经济社会数据（如人口、GDP 等）。

从化石燃料消费导致的二氧化碳排放情况来看，在 BAU 情景下全球温室气体排放持续增长，全球平均气温将较工业化前有较大幅度的升高。而 550 情景和 450 情景则考虑了未来不同力度的温室气体减排措施。图 7-1 展示了 IPCC AR5 情景数据库中三类排放情景中化石燃料消费导致的二氧化碳排放情况。从图 7-1 中可以看出，550 情景下的全球排放峰值一般在 2030 ~ 2040 年，并有一部分 550 情景可以在 21 世纪末期实现二氧化碳的零排放和负排放。而 450 情景下的全球排放峰值在 2030 年左右达到，并有相当一部分 450 情景可以在 21 世纪末期实现近零排放或负排放。

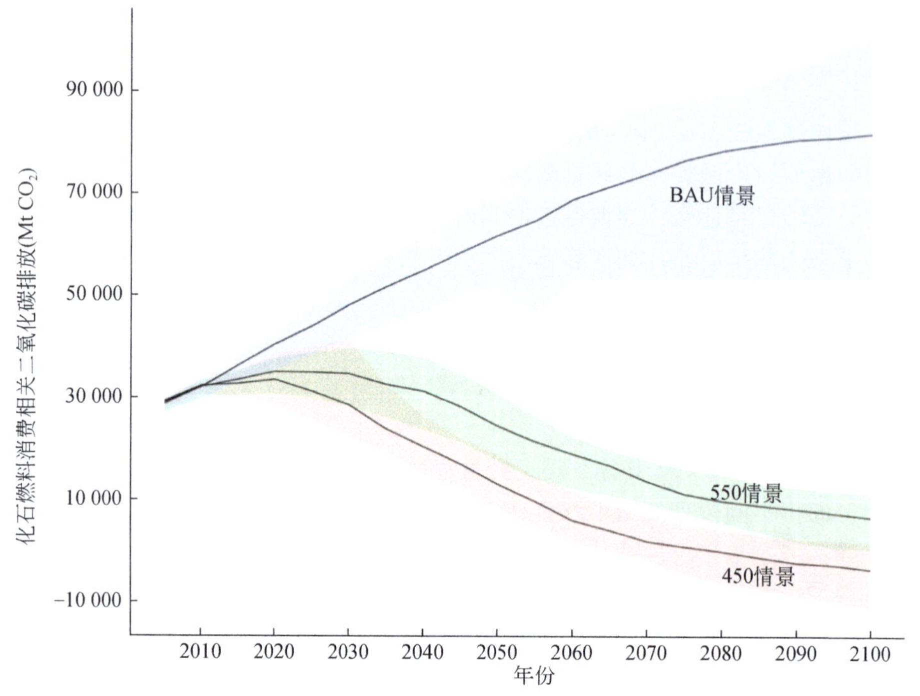

图 7-1　IPCC AR5 情景数据库中的 BAU 情景、550 情景和 450 情景排放分布

每类排放情景的带状图上下限分别为该类排放情景中各排放路径当年排放额的 15 分位数和 85 分位数，带状图中的黑线为排放额的中位数

7.2.2　全球能源相关二氧化碳排放

全球能源相关二氧化碳排放是与排放路径相关的最重要的风险指标，它体现了各层指标动态变化的综合效果。在 BAU 情景下，全球二氧化碳排放将从 2016 年的 35GtCO_2eq 逐步增加到 2020 年的 39. 8(35. 9 ~ 42. 6)GtCO_2eq，2030 年的 47. 1(41. 6 ~ 52. 3)GtCO_2eq，2050 年的 61. 4(49. 8 ~ 71. 1)GtCO_2eq。化石燃料消费导致二氧化碳排放持续增加，2020 ~ 2050 年，每 10 年年均增长率分别为 1. 7% 、1. 5% 和 1. 2% 。2050 年排放比 2016 年排放增加约 70% 。

在 550 情景下，全球二氧化碳排放将在 2020 年左右稳定并达到峰值。2020 ~ 2030 年全球二氧化碳排放将稳定在 35$GtCO_2eq$ 的水平，在 2030 年以后逐步下降到 2040 年的 31.2（23.4 ~ 37.8）$GtCO_2eq$ 和 2050 年的 23.4（17.5 ~ 30.9）$GtCO_2eq$。2030 ~ 2040 年全球二氧化碳排放量需年均下降约 1%，2040 ~ 2050 年需年均下降约 2.4%。2050 年全球二氧化碳排放量需比 2016 年下降约 1/3。

在 450 情景下，全球二氧化碳排放达到峰值的年份将提前到 2020 年，峰值水平进一步降低到 2020 年的 33.4（28.4 ~ 38.3）$GtCO_2eq$，之后快速下降到 2030 年的 28.4（22.1 ~ 41.4）$GtCO_2eq$，及 2050 年的 13（8.4 ~ 18.8）$GtCO_2eq$。2020 年开始全球二氧化碳排放量需快速下降，2030 年前年均下降率需达到 1.6%，2040 年前年均下降率需达到 3.3%，2040 ~ 2050 年年均下降率需进一步提高到 4.4%。到 2050 年全球二氧化碳排放量约比 2016 年下降约 64%。

7.2.3 全球排放的主要驱动力指标

全球能源相关二氧化碳排放体现了人口、人均 GDP、单位 GDP 能耗和单位能耗排放强度四个指标动态变化的综合效果。以下我们分别考虑这些关键驱动力指标在不同情景之间的差异及其分布。

7.2.3.1 人口

人口增加是驱动排放增加的一个重要因素，但从 IPCC AR5 情景数据库的各情景比较来看，各情景对人口的预计并没有明显差异。在不同的情景假设下，全球人口将在 21 世纪中叶之前持续增加，从 2015 年的 73 亿人，增加到 2020 年的 76.3 亿人、2030 年的 83 亿人和 2050 年的 92.6 亿人。

基于 Kaya 等式分解的分析表明，人口增加对排放增加的驱动明显。特别是在 BAU 情景下，人口增加将导致全球排放每 10 年增加超过 30 亿 tCO_2eq。在 450 情景下，特别是 2030 年以后由于能效进一步提高和排放强度的降低，人口增加对排放增加的驱动逐步减弱，只有 BAU 情景下的 1/3 ~ 1/2。

7.2.3.2 人均 GDP

与全球人口的情景一致，全球经济发展在 BAU 情景、550 情景及 450 情景间也没有明显差别。全球 GDP 将在 2020 年达到 73 万亿美元，2030 年突破 100 万亿美元，2050 年进一步达到 170 万亿美元。2020 年以后全球 GDP 年均增长率约为 3.4%，到 2030 年以后全球 GDP 年均增长率基本稳定在 2.7%。

由于人口的增加，人均 GDP 的年增长率要比 GDP 的年增长率低 1% 左右。2020 年全球人均 GDP 约为 9500 美元，2030 年达到 12 000 美元，2050 年达到 18 000 美元，年增长率在 2% ~ 2.4%。

基于 Kaya 等式分解的分析表明，人均 GDP 的增长是全球排放增长最主要的驱动力。在

BAU 情景下，人均 GDP 的增加将导致全球排放每 10 年增加超过 80 亿～100 亿 tCO_2eq。即便在 450 情景下，人均 GDP 的增加也会导致全球排放在 2030 年以后达到 30 亿～47 亿 tCO_2eq 的水平。

7.2.3.3 单位 GDP 能耗

单位 GDP 能耗是表征全球能效动态变化的重要指标。在 BAU 情景下，2020 年全球单位 GDP 能耗为 8.22MJ/美元，2030 年下降到 6.9MJ/美元，2050 年下降到 5.26MJ/美元。2020 年以后单位 GDP 能耗的年均下降率约为 1.7%，2030 年以后单位 GDP 能耗的年均下降率维持在 1.3% 的水平。但由于全球 GDP 增长率在 3% 以上，全球总能耗在 2020～2040 年仍然以年均 1.5% 的速度增加，在 2040～2050 年 GDP 增速放缓，全球总能耗的增速下降到 1%。全球总能耗由 2020 年的 600EJ 增加到 2030 年的 700EJ 左右和 2050 年的 900EJ。

在 550 情景下，单位 GDP 能耗下降率显著增加，2020～2030 年维持在年均 2.4% 的水平，2030～2040 年下降到 2.2%，2040～2050 年近一步下降到 1.6%。但由于 GDP 能耗下降速率仍不能完全抵消 GDP 的快速增长，全球总能耗仍然以每年 0.5%～0.7% 的速度缓慢增长，从 2020 年的 550EJ 逐步增加到 2050 年的 677EJ。

在 450 情景下，单位 GDP 能耗强度相比 550 情景并没有明显下降，单位 GDP 能耗强度的下降率仅比 550 情景增加约 0.1%，2030 年以后由于 CCS 的进一步使用，单位 GDP 能耗强度下降率比 550 情景反而略有上升。总体而言，450 情景下的全球总能耗比 550 情景略有下降，但 2020～2050 年仍然以年均约 0.6% 的增长率保持缓慢上升，从 2020 年的 540EJ 增加到 2050 年的 654EJ。

7.2.3.4 单位能耗排放强度

单位能耗排放强度是表征能源结构的重要指标。在 BAU 情景下，2020 年全球单位能耗排放强度约为 0.066kgCO_2/MJ，2020～2050 年基本没有发生变化。因而减排的主要动力仅来自于能源效率的改进。

在 550 情景下，能源开始向低碳化方向发展，单位能耗排放强度从 2020 年的 0.063kgCO_2/MJ 逐步下降到 2030 年的 0.058kgCO_2/MJ 和 2050 年的 0.036kgCO_2/MJ。2020～2050 年的三个十年间，年均下降速率分别为 0.88%、1.53% 和 3.16%。综合单位 GDP 能耗排放强度的下降，2020～2050 年的三个十年间，全球单位 GDP 能耗排放强度下降的年均速率分别为 3.28%、3.68% 和 4.71%。可以看到 2030 年以前单位 GDP 能耗排放强度下降的主要贡献来自于单位 GDP 能耗的下降，而 2030 年以后则主要来自于单位能耗排放的下降。

在 450 情景下，能源结构进一步低碳化，单位能耗排放强度从 2020 年的 0.062kgCO_2/MJ 下降到 2030 年的 0.050kgCO_2/MJ 和 2050 年的 0.02kgCO_2/MJ，下降约 68%。2020～2050 年的三个十年间，年均下降速率分别达到 2.22%、3.80% 和 5.14%。综合单位 GDP 能耗排放强度的下降，2020～2050 年的三个十年间，全球单位 GDP 能耗排放强度下降的年均速率分别为 4.72%、5.84% 和 6.59%；单位能耗排放强度下降对单位 GDP 能耗排放强度下降的贡献分别达到了 47%、65% 和 78%，是驱动排放下降的主要因素。

7.2.4 部门能耗及温室气体排放

除化石燃料消费导致的二氧化碳排放外，IPCC AR5 情景数据库还提供了各终端部门的直接碳排放量，其中包括终端需求的工业部门、居民和商业部门、交通部门和其他部门，以及能源供应端的电力部门和其他部门，其中终端需求部门的排放为部门消费终端能源产生的直接排放，而能源供应端部门的排放为部门生产二次能源及能源转化过程中产生的排放，它们与终端能源的生产和消费密切相关。IPCC AR5 情景数据库同样也列出了这些部门终端能源的生产和消费情况。由于在各个情景设置中，其他终端消费部门的碳排放量和能源消费量与其他部门相比非常小，甚至在很多情景中被设置为 0，为了简便计算，我们将其与工业部门合并，称为工业和其他部门。对于能源供应端部门的其他部门，我们将这一部分单独列出进行分析。此外，考虑到 IPCC AR5 情景数据库中提供的排放为直接排放，我们在对各情景下的终端能源消费进行描述统计时，所计算的终端能源消费量去除了电力消费和热力消费部门后的直接能源消费量。

从终端能源消耗情况来看，BAU 情景下总的终端能源生产和消费呈持续上升趋势。在终端部门中，工业部门是终端能源消费的主要部门。全球工业部门终端能源消费从 2020 年的 141.6EJ，增加到 2030 年的 157.9EJ 和 2050 年的 203.4EJ，年增长率在 1% ~ 1.3%。工业部门直接排放从 2020 年的 10.76GtCO_2eq，逐步增加到 2040 年的 14GtCO_2eq，并基本稳定在这一水平之上。工业部门的单位能源二氧化碳排放在 2020 ~ 2050 年没有明显改善。

交通部门是第二大终端能源消费的部门，终端能源消费从 2020 年的 113.9EJ 增长到 2030 年的 131.4EJ 和 2050 年的 176.8EJ，年增长率约为 1.5%。交通部门直接排放从 2020 年的 8GtCO_2eq 持续增长，2030 年达到 9.12GtCO_2eq，2050 年达到 11.65GtCO_2eq。与工业部门类似，BAU 情景下交通部门的单位能源二氧化碳排放也没有明显改善，基本维持在 2020 年的水平。

BAU 情景下建筑部门的能源消费基本稳定在 90EJ 左右，没有太大变化，直接排放从 2020 年的 3.42GtCO_2eq 增长到 2030 年的 3.8GtCO_2eq 和 2050 年的 4.38GtCO_2eq。但 BAU 情景下建筑部门的单位能源二氧化碳排放是逐年增长的，年增长率为 0.6%。

550 情景与 BAU 情景的差异主要体现在各部门的终端能耗上。与 BAU 情景相比，550 情景的终端能耗要显著降低：工业部门 2030 年的终端能耗为 133.92EJ，2050 年的终端能耗为 141.1EJ，分别只有 BAU 情景的 85% 和 69%；交通部门 2030 年和 2050 年的终端能耗也相应降低，分别为 BAU 情景的 93% 和 77%；建筑部门的终端能耗也比 BAU 情景有明显下降，特别是在 2040 年和 2050 年，分别为 BAU 情景的 90% 和 80%。

与 550 情景相比，450 情景下的部门终端能源消费基本保持不变，但是单位能源二氧化碳排放明显降低。其中工业部门的年下降率最高，2020 ~ 2050 年三个十年的年下降率分别为 1.47%、2.80% 和 1.85%。交通部门的年下降率分别为 0.49%、1.03% 和 0.99%。

而建筑部门的变化最不明显，年下降率分别为 0.28%、0.52% 和 0.42%。

对于电力部门而言，在 BAU 情景下，全球发电量从 2020 年的 23 463TW · h 增加到 2030 年的 29 552TW · h 和 2050 年的 41 897TW · h。由于终端能效的提高，550 情景下的全球发电量要低于 BAU 情景。在 550 情景下，2020 年的全球发电量为 21 555TW · h，2030 年为 27 122TW · h，2050 年与 BAU 情景大致相当。在 450 情景下，由于电力占终端能耗的比例上升，全球发电量也随着上升，从 2020 年的 22 536TW · h，增加到 2030 年的 27 605TW · h 和 2050 年的 44 850TW · h。

从单位发电量二氧化碳排放来看，在 BAU 情景下，单位发电量二氧化碳排放从 2020 年的 0.64t/(MW · h) 下降到 2050 年的 0.54t/(MW · h)，年下降率约为 0.5%。而在 450 情景下，单位发电量二氧化碳排放从 2020 年的 0.533t/(MW · h)，快速下降到 2030 年的 0.331t/(MW · h)，并在 2050 年前实现电力系统的零排放。相应的单位发电量二氧化碳排放在 2020 ~ 2040 年的两个十年中，年下降率分别为 4.65% 和 15.3%，并在 2050 年前实现零排放。

7.2.5 不同排放路径对温升概率的影响

利用 Hector 模型及 ECS 的分布曲线，我们采用不同排放路径计算对应的温升概率，结果如图 7-2 所示。IPCC 情景数据库中排放路径众多，因此我们采用代表浓度路径情景（RCPs）计算了对应不同路径的温升概率。其中 RCP2.6 大致对应 450 情景，RCP4.5 大致对应 550 情景。我们也考虑了基于目前各国自主减排贡献承诺的 NDC 情景。

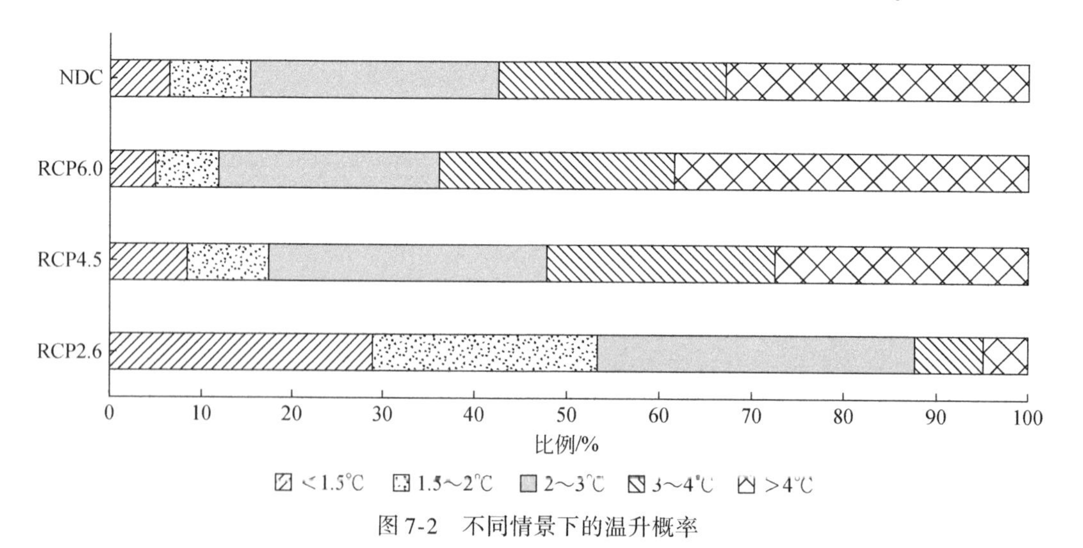

图 7-2 不同情景下的温升概率

在 RCP2.6 情景下，全球平均温升在 2100 年约可以控制在 1.86℃，全球平均温升低于 1.5℃的概率为 29%，低于 2℃的概率为 53%，低于 3℃的概率为 87.8%，但仍然有 12.2% 的概率温升在 3℃以上，有 5% 的概率温升大于 4℃。而在 RCP4.5 情景下，全球平均温升在 2100 年可以控制在 2.96℃，全球平均温升低于 1.5℃的概率仅有 8.5%，低于 2℃的概率仅有 17.5%，控制在 3℃之内的概率为 47.8%，高于 3℃的概率高达 52.2%，其中高于 4℃的概率达到了 27.6%，高温升风险不容忽视。

目前的 NDC 情景与 RCP4.5 更为接近，到 2100 年全球平均温升约为 3.11℃。全球温升控制在 1.5℃之内的概率仅有 6.4%，控制在 2℃之内的概率为 15.4%，控制在 3℃之内的概率为 42.4%。温升超过 3℃的概率高达 57.5%，其中温升超过 4℃的概率约为 32.9%。

7.2.6 结论

全球地表平均温升主要由全球温室气体排放路径及其累积排放决定。全球未来人口将持续增加，经济发展水平持续改善，因此未来全球的生活方式、能源利用技术水平和能源结构等因素将在很大程度上决定未来几十年全球的排放路径，进而对全球累积排放和温升产生重要影响。

虽然各国已经采取了相对积极的减排行动，但目前各国的自主决定贡献仍然无法实现《巴黎协定》下将全球地表平均温升控制在工业化前 2℃之内的目标。目前的 NDC 情景与 RCP4.5 情景更为接近，在该情景下，到 2100 年的全球平均温升约为 3.11℃。全球温升控制在 1.5℃之内的概率仅有 6.4%，控制在 2℃之内的概率为 15.4%，而温升超过 4℃的概率约为 32.9%。因此为降低高温升的风险，必须采取更为严格的减排行动和目标。只有做出比现在更大的减排努力，全球温室气体排放才有可能显著降低，实现将全球地表平均温升限制在较低水平的全球减缓目标。

目前全球各温室气体排放路径对人口和经济发展的假设大致趋同。与基准情景相比，550 情景与 450 情景在 GDP 和人口情景上基本没有区别。2020 年以后能源强度的下降是 550 情景排放减少的主要原因，而 2030 年左右碳强度的降低是 450 情景排放逐渐减少的主要原因。为实现控制全球温升在 2℃之内的目标，全球单位 GDP 能源强度年均下降率必须保持在 2.5% 左右，而单位能源碳排放强度则需要在 2020 年达到 2% 以上，2030 年和 2040 年进一步提高到 4% 左右和 5% 左右。全球单位 GDP 排放强度下降率则需要从 2020 年的 5% 左右增加到 2040 年的 6.6%。

全球向绿色低碳高效能源体系转型的步伐必须加速，而其中关键的风险是能源系统能否实现低碳化。化石能源在全球一次能源中的占比需要从 2015 年的 85.6% 大幅度下降至 2050 年 57.8%，其中煤炭占比需要从 2015 年的 29% 下降至 2050 年的 12.8%。而电力中非化石发电的比例则需要快速提高，从 2015 年的 32% 左右增加到 2050 年的 68%，而化石能源发电则在 2050 年装备 CCS 的比例需要达到 60% 左右。终端能源中电力的比例也需要进一步提高，从 2015 年的 17.7% 增加到 2050 年的 34.3%。

7.3 不同温升目标下中国的主要风险

《公约》的最终目标是将大气中温室气体的浓度稳定在防止气候系统受到危险的人为干扰的水平上，从而使生态系统能够自然地适应气候变化，确保粮食生产免受威胁，并使经济发展能够可持续地进行。防止气候系统受到危险的人为干扰的水平就是确定温室气体浓度稳定水平或者确定全球平均地表温度的长期控制目标，这个水平可以认为是一个气候变化影响的危险水平阈值。IPCC AR5 指出，过去 60 年（1951 ~ 2012 年）全球平均地表温度上升 0.72℃，而且 1951 ~ 2012 年的升温速率［0.12（0.08 ~ 0.14）℃/10a］几乎是 1880 年以来升温速率的两倍①。在全球变暖背景下，极端天气气候事件频发，其强度也呈增加趋势，给自然环境和人类的生产生活带来巨大影响。

中国位于北半球中高纬度地区，中国的温升幅度显著大于全球平均。如果全球平均地表温度比工业化前升温 2℃，则中国的平均温度升幅要大得多。IPCC AR5 指出，到 21 世纪末，全球平均温度在低排放情景下（RCP2.6）相对于 1986 ~ 2005 年可能升高 0.3 ~ 1.7℃，而在高排放情景下（RCP8.5）全球平均温度升幅则可能超过 4℃，中国平均温度可能将有更大升幅。

面对这一形势，中国作为发展中国家，如何减缓和适应未来的气候变化显得更为现实而紧迫。为了能更好地应对未来的气候变化，这就要求深入地、全面地认识在全球不同长期温升控制目标下，未来全球气候变化对我国气候特征（特别是极端事件）及对水资源、农业和森林生态系统等的潜在影响，这也是强化应对气候变化意识，大力减缓温室气体排放，推进低碳、绿色发展以及制定气候变化适应对策的科学基础。

7.3.1 温升幅度

本研究利用 12 个全球气候模式模拟了在 RCP4.5 情景和 RCP8.5 情景下，全球达到不同温升目标的时间（图 7-3 和表 7-1）。在 RCP4.5 情景下，能模拟出全球达到 1.5℃、2℃、2.5℃ 和 3℃ 温升的模式个数分别为 12 个、11 个、10 个和 5 个，没有模式能模拟出全球温升超过 3℃ 的情景。而在 RCP8.5 情景下，能模拟出全球达到 3.5℃、4℃、4.5℃ 和 5℃ 温升的模式个数分别为 12 个、10 个、9 个和 5 个。总体来说，在 RCP8.5 情景下，达到同一温升目标的达到时间比在 RCP4.5 情景下要早。而在 RCP4.5 情景下，模式集合模拟的达到不同温升目标的时间相差 20 年左右，而在 RCP8.5 情景下，模式集合模拟的达到不同温升目标的时间相差 10 年左右。

---

① IPCC. Climate Change 2014：Impacts，Adaptation，and Vulnerability［M］. Cambridge：Cambridge University Press，2014.

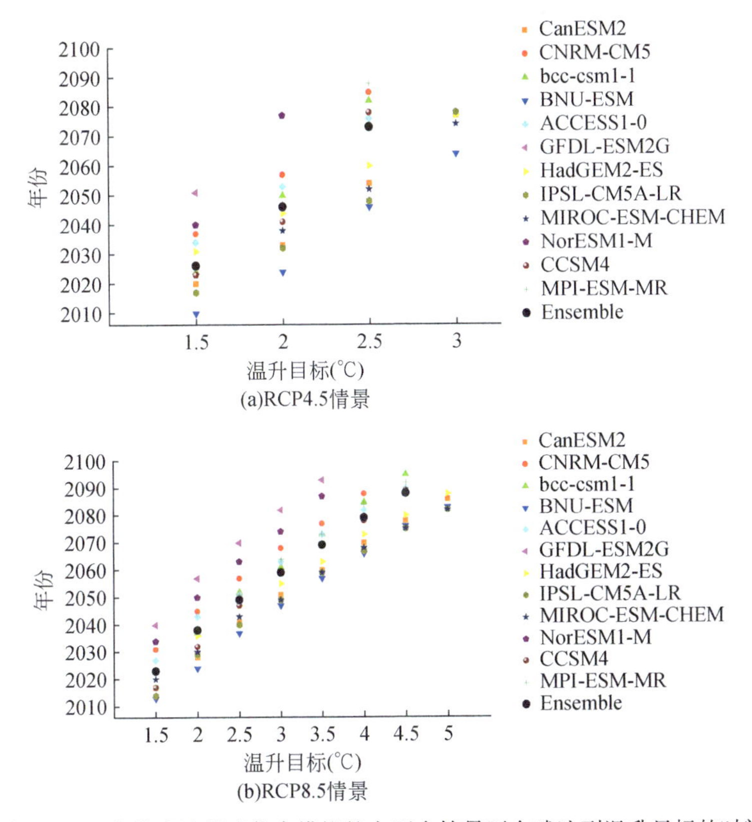

图 7-3　12 个模式及模式集合模拟的在两个情景下全球达到温升目标的时间

表 7-1　全球达到不同温升目标的时间

模式	1.5℃	2℃	2.5℃	3℃	3.5℃	4℃	4.5℃
RCP4.5	2026 年	2046 年	2072 年				
RCP8.5	2023 年	2037 年	2049 年	2059 年	2069 年	2078 年	2087 年

注：相对于工业革命前（1861 ~ 1880 年）

模式还模拟了在 RCP8.5 情景和 RCP4.5 情景下，相对于工业革命前（1861 ~ 1880 年），当全球达到不同温升目标时，中国的温升情况（表 7-2 和表 7-3）。可见，当全球达到不同温升目标时，中国的温升幅度均高于全球的温升幅度。

表 7-2　RCP4.5 情景下全球与中国的温升情况对比

指标	1.5℃	2℃	2.5℃
到达的年份	2026	2046	2072
中国平均的温升（℃）	1.76	2.47	3.21

注：相对于工业革命前（1861 ~ 1880 年）

表 7-3 RCP8.5 情景下全球与中国的温升情况对比

指标	1.5℃	2℃	2.5℃	3℃	3.5℃	4℃	4.5℃
到达的年份	2023	2037	2049	2059	2069	2078	2087
中国平均的温升（℃）	1.82	2.48	3.23	3.93	4.59	5.29	5.97

注：相对于工业革命（1861～1880 年）

温升目标为 1.5℃时，新疆、内蒙古、黄河中下游、华南呈强增暖趋势，其他地区呈弱增暖趋势；温升目标为 2℃时，新疆、青藏高原、东北地区北部呈强增暖趋势，东北地区南部、黄河中上游和西南地区呈弱增暖趋势；温升目标为 3℃时，全国增温速率普遍加快，尤其是东北、西北北部、青藏高原中西部以及华东–华中部分地区呈强增暖趋势，在其他地区呈弱增暖趋势。

7.3.2 区域热浪事件

在 RCP8.5 情景下，当全球达到 8 个不同温升目标（1.5℃、2℃、2.5℃、3℃、3.5℃、4℃、4.5℃和5℃）时，随着全球变暖幅度的增加，中国区域的热浪日数也呈现急剧增加的趋势。其中，基准气候态（1971～2000 年）热浪最显著的地区（如长江中下游地区）在未来也将经历强度更大、持续时间更长的热浪事件。例如，长江中下游地区在全球温升目标为 2℃时，热浪日数相比于基准气候态增加约 12d/a，而在全球温升目标为 5℃时，热浪日数相比于基准气候态增加约 80d/a。当全球达到 8 个温升目标时，中国区域平均的热浪日数相比于基准气候态分别增加 4.1d/a、7.3d/a、11.0d/a、14.9d/a、18.9d/a、23.2d/a、27.8d/a 和 30.7d/a。

当温升目标为 1.5℃时，轻度和中度高温热浪事件分布面积在 750 万 km^2 以上，占全国陆地总面积的 78% 以上；重度高温热浪事件分布面积约为 546.9 万 km^2，约占全国陆地总面积的 57%。综合来看，高温热浪高危险区主要分布在新疆、内蒙古西部、华北地区和华中地区；高温热浪中危险区主要分布在东北平原南部、内蒙古西部、四川盆地、华东沿海和华南沿海。当温升目标为 2℃时，轻度和中度高温热浪事件分布范围基本覆盖全国；重度高温热浪事件分布面积约为 699 万 km^2，约占全国陆地总面积的 73%。综合来看，高温热浪高危险区向华东地区、江南地区和四川盆地东南部扩张；高温热浪中危险区向黄土高原和江南地区扩张。当温升目标为 3℃时，轻度和中度高温热浪事件分布范围继续扩大，重度高温热浪事件分布面积增加到 812 万 km^2，约占全国陆地总面积的 85%。综合来看，高温热浪高危险区分布范围继续增加，基本覆盖长江中下游及其以南地区，高温热浪中危险区覆盖东北平原、内蒙古中西部和青藏高原西部。

当温升目标为 1.5℃时，轻度、中度和重度高温热浪事件影响的人口分别约为 10.38 亿人、7.34 亿人和 2.56 亿人，分别约占全国总人口的 78.6%、55.59% 和 19.37%。综合来看，高温热浪人口影响高风险区主要分布在东北地区南部、华北地区、长江中下游地区、四川盆地边缘、珠江流域和海南省东北部；高温热浪人口影响中风险区主要分布在东北平原、黄土高原、四川盆地和江南地区。当温升目标为 2℃时，轻度、中度和重度高温热浪事件影响的人口分别约为 11.48 亿人、9.18 亿人和 4.05 亿人，分别占全国总人口的 82.89%、66.26% 和 29.22%。综合来看，高温热浪人口影响高风险区分布格局与 1.5℃基本一致，范围明显扩大，尤其是在江南地区；高温热浪人口影响中风险区范围向西扩张，无风险区域基本消失。当温升目标为 3℃时，轻度、中度和重度高温热浪事件影响的人口分别约为 12.73 亿人、10.69 亿人和 6.60 亿人，分别约占全国总人口的 90.03%、75.62% 和 46.69%。综合来看，高温热浪人口影响高风险区和中风险区分布格局与 2℃基本一致。

7.3.3 极端强降水事件

中国区域平均的四个极端强降水指数（R25、R50、R95p、R99p）均呈增长趋势（图 7-4），表明在 2006～2099 年，相对于基准气候态（1971～2000 年），在 RCP4.5 和 RCP8.5 情景下，中国极端强降水事件将会更频繁、强度更大。值得注意的是，2050 年是两种情景下极端强降水变化的转折点，在 2050 年以前，两种情景下的极端强降水指数之间的增长值和增长趋势均相似，但在 2050 年以后，在 RCP8.5 情景下极端强降水增长趋势显著提高，在到达 2099 年以前，两者的差距越来越大。在 RCP8.5 情景下四个极端强降水指标的线性增长趋势是在 RCP4.5 情景下的 2～3 倍。到 2099 年，在 RCP4.5（RCP8.5）情景下模式集

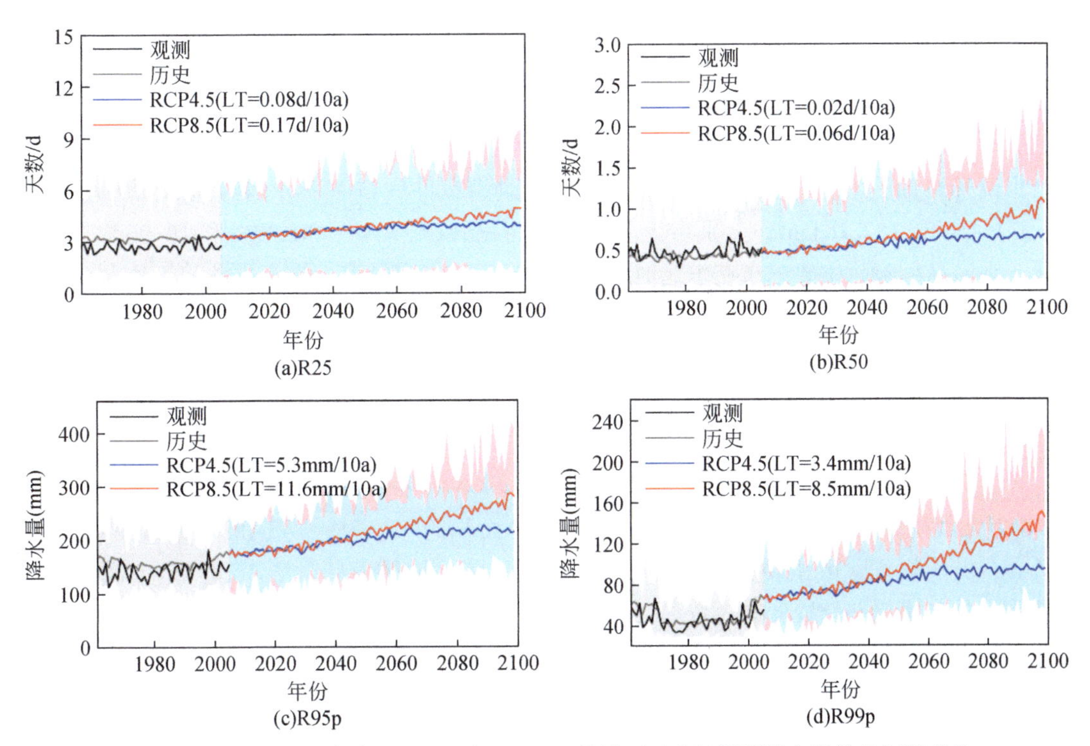

图 7-4　2006～2099 年在 RCP4.5 和 RCP8.5 情景下四个极端强降水指数的年际变化

合预估的中国区域平均的 R25、R50、R95p 和 R99p 的数值分别约为 3.9(5.0)天、0.7(1.1)天、215.0(281.8)mm 和 95.2(145.3)mm。总体而言，到 21 世纪末以前中国平均的极端强降水事件将会更加频繁，极端强降水量也会有显著的增加。

7.3.4 极端强降水频次

随着全球变暖幅度的增加，中国区域的极端降水事件呈增长趋势。中国平均的四个极端强降水指数 R25、R50、R95p 和 R99p 的增长值将会从 1.5℃温升目标下的 0.26d/a、0.11d/a、30.41mm/a 和 30.51mm/a 增加到 5℃温升目标下的 1.46d/a、0.52d/a、113.95mm/a 和 92.29mm/a（表 7-4）。当全球温升目标从 1.5℃上升到 5℃时，在基准气候态时有更多极端强降水事件发生的地区（如华南地区、长江中下游地区和西南地区）将会经历更多强度更大的极端强降水事件。而中国北部和西北部的一些缺水地区的极端强降水日数将会减少，但极端强降水量增加。

表 7-4　8 个温升目标下中国区域平均 R25、R50、R95p 和 R99p 的变化

极端强降水指数	1.5℃	2℃	2.5℃	3℃	3.5℃	4℃	4.5℃	5℃
R25（d/a）	0.26	0.45	0.66	0.94	1.11	1.14	1.30	1.46
R50（d/a）	0.11	0.17	0.23	0.31	0.37	0.40	0.47	0.52
R95p（mm/a）	30.41	42.00	56.64	73.49	86.19	88.34	99.63	113.95
R99p（mm/a）	30.51	38.34	48.47	59.46	69.58	71.59	81.41	92.29

注：相对于基准气候态

当温升目标为 1.5℃时，轻度、中度和重度洪涝事件分布面积分别约为 621.7 万 km^2、373.3 万 km^2 和 182 万 km^2，分别占全国陆地总面积的 64.76%、38.89% 和 18.96%。综合来看，洪涝高危险区主要分布在东北地区南部、华东和华南沿海；洪涝中危险区主要分布在东北地区、华北地区、黄土高原北部、四川盆地和长江中下游地区。当温升目标为 2℃时，轻度、中度和重度洪涝事件分布面积分别约为 694.6 万 km^2、391.3 万 km^2 和 192.9 万 km^2，分别占全国陆地总面积的 72.35%、40.76% 和 20.10%。综合来看，洪涝高危险区分布范围在华东沿海呈扩大趋势，在华南地区略有减少；洪涝中危险区分布格局与 1.5℃基本一致。当温升目标为 3℃时，轻度、中度和重度洪涝事件分布面积分别约为 697.7 万 km^2、413.4 万 km^2 和 209.8 万 km^2，分别占全国陆地总面积的 72.67%、43.06% 和 21.85%。综合来看，洪涝高危险区主要分布在东北地区南部、华北地区南部、华东和华南沿海；洪涝中危险区分布格局与 2℃基本一致。

当温升目标为 1.5℃时，轻度、中度和重度洪涝事件的经济风险分别约为 304.6 亿元、169.7 亿元和 122 亿元，分别占当年 GDP 的 0.44%、0.25% 和 0.18%。综合来看，洪涝经济风险高风险区主要分布在东北地区中部和南部、华北地区、长江中下游地区和华南沿海；洪涝经济风险中风险区主要分布在东北平原、黄土高原、四川盆地、华南地区和西南地区。当温升目标为 2℃时，轻度、中度和重度洪涝事件的经济风险分别约为 705.3 亿元、

424.8亿元和330.3亿元，占当年GDP的比例也略有增加，分别的达到0.44%、0.26%和0.21%。综合来看，洪涝经济风险高风险区和中风险区分布与1.5℃基本一致。当温升目标为3℃时，轻度、中度和重度洪涝事件的经济风险相比2℃时接近翻了一番，占当年GDP的比例也继续上升。综合来看，洪涝经济风险高风险区和中风险区分布格局与1.5℃基本一致。

当温升目标为1.5℃时，轻度、中度和重度洪涝事件影响的人口分别约为52.8×10^6人、22.89×10^6人和9.13×10^6人，分别占全国总人口的3.78%、1.60%和0.69%。综合来看，洪涝人口高风险区主要分布在东北地区南部、华北地区、长江中下游地区和华南沿海，洪涝人口中风险区主要分布在东北平原、黄土高原、四川盆地和江南地区。当温升目标为2℃时，轻度、中度和重度洪涝事件影响的人口分别约为55.44×10^6人、26.09×10^6人和11.21×10^6人，分别占全国总人口的4%、1.89%和0.80%。综合来看，华北地区和东南沿海地区高风险范围扩大，中低风险区向边缘和西部地区扩张。当温升目标为3℃时，轻度、中度和重度洪涝事件影响的人口分别约为57.04×10^6人、28.94×10^6人和13.2×10^6人，分别占全国总人口的4.04%、2.05%和0.93%。综合来看，洪涝人口影响高风险区和中风险区分布格局与2℃基本一致。

7.3.5 农业旱灾与粮食生产

全球在较高长期温升目标下，气候变化对中国农业将带来巨大的可能影响和潜在风险。图7-5反映了我国在未来情景下，水稻、玉米和小麦综合产量（基准线条件）随气候变化的波动趋势。图7-5（a）显示，到2100年，与当前平均产量水平相比（基准年），在RCP2.6和RCP4.5情景下，平均粮食因旱减产率分别为1%和3%，变化幅度不大。但在RCP8.5情景下，2050年以前粮食产量与当前相比变化不大，但2050年以后粮食因旱减产量持续下降。到2100年左右，粮食减幅约为9%。这相当于类似2000年的超过百年一遇的旱灾在RCP8.5情景下未来可能成为常态。在这种情景下，9%的减产率实际是处于被低估状态。这是因为我们把当前的灌溉条件假设为没有水资源限制。但事实上，干旱期水资源量会剧烈下降，导致灌溉用水无法满足，从而造成粮食的进一步减产。图7-5（b）显示在雨养条件下，产量波动的变幅增加，到2100年，在RCP2.6、RCP4.5和RCP8.5情景下，粮食产量与当前雨养产量相比分别降低0%、5%和9%。

由图7-6可见，如果灌溉水资源能够得到保障，在温升1.5~3.0℃的情景下，13个模型表现的平均趋势表明，中国粮食产量在RCP4.5情景下受气候变化的影响不大，在RCP8.5情景下产量略有降低。在温升3.5~5.0℃的情景下，即使灌溉条件满足，中国的粮食产量也会随温度的升高而降低，与当前的平均产量相比，最高减产率可达11%。但如果全国农业没有灌溉支撑，在温升1.5~3.0℃的情景下，RCP4.5与RCP8.5情景的减产情况大体一致，三大主粮平均减产28%；随着温度的升高，减产情况总体趋势加剧，与当前的平均产量相比，最大减产率可达38.5%。以上这些结论是建立在一个作物模型和特定的气象数据基础上的，如果采用不同数据源的气象数据、不同的作物模型或同时采用多种

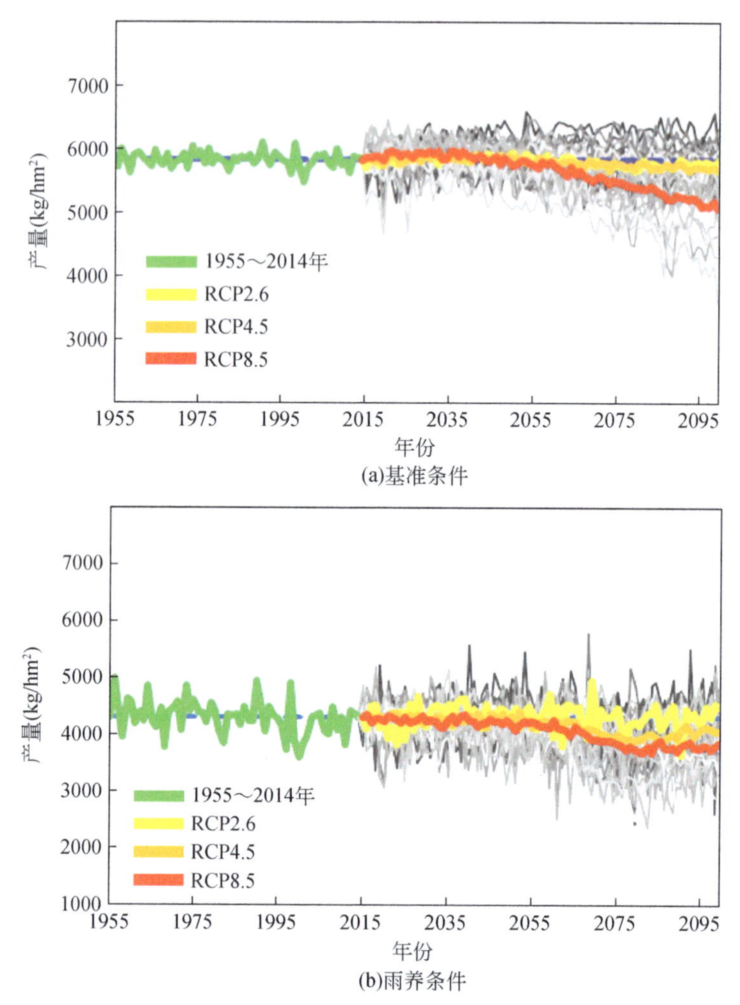

图 7-5　中国水稻、玉米和小麦综合产量在不同 GCM 模型驱动下的产量年际波动及在 RCP2. 6、RCP4. 5 和 RCP8. 5 情景下，未来基准条件下和雨养条件下的平均变化趋势

作物模型，可能会导致结论略有偏差。

当温升目标为 1. 5℃时，轻度和中度干旱事件分布面积约为 781 万 km²，约占全国陆地总面积的 81. 35%；重度干旱事件分布面积约为 649 万 km²，约占全国陆地总面积的 67. 60%。综合来看，干旱高危险区主要分布在黄土高原、长江中下游、青藏高原东南部和华中地区；干旱中危险区主要分布在除四川盆地之外的东部地区。当温升目标为 2℃时，轻度和中度干旱事件分布基本遍及全国；重度干旱事件分布面积约为 738 万 km²，约占全国陆地总面积的 76. 9%。综合来看，干旱高危险区向淮河流域扩张，长江中下游范围扩大，华南地区分布略有减少；干旱中危险区分布基本不变。当温升目标为 3℃时，轻度和中度干旱事件分布基本遍及全国；重度干旱事件分布面积约为 712. 2 万 km²，约占全国陆地总面积的 74. 19%。综合来看，干旱重危险区遍布黄河流域、长江中下游地区、江南地

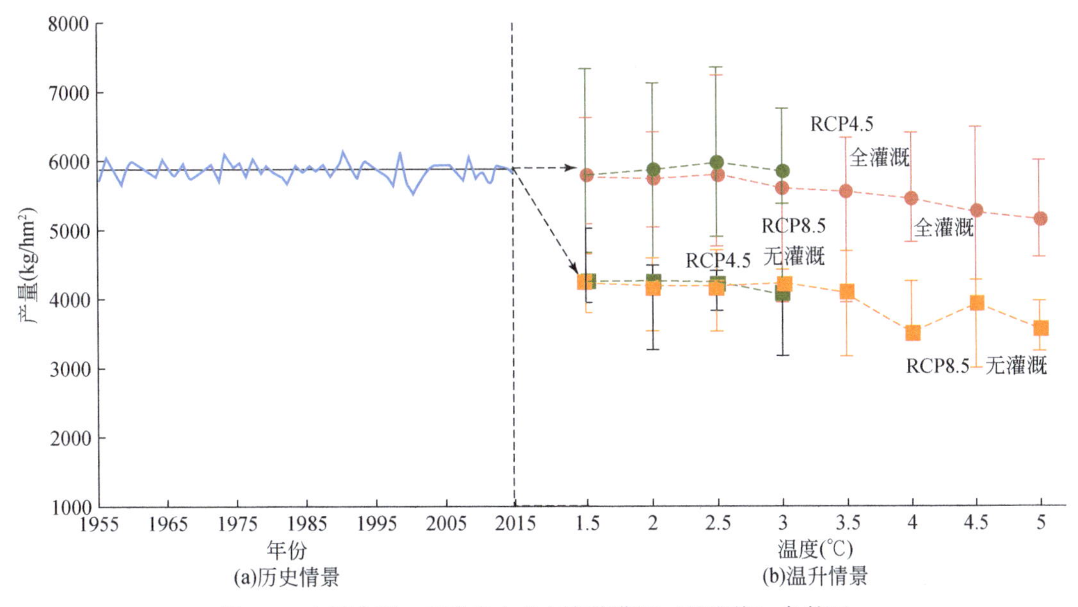

图 7-6 中国水稻、玉米和小麦在当前灌溉（基准线）条件下，
不同温升情景下粮食产量在有灌溉和无灌溉时的变化趋势

区和青藏高原东南部；干旱中危险区分布面积略有增加。

当温升目标为 1.5℃时，轻度、中度和重度干旱事件的农业灾损分别约为 1617.4 亿元、1092.5 亿元和 97.8 亿元，分别约占当年 GDP 的 2.34%、1.58% 和 0.14%。综合来看，干旱农业灾损高风险区主要分布在华北地区中部和北部、长江中下游地区和四川盆地西部和东部；干旱农业灾损中风险区主要分布在华北地区南部、四川盆地中部和西北地区南部。当温升目标为 2℃时，轻度、中度和重度干旱事件的农业灾损相比温升目标为 1.5℃时翻了一番，分别上升到 3782.6 亿元、2577.9 亿元和 227.5 亿元，占当年 GDP 的比例基本不变。综合来看，干旱农业灾损高风险区和中风险区分布与温升目标为 1.5℃基本一致。当温升目标为 3℃时，轻度、中度和重度干旱事件的农业灾损相比温升目标为 2℃时翻了一番，占当年 GDP 的比例也略有上升。综合来看，干旱农业灾损高风险区分布在华北地区中部和北部略有减少，在长江中下游和东北地区南部略有增加；干旱农业灾损中风险区分布与温升目标为 1.5℃基本一致。

7.3.6 森林资源

7.3.6.1 当温升目标为 5℃时，所有森林对气候变率的适应能力降低

不同温升目标下对低温的变率最敏感的森林类型主要为寒温带常绿针叶林，其次为温带常绿针叶林，寒温带落叶阔叶林、寒温带落叶针叶林也有较高的敏感性。这些寒温带森林类型主要分布在东北黑龙江地区，温带常绿针叶林主要分布在高山地区。对低温变率不

敏感的森林类型主要分布在热带和亚热带。另外一个值得注意的现象是，当温升目标为5℃时，所有森林类型对低温变化胁迫的暴露程度都大幅度上升，这说明在该温升目标下，森林对气候变率的适应能力降低，敏感的类型（如寒温带常绿叶林）会被其他更适应的植被类型取代，而这一类型的森林包含红松等珍贵用材树种。

7.3.6.2 不同温升目标导致中国森林潜在分布变化

在不同温升目标下，气候对森林潜在分布区的影响模拟结果表明：增温效应对我国主要森林植被覆盖区影响较大，特别是东北林区和青藏高原地区。

当温升目标为1.5℃时，我国东北地区特别是黑龙江地区北方森林开始减少，而温带森林逐渐增加，在中部温带森林迅速增加，青藏高原地区开始生长北方森林。

当温升目标为2℃时，温带夏绿阔叶林由南到北大幅度增加，我国中部、西北地区特别是新疆地区同样会增加温带夏绿阔叶林的覆盖。

当温升目标为3℃时，我国北方地区特别是吉林、辽宁、内蒙古和西北地区温带夏绿阔叶林显著增加；而大兴安岭地区的寒带森林迅速减少，仅存在于黑龙江和内蒙古北端交界处，这可能是增温效应对寒带森林造成了生理生态上的不可逆破坏。

当温升目标为4℃和5℃时，我国东北地区的寒带森林消失，青藏高原地区的北方森林占据主导地位，热带森林分布向北逐渐推进。

7.3.6.3 未来森林野火空间格局发生改变，野火频发区域由东北转向青藏

中国森林生态系统在空间上和时间上受气候影响而导致的火灾发生情况表明：温度升高后，中国野火空间格局将发生重大改变，当前野火频发的东北大兴安岭、小兴安岭地区将向西南地区特别是青藏高原方向转移，同时西北部的火灾数量会随着温度升高而降低。温升越高，青藏高原地区过火面积越大，而东北林区的森林火灾逐渐减少直至消失。一个可能的原因是东北地区易燃生态系统（北方森林）随着温度升高逐渐减少，从而减少了野火所必需的可燃物；另一个可能的原因是青藏高原地增温效应使该地区植被更容易达到着火点，进而引发森林火灾。但由于该地区海拔较高，空气稀薄，发生长时间森林火灾的可能性不大。总体来说随着温度升高，过火面积会略有增加。

总体而言，随着温升目标的调高，气候变化对中国森林系统的冲击加大。其中一些敏感区域（如中国东北和华北）的落叶针叶林和常绿针叶林的面积将减少，甚至在部分区域消失。中国北方森林系统储藏的碳将减少，西南地区和青藏高原地区的森林火灾将加大。同时，较高的温升目标对制定林业的中长期发展战略构成了挑战，增加了林业项目的潜在风险。

7.3.7 结论

7.3.7.1 未来极端事件的影响可能比预估的结果更严重

研究表明，在21世纪，随着全球平均温度的逐渐升高，高温热浪和极端强降水等极

端事件的发生频率将更高，强度将更大，极端事件的影响将比预估的结果更严重。主要体现在：①极端事件的区域特征明显，使极端事件在部分区域的影响更加突出。例如，在温升目标为5℃时，长江中下游地区的热浪日数将增加100d/a，也就是说，在当前气候条件下定义的热浪事件，在未来将成为常态。这对于在基准气候态下热浪事件本来就频发的长江中下游地区来说，将进一步加剧对人类生存的影响。②极端强降水将在丰水地区增加明显，缺水地区增加微弱。丰水地区的水体接近饱和，极端强降水的明显增长，将极易造成这些地区发生水土流失、泥石流、山洪、滑坡和洪涝等地质灾害。③未来极端事件的频发，使某个区域在一定的时间范围内出现多种自然灾害事件的接连发生，如一次极端强降水后，又发生一次高温热浪，这对于当地的人类生存环境将会造成较大影响。同时，我国地域辽阔，北方高温热浪，南方极端强降水的事件可能同时发生，给我国的防灾减灾形势造成极大挑战。

7.3.7.2 水资源短缺与水文极端事件频发可能并存

通过对降水、蒸散发和径流的预估研究表明，随着温度升高，降水和蒸散发总体上呈增加趋势，但空间分布不均的态势更加明显。我国比较丰水的南方（长江流域、珠江流域等）呈现降水和径流增加的趋势，而我国比较缺水的北方（华北地区、西北地区）却呈现降水和径流增加不明显甚至减少的趋势。这将导致我国北方水资源短缺的态势加剧，同时，南方的洪涝风险大幅度增加，夏季“南涝北旱”的趋势将愈演愈烈。值得一提的是，新疆地区的水文水资源变化对温升比较敏感，在不同的温升目标下，新疆地区的降水和径流都出现减小的趋势，这对于本来就缺水的新疆地区（尤其是南疆）来说将是雪上加霜。如果水资源短缺进一步加剧，将导致新疆部分地区不得不实施生态移民，这将是关乎少数民族地区稳定繁荣的重大政治问题。另外，通过对高温热浪、极端强降水和水资源的综合研究表明，在局部区域将会出现水资源短缺、高温热浪等极端事件同时发生的现象，区域综合自然灾害风险大大提高。

7.3.7.3 干旱风险管理亟待加强

中国轻度干旱灾害危险区域分布广，中度干旱灾害高危险区域主要分布在中国东北、西北及中部地区，重度干旱灾害危险区域主要分布在华北、长江中下游地区、青藏高原南部及新疆西部地区。在气候变化下，未来中国重度干旱高危险区域面积显著增加，各干旱级别危险性分布区域也有所增加。华北干旱高危险地区东移，长江中下游地区和东北平原高危险区域增加，四川盆地中危险区域面积扩大。

由于干旱灾害主要影响农业生产，风险区域主要为农业主产区。中国干旱的农业灾损主要分布在东部地区，高风险区域主要分布在华北地区和华南部分地区，中风险区域则主要分布在东北平原、西南地区和华南地区。未来农业灾损格局基本一致，高风险面积不断增加，东北平原和华南地区逐渐由中风险区域变为高风险区域，西部地区开始出现风险且风险逐渐加重。随着全球气候变化，未来干旱灾害风险格局将发生变化，因此，必须加强干旱灾害风险管理并及时采取适应举措。

7.3.7.4 粮食安全形势将更加严峻

通过气候模式与生物地球化学模型的预估研究表明，在 2050 年以后粮食因旱减产量持续下降，到 2100 年左右，粮食减幅约为 9%，这相当于类似 2000 年的超过百年一遇的旱灾在未来可能成为常态。如果全国农业没有灌溉支撑，在温升 1.5 ~ 3.0℃的情景下，三大主粮平均减产 28%；随着温度的升高，减产情况总体趋势加剧，最大减产率可达 38.5%。可见，灌溉是当前以及未来粮食生产的主要限制因子。在本研究中，假设水资源没有限制，但事实上，在未来的高温升和干旱情景下，北方粮食主产区的水资源会进一步短缺。如果考虑到未来的人口增长和产业扩张，工业和生活用水会进一步争夺农业用水，因此，未来粮食减产的趋势可能比当前预估的结果更严重。

7.3.7.5 森林生态系统的变化将改变中国生态安全格局

森林资源是陆地生态系统的主体，具有调节气候、涵养水源、保持水土、防风固沙、改良土壤、减少污染、美化环境、保持生物多样性等多种功能，对改善生态环境、维护生态平衡，起着决定性的作用。经过长期建设，中国已经完成了对国土生态安全格局有重大影响的一批林业工程，如北方防护林体系、青藏高原生态屏障区等。

温升情景对未来森林生态系统的影响研究表明，未来森林野火的过火面积有所增加，且野火频发区域由东北地区转向青藏地区，将危及这两个区域的森林生态系统，对东北生态林和青藏高原生态屏障区造成影响。不仅如此，由于我国地域辽阔，在国土范围内分布的森林种类较多，东北和青藏地区的森林对温升比较敏感，在高温升情景下，东北地区的寒带林减少，而温带林增加；青藏地区的北方森林逐渐占据主导。事实上，不同种类森林的碳储量和森林生态功能均不相同，不同区域森林类型的变化将直接改变我国的国土生态安全格局。

7.4 结论与政策建议

7.4.1 气候变化风险的现状

气候变化的影响日益显现，气候风险及损失损害问题日益突出。气候变化的影响及其造成的损失损害是极端气候本身和人类及自然系统的暴露度及脆弱性共同作用的结果。由于发展中国家较高的暴露度及脆弱性，1970 ~ 2008 年，95% 以上由自然灾害造成的死亡是在发展中国家发生的。相应损失占 GDP 的比例在中低收入国家要远高于高收入国家，而对于小岛屿发展中国家这一比例甚至高达 8%。自 2007 年以来，小岛屿国家联盟首次提出应对气候变化损失损害问题的多窗口机制，气候变化损失损害问题开始急剧升温。围绕气候变化损失损害的责任与补偿问题，以美国为首的发达国家和以小岛屿国家联盟为核心的发展中国家展开多次交锋。损失损害问题在国际气候谈判中地位的提升表明，未来的极端气候、影响及灾害损失的预估与防范已经引起大多数国家的重视。

气候安全可能上升为国家安全问题，在更广泛领域产生显著的直接影响和间接影响。长期的气候变化将导致更多的极端天气事件，对诸如海洋、水和生物多样性等重要的地球系统产生更大的压力。这将会对未来的社会、经济、政治和安全领域产生显著的直接影响或间接影响。气候变化可能给国家安全带来显著影响，其影响途径包括：威胁国家稳定、加剧社会与政治紧张局势、对食品价格与可获得性产生负面影响、增加对人类健康风险、对投资与经济竞争力产生负面影响以及潜在的气候不连续性和气候突变。虽然气候的复杂性、模型和人类选择的不确定性，很难预测何时何地特定的气候事件将对国家安全产生重大影响。但可以肯定的是，短期内有关气候变化的安全风险将主要来自极端天气事件，气候变化将加剧目前自然情况下已经紧张的社会矛盾，如水资源短缺。而在长期，气候变化的影响将与更广泛的系统变化（包括海平面上升的影响）相叠加，进一步对国家安全造成显著影响。

主要国家已着手研究气候风险及气候变化对国家安全的影响。自 2006 年《斯特恩报告》发表以来，科学界已经意识到应对气候变化是一个风险管理问题。IPCC AR5 率先开展了对气候变化风险的认识和评估。英国科学家于 2015 年 7 月正式发布了《气候变化：风险评估》报告，对气候风险进行了深入阐述和分析。美国前总统奥巴马曾指出，气候变化特别是海平面上升将威胁到美国国土安全、经济、基础设施和美国人民的健康与安全。气候变化可能严重破坏重要的军事基地，转移或削弱重要的国家防御资源，对国家安全产生直接影响。例如，在美国的《防务评估报告》中，美国国防部承认其一些重要的军事基地在极端天气事件面前是脆弱的。2016 年 9 月 21 日，美国国家情报委员会发布《预期的气候变化对美国国家安全的影响》报告，指出全球变暖已经成为全球范围内的不稳定因素，将在未来 20 年产生更严重的后果。报告围绕未来 20 年气候变化可能对美国国家安全带来的挑战，认为气候变化相关影响使整个国家崩溃的可能性有所增加。

7.4.2 中国未来面临的气候变化风险挑战

中国受气候变化的影响明显高于全球平均水平，气候风险及气候安全问题日益突出。中国气候变暖幅度明显高于全球，20 世纪中期以来，中国平均气温上升速率为 0.21 ~ 0.25℃/10a，升温幅度高于全球水平。受气候变化的影响，中国高温热浪事件增多明显，年降水日数减少，但暴雨日数增加，区域性和阶段性干旱加剧。气候灾害频发，导致的直接经济损失占我国 GDP 的比例年均超过 1%，是同期全球平均水平的 7 倍多。随着经济总量增长及全球经济一体化，气候变化和气象灾害对我国经济安全造成的风险将日益增加，可能会对我国经济社会安全运行造成不利影响。

全球气候变化对我国的不利影响已经显现，并可能在未来进一步加剧。在粮食生产上，由于气候变化及水资源短缺，我国主要粮食作物小麦、玉米和大豆的单产在近 30 年分别降低了 1.27%、1.73% 和 0.41%，约占播种面积 12% ~ 22% 的耕地受干旱影响，此外气候变化还导致病虫害扩大，进一步加剧我国粮食安全面临的严峻挑战。在水资源方面，受气候变化影响，我国东部主要河流径流量减少。冰川退缩使青藏高原七大江河源区径流量变化不稳定。水资源可利用性降低，北方水资源供需矛盾加剧，南方出现区域性甚至流域性缺水现象。同时，气候变化也是我国水土流失、生态退化和物种迁移的重要原因，严重影响我国生态安全。

气候变化的直接风险可能与其他风险相互作用并叠加、放大，形成影响更为严重的系统性风险。2015 年出版的《中国极端天气气候事件和灾害风险管理与适应国家评估报告》指出，21 世纪中国高温、洪涝、干旱等主要灾害风险加大，未来人口增加和财富集聚对极端天气气候等灾害风险具有叠加和放大效应，需要加强对气候安全问题的重视。近年来，气候变化引发的粮食安全问题已经成为若干国家政局不稳的关键因素。气候变化导致的各种自然灾害是全球粮食安全的最大威胁，而这些威胁使近些年国际粮食生产短缺和国际市场粮食价格大幅度波动。对于特定国家和特定地区，这一粮食安全问题有可能进一步演变为国家安全问题。此外，气候变化的反馈作用也会加剧其风险，气候变化导致冬季采暖、夏季制冷的能源消费增加，对可再生能源资源及供应产成不利影响。例如，我国华北北部和东南沿海风速减小、风机发电量降低，日照时间下降制约太阳能开发与利用，河川径流变化也会影响水电发电及出力。气候安全可能与能源安全问题形成共振，对我国能源安全产生影响。

重点生态功能区受气候变化不利影响巨大，气候风险还将加剧。重点生态功能区是国家主体功能区中限制开发区的组成部分，占据国土面积的比例大，生态功能类型复杂，生态地位十分重要。水源涵养、水土保持、防风固沙和生物多样性保护等不同类型的重点生态功能区具备不同的生态环境特征属性与生态环境调节功能，承担相应的生态产品供给任务。但作为典型的生态系统脆弱区和气候变化敏感区，重点生态功能区已受到来自气候变化广泛而严重的影响，包括冰川、冻土、积雪、海冰与河湖冰减少，河川径流与水资源时空分布变化，洪涝、干旱灾害频繁而剧烈，高温热浪事件增多，水土流失严重，草地退化、沙化、碱化严重，土地退化、荒漠化趋势加剧，动物物候、分布区域和物种数量改变，珍稀濒危生物资源衰退，生物多样性减少甚至丧失，生态系统稳定性降低，等等。这些已经与正在发生的风险未来还将加剧，形势不容乐观。

7.4.3 应对气候变化风险的政策建议

气候变化的不利影响对一些国家的灾害反应能力提出严峻挑战，并有演变为不可控的区域和国际安全问题的可能。脆弱的小岛屿国家及最不发达国家频频借助气候变化损失损害问题在谈判中发力，气候变化风险将成为未来气候外交不可避免的议题。而主要国家已经注意到气候变化风险和气候变化与国家安全问题的联系，并已经从气候变化风险和气候安全等角度展开了多年研究。虽然中国在气候变化的不利影响上远高于全球平均水平，但目前气候变化风险和国家安全角度的气候变化应对研究仍然处于起步阶段，为加强中国在气候变化风险管理，将气候安全纳入国家安全体系，提出如下建议：

加强气候变化的风险研究。已有研究表明，现有的综合评估模型可能低估了气候变化风险的影响。低估的主要原因是模型大多采用了较窄的风险分布范围，而没有考虑一些低概率但是具有灾难性影响的事件对社会经济的影响。现有研究大多关注风险分布的“中值”部分，而忽略其“肥尾”的影响。同时，现有研究通常仅仅关注经济的总消费或总产出，而没有考虑气候变化对经济发展的多维度影响。大多数模型的经济增长是外源驱动的，严重低估了气候变化对经济增长的破坏力。并且大部分模型的时间贴现率没有反映代际公平等重要的问题。未来需要一方面加强在气候变化脆弱性和影响预估的研究，特别是在气候变化的直接风险预估与系统性间接风险的研究；另一方面综合现有最佳的科学知识为科学应对气候变化风险提供决策支持。

在长期规划和大型基础设施建设中充分考虑气候变化的风险因素，进一步研究气候变化导致不可控风险的“阈值”，并将风险预防原则纳入长期规划和大型基础设施建设，基于未来动态气候条件预测并设计脆弱地区和关键基础设施的抗风险水平。研究气候变化损失的社会成本，并逐步将温室气体社会成本纳入大型项目的可行性评价。支持早期预警系统、建筑标准、危机处理方案、沿海及脆弱地区保护规划和气候极端事件下的应急及处置方案。

将气候安全和气候变化风险管理纳入国家安全体系统筹考虑。气候变化对国家安全的重要性日益突出，未来需要在战略高度上更加重视气候安全问题，并将气候安全作为国家安全体系和经济社会可持续发展战略的重要组成部分统筹考虑，将气候安全和全球环境安全纳入中央国家安全委员会的职责范围，通过将气候安全纳入国家安全体制和国家安全战略，确保国家安全。

启动重点生态功能区应对气候变化行动，促进环境治理与气候治理协同增效势在必行。IPCC AR5 明确指出，应当从区域空间规划着手进行减缓气候变化的顶层设计。国内外学者的研究结果显示，土地利用与土地覆被是影响气候变化的重要因素。这意味着重点生态功能区除了是维系国家生态安全、保持并提高生态产品供给能力的重要领域外，也是中国减缓与应对气候变化的重要战略性区域。因此，一方面，应尽快将重点生态功能区纳入国家应对气候变化行动方案范围进行统筹安排；另一方面，在国家重点生态功能区规划建设发展过程中，必须同步考虑气候变化因素和应对气候变化的相关要求，从而实现环境治理与气候治理的协同增效。开展国家重点生态功能区积极应对气候变化行动，结合产业准入负面清单等制度的实施，有效控制和减少温室气体排放，减缓气候变化；同时充分利用国家重点生态功能区的诸多有利条件，采取积极主动的适应行动，全面提升应对气候变化的能力。

第 8 章 不同温升目标下有序适应气候变化研究

气候变化适应既是科学技术问题，也是社会经济问题。从科学技术到社会经济全方位的有序组织与实施，是人类社会需要解决的关键任务。本研究在系统分析中国不同温升目标下气候变化风险的基础上，提出将构建协调一致适应气候变化体系视为当务之急，形成不同领域与区域之间联合行动和协同合作，构建适应气候变化的整体实施途径，以协调形成有序行动。本研究选择人口、经济、生态及粮食四个承险体进行综合气候变化风险评估。基于气候变化趋势与极端事件对粮食生产、生态系统、人口及经济系统的综合风险评估结果，分别划分粮食、生态、人口及经济等不同承险体的不同程度风险等级。最后给出有序应对气候变化的政策建议。

8.1 引　言

国内外研究表明气候变化除长时段趋势的影响外，还将因其产生极端事件的增加而导致灾害的发生，很可能增加了灾害风险。减缓措施任重而道远，因此突显出适应气候变化的势在必行。IPCC AR5 及《管理极端事件和灾害风险特别报告》（SREX）均指出，减缓气候变化、适应与风险管理对于未来可持续发展具有同等重要的影响。《巴黎协定》建立了促进所有缔约方“提高适应能力、增强复原力和减少对气候变化的脆弱性”的全球目标，启动了适应的技术性检验程序，增加适应经验的交流，确定适应与经济发展的协同效益，促进适应的合作行动，强化特定背景下的适应条款等。中国在 2013 年发布的《国家适应气候变化战略》中，确定了“突出重点、主动适应、合理适应、协调配合、广泛参与”的原则，并提出了至 2020 年的适应目标。

气候变化适应既是科学技术问题，也是社会经济问题。从科学技术到社会经济全方位的有序组织与实施，是人类社会需要解决的关键任务。尽管如此，气候变化的适应措施还很有限，适应正在融入某些规划过程，但仍存在阻碍、限制和成本等问题；更为重要的是，整体上缺乏系统性、阶段性的安排，尤其缺失适应实施途径的设计。因而，本研究面向《巴黎协定》所倡导的全球气候治理，在系统分析中国不同温升目标下气候变化风险的基础上，提出将构建协调一致适应气候变化体系视为当务之急，形成不同领域与区域之间联合行动和协同合作，构建适应气候变化的整体实施途径，以协调形成有序行动。

8.2 气候变化风险评估方法论

8.2.1 气候变化风险构成

气候变化风险由可能性、脆弱性、暴露度三者的相互作用构成（图 8-1）。这三个因素来自两个方面：致险因子和承险体。本研究的致险因子是气候变化，包括自然气候与人为气候的变化，决定了风险发生的可能性。致险因子表现为突发事件和渐变事件两种形式。承险体即是可能遭受到负面影响的社会经济和资源环境，其脆弱性与暴露度的特性与致险因子集合为风险。整个社会经济的发展规模和模式决定了承险体的脆弱性与暴露度，同时也作用到人为气候变化的幅度与速率，是气候变化风险形成的一个特点。在承险体和致险因子之间加强适应、减缓，并不断提高承险体的弹性恢复能力，将有效地降低气候变化的风险。

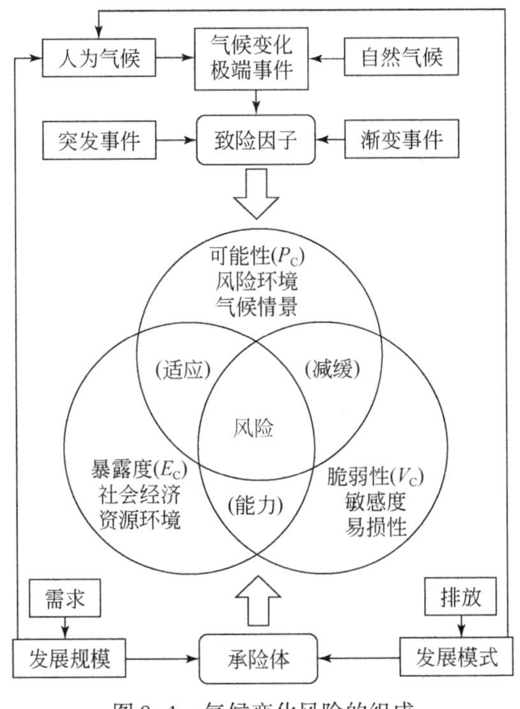

图 8-1　气候变化风险的组成

8.2.2 气候变化风险识别

对气候变化风险进行界定和识别是风险分类以及风险评估与管理的基础。风险识别是查找、描述和分析风险事件、风险源、风险后果等风险要素的过程。气候变化的风险事件指的是气候变化可能对自然生态系统和社会经济系统造成的各种具体（负面）影响，本研究识别的气候变化风险事件不仅包括洪水、风暴等常见的气候相关的突发性事件，也包括一些低概率事件及变化幅度和速率较小的蠕变性（creeping）风险事件（如生态系统结构和功能的改变、土壤盐碱化）。气候变化风险源主要包括两个方面：一是气候状况（气温、降水、海平面上升）；二是极端气候变化（热带气旋、风暴潮、极端降水、河流洪水、热浪与寒潮、干旱）。气候变化风险的后果主要包括经济损失，生命威胁，各种系统的产出、特性及系统本身等的负面影响。

8.2.3 承险体可能损失定量评估方法

8.2.3.1 突发事件

在灾害学的研究中，将自然变异一旦发生后在短时间显现出危害和不利后果的事件作为突发事件。本研究中气候因子变化并很可能短时间内造成损失的事件，相当于突发事件，称为突发性致险事件。而其致险过程的损失估算，按照自然灾害损失评估的方法论预估。

本研究中将气候要素变化当作自然灾害中的致灾因子看待。按照自然灾害风险评估的机制，由破坏力或承险体损毁标准（D）、承险体的暴露度（E）、灾害发生的可能性或孕灾环境（P）三个成分构成气候变化的风险。气候变化灾害风险评估模型可表述为

$$R = (D \times E) \times P \tag{8-1}$$

即风险 =（破坏力或承险体损毁标准×承险体的暴露度）×灾害发生的可能性或孕灾环境。

破坏力或承险体损毁标准（D）是指承险体本身由自然、社会、经济和环境因子所决定的对其所遭受的自然灾害的物理损毁标准，综合反映了承险体在自然灾害或气候变化发生过程中能否损失或损失多少的“能力”。承险体的暴露度（E）是指特定灾害事件发生时所影响的承险体的程度。灾害发生的可能性或孕灾环境（P）是指某一自然灾害事件在特定时间在某个给定区域内发生的可能性，主要是由灾害事件的规模（强度）和活动频次（频率）决定的。

基于对灾害风险上述三要素的剖析，可根据承险体响应特征差异，将不同灾种风险评估分为“面向类型”的灾害风险评估和“适用区域”的灾害风险评估。前者是指某一等级强度的特定灾种发生后，对承险体的影响程度与幅度是可控的，即对应特定灾害等级的损失标准是相对确定的。后者主要考虑自然地理与人文环境的区域差异性，即使是同等强度的灾害发生后，不同地区损失程度明显不同。

1）干旱灾害风险评估方法

第一，干旱灾害风险的危险性。

干旱灾害风险的危险性主要是研究干旱过程发生的概率，干旱过程则是根据国家标准

《气象干旱等级》（GB/T 20481—2017）综合气象干旱指数（CI）确定。综合气象干旱指数是利用近 30 天（相当于月尺度）和近 90 天（相当于季尺度）降水量标准化降水指数，以及近 30 天相对湿润指数进行综合而得，该指标既反映短时间尺度（月）和长时间尺度（季）降水量气候异常情况，又反映短时间尺度（影响农作物）水分亏欠情况。该指标适合实时气象干旱监测和历史同期气象干旱评估。综合气象干旱指数的计算公式为

$$\mathrm{CI} = aZ_{30} + bZ_{90} + cM_{30} \tag{8-2}$$

式中，Z_{30}、Z_{90}分别为近 30 天和 90 天标准化降水指数（SPI）；M_{30}为近 30 天相对湿润度指数；a 为近 30 天标准化降水系数，由达轻旱以上级别 Z_{30}的平均值除以历史出现最小 Z_{30}值得到，平均值取 0. 4；b 为近 90 天标准化降水系数，由达轻旱以上级别 Z_{90}的平均值除以历史出现最小 Z_{90}值得到，平均值取 0. 4；c 为近 30 天相对湿润系数，由达轻旱以上级别 M_{90}的平均值除以历史出现最小 M_{90}值得到，平均值取 0. 8。

根据综合气象干旱指数值的大小，将其划分为五个等级，无旱、轻旱、中旱、重旱及特旱，表示各干旱级别及其影响程度（表 8-1）。

表 8-1　综合气象干旱等级的划分表

等级	类型	CI 取值	干旱影响程度
1	无旱	$-0.6<\mathrm{CI}$	降水正常或较常年偏多，地表湿润，无旱象
2	轻旱	$-1.2<\mathrm{CI}<-0.6$	降水较常年偏少，地表空气干燥，土壤出现水分轻度不足
3	中旱	$-1.8<\mathrm{CI}\leqslant-1.2$	降水持续较常年偏少，土壤表面干旱，土壤出现水分不足，地表植物叶片白天有萎蔫现象
4	重旱	$-2.4<\mathrm{CI}\leqslant-1.8$	土壤水分持续严重不足，土壤出现较厚的干土层，植物萎蔫，叶片干枯，果实脱落，对农作物和生态环境造成较严重影响，工业生产、人畜饮水有一定影响
5	特旱	$\mathrm{CI}\leqslant-2.4$	土壤水分长时间严重不足，地表植物干枯、死亡；对农作物和生态环境造成严重影响、工业生产、人畜水产生较大影响

干旱过程的确定：当 CI 连续 10 天为轻旱以上等级，则确定发生一次干旱过程。干旱过程的开始日期为第一天 CI 达到轻旱以上等级的日期。在干旱发生期，当 CI 连续 10 天为无旱等级时，干旱解除，同时干旱过程结束，结束日期为最后一次 CI 达到无旱等级的日期。在本研究中，我们采用中旱、重旱及特旱三个级别来反映干旱危险性。

$$H_{D,\ i} = 1/f_{D,\ i} \tag{8-3}$$

式中，H_D为干旱灾害危险性；f_D为干旱过程发生频次；i 为干旱等级，即中旱、重旱、特旱。

采用的数据为 ISIMIP 计划模拟的气候情景数据（RCP8. 5），主要包括：降水、可能蒸散、地表净辐射、土壤热通量、日平均气温、风速、饱和水汽压、实际水汽压。

第二，干旱灾害风险的脆弱性。

干旱灾害主要对农业产生影响，因此，本研究采用农业损失评估干旱灾害风险的脆弱性。

$$V_D = \sum_{0}^{j} \mathrm{GDP}_j \times p_j \times r_i \tag{8-4}$$

式中，V_D 为干旱承险体脆弱性；GDP 为国内生产总值；p 为农业生产总值占 GDP 的比例；r 为干旱灾害损失率；i 为干旱等级，即中旱、重旱、特旱；j 为遭受相应干旱灾害等级的区域。

GDP 数据来源于社会经济情景栅格数据 SSP3（对应 RCP8.5）(http://www.cger.nies.go.jp/gcp/population-and-gdp.html)，空间分辨率为 0.5°，假设未来时段我国各市域的农业生产总值占 GDP 的比例保持不变。利用历史统计年鉴数据计算各市域的不同等级的干旱损失率及农业生产总值占 GDP 的比例，将其空间化并转成栅格，各市域空间分辨率与 GDP 数据相同。并根据 2015 年中国土地利用类型空间分布统计各栅格的主要土地利用类型，进而划分出主要的农业区，用以计算干旱的农业灾损。

第三，干旱灾害风险评估。

综合危险性与脆弱性，干旱灾害的风险表达式为

$$R_D = H_D \times V_D \tag{8-5}$$

式中，R_D 为干旱综合风险；H_D 为干旱灾害危险性；V_D 为干旱灾害承险体脆弱性。

第四，干旱灾害风险等级划分方法。

干旱灾害风险等级的划分方法是基于综合风险的结果，采用距标准差倍数法对其进行分级。除干旱灾害风险外，气候变化对洪涝灾害和高温热浪灾害风险的等级划分同为距标准差分级法。

2）洪涝灾害风险评估方法

第一，洪涝灾害风险的危险性。

对于暴雨洪水，降水是触发因子，经产流、汇流过程形成洪水；对于溃坝洪水，溃坝是触发因子，水量急速增加则是主要的重塑过程。我国洪水绝大多数由降水引发，地形、坡度等主要控制其发展过程和分布范围。一般而言，降水愈多，地势比较低平，则比较容易发生洪水；而降水稀少，地势也比较高、陡，洪水发生的可能性就低。故本研究选用降水量、海拔和坡度等因子来评估我国轻度、中度、重度洪水的危险性。

利用气象台站逐日降水量数据，分别统计出各个气象站点在过去 50 年（1961～2010 年）(少数气象站点为 40 年）来连续降水过程中（连续降水过程是指时间间隔≤2 天且日降水量≥5mm 的连续降水过程）最大 3 日降水量达到 30（35）～150mm、150～250mm 和≥250mm 的次数，以此作为过去 50 年我国轻度、中度、重度洪水的最大发生频次，然后将其转化为发生概率（概率=频次/时间尺度×100%，若发生概率大于 100% 则置为 1），最后再用海拔和坡度等因子形成的下垫面环境修正参数来对其进行修正，从而得到全国各地的轻度、中度、重度洪水的危险性。

$$H_{\mathrm{F},\ i} = 1/F_{\mathrm{f},\ i} \times T_{\mathrm{p}} \tag{8-6}$$

式中，H_{F}为洪涝灾害危险性；F_{f}为洪涝灾害发生频次；i 为洪涝灾害等级，即轻度、中度、重度；T_{p}为下垫面参数。

第二，洪涝灾害风险的脆弱性。

洪涝灾害对经济及人口造成严重的影响，GDP 及人口数据来源于社会经济情景栅格数据 SSP3（对应 RCP8.5），利用历史统计年鉴数据计算各区域不同等级的 GDP 损失率及受

灾人口率。

$$V_{FGDP} = GDP \times r_{GDP} \tag{8-7}$$

式中，V_{FGDP}为洪涝灾害下经济的脆弱性；GDP 为国内生产总值；r_{GDP}为各区域洪涝灾害经济损失率。

$$V_{FPOP} = POP \times r_{POP} \tag{8-8}$$

式中，V_{FPOP} 为洪涝灾害下人口的脆弱性；POP 为中国人口分布；r_{POP} 为各区域人口受灾率。

第三，洪涝灾害风险评估。

综合危险性与脆弱性，洪涝灾害的风险表达式为

$$R_F = H_F \times V_F \tag{8-9}$$

式中，R_F 为洪涝风险；H_F 为洪涝灾害危险性；V_F 为洪涝灾害承险体脆弱性。

3）高温热浪灾害风险评估方法

第一，高温热浪灾害风险的危险性。

根据国家标准《高温热浪等级》（GB/T 29457—2012），高温热浪定义为在通常情况下，气温高、湿度大且持续时间较长，使人体感觉不舒适，并可能威胁公众健康和生命安全，增加能源消耗，影响社会生产活动的天气过程。高温热浪指数（heat wave index，HI）为表征高温热浪程度的指标。

在本研究中，我们将高温热浪指数达到一定范围的时间持续 10 天及以上的天气过程定义为一次热浪事件。平均一年内发生热浪事件的次数为一次及以上时，则称为发生热浪事件，概率为 100%，即通过平均每年内发生热浪事件的次数来计算热浪发生概率，以发生概率来反映热浪危险性的高低。

其中，高温热浪指数的计算过程如下：

$$I = 1.2 \times (\mathrm{TI} - \mathrm{TI}') + 0.35 \sum_{i=1}^{N-1} 1/\mathrm{nd}_i(\mathrm{TI}_i - \mathrm{TI}') + 0.15 \sum_{i=1}^{N-1} 1/\mathrm{nd}_i + 1 \tag{8-10}$$

式中，TI 为当日的炎热指数；TI′为炎热临界值；TI_i为当日之前第 i 日的炎热指数；nd_i为当日之前第 i 日距当日的日数；N 为炎热天气过程的持续时间，单位为天。

根据高温热浪指数值的大小，将其划分为三个等级，轻度热浪、中度热浪和重度热浪，表 8-2 展示了《高温热浪等级》划分及说明用语。

$$H_{T,i} = 1/f_{T,i} \tag{8-11}$$

式中，H_T为高温热浪灾害危险性；f_T为高温热浪灾害发生频次；i 为高温热浪灾害等级，即轻度、中度、重度。

表 8-2 《高温热浪等级》划分及说明用语

等级	指标	说明用语
轻度热浪（Ⅲ级）	2.8≤HI<6.5	轻度（闷）热的天气过程，对公众健康和社会生产活动造成一定的影响
中度热浪（Ⅱ级）	6.5≤HI<10.5	中度（闷）热的天气过程，对公众健康和社会生产活动造成较为严重的影响
重度热浪（Ⅰ级）	HI≥10.5	极度（闷）热的天气过程，对公众健康和社会生产活动造成严重不利的影响

第二，高温热浪灾害风险的脆弱性。

高温热浪灾害对经济及人口造成一定的影响，人口数据来源于社会经济情景栅格数据SSP3（对应 RCP8.5）。当高温热浪灾害发生时，几乎所有人群都将暴露于高温热浪环境中，因此，受灾人口率设为100%。

第三，高温热浪灾害风险评估（受影响的人口）。

综合危险性与脆弱性，高温热浪灾害的风险表达式为

$$R_T = H_T \times V_T \tag{8-12}$$

式中，R_T 为高温热浪风险；H_T 为高温热浪灾害危险性；V_T 为高温热浪灾害承险体脆弱性。

8.2.3.2 渐变事件

渐变事件是指某些风险发生是由于驱动力对承险体作用的长时间积累，当积累超过某个阈值时，发生突变，产生不利影响。此类风险往往出现于生态系统过程，其特征是：气候变化因素既是致灾因子，又是生态系统的动力。此类风险的预估，首先是应用生态机理模型对生态系统进行模拟，结合生态受损阈值，结合碳源汇发展趋势，估算生态系统风险的程度。

未来气候变化会对生态系统产生诸如生态区域的转移、生物物种与生境的损失以及生态系统功能和结构的破坏等风险。除灾害内容（如极端天气气候事件、林火、病虫害等）外，生态系统生产力相关风险无法按照自然灾害的方法论来评估。将生态系统的脆弱性（生态系统功能和结构破坏的程度）作为非愿望事件发生的后果程度，按照风险管理的定义，气候变化即为致灾危险性因子，生态系统为承险体，而气候情景则是气候发生变化的可能性，三者构成了气候变化的风险。由此，生态系统风险评估仍可沿用灾害风险评估的主要因素：致灾因子危险性、承险体脆弱性、暴露量等。但是，由于气候因子既是生态系统生产的动力，又是生态系统的致灾因子，考虑到生态系统的弹性恢复力，需引入阈值的概念来评估其风险。

当生态系统受到环境的胁迫时，结构、功能、生境可能发生变化。其响应与胁迫的幅度和速率有关，与生态系统生物因子本身的稳定性也有关。一方面，生态系统所承受的压力与胁迫的速率与幅度呈正相关关系。另一方面，生态系统自身具有抗干扰的弹性恢复能力，对外来胁迫进行调节，经过一定过程，系统可能适应或恢复。但如果环境胁迫的速率或幅度超过生态系统的调节能力，则系统将变得脆弱甚至发生逆向演替。

1）气候变化对陆地生态系统风险评估方法

LPJ DGVM（Lund-Potsdam-Jena Dynamic Global Vegetation Model）是一个全球动态植被模型，其由瑞典隆德（Lund）大学、德国 Postdam 气候影响研究中心和德国 Jena Max-Planck 生物地理化学研究所合作研制。LPJ DGVM 是描述大尺度陆地生态动力和陆地大气间水分、碳交换基于过程的生物化学模型。该模型能够用来研究植被的光合作用及 10 种植被功能类型（plant functional types，PFTs）之间的竞争。

LPJ DGVM 以月降水、月气温和月云量气候资料、土壤质地数据和大气二氧化碳浓度为输入，从植被动力学出发，以光合生物化学反应、冠层能量平衡、光合产物在植物内部分配及土壤水平衡为基础，并考虑生态系统的自然死亡规律和自然干扰（火灾）等因素，

模拟植被气孔传导、光合作用、呼吸作用、展叶和枝叶凋落、资源竞争、组织周转、植被种群定居及死亡、土壤微生物分解等过程，模拟计算植物–土壤–大气之间的碳循环、二氧化碳和水分的交换通量、光合率、植被初级生产力及植被和土壤之间的碳储量。

在本研究中，将未来时段多年 NPP 均值减去基准期的多年均值得到大于等于 0 的栅格差值定为无风险，求小于 0 的栅格差值的标准差和平均值，标准差的计算公式如下：

$$\delta = \sqrt{\frac{\sum_{i=1}^{n}(x_i - \bar{x})^2}{n-1}} \tag{8-13}$$

式中，δ 为小于 0 的各栅格差值的标准差；x_i 为小于 0 的 i 栅格差值；$\bar{x}$ 为小于 0 的各栅格差值的均值；n 为小于 0 的栅格数。

未来时段与基准期 NPP 差值距标准差倍数（α）的计算公式为

$$\alpha = \frac{x_i - \bar{x}}{\delta} \tag{8-14}$$

2）气候变化对粮食安全风险评估方法

在全球气候变化的背景下，粮食安全这一全球性的问题备受关注。中国作为全球农业大国和人口大国，粮食安全将会继续面临重大挑战。因此，加强气候变化下的粮食安全风险评估将会有助于中国粮食安全长期发展战略的制定和管理。本节着重对 RCP8.5 情景下中国的粮食安全风险进行预估。

本研究将粮食产量相对于基准期（1961～1990 年）的变化程度作为粮食安全风险的评价指标，即

$$Q = Y_t / Y_0 \tag{8-15}$$

式中，Q 为未来粮食产量的变化程度；Y_t 为未来 t 时段的粮食产量；Y_0 为基准期的粮食产量。

结合农业部门和民政部门减灾活动要求，本研究采用如下定义：未来粮食产量减产 2% 的年份定义为歉年，减产 5% 的年份定义为灾年，并以此作为粮食产量变化程度评价的临界值，具体表达为

$$\begin{cases} Q \geq 1 & \text{无风险} \\ 0.98 \leq Q < 1 & \text{微弱减少} \\ 0.95 \leq Q < 0.98 & \text{明显减少} \\ Q < 0.95 & \text{显著减少} \end{cases} \tag{8-16}$$

此外，未来粮食产量增长的部分（即 $Q \geq 1$），亦可用标准差法进行分级：使用无风险产量的平均值，加/减无风险产量标准差的 1/4，将产量增长部分同样划分为三个等级。具体划分标准如下：

$$\begin{cases} Q \geq \bar{Q}_1 + 1/4 \times \sigma_1 & \text{显著增加} \\ Q_1 - 1/4 \times \sigma_1 \leq Q < \bar{Q}_1 + 1/4 \times \sigma_1 & \text{明显增加} \\ Q < \bar{Q}_1 - 1/4 \times \sigma_1 & \text{微弱增加} \end{cases} \tag{8-17}$$

式中，$\bar{Q}_1$为粮食产量增长部分的平均产量；σ_1为粮食产量增长部分的标准差。

8.3 不同温升目标承险体综合气候变化风险空间格局

依据 UNFCCC 的最终目标，选择人口、经济、生态及粮食四个承险体进行综合气候变化风险评估。基于气候变化趋势与极端事件对粮食生产、生态系统、人口与经济系统的综合风险评估结果，分别划分人口、经济、生态、粮食等不同承险体的不同程度风险等级。

1）人口

当温升目标为 1.5℃时，全国人口高风险区主要分布在东北平原、华北地区、华中、四川盆地和东南沿海；当温升目标为 2℃时，全国人口高风险区和中风险区面积均有所增加，高风险区分布与 1.5℃相似，范围有所扩大；当温升目标为 3℃时，全国人口高风险区面积进一步增加，主要分布在东北、华北、华东、华中、四川盆地和华南。

2）经济

当温升目标为 1.5℃时，全国经济风险高等级区主要分布在东北地区南部、华北地区、长江中下游地区、四川盆地和华南沿海；当温升目标为 2℃时，全国经济风险高等级区面积扩大，且向中国东部地区聚集，风险高等级区分布与温升目标为 1.5℃时相似；当温升目标为 3℃时，全国经济风险高等级区分布格局与温升目标为 2℃时基本一致。

3）生态

当温升目标为 1.5℃时，全国生态高风险区主要分布在东北地区西部、长江中下游、西南地区和东南沿海，平均 NPP 减少 51.81gC/(m^2·a)，分布面积为 111.55 万 km^2，中风险区主要分布在长江中下游地区，平均 NPP 减少 29.76gC/(m^2·a)，分布面积为 58.62 万 km^2；当温升目标为 2℃时，风险分布格局不变，面积相对增加，高风险区平均 NPP 减少 55.43gC/(m^2·a)，分布面积为 139.79 万 km^2，中风险区平均 NPP 减少 29.82gC/(m^2·a)，分布面积为 61.74 万 km^2，青藏高原东北部开始出现高风险区；当温升目标为 3℃时，高风险区分布面积略有减少，青藏高原东北部和长江下游风险范围扩大，长江中游风险范围缩小，东北平原呈风险趋势，平均 NPP 减少 65.77gC/(m^2·a)（表 8-3 和表 8-4）。

表 8-3 不同温升目标下不同等级生态系统风险分布面积及占比

风险等级	1.5℃		2℃		3℃	
	面积（万 km^2）	占比（%）	面积（万 km^2）	占比（%）	面积（万 km^2）	占比（%）
低	150.13	15.83	129.82	13.69	153.05	16.14
中	58.62	6.18	61.74	6.51	53.51	5.64
高	111.55	11.76	139.79	14.74	138.29	14.58

表 8-4 不同温升目标下不同等级生态系统风险及占比

风险等级	1.5℃		2℃		3℃	
	减少 NPP [gC/(m^2·a)]	占比（%）	减少 NPP [gC/(m^2·a)]	占比（%）	减少 NPP [gC/(m^2·a)]	占比（%）
低	9.67	2.6	8.73	2.77	9.43	2.41
中	29.76	4.87	29.82	4.98	30.34	4.96
高	51.81	8.52	55.43	9.49	65.77	11.91

随着气候变化，未来面临生态风险的区域面积约占全国陆地总面积的30%～35%，且一半以上为中高风险，说明我国陆地生态系统风险程度呈加剧趋势。从不同风险程度而言，长江中下游、华南地区、西南地区为较高风险区域，这些区域生态系统脆弱性较大。

风险区域分布特点与区域气候模式预测的未来气温降水趋势有密切关系。在北方地区增温强烈，导致蒸散增强。与此同时，荒漠地带的西北地区以及东北地区降水减少，区域干旱化加剧，限制了光合作用；而增温又促进了植物呼吸消耗增大，因而 NPP 下降。对于气候湿润的南方而言，降水不是植被生长的限制因子，NPP 随降水增加而增加的趋势不会很明显；相反，云量增多造成日照辐射量减少，同时温度的增加会促进呼吸消耗，这些都会对 NPP 的减少起到一定的促进作用。

4）粮食

当温升目标为1.5℃时，全国粮食高风险区主要分布在东北北部、华北南部、四川盆地北部、西南地区、东南沿海和新疆，平均粮食减产 0.0537t/hm^2，分布面积为 87.55 万 km^2，中风险区主要分布在华北地区中部、四川盆地中部和江南地区，平均粮食减产 0.0254t/hm^2，分布面积为78.56 万 km^2；当温升目标为2℃时，高风险区面积和平均粮食减产量均呈增大趋势，平均粮食减产 0.0573t/hm^2，中风险面积有所减少，但平均粮食减产将增加到 0.0327t/hm^2；当温升目标为3℃时，高风险区面积和平均粮食减产量进一步增大，平均粮食减产 0.0696t/hm^2，中风险面积和平均粮食减产量略有减少（表 8-5 和表 8-6）。

表 8-5 不同温升目标下不同等级粮食安全风险分布面积及占比

风险等级	1.5℃		2℃		3℃	
	面积（万 km^2）	占比（%）	面积（万 km^2）	占比（%）	面积（万 km^2）	占比（%）
低	57.73	6.09	38.48	4.06	25.15	2.65
中	78.56	8.28	50.18	5.29	43.35	4.57
高	87.55	9.23	134.44	14.18	152.15	16.04

表 8-6 不同温升目标下不同等级粮食安全风险及占比

风险等级	1.5℃		2℃		3℃	
	粮食减产 (t/hm^2)	占比（%）	粮食减产 (t/hm^2)	占比（%）	粮食减产 (t/hm^2)	占比（%）
低	0.0079	1.01	0.0094	1.16	0.007	1.00

续表

风险等级	1.5℃		2℃		3℃	
	粮食减产（t/hm^2）	占比（%）	粮食减产（t/hm^2）	占比（%）	粮食减产（t/hm^2）	占比（%）
中	0.0254	3.43	0.0327	3.70	0.0319	3.73
高	0.0537	9.33	0.0573	10.49	0.0696	12.3

综合以上结果，获得以下几点认识：

（1）在未来以温度上升为主要特征的气候情景下，我国的粮食安全状况将会面临一定挑战。气候变化使我国部分地区的未来粮食产量有一定的下降，以南方地区尤为明显。过高的温度对粮食产量的增长起到一定限制作用，然而粮食总体需求却呈现增加态势，使原有的平衡格局被打破。

（2）未来气候变化将会导致我国粮食安全面临风险。具体而言，温度越高，高风险面积越大，风险形势较为严峻，明显减少和显著减少比例接近 20%。

（3）上述我国粮食安全风险格局主要是由多个要素的区域差异综合所致。主要包括气候变异程度及其对粮食产量造成的影响，而人口数量、城市化进程、人均消费水平等要素都具有明显的空间差异性，对粮食产量的变化也起到了重要作用，粮食安全风险则是所有这些要素综合作用的结果。

8.4 中国综合气候变化风险区域特征

基于 ISIMIP 计划的气候变化情景数据（RCP8.5）和 IPCC 的共享社会经济路径数据（SSP3），依据系统性原则、主导因素原则、空间连续性原则与行政边界相结合的原则和相对一致性原则，采用“自上而下”的演绎法和“自下而上”的归纳法相结合，表征综合气候变化风险的区域特征。在 RCP8.5 情景下，2021~2050 年的三级等级系统，包括气候变化敏感性格局（一级）、极端事件危险性格局（二级）和承险体风险格局（三级）。

8.4.1 气候变化敏感性格局

以气温、降水作为基础资料，利用最小二乘法线性拟合，分别计算二者在 2021~2050 年的变化速率。以全国所有栅格单元的气温平均变化速率为划分标准，根据气温变化速率是否高于全国平均变化速率，将全国划分强暖敏感区或弱暖敏感区；以降水变化趋势的增减状况，将全国划分为增雨敏感区和减雨敏感区。

在估算气温与降水变化趋势和速率空间格局的基础上，一级区划以中国地貌单元和地形特征为辅助参考指标，将全国划分为 8 个气候变化敏感区，即华北强暖增雨敏感区、华北弱暖增雨敏感区、华东—华中强暖增雨敏感区、华南—西南弱暖增雨敏感区、西北强暖增雨敏感区、西北弱暖减雨敏感区、青藏高原弱暖增雨敏感区、青藏高原强暖增雨敏感区。

8.4.2 极端事件危险性格局

选择综合气象干旱指数、高温热浪指数与洪涝指数分别计算干旱、高温热浪和洪涝三种极端事件轻度、中度、重度发生的频次，进而根据极端事件发生的频次与强度，基于从重原则，采取叠置分析法得到不同地区极端事件危险性高低。

在干旱、高温热浪和洪涝发生危险性评价的基础上，依据干旱、高温热浪和洪涝的危险性空间分布，在气候变化敏感区一级区格局的基础上，对不同敏感区进行极端事件危险区划分，将全国划分为 19 个极端事件危险区。

8.4.3 承险体风险格局

承险体综合风险区是进行综合气候变化风险区划的最小单元。基于气候变化趋势与极端事件对粮食生产、生态系统、人口与经济系统的综合风险评估结果，分别划分粮食、生态、人口及经济等不同承险体的不同程度风险等级，再根据风险区划的原则，划分出不同区域的承险体综合危险区域。

基于不同承险体综合风险的空间格局，在一级区划和二级区划的基础上，将全国划分为 46 个承险体综合风险区三级区域，与一级区和二级区共同构成中国综合气候变化风险区域格局。

8.5 有序适应气候变化的理念与途径

8.5.1 有序适应的必要性

未来气候变化预估显示，在 RCP8.5（典型浓度路径）温室气体排放情景和 SSP3（共享社会经济路径）社会经济情景下，综合考虑气候变化升温趋势、降水波动，以及干旱、洪涝、热浪等极端事件危险性，人口、经济、生态和农业等承险体，随温升幅度的增加（1.5℃、2℃、3℃），其高风险区呈现分布范围逐步扩大、社会经济损失加重的趋势，具体来说，人口和经济高风险区主要分布在人口稠密、经济发达的东部地区，且随温升幅度的增加，范围逐渐向西、向北扩张，人口和 GDP 受到的影响逐渐加重；生态高风险区主要分布在黄土高原、横断山脉等生态脆弱区和华南地区，范围逐渐向东北地区和西北地区扩张；粮食高风险区基本涵盖了我国主要的粮食产区，受影响面积不断扩大，范围逐渐向三江平原和西部地区扩张，我国未来区域气候变化的风险不容乐观。

《巴黎协定》提出要为控制 21 世纪末增温 2℃（甚至 1.5℃）而努力，但即使已提交的 2025～2030 年 NDC 方案顺利实现，到 2100 年全球平均气温也会比工业化前升高

2.7℃，远超过《巴黎协定》设定的目标。为了防范气候变化风险，全球有效地适应气候变化行动势在必行。我国一直是应对气候变化的积极行动者，希望通过签署《巴黎协定》，完成 NDC 目标，并且明确表示了适应的需求，在实施上强调了适应行动的区域合作，以及对发展中国家的协助和支持。2015 年，习近平主席在巴黎气候大会上提出，要创造一个各尽所能、合作共赢、奉行法治、公平正义、包容互鉴、共同发展的未来，全面阐释了全球气候治理的“中国方案”。

然而，美国作为世界经济和温室气体排放大国，随着美国总统特朗普宣布退出《巴黎协定》，取消《清洁电力计划》，重振化石燃料行业，以及后续可能退出一系列联合国协议，势必会给全球气候变化减缓带来更大困难和不确定性，导致更加严峻的气候风险形势。因而，气候变化的适应及其实施方案的明确，不仅势在必行，而且极具紧迫性。

当前，适应气候变化面临的最大挑战是不同国家或部门的行动大多以维护本国局地或本部门利益为指导思想开展适应行动，极力利用其正面影响，想方设法减轻或消除其负面影响，但这将导致区域间或行业间互相影响，处于一种无序的适应。由于国家之间在自然方面有物质与能量的流通，在社会经济上密切联系并彼此往来，协调一致适应气候变化体系是当务之急，应该形成不同国家与地区之间联合行动和协同合作，构建全球适应气候变化的整体思路与框架，并在此基础上协调各国以形成全球有序行动。

8.5.2 有序适应理念

地球是一个整体系统，不同地区的气候变化及其影响之间存在相互联系，应对气候变化是全人类所面临的共同问题。自工业革命以来，人类大规模的生产活动，无序占用大气资源，导致大量温室气体排放，促成了百余年来的全球快速增温。这说明，人类的无序生产活动，必将产生全球环境恶化的严重后果。如果各国仍然各行其是，则将有可能导致人类整体利益的更大损害。巴黎气候大会的召开，标志着“有序人类活动”成为应对气候变化的重要内容。

有序适应气候变化应该是：通过合理安排和组织，不同国家或机构、不同区域、不同部门之间通过协调的系统性行动，使人类社会能够整体有效规避气候变化的不利影响，合理利用气候变化的有利影响。在有序适应理念的指导下，构建一个从科学技术、综合集成到社会经济全方位协调一致的有序适应气候变化方案，使人类社会能够长期适应气候变化，保障社会经济可持续发展。

以此为指导，依据《中国应对气候变化国家方案》《国家适应气候变化战略》《国家应对气候变化规划（2014—2020 年）》及《国家中长期科学和技术发展规划纲要（2006—2020 年）》等政策法规，本着先易后难、先点后面和逐步综合的原则，针对当前的适应气候变化做如下战略安排；并针对不同阶段的问题导向与研发目标，厘清“技术先导—综合集成—整体有序”的总体思路，全链条设计我国气候变化有序适应实施途径及其一体化实施路线图。

8.6 结论与政策建议

8.6.1 明确关键技术及应用示范方案

明晰适应基础的重点是适应已受到的负面影响和预估可能的风险，明确不同区域、领域面临的气候变化关键问题。建议在基础科学技术方面重点关注气候变化和极端事件演变的预估能力及早期预警信号辨识水平，敏感领域、行业、区域国家气候变化影响评估标准与可操作性风险评估技术体系，人工影响天气等技术。

在增温水平较低（1.5℃）的情况下，挖掘现有技术，研发高新技术。实际上，一些常规技术可用于适应气候变化。因而建议首先应该建立重点领域（农业、森林、草地、水资源、人体健康、重大工程等）和区域适应气候变化技术清单，并对这些技术进行领域可用性、区域适用性分析，明确技术应用的有效性；进而针对领域和区域的实际问题，研发可用的技术，特别是现代化的高新技术，如生物技术、信息技术等。

不同区域内重点领域的气候变化影响与风险差别显著。建议制定具体而明确的适应气候变化技术应用示范方案，建立适应气候变化试点示范基地，将筛选和研发的技术应用示范。建议特别关注生态脆弱区（如黄土高原、青藏高原、西南喀斯特）的基于生态系统适应的管理技术体系，气候干旱区的水资源配置技术、抗逆品种选育技术等，大河三角洲的灾害监测、设施防护、生态保护与恢复技术，最不发达地区的极端事件风险评价、预警、管理技术体系。

8.6.2 推进适应技术综合集成

在气候变化到达一定程度时（2.0℃），影响与风险往往跨领域或跨区域的特性将逐步显现出来。IPCC AR5 指出气候变化对农业和水资源的影响密切相关，而要解决水资源的问题，又可能涉及自然生态系统的水源涵养服务；与气候有关的危害通过影响生计、减少农作物产量或毁坏民宅等方式直接影响贫困人口的生活，并通过诸如粮食价格上涨和粮食安全风险增加等间接影响其福祉（高信度）。因此，单一领域或区域很可能无法解决整体适应气候变化的问题。建议通过关键问题的导向，建立自然-社会-经济的联系，推进关键领域与敏感区域适应技术综合集成。

由于适应气候变化问题的综合性涉及资源环境与社会经济系统的多个领域，许多问题的解决需要多个领域相互配合。建议针对自然资源供给、生态环境安全对社会经济可持续发展的支撑作用及气候变化的外在胁迫，研发气候变化驱动下资源-生态-环境综合承载力评估技术与优化提升支撑技术；进而，考虑到气候变化对自然资源和环境的影响将可能传递至社会经济层面，以及社会经济不同产业间的复杂互馈机制，需要发展气候变化-生态环境-社会经济动力学互馈模式，支撑气候变化优选事项识别以及适应政策模拟与管理技术体系构建。

同样，在区域层面，一个气候变化问题可能贯穿若干领域，需要区域间互相配合来解决。例如，以水为纽带的流域尺度上、中、下游之间的联系。建议适应气候变化要涉及其间对水循环过程、水化学过程和水沙过程的影响，进行水库调蓄、联合布局、综合模拟、协调调度等关键技术研究与立体调控管理，提高水资源保障能力、维持水安全。同时，针对气候变化对经济贸易、产业布局和竞争力等的影响特征，建议在推动经济一体化区域（如京津冀经济区、粤港澳大湾区、长江经济带、海南经济特区）建设的过程中，增强适应气候变化的联动性与区域性适应气候变化制度。

8.6.3 实现自然-社会-经济整体有序适应

当气候变化的强度较大的时候，如升温 3.0℃，影响和风险将是全局性的。只有全社会、各部门协调有序，才能有效适应。国际上强调系统性的适应，认为适应气候变化需要有效的制度、市场、技术的协调，同时突出这个机制的有序性，使各个方面发挥最佳效益。建议实现自然-社会-经济整体有序适应的总体思路是强调气候敏感部门（农、林、水、能源、交通、工业等）的协调合作与统筹规划，强化区际适应气候变化的协同治理；推进适应气候变化战略规划、法律体系构建、适应政策优化及制度的定量化实施；加强适应气候变化的经济学研究，增强气候变化适应的市场机制与资金筹措；通过从适应技术研发与应用示范到制度、市场、资金保障机制建设的链条式发展与一体化实施，实现气候变化的全方位适应；保障适应气候变化技术长期有效地发挥作用，尽量少地额外增加资源消耗，并从中产生新的社会经济增长点。

8.6.4 有序适应气候变化的实施路线图

本研究设计涵盖未来 10～15 年整体有序适应气候变化的实施方案，以未来 5 年为近期，未来 10 年为近中期，未来 15 年为中远期，以此三个阶段，针对不同升温目标进行适应。

第一阶段，建议重点针对不同的区域和领域，解决适应气候变化技术清查、研发及适用性的分析，并在重点区域进行示范应用。当前，气候变化适应机理研究薄弱、区域和领域间适应技术差异较大，近期应以“技术先导”为核心，立足区域和领域适应技术挖掘、研发与应用示范，厘清重点区域和领域适应气候变化技术清单，增强适应技术研发及其领域可用性、区域适用性，同时推进保障适应技术研发与应用示范的制度建设，重点包括：提高中国气候变化和极端事件演变的预估能力及早期预警信号辨识水平；构建重点领域、行业、区域国家气候变化影响评估标准与可操作性风险评估技术体系；突破一批适应气候变化的资源优化配置与综合减灾关键技术，研发重点行业风险规避与防御技术，集成适应气候变化的实用技术与决策支持系统；推动青藏高原、黄土高原、西南喀斯特等生态脆弱区适应气候变化技术体系构建、应用示范及保障能力建设。

第二阶段，建议重点以综合性的问题为导向，通过领域协同和区域联动的途径实施气候变化适应。持续推进适应技术研发与应用，针对单一领域或区域无法解决整体对气候变化适应的问题，近中期应以问题为导向，推进“综合集成”，增强领域间的协同和区域间的联动，重点融合生物技术与信息技术，研发农业与生态灾害链风险防控技术；发展水资源统一调度技术与高效利用技术；推动实现水-粮食-生态集成适应气候变化技术体系；在健康领域重点发展虫媒和水媒疾病控制技术；在长江经济带、珠江三角洲地区、京津冀、“丝绸之路经济带”等经济一体化区域进行示范，并增强适应气候变化制度建设。

第三阶段，建议通过制度、政策和市场机制的完善，并且在适应盘点的敦促下，形成整体有序适应气候变化的常规化实施流程。IPCC AR5 影响和适应分卷强调了决策者参与的重要性以及气候变化风险管理的理念。中远期建议推动实施整体有序适应气候变化策略，在制度、政策、市场等机制的保障下，将自然科学与社会科学的技术手段有机结合起来，着力推进适应气候变化制度安排、战略规划完善、法律法规构建、适应政策优化及实施流程常规化。

第9章　中国21世纪中叶低碳排放发展战略研究

本章通过建立全球多区域综合评价模型体系，整合中国经济转型、能源革命及技术创新等重要信息，对包括人口与城镇化建设、经济转型与产业调整、能源技术创新与消费模式变革等影响中国未来碳排放的关键要素变化趋势进行分析，考量技术与政策影响的不确定性；对国内外经济、社会、技术及资源等因素影响下的我国未来碳排放轨迹、能源消费总量与结构及其低碳能源经济转型成本与收益展开多情景的定量分析；通过情景比较提出中国2050年低碳能源经济转型的最优目标与实现路径，从而有力支撑中国21世纪中叶低碳排放发展战略的制定工作。

9.1 引　　言

为研究中国低碳转型关键特征变化态势研究与情景组合开发，本研究首先结合国内外经济、社会、环境、技术及资源等因素的发展态势，考虑了“新常态”下中国当前发展阶段的主要特点，对包括人口与城镇化建设、经济转型与产业调整、能源技术创新与消费模式变革等影响中国未来低碳能源经济转型的关键要素变化趋势进行分析，考量技术与政策影响的不确定性；在相关研究与判断的基础上，开发不同发展路径与不确定性下的中国低碳能源经济转型情景组合。

本研究基于所搭建的全球与中国能源经济模型，对中国社会经济不同发展路径下未来低碳转型开展多情景的定量分析，研究国内外新形势及中国“新常态”下经济结构调整与生态文明建设对中国低碳能源经济转型特点的影响，考量技术与政策的不确定性冲击，分析我国不同战略目标下低碳能源经济转型的路径，量化评估不同路径的经济成本与社会效益。

最后，基于情景组合分析结果提出中国未来碳排放控制的合理目标、实现路径及政策建议。通过对不同发展情景下全球与中国未来能源消费与结构研究结果的综合分析，结合中国推进能源消费、供给、技术与体制革命，建设生态文明社会的总体要求，提出中国未来碳排放和能源需求控制的合理目标；结合模型多情景研究结果比较给出控制目标的具体实施途径与经济成本分析；定量评估为实现目标所需的各项政策措施。

9.2 中国-全球能源模型介绍

为模拟中国未来能源需求发展路径，本研究采用中国-全球能源模型（China in global

energy model，C-GEM）对其进行模拟分析。本节从模型概述、模型框架、模型数据库搭建、模型的静态模块与动态模块，以及中国经济转型在模型中的刻画等方面对其进行详细介绍。

9.2.1 模型概述

C-GEM 是全球多区域递归动态可计算一般均衡（computable general equilibrium，CGE）模型。该模型是由清华大学能源环境经济研究所与美国麻省理工学院全球变化科学与政策联合计划（MIT Joint Program on the Science and Policy of Global Change）共同开展的中国能源与气候项目（China energy and climate project，CECP）① 合作开发，用于开展中国与全球低碳减排政策的经济、贸易、能源消费与温室气体排放的影响与评估研究。该模型涵盖全球 19 个区域与 21 个经济部门，在开发过程中注重对中国及其他发展中国家的经济特性表述，对发展中国家能耗较高的工业部门细节与对能源系统低碳化转型十分重要的多种能源技术进行了详细刻画。模型以 2011 年为基年，随后从 2015 年起以 5 年为一个周期运行到 2050 年。目前已应用该模型就“中国贸易隐含性碳排放及政策影响”② “中国可再生能源发展的能源经济影响”③ 及“建立全球跨区域碳市场的能源经济影响”④ 等相关问题进行了研究。

能源经济 CGE 模型对一般均衡理论所描述的能源经济系统做出数学化表述，再现了经济与能源系统中产品、服务与要素的流动关系（图 9-1）。在一般均衡理论中，经济系统被划分为两个主体（生产者与消费者）和两个市场（产品服务市场与要素市场）。图 9-1 中的箭头表明产品与服务在全球各个地区经济系统中的流通情况。生产者从要素市场购买生产要素（如劳动力、资本、自然资源及碳排放权），从产品市场购买能源产品与其他中间产品投入，随后通过一定的生产技术将各中间投入产品生产为最终国内产品。国内产品一部分出口到国外成为出口品，一部分流入国内市场成为国内市场消费品。国内市场消费品的另一个来源是从其他国家进口产品。国内市场对于同一种类不同来源（国内生产与进口）的产品采用贸易模型中常用的 Armington 异质化假设⑤，即认为国内生产的与进口的同一种产品消费者偏好不同，不能完全替代。国内市场的消费品一部分被消费者最终消费，另一部分则被生产者作为中间投入品在生产环节中消费。

居民和政府是消费者的主体，所有的要素禀赋归居民所有，所有的税收收入归政府所

---

① http://globalchange. mit. edu/CECP/。

② Qi T，Winchester N，Karplus V J，et al. Will economic restructuring in China reduce trade-embodied CO_2 emissions [J]. Energy Economics，2014，42：204-212.

③ Qi T，Zhang X，Karplus V. The energy and CO_2 emissions impact of renewable energy development in China [J]. Energy Policy，2014，68：60-69.

④ Qi T，Winchester N，Karplus V，et al. The Energy and Economic Impacts of Expanding International Emissions Trading [R]. Cambridge，MA：MIT Joint Program on the Science and Policy of Global Change，2013.

⑤ Armington P S. A theory of demand for products distinguished by place of production [J]. IMF Staff Papers. 1959，16：159-176.

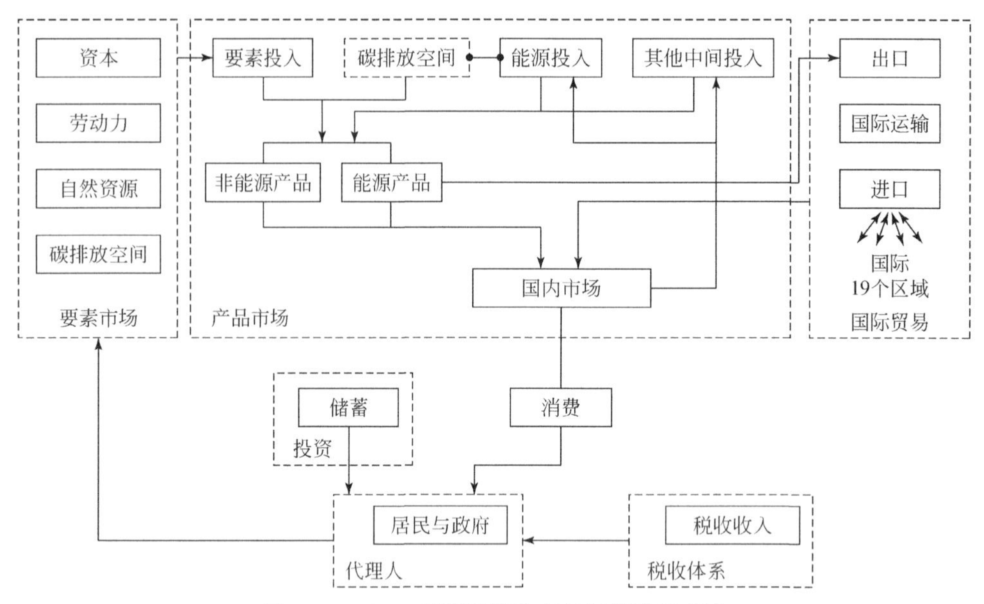

图 9-1 C-GEM 经济系统生产与消费关系表述

有。消费者在要素市场上通过租售自己的劳动、资本及其他自然资源与碳排放权获取收入。消费者根据自身偏好将总收入在储蓄与消费之间进行分配以获得最大的效用，储蓄将作为投资流向下一期，成为新的资本供给，而消费则流向产品市场，形成最终消费。生产者与消费者在理性假设下选择生产和消费水平。市场上的每种产品与要素都有一个初始价格，市场通过反复调节每种产品与要素的价格使市场上的产品与要素达到供需平衡，实现一般均衡状态①。不同国家与地区经济体之间通过国际贸易相互连接，且贸易只存在于产品市场上，资本、劳动力等要素在本模型中假定不能跨区域流动。

C-GEM 描述和求解的是大型复杂非线性动态优化问题。C-GEM 基于通用数学建模系统（general algebraic modeling system，GAMS）平台开发②，采用一般均衡数学规划系统（mathematical programming system general equilibrium，MPSGE）编译，并采用 PATH 求解器求解③~⑥。

① Sue Wing I. Computable General Equilibrium Models and Their Use in Economy-wide Policy Analysis ［R］. Technical Note，Joint Program on the Science and Policy of Global Change，MIT，2004.

② Rosenthal E R. GAMS-A User's Guide ［R］. Washington，DC，USA：GAMS Development Corporationg，2012.

③ Mathiesen L. Computation of economic equilibria by a sequence of linear complementarity problems ［J］. Mathematical Programming Study，1985，23：144-162.

④ Rutherford T F. Extension of GAMS for complementarity problems arising in applied economic analysis ［J］ Journal of E-conomic Dynamics and Control，1995，19（8）：1299-1324.

⑤ Rutherford T F. Constant Elasticity of Substitution Functions：Some Hints and Useful Formulae ［R］. Boulder Colorado，1995.

⑥ Rutherford T F. Applied general equilibrium modeling with MPSGE as a GAMS subsystem：An overview of the modeling framework and syntax ［J］. Computational Economics，1999，14（12）：1-46.

9.2.2 模型框架

9.2.2.1 区域划分

C-GEM 基于全球贸易分析项目（global trade analysis project，GTAP）全球能源经济与贸易数据库，数据库共包含全球 140 个国家和地区 57 个产业部门的经济、能源与双边贸易数据①。由于过多的部门分类与地区设置将大幅度增加模型的计算规模与求解难度，本研究在 C-GEM 搭建过程中，结合能源与经济研究的重点，按照各个国家和地区的经济体制相似度、贸易与利益集团及地缘政治关系等因素，对全球区域进行了合并精简，最终形成 19 个区域（表 9-1）。

表 9-1 C-GEM 区域划分

经济体	C-GEM 区域	区域细节
发达经济体	美国	美国
	加拿大	加拿大
	日本	日本
	韩国	韩国
	发达东南亚地区	中国香港、中国台湾、新加坡
	欧盟	欧盟 28 国以及欧盟自由贸易区（瑞士/挪威/冰岛）
	澳大利亚等其他地区	澳大利亚、新西兰、世界其他地区（南极洲/布韦岛/英属印度洋领地/法属南半球领地）
发展中及欠发达经济体	中国	中国*
	印度	印度
	发展中东南亚地区	印度尼西亚、马来西亚、菲律宾、泰国、越南、柬埔寨、老挝、东南亚其他地区
	亚洲其他地区	亚洲其他地区
	墨西哥	墨西哥
	中东	伊朗、阿拉伯联合酋长国、巴林、以色列、科威特、阿曼、卡塔尔、沙特阿拉伯
	南非	南非
	非洲其他地区	除南非以外的非洲其他地区
	俄罗斯	俄罗斯

① Narayanan B. GTAP 8 Data Base Documentation-Chapter 3：What's New in GTAP 8 [R]. Center for Global Trade Analysis，2012.

续表

经济体	C-GEM 区域	区域细节
发展中及欠发达经济体	欧洲其他地区	阿尔巴尼亚、克罗地亚、白俄罗斯、乌克兰、亚美尼亚、阿塞拜疆、格鲁吉亚、土耳其、哈萨克斯坦、吉尔吉斯斯坦、欧洲其他地区
	巴西	巴西
	拉丁美洲	除巴西以外的拉丁美洲其他地区

＊不包括港、澳、台地区，本模型中，中国香港和中国台湾放入发达东南亚地区

C- GEM 区域包含了世界主要发达经济体（美国、欧盟、日本、加拿大、澳大利亚）、主要新兴经济体（中国、印度、俄罗斯、巴西、南非）、主要石油输出国（中东）。为重点分析中国发展对世界的影响，C-GEM 也对中国周边重要经济区域（韩国、日本、发达东南亚地区、发展中东南亚地区）及中国国际贸易的主要竞争对手（印度、发展中东南亚地区、墨西哥）分别进行了刻画。

9.2.2.2 部门界定

以 GTAP 全球能源经济与贸易数据库 57 个生产部门为基础，兼顾中国官方能源与经济统计数据的部门分类，根据研究重点，C-GEM 将 57 个生产部门合并为 21 个生产部门及 2 个消费部门，部门分类及说明见表 9-2。

表 9-2　C-GEM 的部门划分

种类	部门	描述
农业部门	农业	农业、林业、畜牧业
能源部门	煤炭	煤炭开采与洗选业
	原油	石油开采业
	天然气	天然气开采业
	成品油	石油加工业
	电力	电力、热力生产与供应
高耗能部门	非金属	非金属矿物制品业
	钢铁	黑色金属冶炼及压延业
	有色金属	有色金属冶炼及压延业
	化工	化学工业
其他工业部门	食品加工业	食品制造加工业
	采矿业	矿物采选业
	电子装备制造业	电子装备制造业
	交通装备制造业	电子与装备制造业

续表

种类	部门	描述
其他工业部门	其他机械	其他机械制造业
	纺织业	纺织业
	其他工业	其他工业
建筑业部门	建筑业	建筑业
服务业部门	交通运输业	交通运输业
	公共服务	商业和公共服务业
	房地产业	房地产业
消费部门	政府消费	政府消费
	家庭消费	居民消费

9.2.3 模型数据库搭建

数据库以 GTAP 开发的全球能源经济与贸易数据库（GTAP 9）及中国官方统计数据（《中国能源统计年鉴》、中国投入产出表）为基础，通过对两种数据源整合，为全球 19 个区域分别搭建社会核算矩阵（SAM）及双边贸易矩阵。

数据库所采用的 GTAP 9 数据平台是 2015 年由美国普渡大学全球贸易分析项目所发布的全球最新能源经济与贸易数据库，数据库以 2011 年为基年，包含了全球 140 个国家和地区 57 个生产部门的投入产出、双边贸易以及对应的分部门分品种的能源实物量生产消费及贸易数据①②。投入产出数据多由各个国家和地区的统计与研究机构提供，双边贸易数据来源于 WTO②，能源实物流量数据主要来源于 IEA③。

9.2.4 模型静态模块

本节对 C-GEM 中所采用的生产函数、消费函数、国际贸易函数、模型闭合机制、排放表述、替代弹性系数进行详细介绍，这些同时也构成了 C-GEM 静态模块的核心要素。C-GEM 静态模块描绘了全球经济系统在某个时间节点上各区域生产者、消费者、政府及跨区双边贸易的相互关系。

---

① Narayanan B，Aguiar A，Mcdougall R. Global Trade，Assistance，and Production：The GTAP 8 Data Base［R］. Center for Global Trade Analysis，Purdue University，2012.

② Narayanan B. Betina D，Robert M. GTAP 8 Data Base Documentation-Chapter 2：Guide to the GTAP Data Base［R］. Center for Global Trade Analysis，Purdue University，2012.

③ Mcdougall R，Lee H-L. GTAP 6 Data Base Documentation-Chapter 17：An Energy Data Base for GTAP［R］. Center for Global Trade Analysis，Purdue University，2006.

9.2.4.1 生产函数

为定量研究经济过程中的生产与消费活动，我们需要采用数学函数来对经济主体的生产与消费行为做出描述。对于地区 r，共有 n 个生产部门，生产部门 i 的总产出 Y_{ir} 消耗了包括劳动力 L_{ir} 、资本 K_{ir} 、资源 R_{ir}（矿产资源、土地等）等要素，同时消耗了来自其他部门 j 的中间产品 $I_{j,\ ir}$ 。产出 Y_{ir} 与投入之间的函数关系如式（9-1）所示：

$$Y_{ir} = F_{ir}(L_{ir},\ K_{ir},\ R_{ir};\ I_{1,\ ir},\ \cdots,\ I_{j,\ ir},\ \cdots,\ I_{n,\ ir}) \tag{9-1}$$

C-GEM 采用嵌套的固定替代弹性生产函数（CES）对生产行为进行描述，假定各个区域的所有生产部门都处在完全竞争市场下，而且规模报酬不变。根据各部门的生产特点，C-GEM 对不同生产部门：能源部门、高耗能部门及服务业部门等的生产函数进行了分类刻画。

9.2.4.2 消费函数

C-GEM 同样采用嵌套式 CES 函数作为消费函数，如图 9-2 所示。与生产函数的嵌套结构类似，消费结构中包含了各种能源以及高耗能产品消费的详细信息。在消费集束中，C-GEM 将交通服务与其他产品和服务分离开来单独表述。交通服务包括公共交通服务（如货运、公共客运）与私人交通服务（特指私家车提供的交通服务）。对交通服务的单独表述有利于 C-GEM 对经济发展后私人交通领域用能及相关政策影响做更为细致的研究。

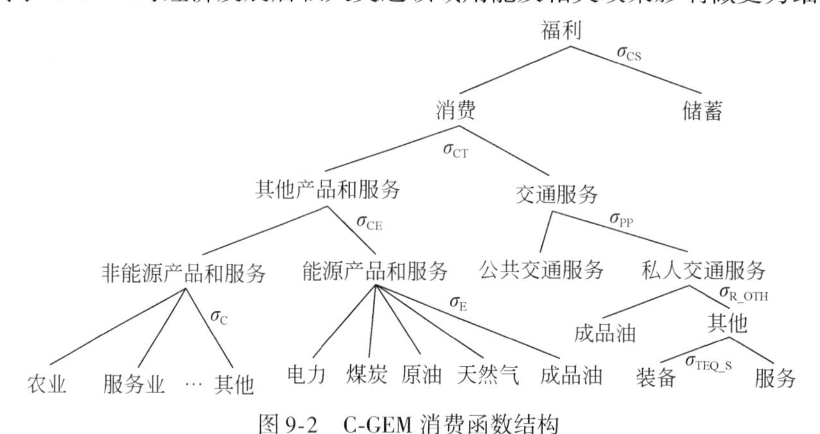

图 9-2 C-GEM 消费函数结构

9.2.4.3 国际贸易函数

作为全球模型，C-GEM 中 19 个区域之间的生产与消费通过双边贸易进行连接。通过这些贸易连接的详细表述可以追踪一个国家的政策如何对其他国家或地区产生影响。除原油以外的所有其他商品都遵循 Armington 假设①，即地区 r 国内生产的产品 $D_{i,\ r}$ 与从国外进口的同

① Armington PS. A theory of demand for products distinguished by place of production［J］. IMF Staff Papers，1969，16：159-176.

种产品 $IM_{i,r}$，通过 CES 函数聚合成为市场上用于消费的产品 $M_{i,r}$，其数学表达式为

$$M_{i,r} = [\alpha_{i,r} \times D_{i,r}^{\rho_{A,i,r}} + (1 - \alpha_{i,r}) \times IM_{i,r}^{\rho_{A,i,r}}]^{1/\rho_{A,i,r}} \tag{9-2}$$

式中，$\alpha_{i,r}$ 为 Armington CES 函数中变量 $D_{i,r}$ 的份额参数；$1/\rho_{A,i,r}$ 为国内生产的产品 $D_{i,r}$ 与国外进口的同种产品 $IM_{i,r}$ 之间的替代弹性。Armington CES 函数的结构如图 9-3 所示。顶层为国内生产的产品与国外进口的同种产品之间的替代，第二层为国外进口的同种产品在各来源国之间的替代。考虑到原油在国际市场的充分竞争性，原油在 C-GEM 中被假设为全球同质品①。除双边产品贸易外，出口关税、进口关税以及国际交通运输在 C-GEM 中也有刻画。

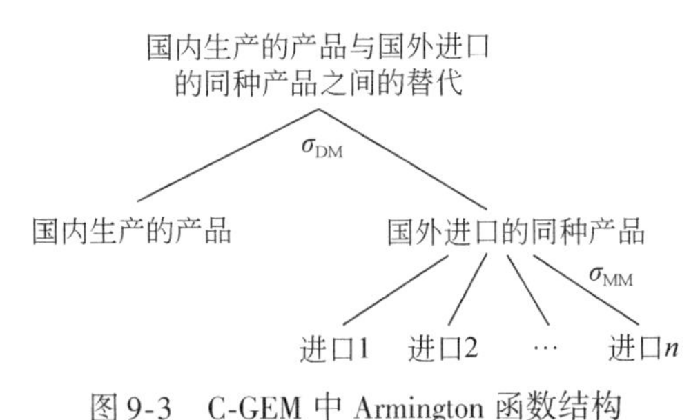

图 9-3　C-GEM 中 Armington 函数结构

9.2.4.4　模型闭合机制

C-GEM 采用新古典主义宏观闭合，将政府开支作为外生变量，将投资水平作为内生变量进行决定。所有的产品和要素价格都由模型内生决定，其价格为所有市场供需均衡时的价格水平。均衡时的价格水平包括：①资本、土地和其他资源的租赁价格；②劳动力真实工资；③所有产品与服务的价格。在政策模拟中，价格解决方案可能还包括污染或排放许可的价格。

9.2.4.5　排放表达

目前 C-GEM 只对化石燃料燃烧过程中产生的二氧化碳排放做出描述，其他温室气体与污染性气体以及工业生产过程中的气体排放暂时未进行刻画。二氧化碳排放主要是根据 C-GEM 中刻画的化石能源消费流向，采用 2006 年 IPCC《国家温室气体清单指南》（*Guidelines for National Greenhouse Gas Inventories*）②中所列的化石燃料能源流（包括煤炭、石油和天然气）应用持续排放因子来进行计算。其中，1EJ 煤炭燃烧的平均排放因子为 94.6tCO_2，1EJ 石油燃烧的平均排放因子为 73.3tCO_2，1EJ 天然气燃烧的平均排放因子为 56.1tCO_2。现实情况下由于不同地区的煤炭、石油与天然气的种类与品质各异，其含碳量与热值都有差别，故其排放因子也是不同的。但在实际研究中，限于当前数据可获得性，本研

①② Paltsev S, Reilly J M, Jacoby H D, et al. The MIT Emissions Prediction and Policy Analysis (EPPA) Model: Version 4 [R]. Cambridge, MA: MIT Joint Program on the Science and Policy of Global Change, 2005.

究简化假设不同地区、不同时间段的排放因子保持不变。二氧化碳排放流与化石能源消费流相绑定，只要某个地区某个部门在某一时间有化石能源消费就一定有相应量的二氧化碳产生。

9.2.4.6 替代弹性系数

C-GEM 中采用大量 CES 生产与消费函数，需要对函数中各种投入之间的替代弹性做出标定。替代弹性反映出各种投入产品或要素之间相互替代的难易程度，是影响 C-GEM 评估结果的重要参数。如果 CES 生产函数中各种投入之间的替代弹性比较大，则生产过程更容易通过调整投入结构来对外来政策冲击做出反应，相应减排难度偏小。相反若替代弹性比较小，则生产技术对于减排政策的调整难度加大，政策对于经济的冲击也会增加。

替代弹性作为 C-GEM 中的重要参数，理论上应该对不同地区不同部门分别做出校订，但由于校订所需数据量与工作量十分巨大，当前实际模型开发过程中通常引用相关文献的研究结果，且对区域与部门替代弹性差别的讨论有限。C-GEM 中替代弹性系数是在国内外相关研究的基础上确立的①②，主要的生产与消费函数弹性取值见表 9-3。

表 9-3　C-GEM 中的替代弹性取值

函数	指标	弹性种类	取值	说明
生产函数	σ_{Res_OTH}	资源与其他投入	0.6	原油、煤炭、天然气部门
	σ_{I_EVA}	中间投入与能源-资本-劳动力投入组合	0	所有部门
	σ_{E_KL}	能源与资本-劳动力投入组合	0.1~0.5	电力为 0.1，农业为 0.3，能源工业为 0.4，其他工业为 0.5
	σ_{E_NE}	电力与非电力能源投入组合	0.5	所有部门
	σ_{NOE}	非电力能源投入之间（煤、油、气）	1	所有部门
	σ_{K_L}	资本与劳动力	1	所有部门
	σ_{RE}	间歇性发电技术（风电、光伏）与常规电力技术	1	电力部门
	σ_{O_VA}	资本-劳动力组合与其他投入	0.7	农业部门
消费函数	σ_{CS}	消费与储蓄	1	
	σ_{CE}	能源品最终消费与其他产品最终消费	0.25	所有地区，随时间调整
	σ_{CT}	交通最终消费与其他产品最终消费	0.5	所有地区，随时间调整
	σ_{c}	其他最终消费品之间	0.3~0.6	不同地区与不同时间调整
	σ_{E}	能源最终消费品之间	0.4	所有地区，随时间调整

① Babiker H M, Reilly J M, Mayer M, et al. The MIT Emissions Prediction and Policy Analysis (EPPA) Model: Revisions, Sensitivities, and Comparisons of Results [R]. Cambridge, MA: MIT Joint Program on the Science and Policy of Global Change, 2001.

② IPCC. 2006 IPCC Guidelines for National Greenhouse Gas Inventories [R]. Switzerland, 2006.

续表

函数	指标	弹性种类	取值	说明
贸易函数	σ_{DM}	国内产品与进口品	3	所有部门
	σ_{MM}	进口品不同来源国之间	0.5 ~ 6	电力为 0.5，其他部门为 5 或 6

9.2.5 模型动态模块

在静态模块的基础上，C-GEM 采用递归动态方式对模型进行动态化拓展。递归动态假定经济体中的机构没有前瞻性行为①，下一期的经济状况只由上一期的经济状态决定。模型的动态流程主要受劳动力增长、资本累积、化石燃料资源耗竭、消费结构变更以及新技术问世等驱动因素的演变影响。

9.2.5.1 人口与劳动力供给

C-GEM 中的劳动力供给主要依靠各区域人口及劳动生产率随时间的变化所驱动。对于地区 r 和时间 t，劳动力的供给 $L_{r,t}$ 由基期值 $L_{r,0}$ 乘以人口增长率与劳动力生产率增长率 $g_{r,t}$ 计算而得，如式（9-3）所示：

$$L_{r,t} = L_{r,0} \times \frac{\text{population}_{r,t}}{\text{population}_{r,0}} \times (1 + g_{r,t})^t \tag{9-3}$$

式中，$\text{population}_{r,t}$ 为地区 r 在时间 t 的人口；$\text{population}_{r,0}$ 为地区 r 在基准期的人口。

9.2.5.2 资本积累

C-GEM 中资本积累包括旧有资本的折旧与投资转换成的新资本供给，其资本积累如式（9-4）所示。

$$\text{Kapital}_{r,t} = (1 - \delta_r)^{\text{ti}} \text{Kapital}_{r,t-1} + I_{r,t} \tag{9-4}$$

式中，$\text{Kapital}_{r,t}$ 和 $\text{Kapital}_{r,t-1}$ 分别为地区 r 在时间 t 和 $t-1$ 时的资本存量；δ 为地区 r 的折旧率，该模型选取的折旧率为 0.05；ti 为不同时期之间的时间间隔，该模型选取的时间间隔为 5 年；$I_{r,t}$ 为新投资资本，相当于上一期消费者效用函数决定的储蓄水平。

9.2.5.3 自然资源衰减

C-GEM 所有化石燃料资源都根据 Hotelling 法则②被视为稀缺资源，即随着资源消耗其开采成本将持续增加。自然资源作为必要要素在 CES 生产函数的最顶层投入，与资本-劳动力-其他中间投入集束进行替代。这种替代关系反映出随着资源耗竭，需要更多的资本

① Dellink R. Modelling the Costs of Environmental Policy: A Dynamic Applied General Equilibrium Assessment [M]. Cheltenham: Edward Elgar Publishing, 2005.

② Hotelling H. The economics of exhaustible resources [J]. Journal of Political Economy, 1931, 39: 137-175.

和物质投入来开采资源以获得产出。自然资源与其他投入之间的替代弹性应该根据本地区资源供给曲线来进行估算①。

耗竭模块如式（9-5）所示。根据地区 r 燃料 e 在前一时期（$t-1$）的物理产量（$F_{e,r,t-1}$），能源资源 Res 将随时间而耗尽。地区 r 在时期 t 内的燃料 e 剩余资源量 $Res_{e,r,t}$ 可表达为

$$Res_{e,r,t} = Res_{e,r,t-1} - ti \times F_{e,r,t-1} \tag{9-5}$$

式中，ti 为时间间隔，该模型选取的时间间隔为 5 年。这一变化机制设计主要是用来描述长期的资源储量变化对能源生产消费与价格的影响。

9.2.5.4 能效提升

除价格机制导致能效提升以外，对历史能源消费、能源价格以及工业化国家收入增长的观察表明，即使在能源价格保持不变或出现下降的时期，也存在能源效率不断改进的趋势。

在宏观经济模型开发过程中，建模者通常采用外生的自主性能源效率改进（autonomous energy efficiency improvement，AEEI）因子来对这一现象进行刻画②。AEEI 因子设定的初衷是为了反映生产过程中随时间变化能源消费强度的下降，但渐渐人们开始发现 AEEI 并不是一个简单的因子，它本质上是一种对于能源利用技术进步、研发与技术扩散、能源结构变化以及经济结构变化等多重因素综合效果的一种近似估计③~⑧。这些假定的技术进步因子可能对模型模拟的减缓成本造成显著影响，AEEI 因子取值越大，说明在没有经济成本的前提下技术进步促使了能效的较快提升，给定减排目标的减排成本则越低。Edmonds 和 Barns⑨的敏感性分析再次证明了 AEEI 因子取值对于模型减排成本估计的重要性。通常来讲，模型开发者应该采用历史数据对 AEEI 因子进行计量校核。AEEI 因子作为减缓影响分析中的关键参数，其取值十分重要，但当前模型界对于 AEEI 因子取值的基础性研究却仍比较薄弱，尤其是对于更加细化的分部门分区域的 AEEI 因子取值校核更是十分匮乏。当

---

① Rutherford T F. Economic Equilibrium Modeling with GAMS［R］. Washington：GAMS Development Corporation，1998.

② IPCC. Climate change 1995：Economic and Social Dimensions of Climate Change：Contribution of Working Group Ill to the Second Assessment Report of the Intergovernmental Panel on Climate Change［M］. Cambridge：Cambridge University Press，1996.

③ Williams R H. A low-energy future for the United States［J］. Energy，1987，12（10-11）：929-944.

④ Williams R H. Low-cost strategies for coping with CO_2 emission limits［J］. The Energy Journal，1990，11（4）：35-60.

⑤ Williams R H，Larson E D，Ross M H. Materials，affluence，and industrial energy use［J］. Annual Review of Energy，1987，12（1）：99-144.

⑥ Weyant J P. An Introduction to the Economics of Climate Change Policy［R］. Pew Center on Global Climate Change Report，2000.

⑦ Sue Wing I，Eckaus R S. Explaining Long-run Changes in the Energy Intensity of the US Economy［R］. Cambridge，MA：MIT Joint Program on the Science and Policy of Global Change，2004.

⑧ Sue Wing I，Eckaus R S. The Decline in U. S. Energy Intensity：Its Origins and Implications for Long-Run CO_2 Emission Projections［R］. Cambridge，MA：MIT Joint Program on the Science & Policy of Global Change，2005.

⑨ Edmonds J，Barns D W. Estimating the Marginal Cost of Reducing Global Fossil Fuel CO_2 Emissions［R］. Wangshington，DC：Pacific Northwest Laboratory，1990.

前模型界对全球各国 AEEI 因子的取值通常为 0.4% ~1.5%，曾有模型组认为《京都议定书》的执行会加快生产的清洁化过程，从而使 AEEI 因子达到 2% 甚至更高，大多数模型的经验性取值为 1%①，而即使这样小的取值差距也会对未来中长期排放轨迹产生显著影响②。当前，一方面取值 1% 的“一刀切”式参数假设方式忽略了各种产业部门技术进步潜力与速度方面的重要差异，使预测结果在产业层面上产生较大偏差；另一方面取值 1% 的研究基础建立在发达国家的历史数据上③，缺少基于发展中国家数据的参数校核。由于 AEEI 因子取值对于减缓影响评估有重要影响，基于发展中国家历史数据的参数校核也在逐步开展。Cao 和 Ho④ 通过中国历史数据对中国 AEEI 因子取值进行校核，并认为 1.7% 是一个比较合理的取值。基于以上讨论，C-GEM 对各地区 AEEI 因子变化率的取值进行设定（表 9-4）。对其他发展中国家取值偏高是为了反映这些国家拥有比发达国家更多的低成本减排空间。

表 9-4 C-GEM 中的 AEEI 因子增长率取值 单位：%

C-GEM 区域	年均增长率	说明
中国	1.7	所有部门
发达国家	1	所有部门
其他国家	1.5	所有部门

9.2.5.5 新能源技术演进

C-GEM 还对一系列先进的能源技术做出表述，以体现当前还没有实现商业化但是未来在成本有竞争优势时可能进入市场并对能源系统造成潜在影响的新能源技术⑤。每一种技术的成本由市场均衡状态下各投入要素及中间投入品的价格所决定。

在 C-GEM 中我们共刻画了 11 种先进能源技术，见表 9-5。

表 9-5 C-GEM 中的先进生产技术

技术	描述
风电	利用间歇性的风能资源发电
光伏	利用间歇性的太阳能资源发电
生物质发电	利用生物质能发电

---

① IPCC. IPCC Third Assessment Report Climate Change 2001 Working Group Ill report Mitigation [R]. Switzerland, 2001.

② Manne A S, Richels R G. Buying Greenhouse Insurance: the Economic Costs of Carbon Dioxide Emission Limits [M]. Boston: MIT Press, 1992.

③ Grübler A. Technology and Global Change [M]. Gambridge: Cambridge University Press, 2003.

④ Cao J, Ho M. Changes in China's Energy Intensity: Origins and Implications for Long-Run Carbon Emissions and Climate Policies [R]. Singapore: EEPSEA, 2009.

⑤ William D N. The Efficent Use of Energy Resources [M]. New Haven: Yale University Press, 1979.

续表

技术	描述
IGCC	整体煤气化联合循环发电
IGCC-CCS	整体煤气化联合循环发电并带有碳捕集与封存装置
NGCC	天然气联合循环发电
NGCC-CCS	天然气联合循环发电并带有碳捕集与封存装置
先进核电	先进核电技术
生物质燃料	第一代与第二代生物质燃料技术
页岩油	页岩油开发
煤气化	煤气化技术生产天然气

9.2.6 中国经济转型在模型中的刻画

2008 年国际金融危机以来，世界经济格局和形势发生了重大变化。全球经济艰难复苏，全球贸易持续低迷；中国经济发展在转型的背景下进入“新常态”，特征表现为 GDP 从高速增长向中高速增长转变，经济发展方式从依靠投资驱动的粗放增长向依靠创新驱动的集约增长转变①。要实现“新常态”下经济持续健康发展，关键在于能否实现经济的转型升级。具体来看，中国经济转型包括“需求侧”和“供给侧”两方面。习近平总书记在中央财经领导小组会议上强调，宏观调控必须重视需求管理与供给侧改革的有效结合，在做好需求管理，适度扩大总需求的同时，着力推进供给侧结构性改革②。需求管理重点在于要改变以往以投资和出口为主的经济刺激方式，转向以扩大内需，推动消费结构升级为特点的拉动方式，促进经济的提质增效。从供给角度来看，产业结构升级被认为是中国经济新常态的主攻方向③，是中国经济转型的根本任务④。产业结构升级具体又可以分为两个角度。一是结构调整，既要调整三次产业比例，大力发展第三产业，也要对产业大类内部细分产业之间的比例进行调整，大力发展高新技术产业，实现产业结构由中低端向中高端转换；二是产业升级，即鼓励企业创新，通过技术进步，提高产品附加值，提升产品竞争力。

从理论角度来看，配第-克拉克定律表明，随着全社会人均国民收入水平的提高，就业人口首先从第一产业向第二产业转移；当人均国民收入水平有了进一步提高时，就业人口便大量向第三产业转移⑤。同时，库兹涅茨的现代经济增长理论认为，随着时间的推移，

① 吴敬琏．以深化改革确立中国经济新常态［J］．探索与争鸣，2015，1：4-7.

② 王一鸣，陈昌盛．重构新平衡：宏观经济形势展望与供给侧结构性改革［M］．北京：中国发展出版社，2016.

③ 国家行政学院经济学教研部．中国供给侧结构性改革［M］．北京：人民出版社，2016.

④ 胡鞍钢．经济转型根本任务是产业结构升级．http//finance. ifeng. com/opinion/macro/20100310/1907256. shtml.

⑤ 曹立．中国经济新常态［M］．北京：新华出版社，2014.

服务部门的国民收入在整个国民收入中的比例大体是上升的[①]。

从实证角度来看，王金照[②]发现先发国家，如美国，在1890~1950年经济持续发展过程中，第一产业占GDP的比例从14.2%下降到7.2%；第二产业经历了先上升后下降的过程，最高达到40%左右；第三产业占GDP的比例则保持上升趋势。后发国家，如日本，从20世纪50年代开始，日本产业结构转向重化学工业方向，到70年代初，基本上完成了重化工业化过程。70年代后，日本服务业比例大幅度上升，而农业和工业比例则相应下降。综合典型国家情况来看，当第一产业的比例降低到10%左右、第二产业的比例上升到最高水平时，工业化就到了结束阶段，对应的人均GDP集中在13 000国际元左右(2000年国际元)。

《中国工业化进程报告》[③] 指出，“十一五”末，中国的工业化已经进入工业化后期阶段。王一鸣等[①]指出过去一个时期中国经济增速的变化，与日本、韩国在高速增长阶段转换时的表现大体相近。2015年，按购买力平价计算，中国人均GDP约为11 000国际元，大体相当于日本、韩国高速增长阶段结束时的人均GDP水平。2011~2015年，中国经济年均增长7.8%，比日本、韩国高速增长阶段结束前5年的增速略高。通过比较可以看出，中国的经济增速回落符合经济发展的一般规律，目前中国的经济结构已经到达产业结构调整的关键时期。

将中国的经济转型在C-GEM中进行表达是开展情景模拟和分析的前提。在C-GEM中，各部门的生产和消费行为通过刻画CES函数实现。理论上，产业结构的改变应该通过改变生产行为，由价格内生驱动产生。但是CES函数的自身结构决定了其难以有效刻画该种经济结构转型[④⑤]。因此，本研究采用了外生调节需求的方法，对最终消费结构、生产部门中间投入结构和投资结构进行了调节。我们参考了世界主要经济体的最终消费占总支出的比例以及各部门的最终消费占比，尤其是农业、食品加工和服务业等部门的最终消费占比，对中国未来的消费模式进行了外生调节；同时，我们比较了世界主要经济体在各部门的投资结构，并据此对中国未来的投资结构进行外生调节；另外，参考了世界主要经济体主要部门，如钢铁、机械、装备制造、交通等部门的投入产出结构，采用外生调节的方法对中国相关行业的投入产出结构进行调整。

---

① 王一鸣，陈昌盛．重构新平衡：宏观经济形势展望与供给侧结构性改革［M］．北京：中国发展出版社，2016.

② 王金照．典型国家工业化历程比较与启示［M］．北京：中国发展出版社，2010.

③ 陈佳贵．中国工业化进程报告［M］．北京：社会科学文献出版社，2012.

④ McKitrick R R. The econometric critique of computable general equilibrium modeling：the role of functional forms［J］. Economic Modelling，1998，15（4）：543-573.

⑤ Lau L. 1984. Comments on Mansur and Whalley's numerical specification of applied general equilibrium models［R］.

9.3 面向2050年的中国低排放战略情景分析

9.3.1 社会经济发展情景假定

C-GEM中未来人口增长预测采用联合国经济和社会事务部（United Nations Department of Economic and Social Affairs，UNDESA）2015年发布的《世界人口展望》的中等人口情景假设。UNDESA人口司每两年会对全球各区域人口现状与增长趋势做出评估与预测，并以《世界人口展望》的形式对外发布，相关结果被联合国以及其他国际组织、研究机构和媒体广泛应用。本研究所采用的《世界人口展望》[①] 是UNDESA 2015年发布的人口预测报告，报告对全球233个国家和地区2010~2100年的人口发展趋势做出预测。

在2015年的《世界人口展望》中，UNDESA一共开发了五组预测情景，包括高生育率情景、中生育率情景、低生育率情景、恒定生育率情景和即时更替生育率情景。UNDESA在《世界人口展望》中的多情景描述刻画出未来人口增长的不确定性，而在实际应用中各研究机构一般采用情景刻画最为细致的中生育率情景预测结果。根据中生育率情景预测结果，中国人口2010年为13.4亿左右，到2028年达到峰值，为14.2亿左右，随后人口缓慢下降，到2050年下降到13.5亿左右。

C-GEM中对于未来经济增长的假定主要来自对其他经济发展研究的总结和分析。通过对世界银行（World Bank，WB）、经济合作与发展组织（Organization for Economic Co-operation and Development，OECD）、欧盟（European Union，EU）、联合国（United Nations，UN）和国际货币基金组织（International Monetary Fund，IMF）等国际机构对中国未来经济增速的预测调研[②~⑨]（图9-4），本研究设定的中国未来经济增速见表9-6。

---

① The United Nations. World Population Prospects-Population Division-United Nations［R］. New York，2016.

② IMF. World Economic Outlook Update［R］. Washington，2015.

③ World Bank. Global Economic Prospects：The Global Economy in Transition［R］. Washington，D. C.，2015

④ ELA. International Energy Outlook 2014［R］. Washington，D. C.，2014.

⑤ ADB. Asian Development Outlook 2015 Update［R］. Manila，2015.

⑥ TEA. World Energy Outlook 2014［R］. Paris，2014.

⑦ Nations T U. World Economic Situation and Prospects 2015［R］. New York，2015.

⑧ Parliament T E. China：Economic Outlook［R］. Belgium，2015.

⑨ OECD. Long-term Growth Scenarios［R］. Economic Department Working Papers，2013.

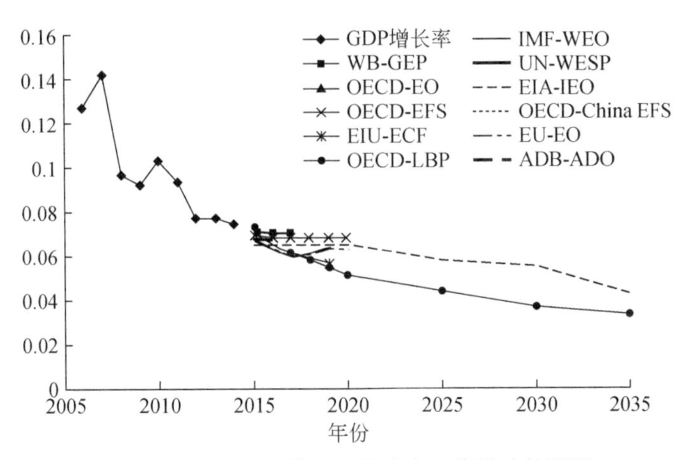

图 9-4　各研究机构对中国未来经济增速的预测

WB-GEP 世界银行的《全球经济展望》；OECD-EO 经济合作与发展组织的《经济展望》；OECD-EFS 经济合作与发展组织的《东南亚国家、中国和印度经济展望》；EIU-ECF 经济学人集团《经济与商品预测》；OECD-LBP 经济合作与发展组织的《长期基准线预测》；IMF-WEO 国际货币基金组织的《世界经济展望》；UN-WESP 联合国的《世界经济现状与展望》；EIA-WEO 美国能源部的《世界经济展望》；OECD-China EFS 经济合作与发展组织的《中国经济预测摘要》；EU-EO 欧盟的《经济展望》；ADB-ADO 亚洲开发银行的《亚洲发展展望》

表 9-6　C-GEM 中中国未来经济增速设定　　单位:%

指标	2015～2020 年	2020～2025 年	2025～2030 年	2030～2035 年	2035～2040 年	2040～2045 年	2045～2050 年
GDP 年均增速	6.5	5.8	4.8	3.8	3.3	3.0	2.9

9.3.2　情景模拟与描述

本研究从碳排放总量控制、能源消费总量控制、煤炭消费总量控制、非化石能源比例提升、碳强度下降与碳排放达峰等目标角度入手，开发了面向 2050 年我国低碳转型的三组情景，即碳强度年均下降 4% 情景、碳强度年均下降 5% 情景和碳强度年均下降 6% 情景，来比较研究不同政策措施对中国中长期碳排放和能源需求的影响。

9.3.2.1　碳强度年均下降 4% 情景

在该情景下，中国未来碳强度年均下降率持续保持在 4% 的水平。与发达经济体相比，该情景已经是碳强度年均下降率较大的一个转型情景。考虑到当一个国家 GDP 碳强度的下降率达到该国家 GDP 的增长率时，该国家的碳排放即达到了峰值水平，该情景下中国的碳排放有望在 2030 年左右达到峰值，能够实现中国在巴黎大会上做出的二氧化碳排放在 2030 年左右达到峰值的承诺。

9.3.2.2　碳强度年均下降 5% 情景

在该情景下，中国未来碳强度年均下降率持续保持在 5% 的水平。中国自“十一五”

以来的碳强度年均下降率约为 5%，因此该情景代表了过去 10 多年中国能源转型的平均强度，但明显超过所有发达国家的转型强度。同时，考虑到当一个国家 GDP 碳强度的下降率达到该国家 GDP 的增长率时，该国家的碳排放即达到了峰值水平，该情景下中国的碳排放有望在 2025 年左右达到峰值，以后呈现持续下降的态势。

9. 3. 2. 3　碳强度年均下降 6% 情景

在该情景下，中国未来碳强度年均下降率在 2030 年以前保持在 6% 的水平。中国能源转型强度不仅大大高于发达国家的转型强度，也高于中国过去 10 多年自身的平均转型强度，是一个革命性的转型情景。考虑到当一个国家 GDP 碳强度的下降率达到该国家 GDP 的增长率时，该国家的碳排放即达到了峰值水平，该情景下中国的碳排放有望在当前进入平台期，2020 年以后呈现持续下降的态势。

9.4　情景分析结果与讨论

9.4.1　二氧化碳排放路径

三种情景下 2015 ~ 2050 年二氧化碳排放路径如图 9-5 所示。在碳强度年均下降 4% 情景下，中国化石燃料燃烧的二氧化碳排放在 2030 年左右达到峰值，峰值水平为 115 亿 t 左右，随后排放水平开始以一定的速度下降，到 2050 年下降到 96 亿 t 左右；在碳强度年均下降 5% 情景下，中国化石燃料燃烧的二氧化碳排放将于 2025 年左右达到峰值，峰值水平为 101 亿 t 左右，随后排放水平以较快的速度下降，到 2050 年下降到 66 亿 t 左右；在碳强度年均下降 6% 情景下，中国化石燃料燃烧的二氧化碳排放的达峰时间进一步提前至

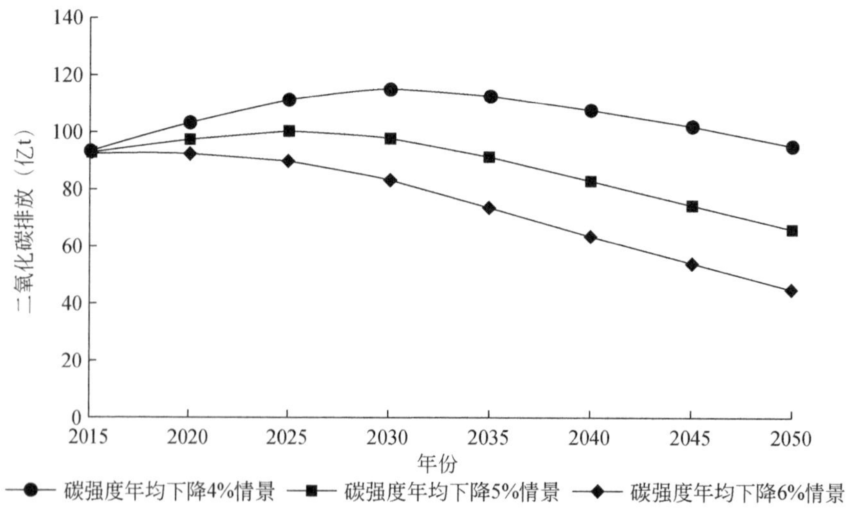

图 9-5　2015 ~ 2050 年三种情景下中国化石燃料燃烧的二氧化碳排放路径

“十三五”期间，峰值水平为 93 亿 t 左右，随后排放水平快速下降，到 2050 年下降到 45 亿 t 左右。

9.4.2 一次能源消费总量与结构

在碳强度年均下降 4% 情景、碳强度年均下降 5% 情景和碳强度年均下降 6% 情景下中国一次能源消费总量与结构如图 9-6 ~ 图 9-8 所示。

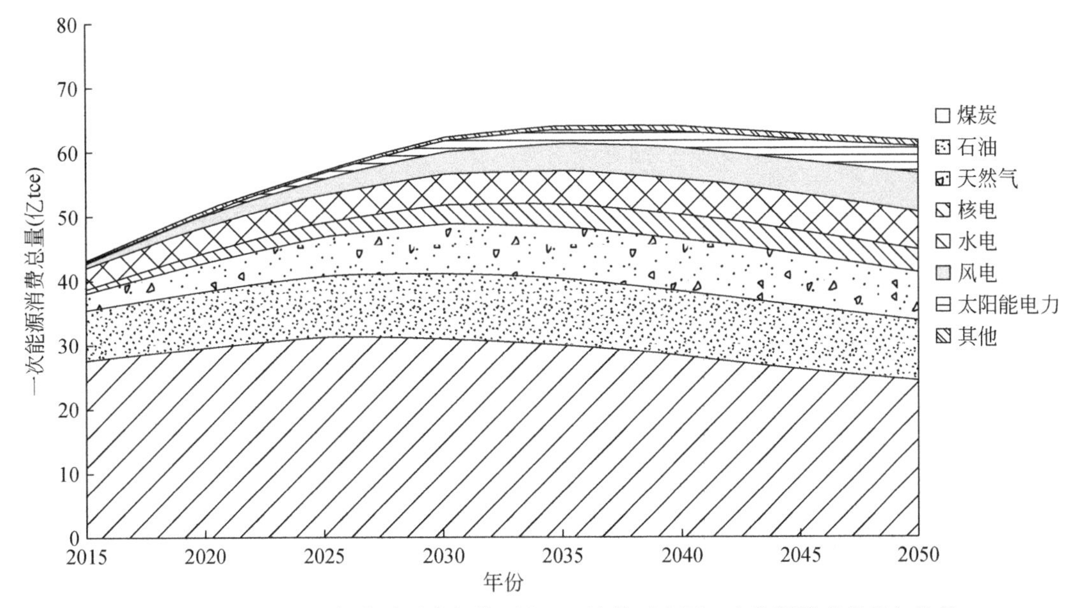

图 9-6 2015 ~ 2050 年在碳强度年均下降 4% 情景下中国一次能源消费总量与结构

在碳强度年均下降 4% 情景下，中国一次能源消费总量 2020 年为 51.1 亿 tce，2030 年为 62.2 亿 tce，2050 年为 61.7 亿 tce。在能源结构方面，2030 年，煤炭、石油、天然气和非化石能源（核电、水电、风电、太阳能电力和其他）占一次能源消费的比例分别为 50.4%、16.0%、12.2% 和 21.4%，非化石能源占比达到承诺目标；煤炭仍然是最主要的一次能源消费来源，煤炭消费在 2025 年左右达到峰值，峰值水平为 31.4 亿 tce 左右。2050 年，煤炭占一次能源消费的比例下降到 39.7%；非化石能源在一次能源消费中的比例提高到 32.9%。

在碳强度年均下降 5% 情景下，中国一次能源消费总量 2020 年为 49.3 亿 tce，2030 年为 57.7 亿 tce，2050 年为 53.7 亿 tce。相比碳强度年均下降 4% 情景，在碳强度年均下降 5% 情景下的能源结构发生较为明显变化。2030 年，煤炭、石油、天然气和非化石能源占一次能源消费的比例分别为 43.7%、17.1%、12.6% 和 26.6%，煤炭、石油和天然气占比合计为 73.4%，比碳强度年均下降 4% 情景下降 5.2%；煤炭消费在 2020 年左右达到峰值，峰值水平为 28 亿 tce 左右。2050 年，煤炭占一次能源消费的比例下降到 27.9%；非化石能源消费增长快速，其在一次能源消费中的比例提高到 45.5%。

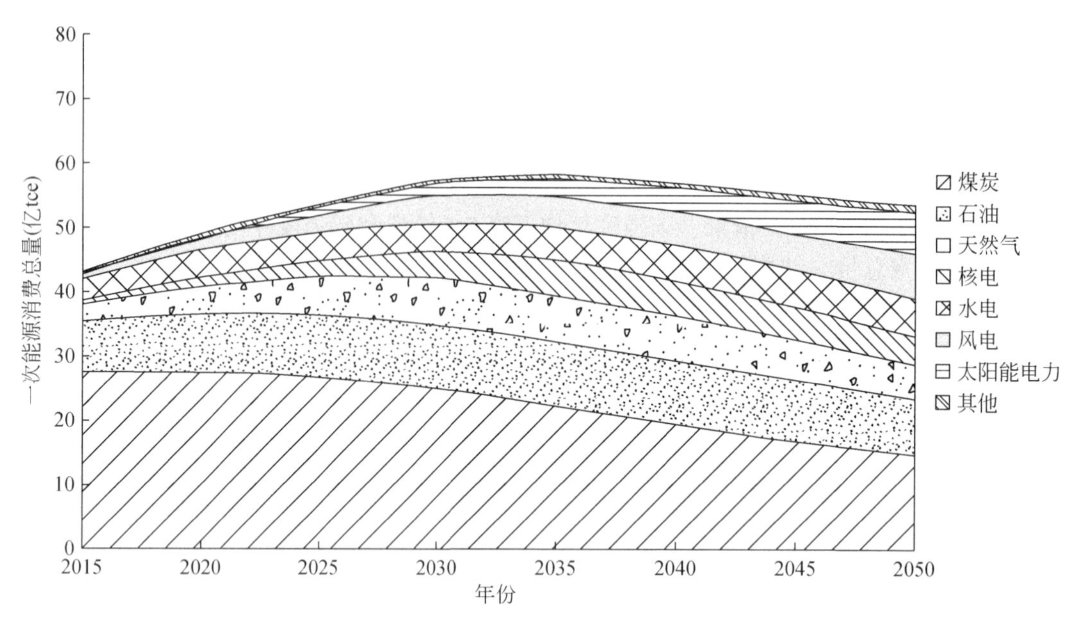

图 9-7 2015~2050 年在碳强度年均下降 5% 情景下中国一次能源消费总量与结构

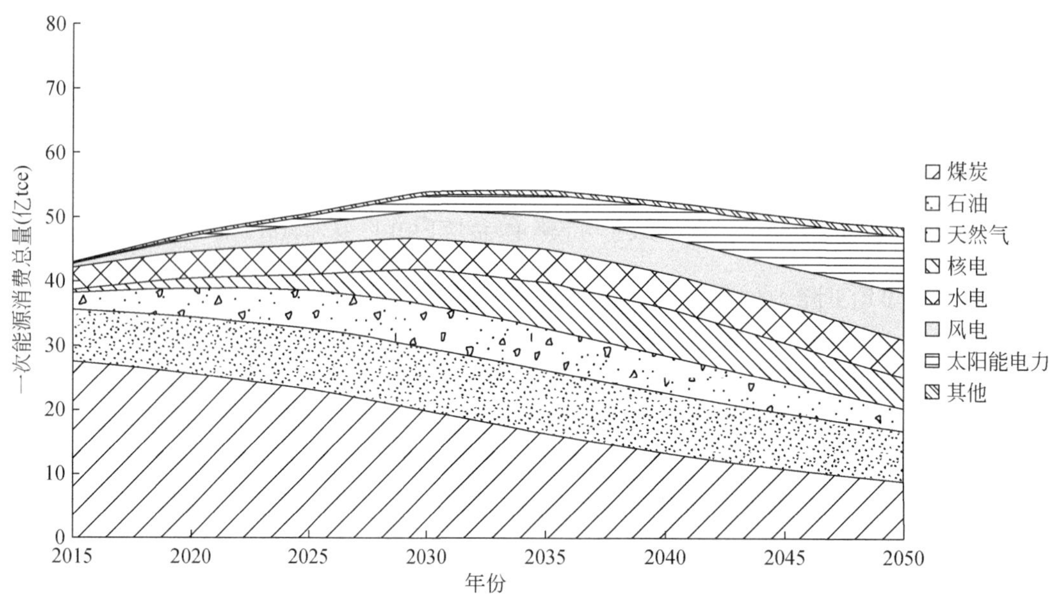

图 9-8 2015~2050 年在碳强度年均下降 6% 情景下中国一次能源消费总量与结构

在碳强度年均下降 6% 情景下，中国一次能源消费总量进一步下降，2020 年为 47.6 亿 tce，2030 年为 54.0 亿 tce，2050 年为 48.4 亿 tce。能源结构发生更为显著的变化，2030 年，煤炭、石油、天然气和非化石能源占一次能源消费的比例分别为 37.0%、18.1%、12.7% 和 32.2%，煤炭、石油和天然气占比合计为 67.8%，比碳强度年均下降

4% 情景下降 10.8%，能源结构进一步优化；煤炭消费目前即已达到峰值，“十三五”期间煤炭消费量不再增加，并且之后不断下降。2050 年，煤炭占一次能源消费的比例下降到 18.7%；非化石能源在一次能源消费中的比例提高到 57.7%，在一次能源消费中占主导地位。

9.4.3 二氧化碳价格

2020 ~ 2050 年三种情景下中国二氧化碳价格如图 9-9 所示。在碳强度年均下降 4% 情景下，2020 ~ 2050 年二氧化碳价格增长缓慢，2050 年为 35.3 美元/t。在碳强度年均下降 5% 情景下，二氧化碳价格从 2020 年的 6.9 美元/t 逐渐提升到 2050 年的 72.4 美元/t。在碳强度年均下降 6% 情景下，2020 年二氧化碳价格为 9.2 美元/t，到 2050 年二氧化碳价格达到 140.2 美元/t。

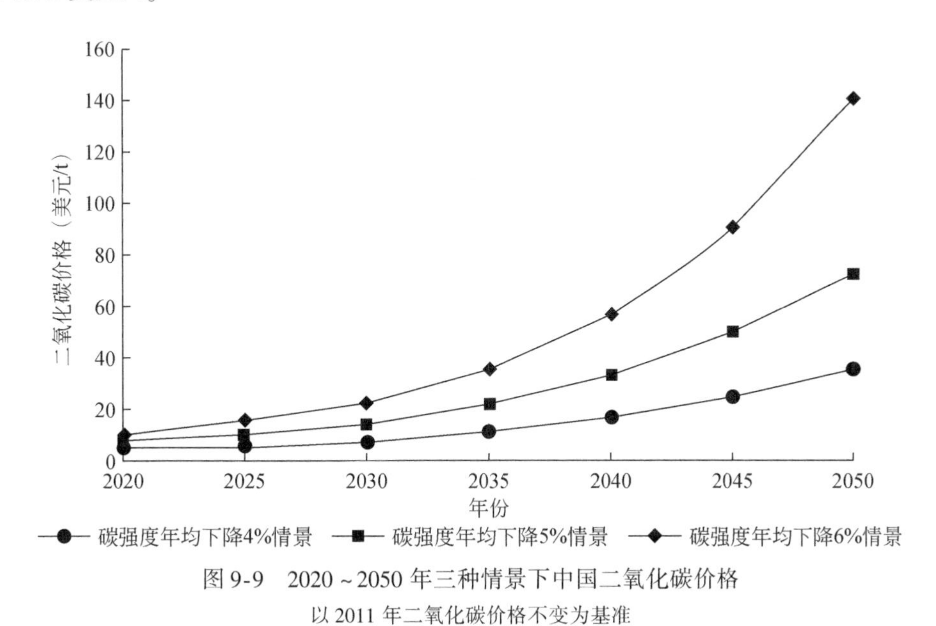

图 9-9　2020 ~ 2050 年三种情景下中国二氧化碳价格

以 2011 年二氧化碳价格不变为基准

9.4.4 社会福利影响

对比碳强度年均下降 4% 情景，在碳强度年均下降 5% 情景和碳强度年均下降 6% 情景下减排的社会福利影响都比较温和，在碳强度年均下降 6% 情景下 2050 年减排带来的社会福利损失为 1.3% 左右（图 9-10）。在能源经济转型过程中，煤炭消费量的减少不仅会有减碳效果，也会减少空气污染，协同效益显著，会进一步抵消社会福利损失。

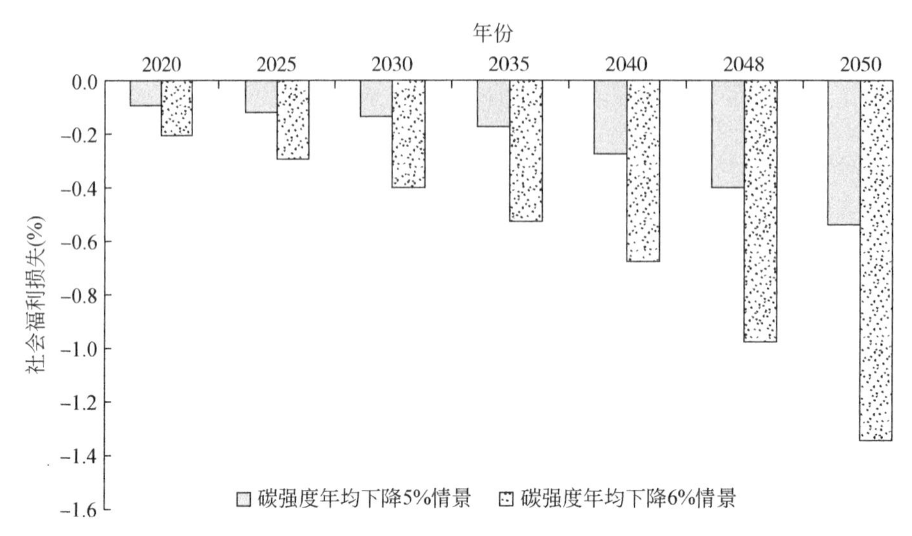

图 9-10　2020～2050 年在碳强度年均下降 5% 情景和碳强度年均下降 6% 情景下社会福利损失

9.5　结　　论

中国在 NDC 目标中承诺二氧化碳排放在 2030 年左右达到峰值并争取尽早达峰；2030 年单位 GDP 二氧化碳排放比 2005 年下降 60%～65%，非化石能源占一次能源消费比例达到 20% 左右。一方面，中国自“十一五”（2005～2010 年）期间开始提出节能减排目标，多种减排措施并举，减排努力取得了明显成效。另一方面，目前中国经济进入“新常态”，经济增速放缓的同时，未来经济增长方式也将发生重大变革，由依靠资源大量投入驱动的经济增长方式转向价值创造型的可持续发展方式。在经济转型的背景下，如何以经济有效的方式实现承诺目标，履行负责任大国的国际义务，需要对中国未来低碳能源经济转型进行情景分析，研究实现承诺的不同路径和方法，明确中国低碳能源经济转型的条件，通过模型模拟转型所需付出的经济代价，并通过比较分析提出实现转型所需的政策支持以及实现这一目标需要进一步研究的方向。

本研究利用基于一般均衡理论建立的全球低碳政策评估模型平台 C-GEM，对中国经济转型进行表达刻画，然后针对中国能源革命与转型的核心议题，对中国中长期能源需求进行多情景组合分析。根据模型的模拟分析结果，可以得出以下结论：

（1）中国低碳能源经济转型的力度和深度对中国未来的碳排放总量和达峰时间、能源消费总量与结构产生显著的影响。在碳强度年均下降 4% 情景下，中国一次能源消费总量 2020 年为 51.1 亿 tce，2030 年为 62.2 亿 tce，2050 年为 61.7 亿 tce；中国化石燃料燃烧的二氧化碳排放在 2030 年左右达到峰值，峰值水平为 115 亿 tce 左右。在碳强度年均下降 5% 情景下，中国一次能源消费总量 2020 年为 49.3 亿 tce，2030 年为 57.7 亿 tce，2050 年为 53.7 亿 tce；中国化石燃料燃烧的二氧化碳排放有望在 2025 年左右达到峰值，峰值水平为 101 亿 tce 左右。在碳强度年均下降 6% 情景下，中国一次能源消费总量进一步下降，

2020 年为 47.6 亿 tce，2030 年为 54.0 亿 tce，2050 年为 48.4 亿 tce；中国化石燃料燃烧的二氧化碳排放的达峰时间进一步提前至“十三五”期间，峰值水平为 93 亿 t 左右。与碳强度年均下降 4% 情景相比，在碳强度年均下降 5% 情景下 2050 年二氧化碳排放减少 31%，在碳强度年均下降 6% 情景下 2050 年二氧化碳排放减少 53%。

（2）转型的社会福利影响相对可控，但转型不能自发实现，需要强有力的政策推动。从模型模拟结果来看，在碳强度年均下降 6% 情景下，宏观社会福利损失小于 2%。如果考虑减少燃煤带来的协同效益，如减少空气污染带来的健康影响等，会进一步抵消社会福利损失。模型模拟结果同时显示，中国低碳能源转型必须有强有力的政策推动。除促进可再生能源发展和天然气利用的专项政策外，必须引入碳价激励机制。实现碳强度年均下降 5%，2030 年的二氧化碳价格超过 14 美元/t，2050 年的二氧化碳价格超过 72 美元/t；实现碳强度年均下降 6%，2030 年的二氧化碳价格超过 22 美元/t，2050 年的二氧化碳价格超过 140 美元/t。

第10章 基于地球系统模式的气候变化治理关键问题研究

地球系统模式是目前模拟和研究过去气候演变以及预估未来气候变化的重要工具与核心技术，也是研究地球系统各圈层相互作用的重要手段。利用最新的通用地球系统模式，我们设计了多组归因和敏感性试验方案。定量区分发达国家和发展中国家自工业革命以来的碳排放对历史气候变化的贡献。研究发现气候系统中具有低气候敏感性及强热惯性的过程与累积碳排放之间呈非线性增长关系，且其变化取决于碳排放路径。气温在历史和未来的逆序试验中呈现出了一定的可逆趋势，但是无论是在历史还是未来预估试验中，气温都不会返回到初始状态。相对所有国家都执行 NDC 来说，如果美国不执行其在《巴黎协定》中承诺的减排目标，并且没有技术进步的情景下，到 2100 年，全球将会额外产生 176.7GtC，由此将造成全球二氧化碳浓度额外增加 62ppm，并导致额外 0.4℃的温升。

10.1 引　　言

全球气候变暖是人类迄今面临的最重大环境问题，也是 21 世纪人类面临的最复杂挑战之一，已经成为影响世界经济秩序、政治格局和生态环境的一个重要因素。人类活动导致的以碳元素为主的温室气体排放是全球变暖的主要原因，对温室效应贡献最大的是二氧化碳，其次为甲烷和氧化亚氮。随着化石燃料燃烧、水泥生产、森林砍伐等活动的影响，大气中二氧化碳的浓度仍在不断升高。

习近平主席早已明确指出，应对气候变化是中国可持续发展的内在要求，也是负责任大国应尽的国际义务，这不是别人要我们做，而是我们自己要做。在气候变化巴黎大会开幕式上，习近平主席发表了题为《携手构建合作共赢、公平合理的气候变化治理机制》的讲话，重申了中国 NDC，承诺将在 2030 年左右使二氧化碳排放达到峰值并争取尽早实现，2030 年单位 GDP 二氧化碳排放比 2005 年下降 60%～65%，非化石能源占一次能源消费比例达到 20%左右，森林蓄积量比 2005 年增加 45 亿 m^3左右。

全球应对气候变化国际谈判，要把国际气候谈判打造成国际治理的平台，要提高我国的话语权。如图 10-1 所示，要提升我国在全球气候治理领域的国际话语权，需通过不断发展和应用全球变化研究领域的国际先进技术手段，提升我国科研成果产出的数量和质量，促使我国在全球气候变化研究领域占据主导位置。

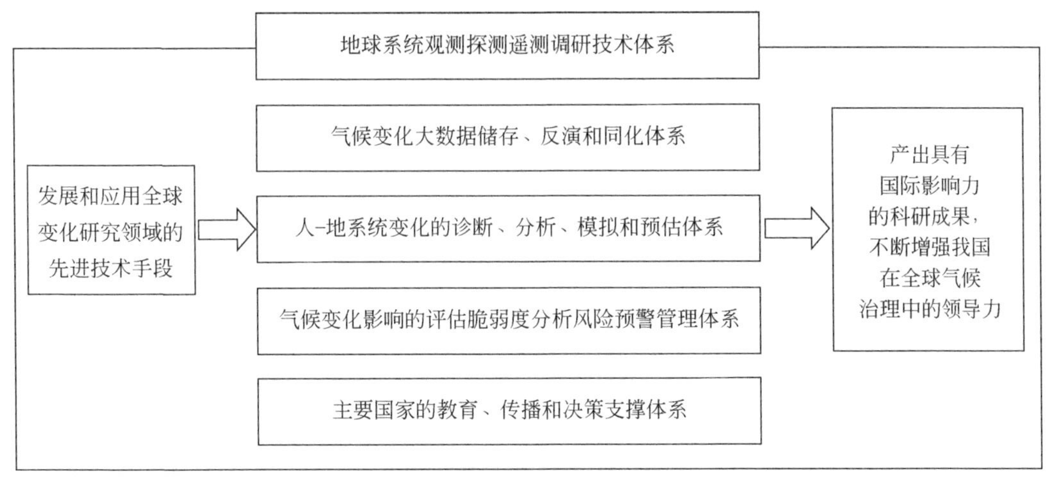

图 10-1　人-地系统示意

10.2　地球系统模式发展介绍

地球系统模式的发展要追溯到数值天气预报的产生。数值模拟是近代科学技术和气象科学，特别是动力气象发展的产物。在第二次世界大战后，探空站的大量增加，电子计算机的出现，计算方法、程序，长波理论和滤波理论等的问世，推动了天气预报的发展。1956 年全世界第一个真正的大气环流模式由 Norman Phillips 推出。至此，应用于气候研究的三维地球系统模式逐步开始发展。20 世纪 60 ~ 70 年代，模式进一步发展，提高水平和垂直分辨率，改进辐射、凝结和对流参数化方法，引入更接近实际情况的下边界条件等，从而模拟出大气环流、水分循环的季节变化，甚至能模拟出副热带沙漠、季风、热带辐合带等。通过敏感性试验，研究地质时期海陆分布、地球轨道要素的变化，以及历史时期太阳辐射、二氧化碳、极冰、海温的变化对气候的影响。80 年代以来，全球气候观测系统的不断完善、国际大型外场观测试验的成功实施，以及高性能计算机的飞速发展，为地球系统模式的迅猛发展提供了基础和条件。地球系统模式的复杂程度和模拟能力得到了显著的提高，目前已成为研究全球和区域气候的形成及变异、气候系统各圈层之间的相互作用以及全球变化等的有力工具。

地球系统模式的其他子模式，如陆面模式和海洋模式也在快速发展。其中陆面模式的发展经历了三个阶段。第一阶段是在 20 世纪 60 年代提出的简单模式，仅对土壤水的蒸发和地表径流进行简单的参数化。80 年代以来陆面过程模式的发展进入第二阶段，是土壤、植被与大气间的输运模型。模式显式地引入植被生物物理过程，建立了复杂的关于植被覆盖表面上空的辐射、水分、热量和动量交换等过程的参数化方案，较为真实地考虑了植被在陆面过程中的作用，特别是细致地考虑了植被对陆面水分和能量收支所起的作用。这一阶段的模式以生物圈-大气传输方案、简单生物圈模式及简化的简单生物圈模式等为代表。第三阶段的陆面过程是从 90 年代以来开始发展起来的，主要根据光合作用和植物水分的关系，考虑了植物的水汽吸收并将植物吸收二氧化碳进行光合作用的生物化学模式引入陆面模式中，对地表碳通量和二氧化碳浓度的日循环与季节循环具有较好的模拟能力，可用于模拟因大气中二氧化碳浓度增加而增强的温室效应。

海洋环境预报是基于对海洋过去和当前状态及其演变规律的认识，运用海洋观测、资料同化和数值模式对海洋现象与海洋状况（海温、盐度、海流、海浪、潮汐、海冰等）进行分析、判断及预测。海洋环境预报对维护国家海洋权益，促进海洋经济发展，应对海上突发事件，加强海洋防灾减灾十分重要。因此，国际上一直非常重视海洋环境预报模式的发展，在海洋环境数值预报系统演化过程中，最早的系统是在 1997 年由英国气象局（Met Office）、美国海军研究实验室（United States Naval Research Laboratory，NRL）和欧洲中期天气预报中心（European Center for Medium-Range Weather Forecasts，ECMWF）开发的，随后到 21 世纪初，法国、意大利、挪威、日本等国家也开发了全球和区域海洋环境数值预报系统。在最近的 10 年中，全球和区域海洋业务预报系统取得了非常显著的发展，主要机构已普遍实现了由传统以人工分析为主的经验预报，向以数值预报为核心、人工分析和经验预报等多种方法综合应用的预报变革，世界主要海洋强国形成了完善的全球-区域-近岸高精度海洋环境数值预报系统的业务化应用。开展海洋环境数值预报的核心是不断发展数值预报模式，提升预报服务内容以及提高预报精度以满足各类用户的需求。美国和欧洲自 20 世纪 80 年代以来发展了一系列著名的数值预报模式，如美国研究机构开发了普林斯顿海洋模式（POM）、区域海洋模型系统（ROMS）、模块化海洋模式（MOM）、混合坐标海洋模式（HYCOM）、麻省理工学院通用环流模式（MITgcm）及非结构三角网格海洋模式（FVCOM）等一系列数值预报模式，欧洲国家联合开发了欧洲核子中心海洋模式（NEMO 模式），并在成员国和加拿大等进行业务化应用。

新的海洋环境数值预报模式还在持续开发中，现有海洋环境数值预报模式也在持续不断地更新。分辨率在模式解析物理过程方面起着非常重要的作用，进一步提高模式分辨率仍然是目前海洋环境数值预报模式的一个方向，当前全球海洋环境数值预报模式发展重点是实现对中尺度涡的分辨能力，为了实现局部地区的高分辨率海洋环境数值预报，国际上主要采取全球-区域-近岸模式嵌套方式；另一个方向是实现多尺度的海气耦合，海气耦合可以较好地模拟海气界面的能量、通量及水气交换，为大气模式提供考虑更多因素影响的底边界条件，也为海洋模式提供更精确的海面驱动力，进而改善海洋模式的模拟精度和预报结果，如何较好地模拟海气界面的交换过程也是海气耦合预报的关键技术问题。

海洋环流模式的快速发展是在 20 世纪 80 年代以后，世界各主要国家均先后建立起三维原始方程大洋环流模式，并在此基础上实现了大气模式与其的耦合。目前海洋环流模式不仅包括简单海洋模式的物理过程，还包括洋流、涌升和次网格尺度垂直和水平混合过程对海温和海冰分布的贡献。绝大部分海洋环流模式已采用真实海岸线和海底地形分布及自由表面，对计算格式和参数的选取也进行了大量的改进。最初由于海气耦合模式在耦合界面上各种通量的误差在耦合过程中不稳定的增长，会产生漂移现象，通过利用“通量订正”技术才解决这一问题。直到 1998 年，地球系统模式实现了大气模式和海洋模式的直接耦合。

在模式不断耦合新分量的同时，地球系统模式的分辨率也逐渐提高，从早期的水平500km、垂直九层左右，发展到了目前的一般水平 100km、垂直近百层左右，并在继续增加，且越来越多的模式引入了化学和生物学等过程，成为复杂的地球系统模式。北京师范大学地球系统模式（Beijing Normal University-Earth System Model，BNU-ESM）的基本框架如图 10-2 所示。

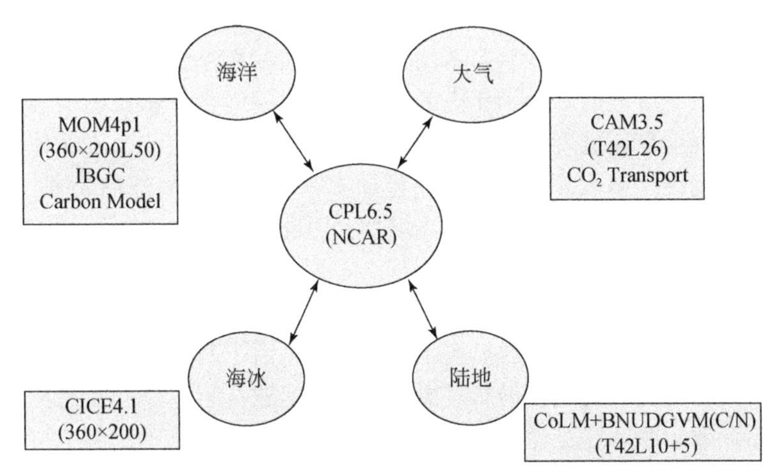

图 10-2　北京师范大学地球系统模式 BNU-ESM 基本框架

资料来源：http://esg. bnu. edu. cn/BNU_ESM_webs/htmls/

此外人类社会经济发展会影响气候变化，气候变化对社会经济带来的影响也不容忽视。社会经济系统作为一个整体，需要利用综合评估模型的思想对气候变化的社会经济影响进行分析和评估。一般均衡模型是目前进行综合评估较为常见的经济模型。有人将局部均衡模型与一般均衡模型进行综合，既反映了气候变化给社会经济带来的影响，也反映了一定的适应措施带来的社会经济应对状况。这些研究都是气候变化对社会经济的单向影响，研究气候变化和社会经济的相互作用还需要进一步发展气候系统与社会经济系统的双向耦合模式。在气候系统模式的基础上，加入气候变化经济模型，包括社会经济模块和气候变化影响模块，使新模式不仅可以进行气候变化的模拟和预估，而且可以根据外生的经济变量，如人口、技术、资本等计算相应的产出和碳排放，在研究人类活动与自然系统相互作用关系方面又向前迈进了一步。

当前已有的综合评估模型根据建立原则的不同大致可以分为三类：技术优化模型、一般均衡模型和最优增长模型。技术优化模型是自下而上地描述每个行业/部门的运行过程，其运行需要行业/部门的详细信息。一般均衡模型是自上而下的模型，通过构建不同区域的行业/部门之间的关联性，模拟国家政策等因素对社会经济的影响。最优增长模型也是采用自上而下的方法，并结合宏观经济学的方法，通过假定一段时期内（几十年内）累积福利最大或累积损失最小，模拟国家宏观经济运行或行业经济运行。

根据模型自身的特点，三类模型的应用领域和范围也显著不同。从能源角度发展起来的技术优化模型是目前综合评估模型的主流模型，但是技术优化模型通常只侧重于描述能源相关部门的部分均衡，因此通常要与经济模型进行进一步连接以体现对经济发展的总体影响。一般均衡模型能够整体反映不同行业和国家经济发展，但一般缺少对技术的详细描述，因而在研究实现有关情景的技术选择等问题上不具优势。最优增长模型是最早实现经济系统与气候系统相互影响的模型。虽然三类综合评估模型结构不同，但是在模拟气候变化对社会经济的影响方面都存在着类似的不足。第一，综合评估模型几乎都是采用简单气候模式与社会经济模型的耦合，因此无法反映气候变化对社会经济发展在时空尺度上的复杂影响。大多数评估模型强调温度和降水两个气候要素的影响，而且温度和降水仅使用全球平均值为输入，没有区域的差异和年内的变化。第二，综合评估模型中假设气候变化对经济的影响方式和强度是通过现有研究全球尺度的平均数据标定的，不能体现气候变化影响的区域性与不确定性。第三，综合评估模型通常基于已有观测外推未来气候变化情景，但是随着气候变化加剧及其对经济影响逐步增加，因此外推的方法是否能够反映极端气候事件对社会经济的影响尚有争议。

为了克服上述不足，一些研究开始尝试地球系统模式和综合评估模型的双向耦合，并逐步丰富气候变化对社会经济影响的损失函数。但是，由于两类模型研究的维度、空间分辨率等方面的不同，实现双向耦合仍然需要解决诸多问题。第一，需要解决两类模型在时空运行尺度的不一致问题。综合评估模型是以行政区域为运行单元，为了与地球系统模式耦合需要将运行单元转换为格点方式。第二，综合评估模型通常在 5 年以上的时间尺度上运行，亟须解决其与地球系统模式时间非同步耦合问题，以反映气候年际变化的影响。第三，地球系统模式空间分辨率通常在百千米以上，难以有效反映对社会经济影响显著的关键要素，如海平面上升。

综合而言，综合评估模型是国家应对气候变化的基础工具，模型结果将为我国应对气候变化和保持可持续发展提供科学支撑。发达国家都在争相发展综合评估模型，这不仅是为了占据科学制高点，也是为了利用其给出可信的评估结果，服务国家利益，抢占气候变化外交谈判的话语权。

10.3 关键问题一：发达国家和发展中国家历史责任归因

近百年来全球气候持续变化，特别是全球气温的加速升高，被归因于人类活动造成温室气体的排放。以减排为契机的国际谈判的核心问题就是根据“共同但有区别的责任”原则为各国制定减排目标，这首先依赖于对气候变化的历史责任进行归因。利用地球系统模式（community earth system model，CESM）和 BNU-ESM，设计历史责任的归因试验方案，定量区分发达国家和发展中国家自工业革命以来碳排放对历史气候变化的影响。研究表明，对近百年的全球升温、海洋暖化以及北半球海冰消融，发达国家和发展中国家的历史责任分别是 60% ~80% 和 20% ~40%；消除人口差异后的发达国家和发展中国家对气候变化的人均历史责任分别是 87% ~94% 和 6% ~13%。因此，发达国家历史时期的工业碳排放是过去百年全球气候变化的主要原因。

此外，历史时期发达国家占主导的工业碳排放对全球碳汇固碳量的增加起到了主要作用。这虽然减小了发达国家 6% ~10% 的历史责任，但造成全球碳汇的固碳效率降低，可能减小未来长期的固碳量，进而加剧全球增暖的程度。基于 2012 年国际气候变化《坎昆协议》，研究指出发达国家所做的减排承诺对未来气候变化的减缓作用仅占 1/3，而发展中国家贡献将超过 2/3，历史责任与减排贡献严重不符，指出未来发达国家应当承诺更多的减排责任，并且为发展中国家应对气候变化提供更多的资金和技术支持。

除人为排放的二氧化碳外，最重要的人为温室气体还包括甲烷和氧化亚氮等。甲烷的贡献率仅次于二氧化碳，其排放量占全球人为温室气体排放总量的 14%，百年全球增温潜势（global warming potential，GWP）是二氧化碳的 21 倍。全球温室气体排放总量的 8% 来源于人为化石燃料燃烧和化肥施用过程中产生的甲烷，其 GWP 约是二氧化碳的 310 倍。评估多种温室气体共同作用下的气候变化，对于完善气候变化的历史责任归因研究，为气候谈判提供翔实的理论依据具有一定的参考价值。研究表明，发达国家二氧化碳、甲烷和氧化亚氮三种温室气体排放的历史责任是 53% ~61%，发展中国家的历史责任是 39% ~47%。相比仅考虑二氧化碳的影响，两个国家集团的历史责任差别有所减小。这是由于历史时期发展中国家的甲烷排放量要高于发达国家。但总的来看，包含了几种最为主要的温室气体后，发达国家仍然是观测到的 20 世纪全球变化的主要贡献者；并且历史时期气候系统各圈层典型变化的空间异质性也主要是对发达国家温室气体排放的响应。

国际贸易带来的碳泄漏问题引起了对于“消费者买单”还是“污染者买单”的原则争议，并由此产生了对国际减排协议公平性问题的认知分歧，在后京都政策的讨论中，现行的基于生产的碳排放计量系统是否应该被基于消费的碳排放计量系统取代成为一项焦点问题。我们首次定量地将国际贸易转移碳排放问题与气候变化和国际减排政策效率问题联系起来，基于三个地球系统模式和一个简单模式的模拟研究指出，发达国家将其高污染、高能耗、高排放的生产行业转移到发展中国家，从而使其 3% ~9% 的气候变化历史责任转移到发展中国家。如果基于消费排放清单设定《京都议定书》第一承诺期的减排目标，或者说在《京都议定书》中严格控制碳泄漏，那么《京都议定书》的减缓效力将提高 5.3%。此外，转移碳排放还造成二氧化硫等污染物的转移，其量值从 1990 年的 2.26Tg SO_2 上升到 2005 年的 3.28 Tg SO_2，与发展中国家日益严重的空气污染紧密相关。此外，发达国家的碳强度普遍高于发展中国家，因而转移排放可能潜在地增加了全球碳排放总量。

10.4 关键问题二：历史顺序和历史逆序人为累积碳排放的影响

在全球变暖的背景下，平衡气候敏感度（equilibrium climate sensitivity，ECS）和气候系统对累积碳排放量的瞬时响应（transient climate response to cumulative carbon emissions，TCRE）不断受到国际的关注。由于 TCRE 在全球增暖的量级大小（即全球平均增温）与引起增温的主要因素（累积碳排放）之间建立起了简单且直接的对应关系，TCRE 被广泛用于应对气候变化以及未来国家碳减排政策的制定，在国际气候谈判中扮演着重要角色。但 TCRE 仅对全球平均增温与累积碳排放之间的近似线性关系进行了定量衡量，气候系统中其他相关的过程与累积碳排放之间的关系鲜有研究。基于 BNU-ESM，本节将重点探讨在给定碳排放目标和排放时间期限时，气候系统在两种具有相同累积碳排放空间但不同的碳排放情景（即历史顺序碳排放情景和历史逆序碳排放情景）的变化，综合分析碳循环、陆地生态系统、大气圈、冰冻圈以及海洋圈对两种碳排放路径下的响应与累积碳排放的关系，探究全球平均增温与累积碳排放之间的近似线性关系在气候系统其他过程以及在碳排放速率减小情景下的适用性问题。

根据本节的试验目的，设计两组碳排放驱动的数值试验，简称为 LH 和 HL 情景（表 10-1），两组试验具有相同累积碳排放总量但不同碳排放路径，试验设计如下：

表 10-1　累积碳排放研究的实验设计

试验	二氧化碳强迫数据（1850 ~ 2005 年）	其他外强迫数据（工业革命前水平）
LH	历史顺序的工业（化石燃料燃烧和水泥生产）碳排放通量；排放速率固定为 1850 年的人为土地利用/覆盖变化产生的碳排放通量	其他温室气体（包括甲烷、氧化亚氮及氯氟烃）、气溶胶（包括黑炭、有机碳、沙尘以及硫酸盐气溶胶等）、太阳辐照度、火山活动、臭氧浓度
HL	历史逆序的工业（化石燃料燃烧和水泥生产）碳排放通量；排放速率固定为 1850 年的人为土地利用/覆盖变化产生的碳排放通量	

（1）LH 也称为历史顺序人为碳排放情景（或先低后高碳排放情景）。模拟时间为 1850 ~ 2005 年，共计 156 年。工业二氧化碳排放按照历史真实水平排放，采用美国二氧化碳信息分析中心提供的 1°×1°的格点资料。人为碳排放包括了化石燃料燃烧和水泥生产产生的碳排放量。从年际变化特征来看，其排放速率基本上随时间呈现上升的趋势，即碳排放速率大体上表现出先低后高的特征。为排除其他强迫因子的干扰，其他外强迫条件设定为不随模式积分时间演变，固定为工业革命前的水平（取 1850 年）。工业碳排放以外的强迫因子包括人为土地利用/覆盖产生的碳排放、太阳辐照度、气溶胶（如黑炭、有机碳、沙尘、硫酸盐和海盐气溶胶等）、非二氧化碳的温室气体（如甲烷、氧化亚氮及氯氟烃）、火山活动、臭氧等。值得注意的是，人为土地利用/覆盖变化也是重要的人为碳排放源之一。根据 CMIP5 提供的外强迫因子在 20 世纪的观测数据①可知，人为土地利用/覆盖变化排放的碳呈现上升的趋势，1850 ~ 2005 年的线性趋势为 0. 79 PgC/100a，通过了 0. 05 的显著性水平检验。1850 年人为土地利用/覆盖变化引起的全球总的碳排放约为 0. 5 PgC，1850 ~ 2005 年人为土地利用/覆盖变化产生的累积碳排放总量将近 80 PgC。

（2）HL 也称为历史逆序人为碳排放情景（或先高后低碳排放情景）。模拟时间为 1850 ~ 2005 年。HL 试验设计同 LH 情景一样，唯一的区别在于该试验中工业二氧化碳排放采用历史工业二氧化碳排放的时间倒序数据，即 HL 情景和 LH 情景中采用的工业二氧化碳排放在时间演变上正好相反，其他外强迫条件都固定为工业革命前的水平。如图 10-3 所示，HL 情景下的碳排放速率大体上呈现出先高后低的特征，该试验也可以看作是 LH 试验的镜像试验。

① http://cmip-pcmdi. llnl. gov/cmip5/forcing. html

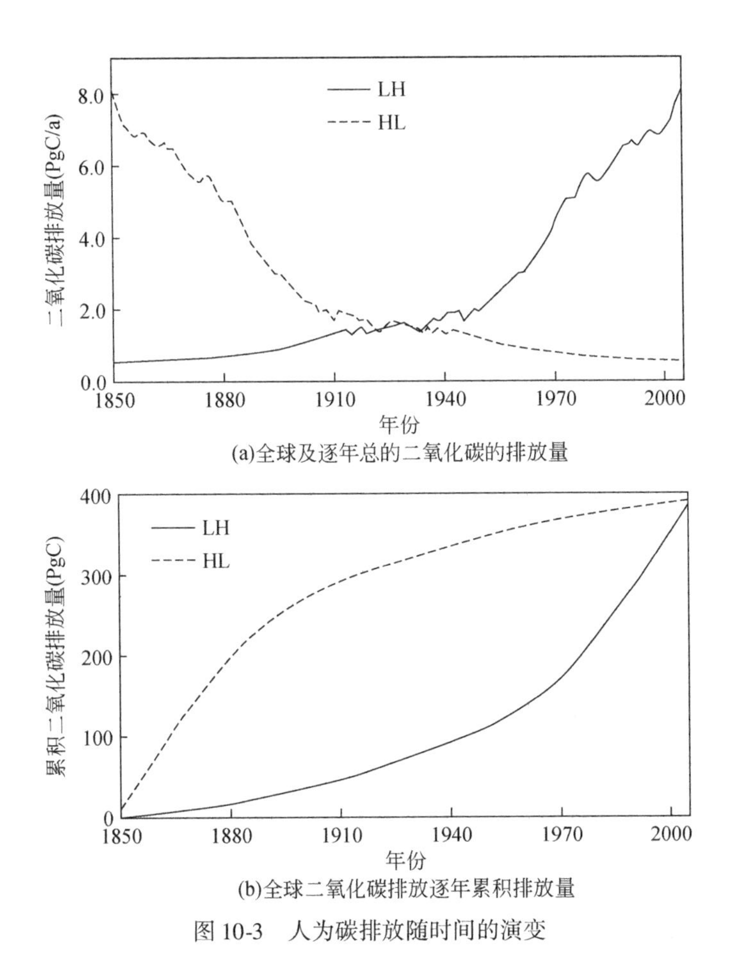

(a)全球及逐年总的二氧化碳的排放量

(b)全球二氧化碳排放逐年累积排放量

图 10-3　人为碳排放随时间的演变

得到如下主要结论：

（1）碳循环反馈过程取决于碳排放路径。陆地生态系统碳吸收和海洋碳吸收不仅与累积碳排放量有关，还与碳排放路径有关；受二氧化碳施肥效应和碳吸收时间尺度的影响，给定相同碳排放目标和排放期限，先高后低碳排放情景下陆地生态系统和海洋的最终累积固碳量均大于先低后高碳排放情景。

（2）受海洋热吸收和大气二氧化碳辐射强迫之间的负反馈作用，大气、陆地及冰冻圈对辐射强迫响应较敏感的气候因子与累积碳排放之间表现为近似的线性增长关系，如近地面气温、降水及积雪覆盖面积等；当累积碳排放相同时，这些气候因子在不同排放路径下的响应相接近。

（3）气候系统中具有低气候敏感性以及强热惯性的过程与累积碳排放之间呈非线性增长关系，其变化依赖于碳排放路径，如海洋热容量以及海平面上升。给定相同碳排放目标和排放期限，先高后低碳排放情景下海洋热容量和海平面高度的最终变化均大于先低后高碳排放情景。

10.5 关键问题三：气候变化的可逆性

本节通过设计两类试验方案来研究气候变化的可逆性：一种为顺序试验方案；另一种为逆序试验方案。具体来说，顺序试验方案包括一组历史模拟试验（Hist）和四组未来预估试验（L、M1、M2、H）。其中 Hist 试验根据耦合模式 CMIP5 规定的历史模拟试验方案，即在历史和自然因子的强迫下从 1850 年运行到 2005 年；而四组未来预估试验则以 Hist 最后一年（2005 年）的模拟结果为初始条件，分别采用 L（低排放）、M1（中等排放）、M2（中等排放）和 H（高排放）情景为二氧化碳外强迫条件，其他温室气体和气溶胶外强迫条件均采用典型浓度路径 RCP4.5。四组未来预估试验从 2005 年运行到 2100 年。图 10-4给出 L、M1、M2 和 H 情境下全球的二氧化碳浓度变化，到 2100 年，四种情景下二氧化碳浓度分别达到 457.4ppm、547.7ppm、684.6ppm 和 786.2ppm（图 10-4）。

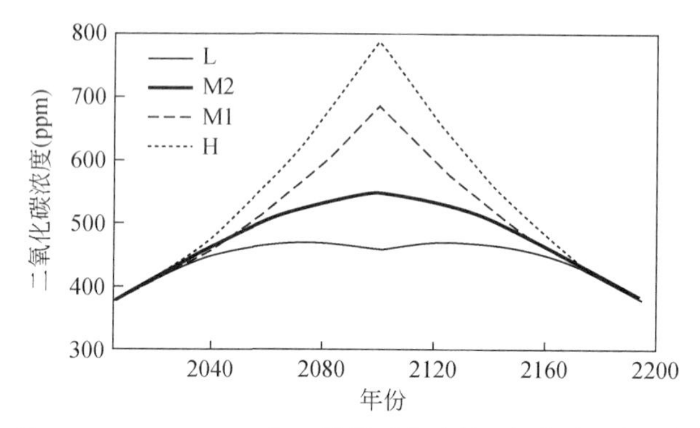

图 10-4　L、M1、M2 和 H 情景下全球的二氧化碳浓度变化

2101～2195 年表示逆序试验的情景

每一组顺序试验都对应一组逆序试验，逆序时间的设计思路为，将自然和人为因子在时间上逆序，即历史逆序试验 Hist-R 采用 Hist 试验最后一年（2005 年）的结果为初始条件，从 2005 年运行到 1850 年；而 H-R、M1-R、M2-R 和 L-R 则采用响应的顺序试验的最后一年（2100 年）的结果为初始条件，从 2100 年运行到 2005 年。表 10-2 给出了总的试验方案设计。

表 10-2　试验方案设计

试验名称	强迫条件	初始条件	运行时间
Hist	所有历史强迫条件顺序	1850 年	1850～2005 年
Hist-R	所有历史强迫条件逆序	2005 年	2005～1850 年
H	自然和人为外强迫条件按时间顺序，四个（高、中、低）试验的差别在于二氧化碳的排放路径，其他条件相同	2006 年	2006～2100 年
M1			
M2			
L			

续表

试验名称	强迫条件	初始条件	运行时间
H-R	自然和人为外强迫条件按时间逆序，四个试验的差别在于二氧化碳的排放路径，其他条件相同	2100 年	2100 ~ 2006 年
M1-R			
M2-R			
L-R			

下面给出顺序试验和逆序试验主要的外强迫条件。

图 10-5 和图 10-6 给出了顺序试验和逆序试验中甲烷、氧化亚氮的变化。可以看出在顺序试验中，甲烷呈现先上升后下降的趋势，分别在 21 世纪 60 年代和 70 年代左右达到峰值。

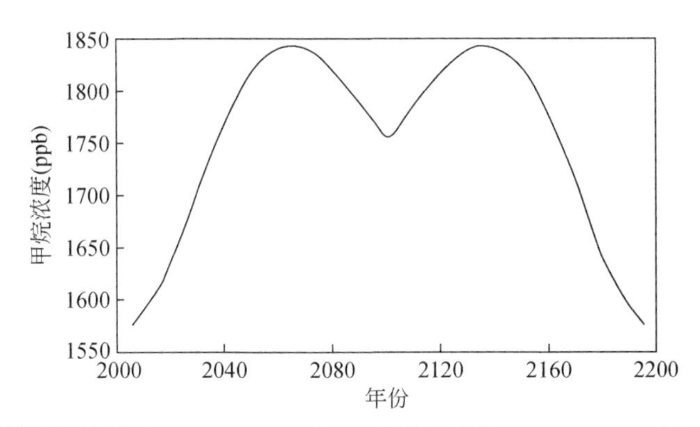

图 10-5　甲烷在顺序试验（2006 ~ 2100 年）和逆序试验（2101 ~ 2195 年）的浓度变化

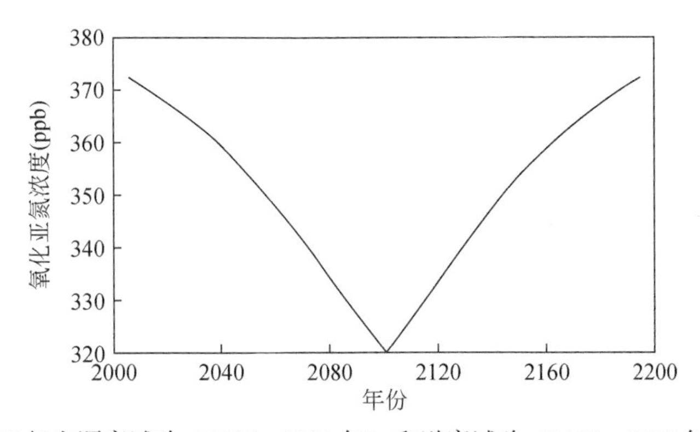

图 10-6　氧化亚氮在顺序试验（2006 ~ 2100 年）和逆序试验（2101 ~ 2195 年）的浓度变化

10.5.1　滞后可逆变量

从图 10-7 可以看出，在历史和未来预估的顺序试验中，气温随着辐射强迫的增加而增加。随着自然和人为辐射强迫的逆序，气温在历史和未来的逆序试验中也呈现出了一定的可逆趋势。但是无论是在历史还是未来预估试验中，气温都不会返回到初始状态。在历史的逆序试验中，气温返回的状态比初始状态高 0.6℃；而在未来预估的逆序试验中，气温返回的状态比初始状态高 1.4℃。同时，从图 10-7 也可以看出，气温不会随着外强迫的返回而迅速返回，而是表现出了一定的滞后性。在历史的逆序试验中，滞后的时间尺度在 5 年左右，而在未来预估的逆序试验中，滞后的时间尺度在 5 ~ 10 年，并且二氧化碳浓度越高，滞后的时间尺度越长，四组逆序试验滞后的时间尺度关系为 L<M1<M2<H。虽然气温滞后的时间尺度与二氧化碳浓度有关，但是在未来预估的试验中，气温的返回状态与二氧化碳浓度无关，最终气温在四种预估试验中的返回状态基本一致。

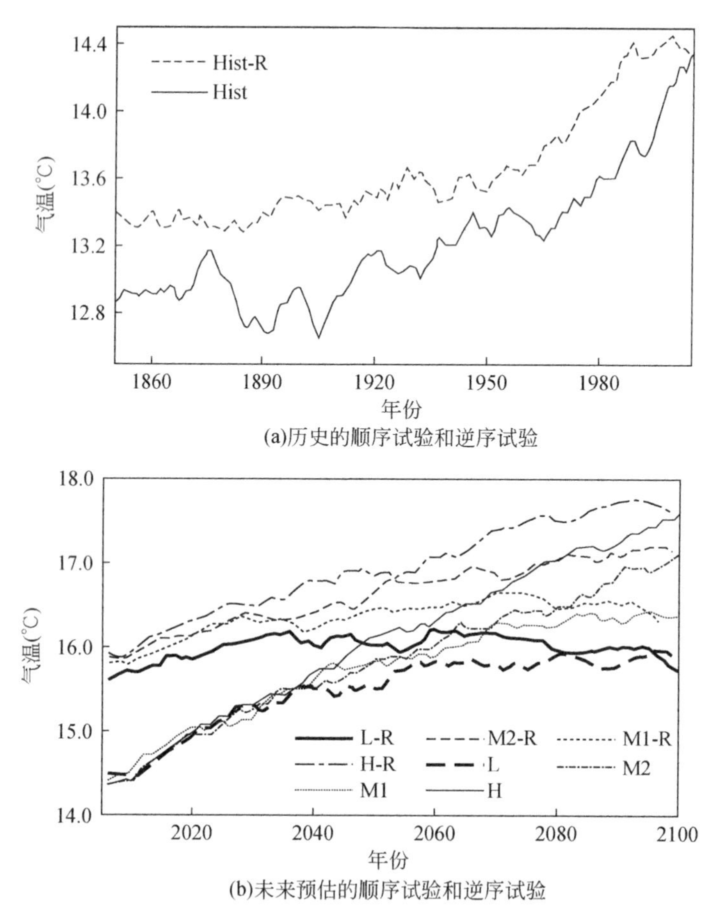

(a)历史的顺序试验和逆序试验

(b)未来预估的顺序试验和逆序试验

图 10-7 顺序试验和逆序试验中全球平均气温的变化

图 10-8 给出了顺序试验和逆序试验中海洋热容量的变化，可以看出海洋热容量也表现出一定的滞后可逆情形。在历史的逆序试验中，海洋热容量滞后的时间尺度在 10 ~ 20 年，而在未来预估的逆序试验中，海洋热容量滞后的时间尺度在 20 ~ 30 年。历史试验中的海洋热容量也表现出了一定的年际波动。与气温变化不一致的是，海洋热容量的返回状态与二氧化碳浓度有关系，二氧化碳浓度越高，海洋热容量的返回状态较初始状态越高。

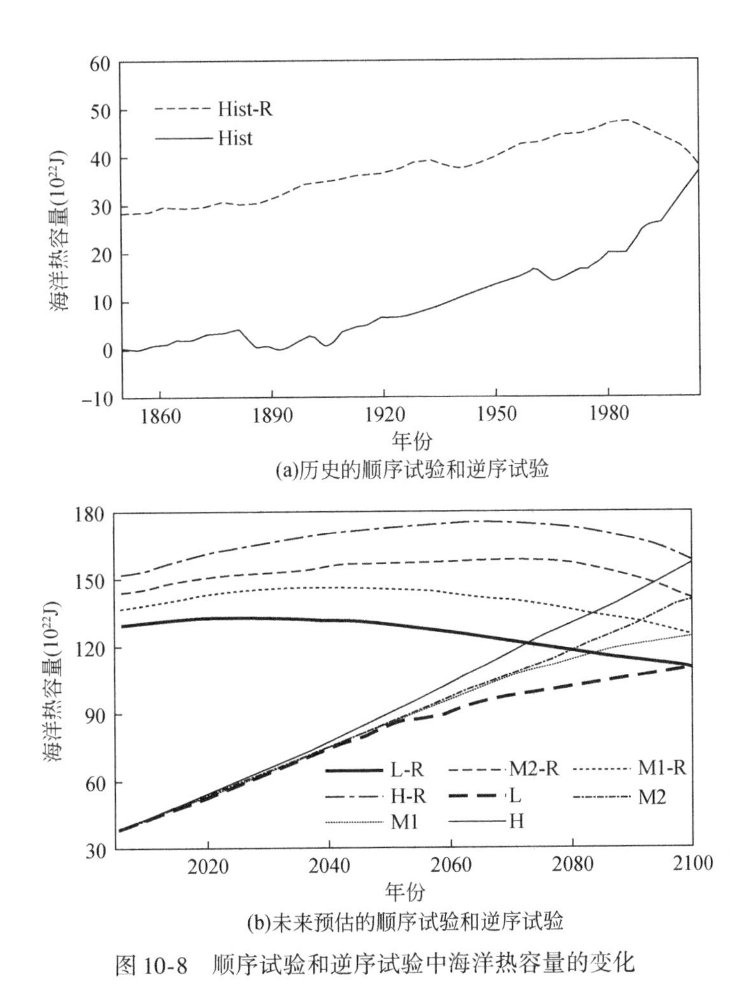

(a)历史的顺序试验和逆序试验

(b)未来预估的顺序试验和逆序试验

图 10-8　顺序试验和逆序试验中海洋热容量的变化

在历史的逆序试验中，海洋热容量的返回状态比初始状态高约 30 $\times 10^{22}$ J，而在未来预估的逆序试验中，海洋热容量的返回状态比初始状态高（90 ~ 110）$\times 10^{22}$ J。海洋热容量的变化与海表面温度的变化息息相关，从海洋表面温度的空间变化（图 10-12）可以看出，相对于其他区域来说，南半球和北半球中高纬度的海洋表面温度更难返回到初始状态，而且二氧化碳浓度越高，南北半球中高纬度海洋表面温度的返回状态较初始状态越高。

10. 5. 2　非滞后可逆变量

图 10-9 和图 10-10 给出了顺序试验和逆序试验中对流性降水、总的径流、蒸发、土壤湿度、海冰面积及 AMOC 的变化。可以看出，对流性降水与总的径流在历史和未来预估试验中都呈现增加的趋势，而在相应的逆序试验中，对流性降水与总的径流都呈现下降的趋势。与气温和海洋热容量不同的是，对流性降水与总的径流随着外强迫的可逆，表现出直接可逆的现象，而没有出现滞后性。对流性降水在未来预估试验的返回状态比初始状态

高。而总的径流在历史和未来预估的逆序试验中，可返回初始状态。

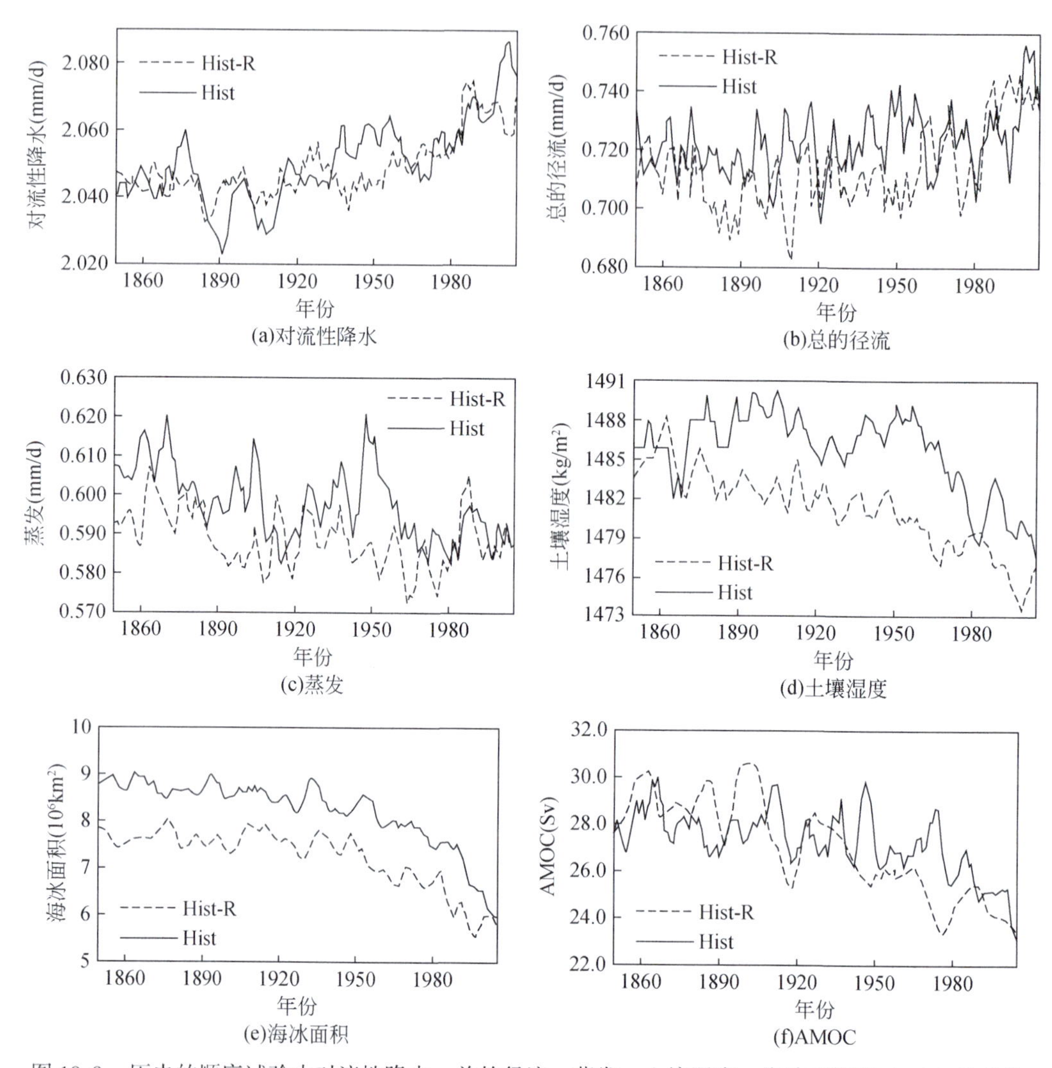

(a)对流性降水 (b)总的径流

(c)蒸发 (d)土壤湿度

(e)海冰面积 (f)AMOC

图 10-9 历史的顺序试验中对流性降水、总的径流、蒸发、土壤湿度、海冰面积及 AMOC 的变化

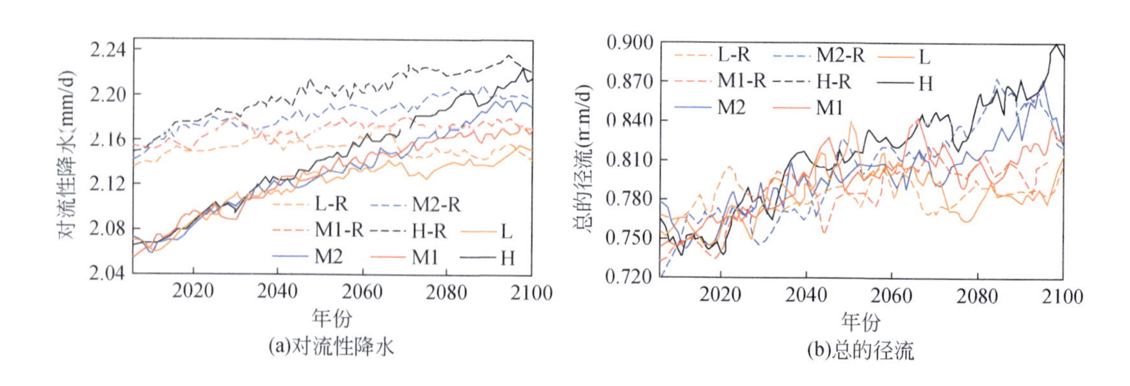

(a)对流性降水 (b)总的径流

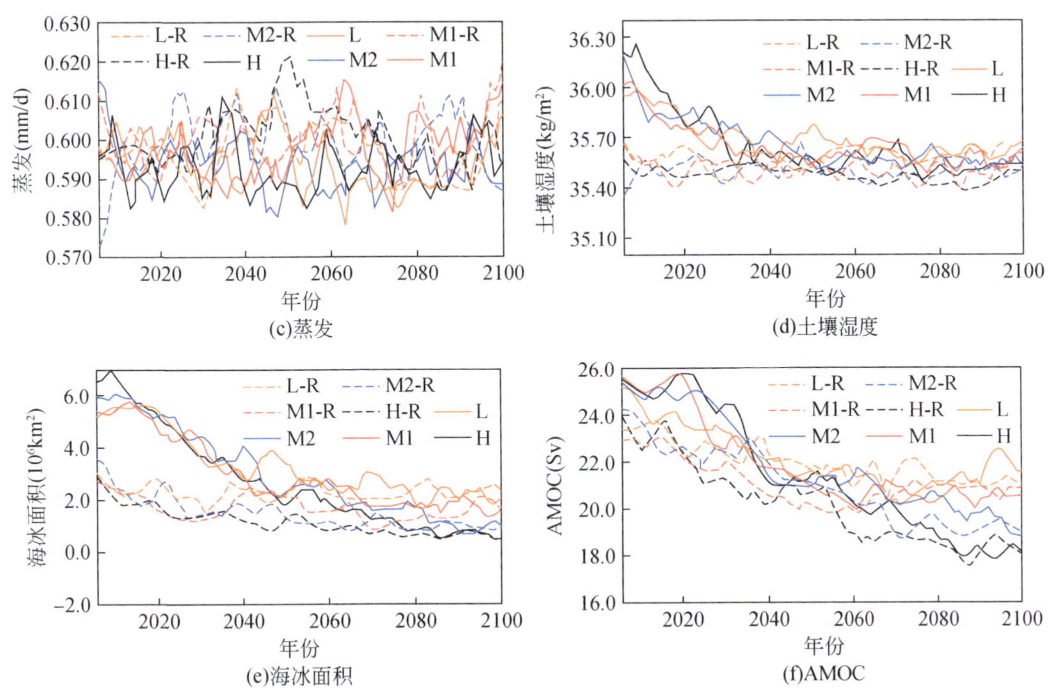

(c)蒸发 (d)土壤湿度

(e)海冰面积 (f)AMOC

图 10-10 未来预估的顺序试验和逆序试验中对流性降水、总的径流、蒸发、土壤湿度、海冰面积及 AMOC 的变化

10.5.3 完全不可逆变量

在历史和未来预估的顺序试验中，海平面高度都表现出了上升的趋势（图 10-11）。在历史的顺序试验中，海平面高度的上升幅度在 2005 年为 0.25m，在未来预估的顺序试验中，海平面高度的上升幅度在 2100 年为 0.26 ~ 0.34m。另外，在未来预估的顺序试验中，

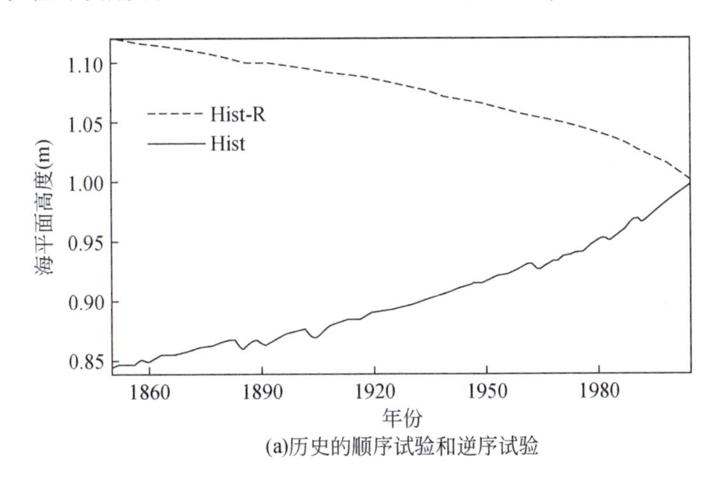

(a)历史的顺序试验和逆序试验

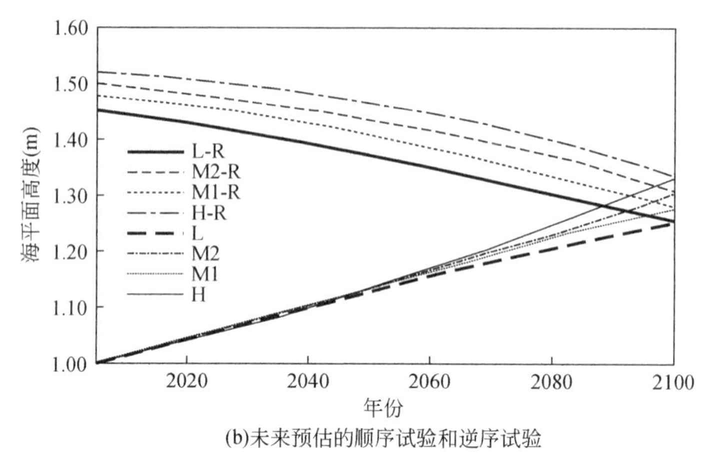

(b)未来预估的顺序试验和逆序试验

图 10-11 顺序试验和逆序试验中海平面高度的变化

二氧化碳浓度越高，海平面高度上升的幅度越大。与气温、海洋热容量、蒸发、对流性降水、总的径流等变量不同的是，海平面高度在历史和未来预估的逆序试验中都没有表现出可逆的现象，而是继续保持上升状态。在历史的逆序试验中，海平面高度又继续上升了 0.14m，最终的返回状态比初始状态约高出 0.4m；而在未来预估的四组逆序试验中，海平面高度又持续上升了 0.2m，最终的返回状态比初始状态高 0.46 ~0.54m。

10.5.4 能量变化

净短波辐射和潜热通量在顺序试验中呈现增长的趋势，造成净短波辐射和潜热通量增加的可能原因是云量的变化与降水的增加等。净长波辐射和感热通量在顺序试验中都呈现下降的趋势，最终地表净辐射通量在顺序试验中呈现上升的趋势，这主要是由人为温室气体浓度增加引起的。在相应的逆序试验中，地表能量通量都呈现出与顺序试验变化的相反的趋势，但是最终的能量通量也无法返回到初始状态。地表净短波辐射、地表净长波辐射、感热通量和潜热通量的返回状态与初始状态的差别分别为 0.95W/m^2、-3.47W/m^2、-0.62W/m^{2}和 4.32 W/m^2（表 10-3）。

表 10-3 大气顶层和地表能量在顺序试验初始状态（2006 ~ 2025 年）与逆序试验最终状态（2081 ~ 2100 年）的差别 单位：W/m^2

变量	H-R-H	M1-R-M1	M2-R-M	L-R-L
模式顶层净长波辐射	2.19	1.81	2.09	1.64
模式顶层净短波辐射	1.35	1.07	1.29	1.01
大气顶层净短波辐射	1.35	1.07	1.29	1.01
地表向下长波辐射	16.72	10.06	13.70	7.06
地表净长波辐射	-3.47	-1.99	-2.85	-1.21

续表

变量	H-R-H	M1-R-M1	M2-R-M	L-R-L
地表向下的短波辐射	-1.22	-0.78	-1.16	-0.37
地表净短波辐射	0.95	0.61	0.77	0.59
潜热通量	4.32	2.94	3.6	2.2
感热通量	-0.62	-0.39	-0.50	-0.15

大气顶层净长波辐射和净短波辐射以及净辐射通量都呈现上升的趋势，并且返回状态都比初始状态高。另外，尽管四种情景的二氧化碳浓度差别比较大，导致地表能量通量在顺序试验的最终状态具有较大的差别，但是四个逆序试验的返回状态是一致的，这说明能量通量的返回状态只与二氧化碳浓度的初始状态有关。

大气顶层和地表能量与气温和海洋表面温度的表现不同，地表和大气顶层的能量通量变化没有表现出明显的滞后现象，能量通量随着外强迫的可逆表现出直接可逆的现象。

10.6 关键问题四：美国退出《巴黎协定》对气候变化的影响

10.6.1 情景和试验设计

表 10-4 给出了 NDC、NDC-NA 和 NDC-NA-NT 三种情景描述。总体来说，三种情景表现出了先快速上升（2005～2015 年），再快速下降（2015～2030 年），然后缓慢上升（2030～2050 年），最后缓慢下降（2050～2100 年）的特征。很明显，NDC 情景与 NDC-NA 情景的差别比较小，但是与 NDC-NA-NT 情景的差别比较大，这说明美国退出《巴黎协定》会通过放慢技术进步对全球碳排放产生明显的影响。

表 10-4　NDC、NDC-NA 和 NDC-NA-NT 情景描述

情景名称	碳排放目标	美国是否有技术进步
NDC	所有国家实现 NDC 目标	是
NDC-NA	美国没有实现 NDC 目标	是
NDC-NA-NT	美国没有实现 NDC 目标	否

从前面的描述可知，NDC 情景与 NDC-NA 情景的差别比较小，因此我们设计了两个试验来评估美国退出《巴黎协定》对气候变化的影响。一个是利用 NDC 情景驱动的试验，标记为 NDC，另一个是利用 NDC-NA-NT 情景驱动的试验，标记为 NDC-NA-NT。本节所用的地球系统模式仍然是 BNU-ESM，但是我们也采用了简单气候模式 MAGICC 的结果，作为 BNU-ESM 模式结果的参考。

利用碳排放情景驱动 BNU-ESM 需要将全球碳排放转化为格点形式的碳排放通量数据，

因此首先需要将 NDC 和 NDC-NA-NT 情景的碳排放转化为相应的碳排放通量。本节将 NDC 情景和 NDC-NA-NT 情景下的碳排放转化为相应的碳排放通量。碳排放通量具有明显的空间差异，碳排放比较高的区域主要集中在东亚、北美洲的东南部以及欧洲西部等，该空间峰不二特征与典型浓度路径 RCP 给出的碳排放空间分布类似。两个试验分别通过 NDC 和 NDC-NA-NT 的碳排放通量情景驱动其他的变量，如甲烷、臭氧、气溶胶等在两个试验中均采用 RCP4. 5 情景。

10. 6. 2　结果分析

10. 6. 2. 1　全球二氧化碳浓度的变化

图 10-12 给出了 BNU-ESM 和 MAGICC 模拟的 NDC 情景、NDC-NA-NT 情景下的全球二氧化碳浓度以及 RCP 情景下的全球二氧化碳浓度。BNU-ESM 模拟的全球二氧化碳浓度在 NDC 情景和 NDC-NA-NT 情景下的增长速度分别为 2. 26ppm/a 和 2. 95ppm/a，这两个情景的增长趋势介于 RCP4. 5（1. 83ppm/a）情景和 RCP8. 5（5. 96ppm/a）情景，并且更靠近 RCP4. 5。在 2100 年，BNU-ESM 模拟的全球二氧化碳浓度在 NDC 情景和 NDC-NA-NT 情景下分别为 582ppm 和 644ppm。这个结果比相应的 MAGICC 模拟结果高。但是 21 世纪末，两个模式计算的二氧化碳浓度差别是类似的，BNU-ESM 模拟的 NDC-NA-NT 情景比 NDC 情景高出 62ppm，而 MAGICC 模拟的 NDC-NA-NT 情景比 NDC 情景高 56ppm。

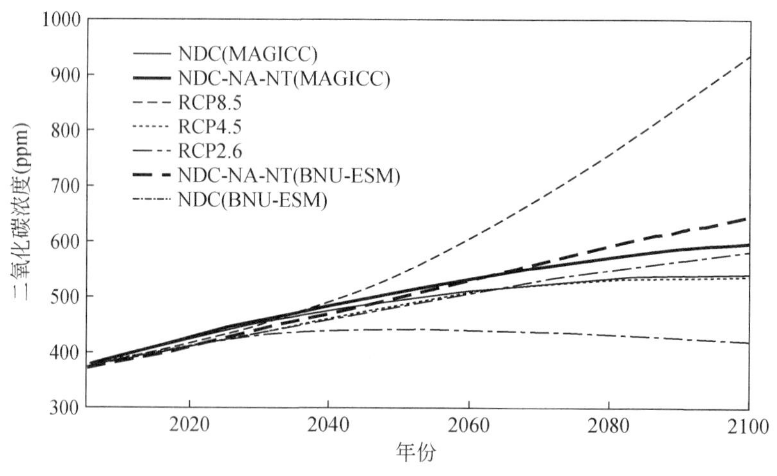

图 10 12　BNU-ESM 和 MAIGCC 模拟的 NDC 情景、NDC-NA-NT 情景下的全球二氧化碳浓度以及 RCP 情景下的全球二氧化碳浓度

10. 6. 2. 2　全球平均气温的变化

图 10-13 给出了 BNU-ESM 和 MAGICC 预估的全球平均气温变化以及 CMIP5 多模式预估的 RCP 情景下的全球平均气温变化。可以看出，BNU-ESM 和 MAGICC 预估的全球平均

气温均呈现明显的增加趋势，并且与全球二氧化碳浓度的变化类似，全球平均气温的变化也介于 RCP8.5 情景和 RCP4.5 情景。在 21 世纪末（2081～2099 年），BNU-ESM 预估的全球平均气温在 NDC 情景和 DNC-NA-NT 情景下相对于 1986～2005 年分别升高 2.7℃ 和 3.1℃，介于多模式模拟的 RCP4.5 情景（2.6℃±0.8℃）和 RCP8.5 情景（5.2℃±1.2℃）。总体来说，21 世纪末，全球平均气温在 NDC-NA-NT 情景下比在 NDC 情景下高出 0.4℃。NDC 情景和 DNC-NA-NT 情景下全球平均气温的空间分布是一致的。

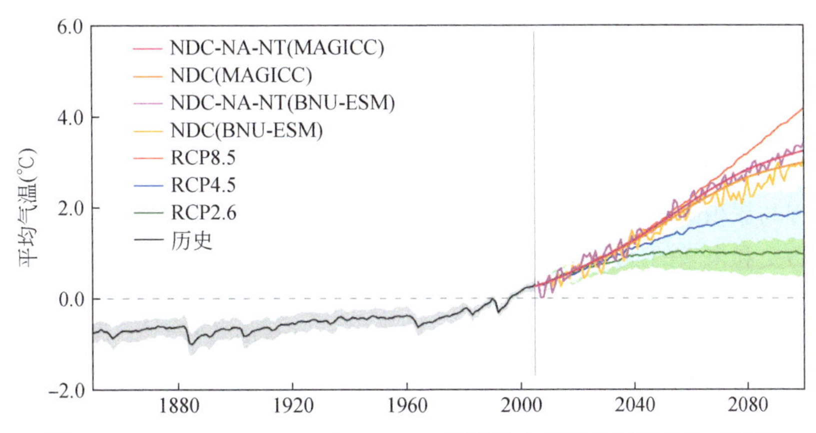

图 10-13　CMIP5 BNU-ESM 和 MAGICC 预估的全球平均气温变化（距平相对于 1986～2005 年）以及 CMIP5 多模式预估的全球平均气温变化

总之，气候变化政策是减缓和应对气候变化的主要手段之一，即使所有国家都按照目前的 NDC 目标进行执行减排任务，全球平均气温的温升在 21 世纪末也很难控制在 1.5℃以内。相对所有国家都执行 NDC 来说，如果美国不执行其在《巴黎协定》中的减排目标，并且没有技术进步的情景下，到 2100 年，全球将会额外产生 176.7GtC，由此造成全球二氧化碳浓度额外增加 62ppm，同时造成额外 0.4℃的温升。这充分说明，为了实现 1.5℃以内的温升目标，全球需要更加严格的减排方案，尤其是需要大力发展绿色低碳技术。

10.7　结　　论

地球系统模式是目前模拟和研究过去气候演变以及预估未来气候变化的重要工具与核心技术，也是研究地球系统各个圈层相互作用的重要手段。地球系统模式的研发涉及物理、化学、生物、社会和经济等多学科。它以数学方程组为基础描述气候系统中各圈层主要的相互作用与反馈过程以及气候系统与自然强迫和人为外强迫要素的关系。20 世纪 80 年代以来，全球气候观测系统的不断完善，国际大型外场观测试验的成功实施，以及高性能计算机的飞速发展，为地球系统模式的迅猛发展提供了基础和条件。地球系统模式的复杂程度和模拟能力得到了显著的提高，目前已成为研究全球和区域气候的形成及变异、气候系统各圈层之间的相互作用，以及全球变化等的有力工具。

利用地球系统模式 CESM 和 BNU-ESM，设计历史责任的归因试验方案，定量区分发达国家和发展中国家自工业革命以来碳排放对历史气候变化的贡献。研究表明，对近百年的全球升温、海洋暖化以及北半球海冰消融，发达国家和发展中国家的历史责任分别是60% ~80% 和 20% ~40% ；消除人口差异后的发达国家和发展中国家对气候变化的人均历史责任分别是 87% ~94% % 和 6% ~13% 。因此，发达国家历史时期的工业碳排放是过去百年全球气候变化的主要原因。

陆地生态系统碳吸收和海洋碳吸收不仅与累积碳排放量有关，还与碳排放路径有关；受二氧化碳施肥效应和碳吸收时间尺度的影响，给定相同碳排放目标和排放期限，先高后低碳排放情景下陆地生态系统和海洋的最终累积固碳量均大于先低后高碳排放情景。受海洋热吸收和大气二氧化碳辐射强迫之间的负反馈作用，大气、陆地及冰冻圈对辐射强迫响应较敏感的气候因子与累积碳排放之间表现为近似的线性增长关系；当累积碳排放相同时，这些气候因子在不同排放路径下的响应相接近。气候系统中具有低气候敏感性以及强热惯性的过程与累积碳排放之间呈非线性增长关系，其变化依赖于碳排放路径。

气温在历史和未来的逆序试验中呈现出了一定的可逆趋势，但是无论是在历史还是未来预估试验中，气温都不会返回到与初始状态一致的状态。在历史的逆序试验中，气温返回状态比初始状态高 0. 6℃；而在未来预估的逆序试验中，气温返回状态比初始状态高 1. 4℃。

相对所有国家都执行 NDC 来说，如果美国不执行其在《巴黎协定》中的减排目标，并且没有技术进步的情景下，到 2100 年，全球将会额外产生 176. 7GtC，由此造成全球二氧化碳浓度额外增加 62ppm，同时造成额外 0. 4℃ 的温升。这充分说明，为了实现 1. 5℃ 的温升目标，全球需要更加严格的减排方案，尤其是需要大力发展绿色低碳技术。

第三篇　科技发展及其在全球气候治理中的引领与支撑作用

第11章 国际国内应对气候变化科学评估进展研究

本章对IPCC全球气候变化评估报告及美国、英国等国家气候变化评估报告等编制的背景、编制流程、特点、经验进行了回顾，特别分析了IPCC第六次评估报告（AR6）的工作进展和新特点。重点考察了美国第四次气候变化评估报告在内容上的变化，以及美国、英国等国家气候变化评估报告在政府和全社会发挥作用的路径。通过深入的分析，提出中国参与IPCC工作要与国家大政方针结合起来，要服务于中家发展大局，服务于中国外交大局，服务于全球气候治理大局；通过对国际国内气候变化评估报告工作的多角度对比分析，力争为中国正在编制的《第四次气候变化国家评估报告》提供借鉴和建议。

11.1 引　　言

通过分析IPCC历次评估结论，以及《公约》谈判进程一系列重要决定的产生过程可以看出，气候变化科学评估与国际谈判在互动中彼此“促进”。IPCC评估报告不仅是对当前气候变化科学基础和政策环境的综合评估，作为政府间的运作机构，其每次评估过程还是各国科学实力和国际政治地位的角力。深入分析历次评估报告的产生过程与影响有助于中国在未来全球气候治理中发挥作用。另外，开展气候变化国家评估报告是很多国家，特别是发达国家十分重视的基础工作。梳理以美国、英国为代表的发达国家的气候变化国家评估报告的做法，将会为中国开展气候变化国家评估报告编制相关工作提供借鉴。

11.2 国际气候变化评估

11.2.1 IPCC与《公约》谈判的互动关系

11.2.1.1 IPCC在科学基础上支撑了《公约》谈判

IPCC第一次评估报告（FAR）于1990年发布，推动1992年联合国环境与发展会议通过了旨在控制温室气体排放、应对全球气候变暖的第一份框架性国际文件——《公约》。1995年发布的IPCC第二次评估报告（SAR）为1997年《京都议定书》的达成铺平了道路。IPCC 第三次评估报告（TAR）开始分区域评估气候变化影响，由此适应议题被提高到和减缓并重的位置。2007 年发布的 IPCC 第四次评估报告（AR4）为 2℃作为应对气候变化的长期温升目标奠定了科学基础，尽管 2009 年达成的《哥本哈根协议》并不具备法律效力，但 2℃温升目标被国际社会普遍承认。2014 年发布的 IPCC 第五次评估报告（AR5）进一步明确了全球气候变暖的事实及人类活动对气候系统的显著影响，为巴黎气候变化大会顺利达成《巴黎协定》奠定了基础。

11. 2. 1. 2 《公约》谈判引导了 IPCC 重点评估方向

联合国气候变化谈判不同于科学研究，但又从需求侧为气候变化科学研究指出了重点方向，并最终在 IPCC 评估报告中得以体现。以气候谈判中长期目标的达成为例，其量化过程就是国际政治谈判引导科学研究方向并利用科学研究的成果实现政治共识的过程。《公约》第 2 条以定性描述的方式确立了长期目标，以欧盟为主的政治集团力推长期目标的定量化，早在 1996 年就提出将 2℃温升阈值作为长期目标；这一目标无法从 IPCC SAR 中得到有力支持，因此在当时并未获得更为广泛的国际认可。在其后的 IPCC 评估报告中，欧盟力推评估温升阈值并将温度目标与排放挂钩，IPCC TAR 就提出了将全球增温控制在 2℃以内的相关评估结论。IPCC AR4 将气候变化的未来影响直接与温升幅度密切联系起来，强化了气候变化风险评估与价值判断对确立长期目标的重要性。在欧盟等的推动下，2009 年《公约》第 15 次缔约方大会（也称为哥本哈根气候大会）达成了《哥本哈根协议》，明确了 2℃温升目标。IPCC AR5 首次量化评估了 2℃温升目标下的累积排放空间，指出了实现 2℃温升目标的路径和紧迫性。在一系列气候变化科学评估和政治推动的基础上，2015 年达成的《巴黎协定》将“把全球平均温度升幅控制在不超过工业化前水平 2℃之内，并努力将全球平均温度升幅控制在工业化前水平 1. 5℃之内”作为《巴黎协定》的三个目标之一，2℃温升目标正式纳入具备法律效力的国际条约。

11. 2. 1. 3 政治因素影响了 IPCC 的科学评估内容

IPCC 是一个不依附于任何国家的国际政府间组织，其开展气候变化评估的科学基础是经过同行评议、公开发表的科学文献，理论上不应受到政治影响。但在现实的运作中，IPCC 所开展的科学评估的内容或多或少都会受到政治因素的影响，不可避免地会出现国家或政治集团要求增加或删减有关评估内容，以体现、维护或强化其国家或政治集团的利益关切。IPCC 在评估报告的编写程序上规定，各个工作组的评估报告都要经过专家和政府两次评审。在政府评审中，各国政府可以就报告内容向写作组提出修正、增加或删除等修改意见，而终稿需要根据“协调一致”的原则经所有成员国政府批准，这就意味着任何一个国家的拒绝都可能导致评估报告无法通过。IPCC 为了能够使报告顺利通过，不得不在报告内容或措辞上做出取舍。在各工作组报告和综合报告的决策者摘要（summary for policymakers，SPM）的撰写与通过上，这种情况更为明显。

11.2.2 IPCC 第六次评估（AR6）

11.2.2.1 总体情况

IPCC 确定在第六次评估周期编写三份特别报告、一份方法学报告和综合评估报告（包括三个工作组报告和综合报告）。三份特别报告分别为《全球变暖 1.5℃》《气候变化与陆地》和《气候变化与海洋和冰冻圈》，其中《全球变暖 1.5℃》特别报告是应巴黎会议邀请，于 2018 年 10 月发布，另外两份报告将于 2019 年下半年发布。三个工作组报告的大纲已经确定，报告将陆续于 2022 ~ 2023 年发布。第一工作组（WGI）报告共 12 章，包括框架、背景和方法；气候系统的变化状态；人类对气候系统的影响；未来全球气候：基于情景的预估和近期信息；碳收支、生物化学循环和反馈；短寿命气候强迫因子和空气质量；地球能量平衡、气候反馈和气候敏感性；水循环变化；海洋、冰冻圈和海平面变化；全球对区域气候变化的联系；气候变化下的极端天气气候事件；区域影响和风险评估的气候变化信息。第二工作组（WGII）报告共 18 章，包括：出发点及主要概念。主题一，受气候变化影响系统的风险、适应和可持续性；陆地和淡水生态系统及其服务功能；海洋和沿海生态系统及其服务功能；水；粮食、纤维和来自其他经管理生态系统的服务功能；城市、居所和关键基础设施；健康、福利和社区的变化结构；贫困、生计和经济发展。主题二，区域。包括非洲、欧洲、亚洲、澳大利亚、北美洲、中南美洲和小岛屿；以上章节均包括对自然和人类系统的影响，现有的风险，对文化、价值、行为等影响；适应措施、治理和经济性、风险和可持续发展的响应，案例经验等内容。主题三，可持续发展路径：适应和减缓的整合。包括跨部门和区域的关键风险、管理风险的决策选择、气候可恢复力发展路径和转型。第三工作组（WGIII）报告共 17 章，包括：介绍和框架；最近的趋势和驱动力；长期减缓目标和路径；近中期减缓和发展路径；需求、服务和转型的社会因素；能源系统；农业、林业和土地利用；城市系统和其他人居；建筑；交通；工业；部门内及跨部门响应；国家和次国家政策和机制；国际合作；资金方式；创新、技术发展和技术转让；可持续发展框架下的加速转型。

11.2.2.2 第六次评估报告的新特点

1）科学与政策的联系更为紧密

虽然 IPCC 一直以独立的、科学权威的姿态出现，但其先天的政府背景以及为应对气候变化政策制定和国际谈判提供科学依据的目的，使 IPCC 的各种评估以及相关活动不可避免地打上政治烙印，成为各国和各利益集团体现各自利益诉求、从科学上赢得国际气候外交主动权的重要舞台。IPCC AR6 也显示出科学与政策的联系更为紧密的新特点，如与《公约》的谈判进程联系更为密切，同时紧密结合全球可持续发展目标的各优先事项，以为全球可持续发展所面临的实际问题提供解决方案为导向，力图提高对气候变化影响和政策认知的理解，评估与其他经济和社会风险有关的气候风险及与气候政策最相关的风险及其不确定性，更好地了解不确定性来源等。同时，IPCC 第六次评估周期在评估产品发布的时间上也进行了策略性的选择，确保其对应对气候变化国际行动政策制定的影响，以推动全球可持续发展目标的实施与《巴黎协定》的实现。例如，IPCC 在第六次评估周期的第一份产品为 2018 年下半年发布的《全球变暖 1.5℃》特别报告，为 2018 年《公约》下关于促进性对话的谈判提供重要输入；将于 2021 ~ 2022 年陆续发布的三份工作组报告和综合报告，将对《公约》下全球盘点的谈判产生重要影响，评估结论也将为全球在减缓、适应、资金、技术、能力建设等不同层面上应对气候变化的行动提供科学依据。

2）更加关注跨学科、跨领域的研究成果

IPCC AR6 除将继续为国际社会提供气候变化科学、影响、适应和减缓层面的最新评估成果外，在评估进程中更加关注跨学科、跨领域的研究成果，更加关注如与温室气体排放有关的风险评估、适应与减缓的权衡、碳循环、海洋酸化、水资源、城市化等众多交叉问题。各工作组报告也在多个章节中体现交叉性，如在第一工作组报告中虽然第 11 章主要评估天气和气候极端事件，但在第 2 章、第 3 章、第 4 章、第 6 章、第 8 章、第 9 章、第 10 章、第 12 章中也都涉及对极端事件的评估（如极端水文事件、极端海平面等）。此外，综合报告也将更多涉及交叉主题，目前已经初步识别出的交叉主题包括区域、情景、风险、城市、全球盘点、地球工程、适应和减缓等。

3）关注新知识新需求的同时也强调科学的不确定性

IPCC AR6 还体现出关注气候变化新知识和新需求的特点。例如，减排包括黑炭气溶胶在内的短寿命气候污染物对于降低近中期气候辐射和减缓气候变暖具有重要作用，虽然各国在提交《公约》秘书处的 NDC 文件中有 97% 的国家涵盖二氧化碳、80% 的国家涵盖甲烷等长寿命温室气体，只有少数国家涉及短寿命气候污染物，但 IPCC AR6 在第一工作组报告中设立了一章“短寿命气候强迫因子和空气质量”，第二工作组报告第 6 章提出了评估气候风险与城乡变化过程的相互作用，强调了包括粮食–能源–水–健康的关系，并特别提及评估空气质量在其中的影响。IPCC 在关注新知识的同时也强调科学的不确定性，力求更好地了解不确定性的来源，明确我们确切知道的是什么，确切未知的是什么。

4）城市相关的气候变化问题得到高度关注

城市是全球大部分能源消耗和温室气体排放的集中地，同时也是易受气候变化影响的敏感区和脆弱区。无论是在气候变化科学、影响与适应方面，还是在减缓方面，城市都是不容忽视的重要部分。IPCC 首次在 AR5 WGII 中设置了有关城市地区的单独章节（第 8 章），并在 IPCC AR6 中扩大了城市相关内容，在 WGII 和 WGIII 中均设置了单独章节（WGII 第 6 章：城市、居住区和关键基础设施，WGIII 第 8 章：城市系统和其他人居），WGI 的部分章节也涵盖有关城市的研究。已经决定在 IPCC 第七个评估周期优先考虑出版城市气候变化的特别报告。

IPCC 主席团第 43 次届会决定，建议 IPCC AR6 范围规划过程中，将气候变化对城市影响的评估与其独特的适应和减缓机会更紧密结合，并强调在处理区域问题时，以及在关注人类居住区和城市地区等章节中加强对城市的考虑，包括加强城市实践者的参与等。主席愿景报告中特别强调了涉及城市的相关内容：一是城市与气候变化科学。自 IPCC AR5

以来，气候变化科学的新兴知识中涉及城市的内容有：陆面–大气过程，陆面模式（LSM）不断发展，城市地区是目前 LSM 开发的重要部分；区域气候变化，用于评估城市特定气候变化、城市气候学（如城市热岛效应的变化预测）等方面的物理科学领域研究。与区域信息相关的不确定性评估尤为重要。二是城市与气候变化适应。IPCC AR6 WGII 将进一步发展 IPCC AR5 中所强调的气候变化对人类和社会的影响。人类社会的响应随着定居点的类型而变化，导致需要对城市和乡村地区具体的气候条件，相关的生计和贫困程度进行区分。预计 IPCC AR6 WGII 将探索讨论关于气候变化、城市发展、土地利用变化和人类福祉之间相互作用的关键问题。此外，WGII 将提供一个综合视角，将农村人口的脆弱性与沿海和陆地生物圈的变化联系起来，包括与土地利用、土地利用变化和土地竞争及驱动城市化的力量有关的问题。三是城市与气候变化减缓。城市是气候减缓研究和气候行动的一个主要关注点。四是跨领域问题中涉及城市的内容。空气质量和短生命期气候污染物的相关内容涉及 WGI、WGII、WGIII。IPCC AR5 强调，空气质量主要受污染物排放影响，因此空气质量的预测主要由排放驱动，气候变化对空气质量也存在一定的影响，但空气质量对排放变化的响应比气候变化更加明确与强烈。污染地区（如城市）较高的地面温度可能触发区域化学和局地排放反馈，并增加臭氧和微粒的峰值水平。IPCC AR6 需要进一步评估短生命期驱动因素对气候变化和空气质量影响的研究，通过适应和减缓方案使空气质量得到改善，这对人类健康、福祉和寿命以及作物产量、生态系统与生物多样性等都有益处。

根据《巴黎协定》的要求，各缔约方以自主贡献的方式共同应对气候变化，从 2020 年开始各国每五年需提交一次气候行动计划（即 NDC），从 2023 年开始《公约》每五年将对应对气候变化行动的总体进展进行一次全球盘点，以帮助各国提高执行力度并进一步加强国际合作。2023 年进行的第一次全球盘点将成为国际社会谈判的热点，如全球盘点是否意味着各国 NDC 需要更新应对气候变化行动的目标等问题将成为谈判的焦点。IPCC AR6 在 2023 年全球盘点这个时间节点之前陆续发布，其评估结论必将对全球盘点的谈判产生重要影响。

11.2.2.3 中国目前在 IPCC、《公约》谈判及其互动上的不足

（1）中国科研实力有长足进步，但在全球性研究和引领关键科学问题的能力方面仍有待提高。IPCC 评估报告对国际气候变化制度建设和全球气候变化科学研究都具有重要影响。中国科学家对 IPCC 进程的参与程度和相关研究成果在报告最终成果中的体现程度，标志着中国在国际气候变化研究领域的水平。近年来，中国加大了在气候变化研究领域的投入，科研水平有了很大进步。以 IPCC AR5 第一工作组报告为例，该报告共 14 章，引文总计达 9200 多篇，其中中国（不含香港、澳门和台湾）作者作为第一作者的引文为 257 篇，占总引文数的 2.8%，比 IPCC AR4 时的引用翻了一倍，但从总体科研实力来看，仍与欧美等发达国家存在一定差距。IPCC AR5 第二、第三工作组报告中中国（不含香港、澳门和台湾）作者作为第一作者的引文比例更低，仅为 1.3%、1.6%。在一些核心观点上，如全球地表气温数据序列、2℃温升的累积排放空间等方面几乎没有中国的科研成果。

（2）《公约》谈判中缺乏有利的科学支撑。中国已是世界上温室气体排放量最大的国

家，在气候变化谈判中一直面临着巨大的压力。在谈判中，IPCC 相关评估结论作为科学基础往往成为发达国家推动谈判进程的有力武器，通过科学评估结论和政治推动双管齐下，进而实现其在气候谈判中的政治诉求。中国在全球气候治理体系中并不拥有与中国人口和经济规模相称的话语权。尽管中国具有发展中国家站位的道义优势，但在谈判中由于缺乏于中国有利的有效科学结论的支撑，往往难以用定量的研究成果来支撑维护国家利益。

（3）缺乏对 IPCC 与《公约》谈判总体把握，气候外交政策有待进一步整体把握和细化。科学研究和气候谈判的关系就像生产商和用户，而国际话语权有着完整的体系性和层级性。一个国家想拥有国际话语权，就需要在战略层面进行设计，并且要积极参与进去，才能从内部施加影响。中国气候变化原创科研实力的薄弱，常常导致在谈判中无弹药可用，也缺乏对 IPCC 与《公约》谈判总体把握的直接结果。受限于中国的发展阶段，一直以来均无法达到这个战略高度。在实际操作中，两个领域直接的互动相对较少，缺乏自上而下的战略指导。进而导致中国只能在科学评估上要求 IPCC 删除对其不利的论据，回避和模糊相关结论；在气候谈判中，缺乏数据和法理理论支撑，略显被动抵御。

11.3 国际主要发达国家气候变化评估情况

2000 年以来，以英国、美国为代表的发达国家纷纷发布本国的气候变化评估报告，这些报告为各国采取应对气候变化行动提供了科学指导。英国发布有关适应、碳收支和政策等气候变化系列评估报告约 50 份。英国气候变化国家评估报告组织灵活，针对性强，涉及低碳经济、可再生能源、航空航海、生物质能源、石油电力等重点领域问题。同时及时发布时效性强的简报，如快速评估《巴黎协定》、英国脱欧等重大事件对本国的影响，并提出政策建议。英国还联合国际上的专家发布相关报告，如气候变化风险，涉及排放风险、直接风险和系统性风险相关内容。美国已发布了三次气候变化国家评估报告。2014 年美国《第三次国家气候变化评估报告》（NCR3）全面分析了气候变化对美国各地区及农业、卫生、能源、交通、水资源、森林和生态系统等方面的影响，为政策制定者和民众了解气候影响提供了具有实践性的知识。该报告成为巩固奥巴马“气候行动计划”（Climate Action Plan）的三大板块之一。目前正在陆续发布《第四次国家气候变化评估报告》（NCR4）。

11.3.1 美国国家气候变化评估报告的特点

（1）具有稳固的法律地位。美国国家气候变化评估报告的编制与发布工作是《气候变化研究法案》确定的法律责任。自《气候变化研究法案》发布以来，每四年完成一期《国家气候变化评估报告》的编制工作，该任务不受政府更替、政党轮换的影响，法律地位稳定。

（2）具有稳健的科学基础。美国国家气候变化评估报告由“美国全球变化研究计划”

提供科学支撑，系统反映“美国全球变化研究计划”各研究领域的进展和最新科学认识，科学基础稳健。

(3) 具有稳定的科学家团体。美国国家气候变化评估报告编制任务由美国国家气候评估与发展咨询委员会进行学术指导，国家综合评估团队专家队伍实施。团队成员由多样性的来源组成，具有较好的代表性和延续性，如连续三届国家综合评估团队联合主席都有 Tomas Karl。

(4) 公众参与。美国国家气候变化评估报告由学术专家编制，评审环节除传统的学术评审、政府评审外，还引入了普通公众参与评审，国家综合评估团队需要对公众的评审意见进行反馈与修改。

(5) 影响政策的渠道。美国国家气候变化评估报告由美国国家科学技术委员会向总统和国会报告，供总统和国会决策参考；基本反映了美国科学行政系统对美国白宫的气候变化科学建议，实现了气候变化科学研究到最高决策层的政策建议渠道。

(6) 高级别的发布平台。美国国家气候变化评估报告由白宫首席科学顾问通过举行新闻发布会正式发布，引起国际社会的高度重视，体现了美国在气候变化科学和政策方面的国际话语权。

(7) 传播与可获得性。美国国家气候变化评估报告的所有成果和支撑材料、数据均可在线获得，具有很好的传播性和可获得性，提升了报告的影响力。

11.3.2 英国国家气候变化评估报告的特点

(1) 具有明确法律授权。英国气候变化评估报告由《气候变化法案》授权气候变化委员会组织开展。相关评估报告为碳预算、减排法律和政策提供直接依据，具有很高的法律地位。

(2) 组织灵活。英国气候变化评估报告的组织灵活，根据不同议题分别组织，形成年度系列报告，不采用全国综合性评估报告的形式，可根据具体需求快速响应。

(3) 针对性与时效性。英国气候变化评估报告的选题针对性强。例如，低碳经济、可再生能源、航空航海、生物质能源、石油电力、家庭能源排放等。同时，对《巴黎协定》、英国脱欧等重大事件对气候变化领域的影响快速评估，提出政策建议。

(4) 国家与地方层面协同。在英国，气候变化委员会负责英国全国与地方的气候变化评估报告编制，分别由中央与地方政府负责。地方评估报告也是作为气候变化委员会的报告内容统一管理和发布。

11.3.3 美国《第四次国家气候变化评估报告》科学报告分析

2017 年 11 月，美国发布《第四次国家气候变化评估报告》第一卷《气候科学特别报告》，报告于 2016 年开始启动，七易其稿，历时 18 个月。报告主要包括执行摘要、正文共 15 章，以及五个附录囊括了数据、方法学等，约 480 页。报告对全球、美国全国及全美十个区域的气候系统的变化以及未来趋势进行了评估，特别分析了 2014 年美国《第三次国家气候变化评估报告》发布以来新的观测和研究进展，进一步强化了对气候系统过去、现在和未来变化的科学理解。

11.3.3.1 报告的主要结论

（1）全球气候持续变暖，人类活动是主要原因。强调全球、长期和确凿的气候变暖趋势仍在持续。继 2014 年成为全球有记录以来最热年份后，2015 年、2016 年继续刷新纪录。有记录以来最热的 17 个年份中有 16 个均发生在 21 世纪（除 1998 年外）。1986 ~ 2016 年全球年平均温度比 1901 ~ 1960 年全球年平均温度升高超过了 0.65℃，1901 ~ 2016 年的全球年平均温度增长达 1.0℃，这段时期是现代文明史上最暖的时期。从过去数百年到数千年的气候记录来看，近百年全球温升比过去 1700 年的任何时候都要高。大量研究表明，地表、大气和海洋温度均呈上升趋势，出现冰川融化、积雪减少、海冰收缩、海平面上升、海洋酸化、大气水汽增加等现象。自 1900 年以来，全球平均海平面已上升 16 ~ 21cm，其中约 7cm 是在 1993 年以后发生的。许多证据表明，人类影响极有可能是 20 世纪中期以来观测到变暖的主要原因。人类活动对 1951 ~ 2010 年全球平均温度的贡献为 0.6 ~ 0.8℃，或者说人类活动对 1951 ~ 2010 年全球温升的贡献达 92% ~ 123%。自然变率，如厄尔尼诺和其他海气相互作用，主要是影响区域的温度和降水变化，而且一般只是数月到年的时间尺度。21 世纪及未来全球气候仍将继续变暖，变化幅度取决于未来几十年温室气体的排放，以及地球气候与排放敏感性的不确定性。只有大幅度减少温室气体排放，21 世纪末全球平均温度上升才可能控制在 2℃或更低，否则可能达 5℃。在最高排放情景下（RCP 8.5），21 世纪末全球平均海表温度将上升约 2.7℃。

（2）美国气候系统的变化显著，极端事件发生更为频繁。1901 ~ 2016 年，美国平均温度增加了 1.0℃，最近的几十年是过去 1500 年以来最暖的时期。预计 2021 ~ 2050 年相对于 1976 ~ 2005 年温度将上升 1.4℃，意味着当前破纪录的高温年份将在未来几十年成为常态。全美地区过去 20 年创下的高温纪录的数量远远超过了低温纪录的数量。自 20 世纪 80 年代初以来，美国西部和阿拉斯加的大范围森林火灾发生率有所增加，预计随着气候变暖，这些地区森林火灾将进一步增加，区域生态系统也将发生深刻变化。过去 50 年，阿拉斯加和北极地区年平均温度上升速度是全球年平均温度上升速度的两倍多。未来美国极端温度的上升将高于平均温度的上升。近 120 年以来，美国大部分地区的强降水事件在频率和强度上都有所增加，但趋势上存在很大的区域差异，东北部地区极端降水事件增加最多。由于人类活动的影响，大部分地区的地表土壤湿度将可能呈减少趋势。春季较早融化和积雪减少的年度趋势已经影响到美国西部的水资源，这些趋势预计还会继续下去。假设目前的水资源管理不发生变化，在 21 世纪末及之前，长期水文干旱的发生将可能变得更为频繁。由于地球引力场和旋转、陆地冰融化、海洋环流变化，以及陆地垂直运动变化等，21 世纪美国沿海海平面的上升变化较大。未来美国东北部和墨西哥湾西部的海平面的上升要高于全球平均水平。自 20 世纪 60 年代以来，随着海平面的上升，美国一些沿海城市每年的风暴潮已经增加了 5 ~ 10 倍。由于上升流、淡水输送变化以及富营养化输送等，美国沿海的区域性酸化大于全球平均水平，对海洋生态系统产生潜在的不利影响。过去 30 年观测到，北极陆地冰物质损失在继续，在某些情况下还在加速。自 80 年代初以来，北极海冰以每十年 3.5% ~4.1% 的速度减少，并且至少每年有 15 天在消融，9 月海冰范围每十年减少了 10.7% ~15.9%。

（3）如果使全球温升控制在 2℃之内，需要大量减少温室气体排放。全球大气中平均二氧化碳浓度已经超过 400ppm，达到了过去 300 万年前的水平，而那时的全球平均温度和海平面高度都大大高于现在的水平。观测到过去 15 ~20 年全球碳排放的增加与最高排放情景（RCP 8.5）一致。2014 ~2015 年全球经济放缓使碳强度降低，全球碳排放增速趋缓，即使保持这种趋势，21 世纪末全球平均温度升幅仍将超过 2℃。减少二氧化碳的净排放量是限制短期气候变化和长期变暖的必要条件。其他温室气体（如甲烷）和黑炭气溶胶产生的温室效应比二氧化碳强，但它们在大气中的生命期不如二氧化碳长，因此，减少非二氧化碳排放对短期的冷却效应有很大的贡献，但不能减缓长期的温升目标。气候变暖和极端事件影响水质与水的可用性、农业生产力、人类健康、重要的基础设施安全运行、生态系统和物种生存。人类活动对气候系统的影响至少造成两个重要并潜在的风险：一是多个极端气候事件同时或连续发生导致的复合事件的风险；二是气候系统某个重要阈值变化导致的临界点事件发生的风险。未来随着临界阈值的跨越和/或多个与气候相关的极端事件同时发生，不可预料的和难以控制的气候系统的变化是可能的，因此，今天做出的选择将决定未来几十年内气候变化风险的大小。

11.3.3.2 报告要点分析及特点

（1）报告对普遍关注的一些科学问题给予了更深入的回答。1998 年以后的 10 多年曾被认为全球温升“停滞”或“趋缓”，即所谓的“Hiatus”现象，尽管气候系统的其他指标，如海洋热容量、北极海冰范围均指示气候变暖仍在继续，但仍有一些人质疑气候变暖的事实。实际上，地球气候既有年变化，也有年代际变化，十几年尺度的变暖速度既受气候系统长期内部变率的影响，也受气溶胶或太阳辐射等短期变化影响。最新的研究表明，热带海洋海气相互作用对气候系统的作用、海洋表层能量向深海的传播等都对此有影响，另外火山喷发引起的气溶胶降温作用、平流层水汽及太阳辐射变化等也是原因。这个结论彻底否定了气候变暖停滞说。

（2）科学知识和研究方法的进步及全球气候政策的推动使报告呈现出更多的科学新进展。报告分析了截至 2017 年的全球最新研究成果，给出了大量科学新认识以及未来可能的突破方向。例如，可以开展对单个天气气候极端事件的人类影响的检测归因；随着计算资源的快速增长，全球气候模式可以开展 25km 水平分辨率的年代际模拟，能更真实地表征强烈天气系统，包括飓风变化；对于海洋和沿海水域，科学认识海洋酸化、海洋变暖和缺氧造成严重影响的知识在不断增长，相对于全球平均，这些变化对美国一些沿海水域的影响更为严重；首次在《国家气候变化评估报告》中将诸如地沉降、海洋环流和地球引力场等因素变化用于对区域海平面上升的预测中；基于不同来源，新的观测证实了冰盖损失的加速，在 RCP8.5 情景下，21 世纪末全球海平面的上升将从 NCR3 的 2m 提高到 2.59m；

与长期记录相比，2016 年北极海冰范围最小，是历史第二低值；1981 年以来，海冰范围最小值每十年减少 13.3%；2017 年 3 月，北极海冰范围年度最大值是历史最低点。报告还提出了未来新的研究领域，包括：目前气候模式难以捕捉中纬度地区大气环流的变化或预计变化的程度；对美国而言气候变化怎样影响特定的极端事件变化趋势。

（3）报告试图通过提供气候科学的最新信息，服务于适应和减缓目标。报告提出无论是气候系统临界点，还是多个极端事件均会发生意想不到的风险，地球系统偏离历史气候越远，气候变化越明显，由此带来的风险就越大，这一信息有利于科学认识应对气候变化的紧迫性。报告以专门章节评估了两类重要的气候风险：气候系统中的“临界点”（或阈值）以及多个极端事件叠加造成的复合风险。气候系统中某些正反馈可能大大加速人类活动导致的气候变化，甚至部分或全部改变人类曾经经历过的气候模态，这些变化有些可以被定量模拟，有些还不能，甚至还有未知的。多个极端事件造成的物理和社会经济影响（如同时炎热和干旱、与炎热和干燥条件相关的野火或在雪地或水涝地伴有强降水）都可能大于部分事件影响的总和，但目前仍鲜有分析极端事件之间的空间或时间相关性。报告首次讨论了当前和何时减排二氧化碳与其他温室气体活动可以影响未来温升的时间，以此了解温室气体减排活动何时可以获益。与 NCR3 仅仅讨论 RCP4.5 情景不同，此次评估所设定的温升目标既关注 2℃，也关注 1.5℃，紧扣《巴黎协定》目标。报告还强调了减少短寿命气体与温室气体减排的协同效益，但也表述了对实现长期目标的局限性。基于各国提交的自主贡献目标承诺，报告强调即使各国完成承诺，21 世纪末全球温升仍将达到 2.6 ~3.1℃（也有研究给出 3.3 ~ 3.9℃），并且特别强调了没有考虑美国退出《巴黎协定》带来的影响。尽管美国政府宣布退出《巴黎协定》，但这些结论对推动落实《巴黎协定》具有积极的科学贡献。

11.4 中国国家气候变化评估工作

中国自 2006 年开始陆续发布了三次气候变化国家评估报告，从三次评估报告总体来看，主报告结构基本稳定，逐步有数据与方法集、案例集，特别报告等系列产出，产品越来越多元化，如第三次评估报告与以前相比，新增了数据和方法评估，如气候变化事实、地球观测遥感、气候变化影响、适应、减缓、国家合作与行动等的数据评估，以及历史气候演变、地球系统模式与年代际气候预测和百年气候预估、气候变化的检测归因、碳收支、影响评估与脆弱性、适应和减缓政策评估方法、责任和义务分析等的方法评估。此外，还新增了应对气候变化典型案例。

与以前相比，第三次评估报告内容越来越丰富，如在气候变化事实方面，新增了海洋对气候变化的作用（由近海扩展到海洋）、陆地生态系统变化对气候变化的影响以及亚洲季风的变化、影响及其趋势等内容；在气候系统模式评估与气候变化预估方面，新增了 ENSO 事件变化及其影响；在气候变化的不确定性与风险评估方法和应用专门新增了一章来集中讨论不确定性问题，包括不确定性评估的方法、主要原因、气候预测和预估的不确定性分析、降低不确定性的途径等；在影响领域方面，新增了冰冻圈一章；在适应对策方面，新增了气候变化适应技术（新增章）和气候变化影响综合分析与中国适应策略（新增章）；在部门减排技术和潜力方面，新增了产业结构调整对碳减排的影响分析（新增章）和地球环境工程（新增章）；在减缓对策方面，新增卷描述政策、行动及国际合作；新增卷描述气候变化的经济社会影响评估；在政策行动及国际合作方面，新增了国际应对气候变化的主要政策与相关行动和中国应对气候变化的理论探索与战略选择，减缓气候变化政策与行动具体包括控制目标、相关规划、激励政策、效果、综合评估与比较，其中效果、综合评估与比较是新纳入的评估内容。

11.5 增强中国气候变化评估及国际评估话语权的启示和建议

影响是一个相互的建构过程，所以在评价影响程度的时候需要将影响施动者和影响接受者纳入框架之中。在应对全球气候变化过程中，科学家和科学家组织在国际气候治理中不再是边缘的角色，而是推动国际事务治理朝着更加科学、更加民主、更加符合全球气候治理发展的角色。中国参与 IPCC 工作要和国家大政方针结合起来，要服务于国家发展大局，服务于中国外交大局，服务于全球气候治理大局。

中国《第四次国家气候变化评估报告》工作已经启动，当前国际气候进程又取得了新的进展，《巴黎协定》开启了国际气候治理新的里程碑，因此深入识别国际国内新形势非常必要。一是 2015 年年底通过《巴黎协定》，引入 1.5℃目标。国际减排机制从自上而下转变为自下而上，各国纷纷制定 NDC，引入全球盘点等国际机制。2016 年 11 月《巴黎协定》生效，国家气候治理步入新阶段。二是 2017 年 2 月美国特朗普总统上台后采取一系列新的“逆全球化”的经济和气候新政，6 月 1 日宣布退出《巴黎协定》，8 月 4 日正式提交退约意向书。美国退出《巴黎协定》必然对国际气候治理造成影响。三是 2015 年联合国通过《2030 年可持续发展议程》，其中第 13 个目标是应对气候变化，此外，很多其他目标也与气候变化目标有密切联系。需要将气候政策评估与可持续发展目标结合起来。四是 2015 年联合国国际减灾战略委员会通过的《仙台减灾框架》，特别强调了切实减轻灾害风险与损失，目标是防止新的灾害风险和减轻现有的灾害风险、增强弹性。五是联合国通过的《新城市议程》，强调可持续城市管理，以及在全球、区域、次国家和城市层面各个利益相关方参与城市适应、减缓和可持续发展的要求。

11.5.1 当前需要重点关注的内容

通过前期跟踪分析、专家咨询等方式，本研究认为中国《第四次国家气候变化评估报告》应重视以下关键问题，应纳入评估报告并给予充分的重视。

11.5.1.1 季风系统、青藏高原、海洋、碳氮循环及短寿命气体

自《第三次国家气候变化评估报告》发布以来，我国在海洋气候变量和环流、生物地

球化学循环、云-气溶胶作用、气候变化检测归因方法学特别是相关气候变量和极端气候事件的检测归因等方面的研究有了不少新进展，短寿命气体在气候系统中的作用及对空气质量的影响也是国际国内科学和行动都关注的热点。中国气候受季风影响很大，同时南北极及青藏高原对中国气候的影响和作用需要进一步给予评估。

11.5.1.2 风险及风险管理，适应措施的针对性

针对解决问题为导向的思路，中国《第四次国家气候变化评估报告》应该更多地反映气候变化对重大工程、能源系统等社会经济系统及重点区域的影响与适应。建议强化气候变化对重大工程的影响与适应，主要包括三峡工程、南水北调工程、青藏铁路工程、生态保护工程、生态恢复建设工程等。强化气候变化对人体健康的影响与适应，主要包括极端气候事件影响、典型传染病等。强化气候变化对环境质量的影响与适应，主要包括空气质量、地表水环境质量、地下水环境质量以及气候变化对宜居性的影响等。强化气候变化对能源系统的影响，主要包括：气候变化对能源需求与消费的影响、气候变化对能源基础设施和运输等的影响、气候变化对能源结构等的影响、能源系统的气候变化风险等。气候变化对重点区域的影响，主要包括：气候变化对青藏高原、黄土高原等典型脆弱地区的影响，包括自然生态系统脆弱性，水土资源承载力等；气候变化对长江经济带的影响，主要包括重大工程、自然灾害、能源系统等；气候变化对粤港澳大湾区、京津冀等城市群的影响，主要包括城市环境、城市内涝、城市基础设施；“一带一路”沿线气候风险和气候变化对北极航道的影响等。

11.5.1.3 有关 1.5℃的相关科学问题

《巴黎协定》引入 1.5℃目标后，国内外出现了大量文献，从各个角度探讨 1.5℃目标下全球应对策略的影响。中国作为排放大国，设定全球 1.5℃目标也会影响中国的排放空间。建议重点关注：①1.5℃目标的影响和风险评估，包括全球的风险以及各区域的风险、极端事件的归因，特别关注对我国的影响；②1.5℃目标的全球碳预算，包括 1.5℃与温室气体浓度和累积排放量的关系，敏感度问题；③实现 1.5℃目标的排放情景和减排措施，如与 2℃目标相比，需要加快能源转型，尽早淘汰化石能源，更早更大规模应用负排放技术等，特别关注对中国排放空间的影响；④1.5℃目标引发地球工程的相关讨论，特别是太阳辐射管理问题。

11.5.1.4 《巴黎协定》后国际气候治理的新问题

《巴黎协定》后国际气候治理出现一系列的新问题，特别是美国退出《巴黎协定》的影响分析，国内外都在加强研究，已经有不少文献可以作为评估基础。应重点关注：①各国提出 NDC 减排效果的评估，与 1.5℃目标的减排差距，对未来全球盘点的含义；②全球盘点机制设计，如果评估，如何弥补差距，如何在国际气候治理新形势下体现公平问题；③2050 年中长期低碳战略，目前一些国家已经提出中长期低碳战略，中国正在开展研究，需要及早制定未来低碳发展的路线图，包括考虑如何建立与 2℃或 1.5℃

目标之间的联系；④美国退出《巴黎协定》和“逆全球化”经济政策对全球应对国际气候治理的影响，如排放空间、资金机制等；⑤中国在国际气候治理新形势下的地位、责任、战略选择等。

11.5.1.5 中国减缓政策与行动

中国应对气候变化的行动和实践经验值得很好总结，重点关注：①中国生态文明与绿色发展理论的新进展，中国落实《2030 年可持续发展议程》与应对气候变化的政策关联性；②中国提出 NDC 目标，包括在 2030 年左右实现峰值。已有研究建立了新的排放情景，评估在 2025 年左右提前实现峰值的可能性，以及实施路径和政策。针对行动成效，需要探讨建立实施评价指标；③雾霾治理与减排政策的协同效应，对未来排放路径的影响和潜力；④碳市场研究的新进展和发展前景；⑤低碳城市试点的经验总结和评估。

此外，IPCC AR5 和 IPCC AR6 涉及的一些重点内容，国内尚未引起足够重视，如从可持续消费的角度探讨减排潜力，将城市基础设施和人居作为一个重要部门探讨减排措施。地球工程的影响与国际治理问题等，国内虽有一定的研究基础，但相对薄弱。《第四次国家气候变化评估报告》如果可以纳入这些重要问题，有利于引起学术界的关注，鼓励学者后续加强这些领域的研究工作。

11.5.1.6 “一带一路”及创新使命有关的问题

自 2013 年 9 月习近平总书记提出共同建设“丝绸之路经济带”的构想以来，“一带一路”经济带建设成为新时期中国形成全方位开放新格局的支点。“一带一路”经济带沿线地区面临着严峻的资源环境压力，应对气候变化是沿线地区面临的共同挑战。《第四次国家气候变化评估报告》需要纳入相关的风险、适应、减缓以及国际合作方面的内容，建议在相应卷中考虑“一带一路”核心区（国家）气候变化的事实和未来趋势、影响及风险评估、适应全球增暖的途径以及面向“一带一路”核心区（国家）转移适应技术和低碳发展技术方案，分析创新使命的进展以及与应对气候变化的联系。

11.5.1.7 城市问题

中国近几十年城市化进程加快，城市化对气候系统变化的影响一直是科学认识气候变化的一个热点问题。同时，人口聚集和经济高度发展，城市化也带来了很多暴露度和脆弱性方面的问题，气候变化造成的极端事件趋多趋强，使城市成为气候风险的高发地区。另外，城市生产生活使温室气体排放不断增长，低碳城市发展成为未来趋势。中国陆续开展了低碳城市、低碳社区以及气候适应型城市建设，其中有很多好的做法和经验可以总结与推广。国际上已将城市气候变化作为一个非常热点的问题。《第四次国家气候变化评估报告》可就此进行评估，如气候变化对长江保护区，粤港澳大湾区，京津冀城市群的环境、城市内涝和城市基础设施的影响与风险等。

11.5.2 对中国《第四次气候变化国家评估报告》组织的建议

11.5.2.1 有关编写框架

（1）评估结论作为正文内容，评估方法学作为支撑附件。

气候变化国家评估报告需要评估的内容很多，编写框架越来越复杂，《第三次气候变化国家评估报告》单独设立了评估方法学卷。但从 IPCC AR6 的编写框架来看，还是维持科学、影响与适应、减缓三个工作组加综合报告的惯例，建议中国《第四次气候变化国家评估报告》采取类似的编写框架，评估结论作为正文内容，力求清晰简洁，评估方法学作为支撑附件，提供更详细的信息。可以考虑主报告加特别报告的形式，主报告包括科学、影响评估与适应、减缓、政策行动，若干特别报告包括风险评估、适应与减缓案例等，要更精炼组织决策者摘要，可策划综合性更强的决策者摘要，而非仅仅是主报告顺序结论的排列。

（2）关注各卷之间的联系和交叉性问题，加强综合性结论。

气候变化问题是一个复杂的综合性问题，应对气候变化必须采取综合性的应对策略。IPCC AR6 就特别强调适应和减缓的综合，减缓和改善空气质量的协同效应等，中国《第四次气候变化国家评估报告》应更多关注各卷之间的联系和交叉性问题，在各卷评估的基础上得出综合性的结论。

（3）关注区域性问题，建议影响评估与适应卷大幅度增强气候变化对区域的影响评估，减缓卷也可以分区域讨论。

气候变化的影响具有区域不平衡的特点，应对气候变化行动也必须根据本地区的社会经济发展状况做出安排。从 IPCC AR6 评估报告的内容设置来看，其大幅度扩充了区域影响部分。我国幅员辽阔，各地发展水平不同，《第四次气候变化国家评估报告》应在国家层面评估的基础上更多关注区域性问题，影响适应卷大幅度增强气候变化对区域的影响评估，减缓卷在分行业评估的基础上，分析东、中、西评估不同地区发展水平的差异，以及地区发展不平衡对减缓目标和行动影响等。

11.5.2.2 编写特别评估报告

从 IPCC 和欧美国家的经验来看，以特别报告形式，集中围绕某一重要问题开展评估，是常用的做法。中国《第四次气候变化国家评估报告》还可以尝试增加一些快速反应的简报式报告。

1）设立气候变化与“一带一路”特别评估报告

“一带一路”倡议致力于亚欧大陆及附近海洋的互联互通，建立和加强沿线各国互联互通伙伴关系，实现沿线各国多元、自主、平衡、可持续的发展。“一带一路”倡议是中国开展国际合作推动合作共赢的重要长期战略，得到了国际社会的广泛支持和响应，将对世界经济产生重要影响。“一带一路”倡议实施以来，中国学者从应对气候变化角度开展了大量工作，如“一带一路”沿线国家的气候评估、气象灾害与风险管理、能源合作等，有必要组织编写一份气候变化与“一带一路”特别评估报告。

2）设立中国落实《巴黎协定》特别报告

《巴黎协定》在应对气候变化的全球行动中迈出了重要的、积极的一步。英国于 2016 年底发布了《巴黎协定后的英国气候行动》。但美国决定退出《巴黎协定》，2017 年 8 月 4 日已经正式向《公约》提出退约的意向书，为落实《巴黎协定》的前景蒙上阴影。国际社会对中国寄予厚望，中国在国际谈判中表示了坚定执行《巴黎协定》的立场，建议中国组织编写落实《巴黎协定》气候行动的特别报告。

3）设立气候变化风险评估特别报告

气候变化产生的风险包括全球排放路径的变化、气候变化使自然生态系统面临的直接风险，以及气候变化与复杂的人类系统互动所产生的风险，为了更好地应对未来气候变化，深入、全面评估在全球不同温升目标下，未来全球气候变化对中国气候，特别是极端气候事件对水资源安全、粮食安全、生态系统安全以及气候变化对社会经济和人居生活的影响，有必要认真分析评估上述风险，并以此提出对策建议。

4）设立我国气候变化评估报告科普版

加强气候变化科学性、气候变化的影响和风险以及应对气候变化的政策措施的科普宣传是非常重要的。科普版力求语言通俗易懂，图文并茂。基于国家评估报告的大量观点结论，经过进一步提炼和加工，形成中国气候变化评估报告科普版，可以面向决策者、公众发布。

11.5.2.3　有关组织流程

IPCC 的评估报告有非常严格的组织流程，从科学严谨的角度来看，有些经验值得借鉴，如编写过程科学文献选择和引用的原则，但评估报告作为国家组织国内科学家开展的工作，还要建立一套相对固定的组织流程，包括大纲的规划、专家遴选、部门和专家的评审、报告修改审定、成果发布等。针对以往评估报告编写过程中存在部分作者投入精力不足或写作不认真的问题，有必要设立奖惩措施。

11.5.2.4　有关宣传和传播

IPCC 一直非常注重气候变化评估报告的宣传，IPCC AR5 发布后，在很多国际场合和多个国家召开宣讲活动，介绍解读评估报告的基本结论。为了努力影响决策者和普通公众，还根据不同读者制作不同的宣传材料。IPCC AR6 在规划阶段就将与读者沟通的问题纳入重要议程，总结以往经验和不足，力求改进和提高。欧美国家的评估报告在编写风格上就考虑了公众阅读的需求，图文并茂，通常在网站公开，还附上相关背景材料、支撑材料等，便于公众查询。而中国的评估报告发布之后往往束之高阁，对各级政府决策的影响力非常有限，科学家很少阅读，公众更无从了解，这是巨大的资源浪费。建议建立相应网站，制作宣传册，同时，能结合一些公共开放日，组织针对官员、学界、公众等不同类型的受众开展系列宣讲活动。

第12章 科技发展引领应对气候变化治理策略研究

从中国的需求来看，应对气候变化与其他重大问题的协同性在不断加强，其中最突出的表现就是技术进步推动低碳发展，使低碳技术与新能源发展为社会经济发展提供新的动力，是供给侧改革的重要抓手。科技发展引领下的低碳革命将如同16世纪的机械化革命、19世纪前后的电气化革命、21世纪初期的信息化革命一样，推进新一轮全球化。积极应对气候变化，更加主动地参与全球气候治理，筹划国内经济发展模式的转型及国际相关合作与制度安排，有助于更好地促进经济的低碳转型及提高中国的国际地位，树立负责任大国的形象。

12.1 引　言

应对气候变化既是环境问题，也是发展问题，但归根到底是发展问题。科学技术作为第一生产力，无论从推动社会经济发展的角度，还是从减缓和适应气候变化具体行动的角度，都是应对气候变化的根本依托。国际社会应当以打造人类命运共同体为主导思想，以气候友好技术的创新与合作为支撑，推动实现全人类应对气候变化的共赢。为实现这一目的，中国应当借助近年来积极推动气候变化多边合作之势，深入推进全球气候治理的改革与发展，打破发达国家与发展中国家的对抗思维，发挥好科技支撑作用，在积极应对气候变化进程中实现合作共赢。

12.2 科技发展引领全球气候治理发挥的作用

（1）科技发展有利于加强科学认知，通过影响全球气候变化谈判的进程，从而进一步强化全球共同应对气候变化的政治意愿。

自1990年以来，国际上已经组织了五次气候变化科学、影响和适应以及减缓方面的评估，其结论极大地影响了国际气候治理的进程[①]。

气候谈判尽管已经脱离单纯的科学之争，成为国家之间利益和权力的较量，但是，其谈判的依据仍然无法超越科学研究的范畴，科学成果始终嵌于政治谈判进程之中。IPCC FAR于1990年发布，报告确信人类活动产生的各种排放正在使大气中的温室气体浓度显著增加，这将增强温室效应，从而使地表升温，该结论确定了气候变化的科学依据，促使

① 巢清尘，胡婷，张雪艳，等．气候变化科学评估与政治决策［J］．阅江学刊，2018，10（1）：28-45，145.

各国政府和民众开始意识到气候变化问题的重要性，从而使各国政府在第二次世界气候大会（1990 年）上呼吁建立一个气候变化框架条约，并推动 1992 年联合国环境与发展会议通过了旨在控制温室气体排放、应对全球气候变暖的第一份框架性国际文件——《公约》。1995 年发布的 IPCC SAR 进一步指出，当前出现的全球变暖不太可能全部是自然界造成的，人类活动已经对全球气候系统造成了“可以辨别”的影响；大气中温室气体含量在继续增加，如果不对温室气体排放加以限制，到 2100 年全球平均温度将上升 1 ~3.5℃；保证大气温室气体浓度的稳定（这是《公约》的最终目标）要求大量减少排放，从而为 1997 年《京都议定书》的达成铺平了道路。IPCC TAR 肯定了气候变化的真实性，强调近 50 年观测到的大部分增暖可能归因于人类活动造成的温室气体浓度上升（66% ~90% 的可能性)，并开始分区域评估气候变化影响，由此适应议题被提高到和减缓并重的应对气候变化途径的位置，并促使《公约》谈判中增加了“研究与系统观测”“气候变化的影响、脆弱性和适应工作所涉及的科学、技术、社会、经济方面内容”及“减缓措施所涉及的科学、技术、社会、经济方面内容”三个新的常设议题。2007 年发布的 IPCC AR4 明确指出人类活动很可能是气候变暖的主要原因，其中有关影响和适应的评估结论为 2℃ 作为应对气候变化的长期温升目标奠定了科学基础，也为减排目标这一国际谈判核心问题提供了科学依据。《公约》第 13 次缔约方大会就 IPCC AR4 如何促进谈判进行了专题审议，大会决议中敦促各方利用 IPCC AR4 结论参与各议题的谈判以及制定国家政策和战略，并将 IPCC AR4 中有关发达国家 2020 年在 1990 年的基础上减排 25% ~40% 的表述纳入大会决议中，旨在指导《京都议定书》第一承诺期 2012 年结束后有关温室气体减排路线的“巴厘路线图”的实施。IPCC AR4 还推动了 2009 年《公约》第 15 次缔约方大会在《哥本哈根协议》中首次明确提出了 2℃ 温升目标，2℃ 温升目标由此被国际社会普遍承认。至此，定量化的长期目标从科学成果逐渐转化为一个全球性的政治共识。

2014 年完成的 IPCC AR5 进一步明确了全球气候变暖的事实及人类活动对气候系统的显著影响，明确提出如果全球平均温度超过 2℃ 或以上将会带来更大的风险，这使得全球多数民意支持政府在巴黎签署气候协定，限制温室气体排放，促使各国政府尽快采取适应和减缓行动，为《公约》第 21 次缔约方大会顺利达成《巴黎协定》奠定了科学基础[①②]。此外，IPCC AR5 在适应需求和选择、适应计划制定和实施、适应机遇和限制因素以及适应气候变化经济学等方面得出新的评估结论，为 2020 年以后国际气候制度建立中有关“如何管理气候风险”提供了重要的科学信息，推动了《巴黎协定》中各国达成提高适应气候变化不利影响的能力，以不威胁粮食生产的方式增强气候可恢复、实现低排放发展的共识[③]。

---

① Karlsson C，Hjerpe M，Parker C，et al. The legitimacy of leadership in international climate change negotiations [J]. Ambio，2012，41（1）：46-55.

② 颜彭莉. 美国皮尤研究中心全球经济态度调研主任布鲁斯·斯托克斯：各国民众怎么看待气候变化？[J]. 环境经济，2015，(ZB)：14.

③ 巢清尘，刘昌义，袁佳双. 气候变化影响和适应认知的演进及对气候政策的影响 [J]. 气候变化研究进展，2014，10（3）：167-174.

（2）技术进步有利于强化先进能源技术、构建合作共赢的局面。

国际社会应当以打造人类命运共同体为主导思想，以气候友好技术的创新与合作为支撑，推动实现全人类应对气候变化的共赢。全球应对气候变化推动了世界范围内能源体系的革命性变革，世界主要国家也展现了能源变革的趋势和潮流①。自工业革命以来，发达国家以无节制消耗全球化石能源资源支撑了经济社会的持续发展和现代化的进程，同时也带来严重的资源环境危机，特别是不断累积的二氧化碳等温室气体排放，引发了全球以气候变化为代表的地球生态危机。当前以能源体系低碳化为重要目标的能源转型，是在地球环境承载能力制约下人类社会自觉推动的革命性变革，以实现人与自然的和谐共生，实现全球经济社会的可持续发展。实现《巴黎协定》下的应对气候变化目标十分紧迫，这将“倒逼”世界能源体系转型的速度和力度。这既需要各国共同合作，也需要加强全球治理制度建设，公平分担责任义务，共同应对全球气候变化的威胁，实现合作共赢，共同发展。

在全球应对气候变化形势的推动下，全球能源变革的趋势不断加速。2006～2016 年，非水可再生能源年均增速为 16.2%，包含水电在内的 5.5%，均远超能源总需求年均 1.7% 的增速，包含水电在内的可再生能源，在一次能源构成中的占比（按发电能耗计算）也由 2006 年的 6.9% 上升到 2016 年的 10.0%，并仍呈快速发展的趋势②③。同时，可再生能源技术创新强劲，成本迅速下降，据 IEA 报告，2008～2015 年陆上风电成本下降 35%，地面大型光伏发电成本下降 80%，而且继续呈快速下降的趋势，其经济性已逐渐可与常规能源发电相竞争。2020 年以后在世界范围内将具备综合经济竞争优势，将会进一步呈现加速发展的态势。

（3）技术进步有利于抢占新能源、新经济的增长点，打造全球竞争力。

新能源和可再生能源正在成为战略性新兴产业，成为新的经济增长点并新增了就业机会，美国光伏产业就业人数已超过煤炭产业。先进新能源技术也成为国际技术竞争的前沿和热点领域，反映一个国家科技经济的竞争力，也成为各主要大国战略必争的高新科技领域。通过先进能源技术创新引领世界能源变革的趋向，引领全球应对气候变化进程，提升国家的软硬实力。

中国成为新能源技术的全球领先者，这将大力带动中国新能源产业发展。中国当前非化石能源呈现快速发展的趋势①，2005～2016 年，中国非化石能源年均增长 10.3%，在一次能源总消费中的占比由 2005 年的 7.4% 提高到 2016 年的 13.3%，其中可再生能源增长量占世界同期增长量的 40%。截至 2016 年年底，水电、风电、太阳能发电装机量分别为 3.3 亿 kW、1.49 亿 kW 和 0.77 亿 kW，均为世界首位④。根据能源革命战略的最新目标，到 2030 年非化石能源在一次能源中的占比将达到 25% 左右，届时水电、风电、太阳能发

① 何建坤，周剑，欧训民，等. 能源革命与低碳发展［M］. 北京：中国环境出版社，2018.

② IEA Statistics. CO_2 Emission from Fuel Combustion 2015［R］. Paris：IEA Publications. Rue de la Federation，2015.

③ BP. 世界能源展望（2016 版）［R］. 2016，北京.

④ 中国统计局. 中国统计年鉴 2015［M］. 北京：中国统计出版社，2015.

电装机量都将超过 4 亿 kW。非化石能源装机量占全部发电装机量的比例也将由 2016 年的 36% 提高到 2030 年的 60% 以上。中国 2030 年以前在新能源发展的投资额要超过 10 万亿元。新增投资规模、新增投产容量及发展速度都是世界其他国家难以比拟的。这也将成为中国新的经济增长点，成为推动经济转型的重要支撑。

12.3 科技发展在全球气候治理中的支撑作用

12.3.1 《公约》下机制发挥科技支撑作用

12.3.1.1 现状分析

《公约》第 4 条明确了所有缔约方开展减缓、适应、气候影响观测与评估的技术研发和行动的义务，并明确了发达国家向发展中国家转让资金和技术，并支持发展中国家增强自身能力和技术的义务。在这一基本义务下，《公约》及其《京都议定书》《巴黎协定》和缔约方会议决定建立一系列规则与机制来发挥科技对履约的支撑作用。这些规则与机制逐渐聚焦于减缓、适应、资金、技术、能力建设 5 个主题，以及透明度、全球盘点、促进遵约 3 个机制。这些规则与机制都对和将对各缔约方落实《公约》发挥科技支撑作用。

在减缓方面，《京都议定书》建立了清洁发展机制和联合履约机制，在帮助发达国家履行议定书下量化减排义务的同时，促进了各种减缓技术向发展中国家和其他国家的扩散；《公约》第 13 次缔约方大会决定建立防止毁林和森林退化华沙国际机制，促进林业减排技术的应用与交流。

在适应方面，《公约》第 11 次缔约方大会决定启动《内罗毕工作计划》，开发了“适应知识窗”，促进适应技术、政策实践和信息的分享；《公约》第 16 次缔约方大会决定建立《坎昆适应框架》，成立了适应委员会，尤其是在最不发达国家编制和实施国家适应行动方案的基础上，开发了国家适应计划指南，进一步从技术上指导各国的适应行动。

在资金方面，《公约》《京都议定书》建立了绿色气候基金、适应基金、最不发达国家基金等许多新的资金机制，同时依托 GEF 为发展中国家提供减缓、适应、能力建设行动的资金，支持发展中国家气候友好技术研发与应用，但目前资金机制与技术转让的联系较弱。

在技术方面，《公约》第 16 次缔约方大会决定建立以技术执行委员会（Technology Executive Committee，TEC）和气候技术中心与网络（Climate Technology Centre and Network，CTCN）为核心的技术机制，其中 TEC 在其技术转移框架行动中，着力打造技术需求分析项目，已经帮助 110 个发展中国家完成了国家技术需求分析报告，识别出了 350 项具体的减缓和适应项目寻求国际社会支持。

在能力建设方面，继 2001 年《公约》第 11 次缔约方大会决定启动对发展中国家的能力建设项目以来，发展中国家通过全球环境基金和双边资金，得到了在编制国家信息通报、开展脆弱性和适应评估、开展研究和系统观测等方面的能力建设技术支撑。为进一步强化对发展中国家能力建设的技术支撑，《公约》第 21 次缔约方大会决定建立巴黎能力建设委员会，旨在更加全面系统地为发展中国家提供相应技术支撑，并促进相关援助及时到位。

在透明度方面，根据《公约》缔约方大会通过的指南，发达国家在其国家信息通报中，报告国内应对气候变化科技研发进展和向发展中国家提供的技术转移支持，绝大多数发达国家截至 2016 年已经提交了 6 次报告；发展中国家则在其国家信息通报中，侧重报告获得发达国家技术转移支持的情况和技术转移的需求，绝大多数发展中国家都提交了报告，最多的已经提交 5 次。自 2011 年起，根据《公约》第 17 次缔约方大会决定，发达国家和发展中国家每两年将分别提交双年报告与双年更新报告，报告上述与技术开发和转移相关的信息。《公约》第 5 次缔约方大会还决定建立发展中国家信息通报咨询专家组，为发展中国家准备和编写国家报告提供技术支持。

《京都议定书》下的遵约机制目前并未对技术开发与转让起到促进作用，这是因为发达国家在《京都议定书》下虽然有向发展中国家提供技术转让的义务，但这些义务无法定量化，因此遵约机制无法裁决和促进遵约。《巴黎协定》下也建立了促进履约和遵约机制，目前具体规则尚在谈判中，但落实技术转移以帮助发展中国家履行减缓和适应的义务，预计将成为促进履约和遵约机制的重要功能。

《巴黎协定》还建立了全球盘点机制。尽管这一机制的具体实施方案还在谈判中，但这一机制将定期盘点全球减缓和适应气候变化行动的进展，盘点开展这些行动需要的技术支撑和技术转移到位情况。而在此之前的“德班平台”谈判中，各缔约方决定自 2014 年起与谈判会期同时举行技术专家会议，邀请各国和国际组织专家，就全球应对气候变化行动的技术研发现状、需求和国家实践进行交流。这都对全球应对气候变化起到积极作用。

12.3.1.2 关于技术机制的国际谈判进展

1）《公约》下技术机制有一定进展，但与发展中国家的诉求相去甚远

《巴黎协定》确立了技术开发与转让的长期愿景，强调了技术对执行《巴黎协定》下的减缓和适应行动的重要性；确定了要建立技术框架，为技术机制在促进和便利技术开发与转让的强化行动方面的工作提供总体指导；明确了应当向发展中国家缔约方提供资助，包括资金资助；明确了详细拟定技术框架的负责机构和时间表；建立了评估技术机制工作成效和充分性的制度，并明确了定期评估的范围和模式，及其负责机构和时间表。尤其是对技术机制支持的成效和充分性的定期评估，反映了发展中国家长期以来的诉求。

但与此同时，仍有许多关键问题在《巴黎协定》中被弱化，与发展中国家的诉求相去甚远。首先，《巴黎协定》中没有明确提及发达国家向发展中国家技术开发与转让提供资助，包括资金资助的义务。其次，在发展中国家最关心的发达国家应当为消除由政策和知识产权带来的障碍、促进发展中国家获得和推广技术提供资金资助，并在绿色气候基金下建立资金窗口来为发展中国家获得环境友好型技术的知识产权、技术诀窍等支付费用等能够使技术机制真正落实的实质性条款，在最终协定中被悉数删除。这些问题仍需在后续谈判中通过落实技术机制，进一步得到落实。

2）技术框架及技术机制实施效果评估等谈判进展缓慢

联合国马拉喀什气候大会共有 7 个技术相关议程，主要涉及三方面问题。

（1）技术机制和资金机制的联系问题。关于两机制的联系问题，发达国家主张建立两机制的联系仍需要循序渐进，应从加强两机制管理和决策人员的交流沟通开始，不断识别建立实质性联系的实际需求和可行性。发展中国家则主张应坚决贯彻落实巴黎会议的有关决定，将重点放在建立两机制执行机构实质性联系上。从实际操作层面来看，CTCN 已经主动采取行动，力争帮助 CTCN 提供技术服务项目的同时获得绿色气候基金的支持。

（2）对技术框架的考虑。各方对技术框架在现有技术开发与转让机制安排中的定位以及在落实《巴黎协定》方面将要发挥的作用等形成了初步共识，即技术框架是一个战略性文件，用于定期指导《公约》下技术机制服务好《巴黎协定》。技术框架内容的范围没有明确规定，因此发达国家和发展中国家将以往谈判存在争议的问题都放到了技术框架下，包括资金、知识产权、具有融资性的技术项目等，目前分歧较大。

（3）技术机制实施效果评估。各方最终在授权的解释上达成共识，即对《公约》下的技术机制支持《巴黎协定》实施的效果进行全面评估，而不仅仅对技术机制是否获得有效和足够支持进行评估，但也仅仅限于非正式磋商。

3）《公约》下机制发挥科技支撑作用存在的问题

总体而言，《公约》下建立的许多机制都在不同的领域，对各国应对气候变化、履行《公约》义务发挥着科技支撑作用，但这些机制目前还存在许多局限。

（1）当前《公约》下的科技合作受制于发达国家与发展中国家的对抗。考虑到发达国家在气候变化问题上负有的历史责任，而发展中国家应对气候变化的资金、技术和能力不足，《公约》《京都议定书》和《巴黎协定》为发达国家设定了向发展中国家提供资金与技术支持的义务，同时也规定了发展中国家能在何种程度上履约，取决于发达国家提供资金与技术支持的落实情况。这虽然是符合道义和实践需求的规定，但在一定程度上造成了发达国家和发展中国家的对立。在实践中，一些发展中国家往往以此作为本身减缓和适应行动履约不力及谴责发达国家提供支持履约不力的理由，存在“等靠要”的思想，影响了科技合作供需双方的配合。

（2）发展中国家在《公约》体系下没有向其他国家提供技术转移合作的义务，影响了气候变化南南合作。《公约》只为发达国家规定了向发展中国家提供技术转移的义务，这导致一些发展中国家拥有的先进气候友好技术，不能在《公约》体系下开展技术转移，相应的南南合作不在《公约》下被认可。《巴黎协定》鼓励开展各种技术合作，但由于受制于《公约》体系下长期以来的对立思维，发展中国家能在何种程度上开展气候变化南南合作，仍面临不确定性。

（3）目前许多发挥科技支撑作用的机制，其参与面局限在谈判代表，没有真正发挥专家和企业技术支撑的作用。当前《公约》体系下发挥科技支撑作用的机制，其运作一般有三种模式：第一种是面向全体缔约方的平台，如国家报告和技术专家会议；第二种是依托缔约方批准任命的委员开展工作，如适应委员会、技术执行委员会；第三种是以具体项目为对象，如 CDM。在第一、第二种模式中，专家能够提供一定的咨询建议，但一般都局限在很短的时间内进行交流，而受众往往是谈判代表，难以在技术层面起到互动，也无法将技术进展转化为国内行动。只有第三种模式基于具体项目的合作机制，能够将科技进步直接转化为应对气候变化的行动，但是 CDM 随着《京都议定书》的名存实亡而难以为继，而《巴黎协定》下关于国际转让的减缓成果尚未制定出明确的规则。

（4）目前发挥科技支撑作用的机制普遍缺乏约束力，难以发挥促进技术支撑的作用。一般而言，论坛和报告性质的机制一般都不产出结论，交流完毕，就完成了使命；而委员会性质的机制产出的结论中，往往也有许多政治博弈的结果，削弱了对实际工作的指导意义，并且这些委员会的结论本身不具有任何法律效力，《公约》缔约方大会往往也不愿赋予其法律效力，通常只是做出程序性结论。同时，《公约》体系下没有建立起发达国家向发展中国家转移技术的履约机制，无法对技术转移起到督促作用。

（5）许多机制缺乏资金支持。CDM 之所以能够有效地起到促进技术研发与转移、支撑发展中国家开展减缓行动的效果，正是因为这种机制直接与资金挂钩，通过出售核证减排量来获取资金收益，从而激发了技术拥有方的积极性。而无论是论坛、报告还是委员会的各种机制，都不直接与项目资金挂钩，即便识别出需要开展的减缓或适应项目和技术需求，也没有后续的资金使其转化为真实行动。

12.3.2 《公约》外国际多边的科技机制

12.3.2.1 《公约》外国际多边的科技机制更加务实

ICAO、IMO 虽然并没有在技术框架下达成重大成果，但更为关注在自身框架下，以区域网络中心为载体，推进重大项目的实施。

ICAO 借助于 ICAO 技术合作方案，在 2013 ~ 2015 年，ICAO 技术合作局（TCB）开发了主要由各国政府或服务提供者资助的不同类型的重要项目，为加强航空安全及航空安保和简化手续发挥了重大作用，并有利于世界范围内民用航空基础设施的发展。通过平均每年实施 110 个技术合作项目，向 150 多个国家提供援助。总体资金来源保持历史惯例，绝大多数资金由政府提供用于资助自己的项目（99.0%），UNDP 的核心资助约占方案总额的 0.3%，企业捐助占方案总额的 0.7%。与应对气候变化相关的技术合作内容主要纳入环境保护方面，但目前各国主要优先侧重于安全和空中航行方面。

IMO 关于船舶能效的技术合作和转让来源于 2011 年海洋环境保护委员会（Marine Environment Protection Committee，MEPC）第 62 次会议（MFPC62）对船舶能效规则的谈判，规则中包括了一个条款，即 IMO 成员国要向有需求的国家，特别是向发展中国家提供技术合作与转让。MEPC 第 65 次会议（MEPC65）通过了 MEPC65（229）号决议，致力于将该条款进行落地。此后，关于落实 MEPC 65（229）号决议，IMO 实际上是分两轨进行。一方面 IMO 成立了专家特设组，围绕 4 个任务进行讨论，并形成了成果性文件（MEPC69/5），但由于分歧较大，该专家特设组基本没有有价值的成果。另一方面 IMO 通过重大项目的方式，分别于 2015 年和 2016 年启动了全球海运能效伙伴（GloMEEP）和海事技术合作中心（MTCCs）两个重大项目。目前已启动建立 5 个海事技术合作中心（Maritime Technology Cooperation Center，MTCC），分别设立在非洲、亚洲、加勒比海地区、拉丁美洲和太平洋地区 5 个核心区域，进而形成一个全球合作网络。

12. 3. 2. 2 《公约》外区域间的科技合作机制更加多元化

南南合作需求强劲，迫切需要积极推进。中国目前以中非和中拉为主体，积极推进应对气候变化南南合作。中国南南合作最早从中非合作开始启动，沼气、小水电等清洁能源的利用和打井供水等适应气候变化措施，2005 ~ 2010 年共 115 个项目，主要集中在中非。2010 ~ 2012 年通过援建项目、提供物资和能力建设三种途径开展应对气候变化南南合作。中拉科技创新合作保持良好发展态势，合作模式逐渐扩展到共建联合研究中心和实验室、合作研究、人文交流等，截至 2016 年，中国已与拉美和加勒比国家共同体的 13 个国家签署政府间科技合作协定。

12. 3. 2. 3 关键问题分析

（1）《公约》内程序性问题与实质性问题进展的非均衡。分析气候谈判实践可知，技术机制谈判在近几年取得了不少成果。但是这些成果多数集中于程序性问题。而影响技术机制在促进技术开发与转让过程中实质性作用的关键议题，多数由于发展中国家与发达国家分歧严重尚未达成协议，如技术框架的总体指导、技术机制支持的定期评估的范围和模式、知识产权等问题，技术机制谈判并没有完结。在未来《巴黎协定》平台谈判时，技术转让议题的作用不仅不能削弱，还需要进一步加强。这一方面是顺应发展中国家的意愿，另一方面能成为牵制发达国家的筹码。

（2）《公约》内与《公约》外科技机制的结合不足。《公约》外的相关体制安排，包括政府部门、商界、学术界、国际组织、非政府组织等，目前《公约》科技机制提出的联系模式主要包括邀请《公约》外相关组织作为观察员或专家顾问参加技术机制的会议，建立技术工作组、利害关系方论坛或磋商小组，双边合作机制，基于互联网的信息交流平台，TEC 成员参与其他机构组织的会议等。

可以看出，目前提出的技术机制与《公约》下和《公约》外相关体制安排的联系模式，主要集中在交叉参加会议、提供建议、信息交流和共享等程序性层面，而无法参与这些机构的决策、政策执行等实质工作。

12. 4 统筹科技发展，引领应对气候变化治理及应对气候变化的科技支撑

12. 4. 1 《公约》下增强科技支撑作用的政策建议

增强《公约》下科学技术对各国，尤其是发展中国家开展应对气候变化行动的支撑，

需要在合作立场、技术类别、资金来源、合作模式等方面做出一定的改变。

（1）要树立各国共赢的基本思想，摒弃发达国家与发展中国家对抗的思维。全球应对气候变化必须依托科技进步和应用。发达国家有技术优势，发展中国家有广阔市场，只有将二者结合，才能有效发挥科技的支撑作用。发达国家提供义务援助不可能形成大规模的技术应用，对抗更会打击技术拥有方的合作积极性，因此增强科技支撑作用必须转变各方的合作思维。

（2）要制定《巴黎协定》技术合作的具体规则，为各国主动参与国际科技务实合作提供指导。应对气候变化既是全球合作，也依赖于每个国家的行动，各国必须跳出谈判、对立的框框，转向合作与行动。发达国家应当尽全力开展气候友好科技研发、应用推广，尤其是与发展中国家开展合作，识别后者的科技需求，并通过建立适当模式推进务实合作。而有能力的发展中国家也应当充分利用《巴黎协定》对广泛国际资金、技术和能力建设合作提供的法律依据，突破《公约》附件一与非附件一缔约方的障碍，积极与其他国家开展气候变化科技务实合作。

（3）发挥基于项目的科技合作模式的作用。CDM 为不同国家之间应对气候变化合作提供了有益经验。基于项目的科技合作模式直接响应发展中国家的科技需求，能够起到实效。未来的减缓科技合作，应当与国际转让的减缓成果密切结合，使技术转出方和使用方都能通过科技项目合作受益；适应科技合作，应当考虑完善成效评估方法学，与全球适应目标和各国应承担的义务挂钩，并通过产业增收、损失避免等收益，适当回馈技术转出方；能力建设等软科技合作，应当纳入技术转出方和使用方政府提供公共服务的范畴。

（4）增强《公约》下既有科技支撑机制的约束力，精简无效机制。应当对适应委员会、技术执行委员会、巴黎能力建设委员会等的职权范围进行调整，淡化其谈判性质，强化其识别发展中国家和全球气候友好科技需求的功能、评估气候友好科技转移进展的功能、指导气候科技国际合作的功能，并与《巴黎协定》下的促进和遵约、全球盘点机制挂钩，使其具有一定的法律效力。对于一些与促进务实合作相违背的机制、在新形势下已经失去功能的机制和一直是泛泛而谈的机制，应当进行精简合并，如发展中国家 2020 年国家适当减缓行动登记簿、内罗毕工作计划、技术专家论坛等。

（5）扩大国际气候资金支持的来源，增强对适应科技和能力建设软科技项目的支持。随着经济实力和排放量差距的缩小，发达国家向发展中国家提供支持的意愿在下降。适应技术的转移和能力建设所需的软科技，其受益方往往只是项目所在国，对技术提供方几乎没有正反馈，导致这种公益性的项目难以从双边渠道获得支持。因此，《公约》下应当强调发达国家提供支持的义务性、公益性，将发达国家提供技术支持的类别聚焦到适应科技和能力建设软科技项目，强化适应基金、透明度能力建设倡议等多边资金的作用，而将具有盈利能力的减缓项目推向市场。同时，应当鼓励和认可发展中国家之间开展的南南技术合作、区域技术合作，鼓励来自非国家行为体的公益性科技支持，以及市场化的技术应用行为。

12.4.2 促进《公约》外科技机制作用的政策建议

（1）正确认识目前《公约》内及《公约》外科技机制的进展态势，结合技术机制与资金机制联系的紧密程度，统筹建立我国推进《公约》内外科技机制的渠道安排。

2015～2020 年可考虑以《公约》外为着力点，以双边或《公约》外的国际多边机制为主要渠道，推进技术转移及扩散的网络中心建设。2020～2035 年在《公约》下强调技术机制和资金机制之间的联系，推动建立全球气候基金下的技术资金窗口，强调《公约》资金机制的主渠道问题和多种渠道筹集资金的协调问题，并要求落实在《巴黎协定》下建立与技术机制相匹配的资金支持渠道。资金来源以公共部门为基础，私人部门为辅。

（2）进一步加强我国在影响技术机制议题谈判方面的作用，着力解决影响气候有益技术研发和扩散的具体问题。

在谈判策略上，要注重引导谈判各方跳出技术机制中机构建设的局限，集中力量讨论影响促进技术开发与转让行动的实质性问题，积极促成在资金支持、知识产权和技术需求评估战略行动等问题上取得进展。

（3）强化技术机制的职能，并逐步推进 CTCN 在职能建设上的强化。

在未来的谈判中，我国应继续坚持立场，推动进一步强化技术机制及 CTCN 的职能，增强技术机制在技术转让支持项目和相应资金安排方面的决策权，强化 CTCN 资金支持的制度安排，增强 CTCN 除在能力建设、信息交流等务虚层面的工作外，在共享知识产权、实质性转让核心技术等方面的职能，增强技术机制下发达国家对发展中国家提供技术转让支持的绩效评估。

（4）识别和掌握我国在多个领域的减缓和适应技术的需求，推进我国优先技术示范区的建设，积极参与 CTCN 的建设工作。

结合我国落实 2030 年 NDC 目标和制定长期低碳发展战略，识别我国低碳发展的关键技术需求及其障碍，统筹国内和国外两个大局，制定我国低碳发展的技术战略，从而明确我国在低碳技术国际合作以及技术转让方面的需求。通过技术机制和 CTCN，提交技术支持需求，获得 CTCN 的技术支持，提高我国在应对气候变化方面技术应用和创新能力的提升。

通过开展具体的技术需求评估示范项目，形成对增强国家、地方和行业识别技术转让机会与开展技术转让合作的实际案例，以此提高相关机构的能力，并为促进《公约》下技术开发与转让活动提供技术信息和可行的实践经验。在考虑国内情况和有利环境因素的基础上，加强发展中国家评估、吸收和开发技术的能力，以应对气候变化相关的发展挑战。

12.4.3 加强科技发展对全球气候治理的引领作用

我国需要在政府的基础研发投入和项目支持以及开展广泛的合作模式探索中做出一系列的部署。

（1）以政府基础研发投入撬动企业和社会资金的技术研发与应用，打造我国企业在关键技术的全球竞争力。

政府基础研发投入可以作为一种政策工具缓解投资者对于大型清洁能源技术投资的固有高金融风险和政策风险的担忧。以政府的技术研发为依托，集中攻关前景广阔的清洁能源技术，结合企业自身的发展定位，在清洁燃煤发电、高效太阳能、海上风电、能源互联网等重点领域积极部署和落实国家重大能源技术依托项目与工程，引导建立多元化的投融资渠道，给予资金和政策的支持，助力我国企业在清洁能源技术及其关联产业的全球竞争力，为企业发展和清洁经济的增长创造机会。

（2）建立国家科技重大专项一类的目标导向和工程项目的安排，全面提升清洁能源技术的中国制造转向中国创造。

清洁能源技术创新在应对气候变化中一直处于核心的地位，需要明确清洁能源技术创新的重点领域，识别清洁能源技术创新的发展阶段，集成国家重大战略任务以及战略性前瞻重大科学问题等相关科技专项和规划，“十三五”期间在清洁燃煤发电、高效太阳能、海上风电、能源互联网等重点领域积极部署和落实国家重大能源技术依托项目与工程，助力全面提升清洁能源技术的中国制造转向中国创造，形成部分国际引领性强的清洁能源技术产业。

（3）多层次、多渠道推进国际科技的合作与交流，发挥各种合作机制的作用。

积极广泛开展多层次、多渠道的合作与交流，加强与优势国家和地区在先进核能、高效储能、可再生能源消纳技术、非常规油气开发、CCUS、非常规油气开发等领域的合作。结合国内清洁能源发展战略，促进国内外先进清洁能源技术和装备的引进与吸收，不断提升国内装备的国产化水平。依托与利用“一带一路”沿线国家和地区的技术优势，开展高效和务实的清洁能源技术研发合作，不断提升我国在清洁能源技术研发方面的科技实力。

第13章 中国低碳技术成果转化推广研究与行动

本章以探索推广应用低碳技术成果的具体运行模式为目标，从全球以及区域性低碳领域发展动态分析入手，系统分析全球与区域性低碳经济政策发展动态及其在低碳技术推广中的作用和影响，在此基础上，分析全球低碳技术及经济政策对中国低碳技术转移推广的机遇与挑战；针对影响与存在的问题，借鉴国际经验提出中国通过建立碳排放权交易机制与技术创新互动体系促进我国低碳技术转移推广的具体应对策略，探索制度创新与技术创新融合的新模式和规则，以促进第一批和第二批《节能减排与低碳技术成果转化推广清单》成果转化与推广；并研究全国28个清洁发展机制技术服务中心成立全国低碳技术服务联盟的实施方案，探索推广应用低碳技术成果的具体运行模式。

13.1 引言

当前，中国正处在工业化、城市化快速发展阶段，为了发展经济、消除贫困、满足人民日益增长的基本生活需要，面临着大规模基础设施建设任务，电力、交通、建筑、冶金、化工、建材等高能耗强度和高排放强度的产业部门迅速发展，并发挥着国民经济支柱的作用，同时也对全球在当代的新增温室气体排放增量产生了较大影响。因此，中国政府在《中国应对气候变化国家方案》中，明确提出要依靠科技进步应对气候变化，要发挥科技进步在减缓和适应气候变化中的先导性与基础性作用，促进各种碳减排支撑技术的发展以及加快科技创新和技术转移步伐，并将先进适用的低碳技术开发和推广作为温室气体减排的重点区域。

13.2 低碳技术标准/碳标识对低碳技术推广的影响与策略

国际组织发布的以ISO 14064《温室气体认证标准》、ISO 14065《温室气体认证要求标准》为代表的一系列低碳技术标准和技术规范，在国家和行业碳减排、企业低碳文化建设、居民低碳生活方式的培养等方面起到了重要的作用。美国推动发布的《能源设备二氧化碳排放标准》及《新电厂温室气体排放标准》等低碳技术标准，依据其在新能源或节能环保技术及其相关产品上的先导优势，抢占低碳能源产业的制高点。英国是为企业和组织提供合适的低碳标准的先锋者，发布了碳足迹标准PAS2050和PAS2060，PAS2050标准的执行，不仅能为参与企业做出一个温室气体减排的承诺，而且还能为单个企业提供温室气体减排的最佳方案；同时，还可以带动其供应链上游产业加入温室气体减排控排的行列。

中国的低碳技术标准尚处于起步阶段，主要包括国家标准化管理委员会初步构建的工业绿色产品设计标准体系以及全国工业绿色产品推进联盟、中国产学研合作促进会联合发布《绿色设计产品评价技术规范房间空气调节器》等 13 项团体标准。

碳标识是一种广义上的绿色/低碳标志，通过碳标签把产品从原材料到成品的整个生命周期所消耗的温室气体排放量标示出来，以标签的形式告知消费者产品的碳信息。

英国的碳标识制度是以政府为主导，制定并出台适合国情的权威性碳足迹测算标准和碳标识管理制度，通过具体措施引导企业积极实施碳标识制度。在碳标识制度实施的初期，英国政府为了降低企业实施碳标识制度的投入成本，成立了专门的碳标识服务或管理的非营利性组织机构，如碳信托等公司。另外，英国所采取的碳标识制度是基于企业的自愿遵守，即由企业根据自身的技术和产品的环保性能，自主申请核算产品的碳足迹，自主决定是否用标签的形式予以说明。

在国际上，除法国制定了强制性碳标识的法案外，美国、日本、韩国等其他国家实施的碳标识制度均是以自愿性碳标识制度为主，政府在碳标识推广初期便建立起健全的相关法律法规和管理框架。韩国环境部下属的工业和技术研究所负责制定碳标识制度的实施指南中对使用阶段耗能和不耗能产品的碳足迹评价方法和要求进行了规定。

在中国，除台湾地区外，碳标识工作尚未开展，但是与碳标识相关的环境标志认证工作和低碳产品认证的工作已有实施，特别是环境标志，已经推行 20 余年。

13.2.1 低碳技术标准/碳标识对中国低碳技术转移推广的影响

低碳技术标准可以促进应对气候变化领域的科技研发与创新，帮助技术供给方减少研究开发活动的经济风险，从而降低研究开发成本；低碳技术标准可以促进企业之间关于低碳技术的信息交流与评估，有利于中介机构获取低碳技术的供给需求情况，降低中介机构运作成本；低碳技术标准将提高企业对低碳创新技术的认知水平与碳排放管理能力，摆脱对传统技术的依赖；推动消费者了解低碳技术标准，优先采购符合低碳技术标准的产品，参与对企业低碳生产的监督，反过来又能够促进企业采用低碳技术标准，进而促进低碳技术转移推广进程；低碳技术标准化建设使科技成果的管理规范化。

碳标识制度可以促进低碳技术的科技研发与创新，增强企业对低碳技术的认知程度，提高企业参与低碳技术推广应用的积极性，发挥企业在技术转移中的主导作用；督促企业优先采用低碳技术，促进企业产品结构的低碳化转型，进而有利于低碳技术的推广转移；产品碳标识制度可以进一步提高低碳知识流动速率，有助于中介机构更快地获取最新的低碳创新技术和低碳产品；碳标识也可以促进公民低碳环保意识的提高，引导消费者选择碳排放量更低的商品，从而不断使市场对低碳产品的需求加大，促进低碳技术的转移推广；碳标识促进企业产品结构调整，提高市场自我调节能力；政府可根据市场中各种产品的碳标识，设计政府采购产品清单、出台财政激励政策等，同时推动其他措施的有效实施，从而增强政府对低碳技术转移与推广的作用。

13.2.2 中国低碳技术转移推广的机遇与挑战

1）低碳技术标准/碳标识促进中国低碳技术转移推广的机遇

首先，建立和完善与国际接轨的国家低碳标准体系，能够最大限度地降低成本、提高效益和优化产品功能，实现技术创新与标准化工作的结合，有助于推动我国以企业为中心的低碳技术转移及推广体系建设。

其次，碳标识可以帮助生产商和销售商更好地传播产品在保护环境方面的信息，对于产业自身节能减排、提高竞争力有很大作用；低碳产品认证可以成为联系公众与可持续发展战略的纽带，帮助消费者在消费过程中进行判断和选择，提升消费者对低碳环保的认知水平，为社会树立良好的消费价值导向，有助于构建全方位的生态消费体系和形成新的消费价值观。

2）低碳技术标准促进中国低碳技术转移推广的挑战

一方面，低碳标准往往成为市场准入的决定性因素，形成一种非关税壁垒，即技术性贸易壁垒。另一方面，碳标识方案面临着推广规范性问题，具体体现为配套法规规范不健全；碳标识种类繁多，传递的信息各异，消费者难以辨别比较；还存在一些概念模糊的宣传可能误导消费者。

13.2.3 促进低碳技术推广与绿色转型的建议

（1）通过相关立法，推行低碳技术标准。低碳技术标准是促进低碳技术推广与绿色转型的基础条件。建议通过专门立法的形式（如制定《气候变化应对法》），或在《大气污染防治法》及其实施条例的修改中确立温室气体排放标准及其相关的低碳技术标准的地位。

（2）在交通和能源领域率先引入与制定低碳技术标准。可以逐步引入工业领域温室气体排放绩效标准（emissions performance standard，EPS）管理体系，以交通排放和大型用能企业排放控制为龙头，通过标准引领技术发展，并推广到其他工业领域。在制定相关低碳技术标准的同时，应注重信息建设，加强重点企业碳排放统计，完善技术标准信息库，减少企业低碳技术研发、推广应用的障碍。

（3）总结国外发达国家的低碳技术标准体系建设经验，适时采纳国际标准。我国政府相关部门以及生产企业应密切关注不断追踪国外先进低碳标准和先进的技术成果，及时研究、搜集各国技术法规和标准，来调整我国产品的生产，及时给企业预警提示，避免或减少由碳关税贸易壁垒造成的经济损失。对设计、生产、使用中标准出现的变化应迅速及时做出反应。跟踪国际标准的变动，编制过渡试行低碳标准。

（4）积极参与国际低碳标准化活动，增强国际低碳标准制定话语权。低碳技术标准化是低碳技术转化的形式，因此我国负责低碳技术研发与推广的部门应参与到国际低碳技术标准化工作中，积极参与国际低碳技术标准化活动，增强国际低碳技术标准制定的话语权。

13.2.4 促进低碳技术推广与绿色转型的建议

（1）依托国内现有标准，借鉴国际经验，尽快开展我国碳标识制度设计。我国发展碳标识制度，一方面要充分学习国外先期实施的经验，吸收可以借鉴的规范和技术，关注国际前沿动态；另一方面要以我国现有环境标志认证的标准和制度为基础，有鉴别地移植外国经验，建立我国碳足迹标准体系和制度。

（2）多方面完善我国的碳标识立法工作，提供对碳标识制度的法律保障。具体需要完善碳标识认证机构，完善碳标识认证标准，完善碳标识制度的认证程序，注重碳标识制度构建中市场激励机制的完善。

（3）以政府为主导实施，引导企业积极参与碳标识制度。①政府通过编制相关规划，对碳标识制度的实施目标、实施人员、实施方式、实施程序等做出合理安排；②通过具体措施引导企业积极实施碳标识制度；③向社会公众树立环保榜样，倡导绿色采购。

（4）因地制宜地实施差异化碳标识制度。就我国而言，实施碳标识制度，要根据产品对气候变化影响的程度进行分级，依据国内产品在国际和国内市场的竞争力以及其与人们生活的密切度和技术改进难度等进行分类。

（5）提高公民的环保意识，多方面促进公众参与碳标识制度的实施。针对低碳技术知识的宣传教育，应当综合考虑不同人群的信息获得渠道，采取针对性的方法，提高宣传教育的效率和效果。

13.3 碳市场对低碳技术推广应用的影响与策略

碳市场的建立是促进低碳技术成果转化与推广的重要手段。中国作为世界上最大的发展中国家，早在 20 世纪 90 年代伊始，就把应对气候变化列为政府的重要工作，并于 1992 年成为《公约》的缔约国之一，从而成为世界上最早参与应对气候变化的发展中国家之一。为了履行减排承诺，中国在 2011 年批准北京、天津、上海、重庆、湖北、广东和深圳 7 个地区开展碳排放权交易试点工作。截至 2016 年年底，中国试点碳市场累积成交量达 16 000 万 t，累积成交额达 25 亿元。

13.3.1 碳市场对低碳技术转移推广的影响

碳市场对中国低碳技术推广的影响可分别从企业（包括技术需求方、中介和技术供给方）、政府、国内环境和国际环境四个角度阐述。

从企业（技术需求方）角度来说（逻辑分析图如图 13-1 所示），影响主要表现在：

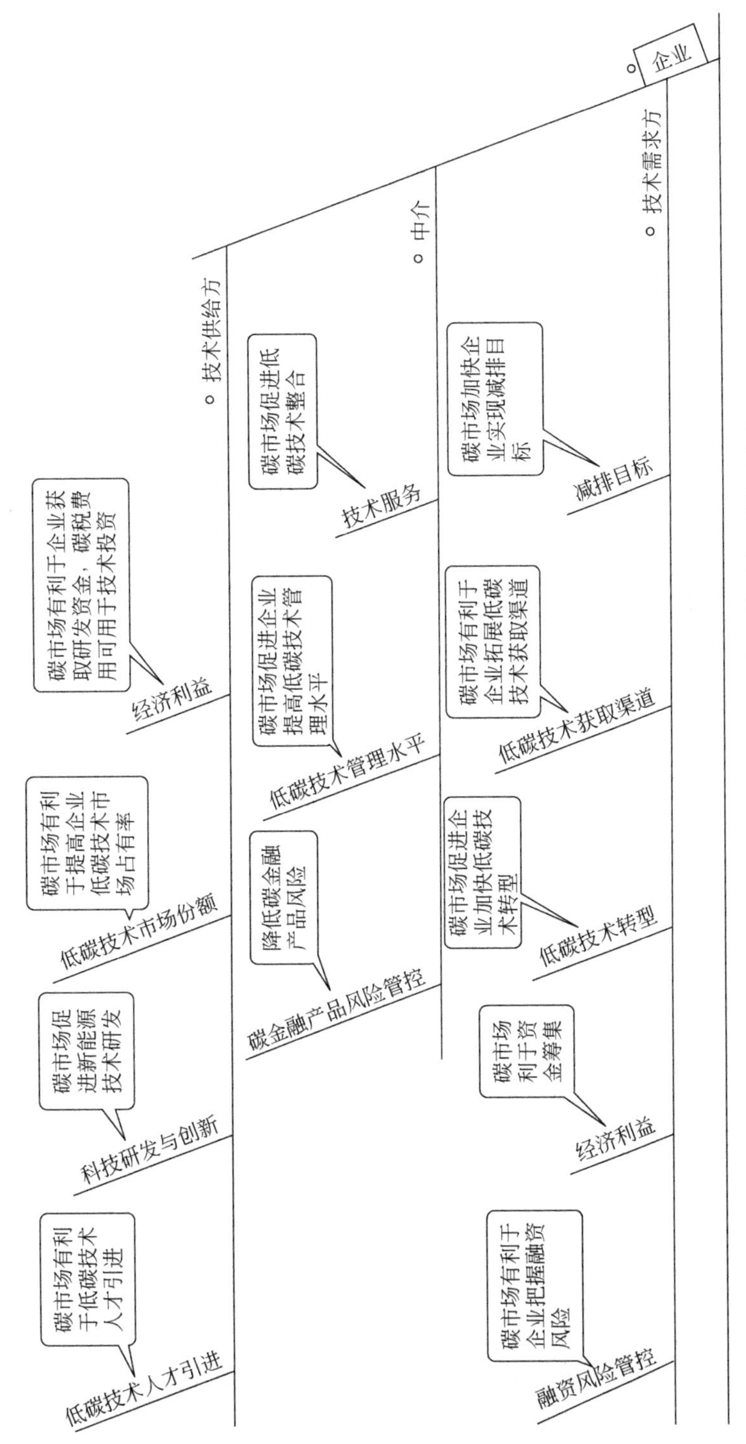

图13-1　企业层面上碳市场对中国低碳技术推广的影响逻辑分析图

（1）碳市场促进企业加快低碳技术转型。碳市场在初期增加了控排企业的经营成本，企业为了增强市场竞争力，将加大对低碳技术的资金投入与创新研究，进而有助于企业低碳技术转型，促进低碳技术转移推广。

（2）碳市场有利于扩大企业减缓行动的资金渠道。我国企业可以通过碳市场机制，获得多元化的资金和先进技术，使我国企业在提升市场竞争力的同时提高能源效率，降低生产成本。

（3）碳市场有利于拓展低碳技术推广渠道。鼓励和支持发展新建高新技术公司，扩大风险投资渠道，吸引国际上的投资企业参与我国低碳技术研发及其成果转化推广的行列中，加快我国低碳技术成果转化推广的步伐。

（4）碳市场推动我国在新能源和可再生能源方面的技术研发进程。我国实施的 CDM 项目中新能源和可再生能源比例占到 80% 左右。全世界已经在联合国注册成功的 CDM 项目中有一半以上是新能源和可再生能源项目，已经获得中国审核理事会批准的 CDM 项目中，80% 左右是风电、水电、生物质发电、各种来源的甲烷气回收利用等新能源和可再生能源的利用项目。

从企业（中介）角度来说，影响主要表现在：

（1）碳市场促进低碳技术整合，为企业（技术需求方）提供适合的技术服务，加快低碳技术转移推广。

（2）碳市场促进企业提高低碳技术管理水平。

（3）碳市场能在一定程度上规避人为因素干扰，降低碳金融产品风险。

从企业（技术供给方）角度来说，影响主要表现在：

（1）碳市场有利于企业获取研发资金，加快低碳技术研发进程。

（2）碳市场促进新能源技术研发，促使企业加快科技研发与创新。

（3）碳市场有利于提高企业低碳技术市场占有率，进而稳定碳交易市场，促进低碳技术推广。

（4）碳市场有利于低碳技术人才引进，为企业技术研发提供动力，进而加快低碳技术推广进程。

（5）碳市场有利于企业有效管控融资风险，建立健全风险管理控制体系，明确风险控制目标，有效进行风险管控。

对政府来说，碳市场作为一种调控手段，通过加快完善碳市场政策法律体系使科技成果规范化、国际化和市场化，同时加快建立国内碳市场促进低碳技术转移推广，进而达到科技成果转化为现实生产力的目的。

13.3.2 碳市场对促进低碳技术转移推广的机遇与挑战

（1）碳市场对促进低碳技术转化推广的机遇。一是碳市场的建立有利于加快中国低碳技术创新及推广进程，进而提高中国在国际气候变化条约谈判中的话语权。二是有助于低碳技术人才培养计划的实施，开拓和发展高新低碳技术产业的各类高水平人才，促进中国低碳技术转化推广。三是中国碳市场的建立有利于企业资金筹措，缓解减排资金不足，加快低碳技术成果转化与推广。

（2）碳市场对促进低碳技术转化推广的挑战。一是碳市场尚处于建立初级阶段，法制机制建设严重滞后，导致低碳技术推广前景尚不明朗。二是地区间碳市场缺乏有效衔接，低碳技术推广渠道有限。因此对政府而言，应加快碳市场相关政策制定，建立统一的市场规则，充分利用市场自身机制推广低碳技术。

13.3.3 通过碳市场促进低碳技术推广与绿色转型的建议

（1）加快推进完善全国统一的碳交易市场体系，促进低碳技术成果转化推广。加快推进全国碳交易市场体系的完善，应坚持从我国的基本国情出发，有计划分步骤建立涵盖各主要排放行业的全国性的碳交易市场体系，统一碳交易行为，并在构建的碳市场中加快新能源和可再生能源的利用，推进低碳技术创新和绿色转型，提升我国碳交易市场的国际地位。

（2）加快制定中国碳市场监管机制的法律体系，促进低碳技术推广与绿色转型。中国的碳市场尚处于建立的初级阶段，碳市场监管机构体系涉及生态环境部、财政部等多个部门领域，而从市场的成熟度和现有执法监管资源的分布来看，虽然温室气体尚未被列为污染物且其监管权不明，但生态环境部以其在污染物排放执法监督领域的丰富经验和技术人员方面的优势，在未来可以在碳市场中发挥更大的作用，以弥补碳排放交易监管的不足。由此，加快碳市场监管机制法律保障体系的制定，提高低碳技术成果转化推广工作质量，以法律保障发明人及其所在单位的利益，激励原创性技术成果研发及推广。

（3）加快通过碳市场广开低碳技术成果转化推广筹资渠道，促进低碳技术的转化与推广。首先，充分发挥政府拨款的主导作用。必须把政府拨款与低碳技术成果转化推广任务和减排效益挂钩。其次，完善低碳技术成果转化推广的绩效评估工作和监督机制，以评估促进政府管理机构和企业共同发展，共同提高低碳技术成果转化推广工作质量。最后，要发挥风险投资的催化作用。鼓励和支持发展投资经营公司，设立低碳技术创新及其成果转化推广的风险投资基金，在全国乃至全球范围内，扩大集资渠道，吸引国际上的投资企业，参与到我国低碳技术研发及其成果转化推广的行列中，加快低碳技术成果转化推广的步伐。

（4）通过碳市场促进低碳技术推广中介全方位服务体系，为低碳技术成果转化与推广提供良好环境。低碳技术推广中介服务机构在低碳技术推广，特别是在技术提供方和使用方的信息传播方面具有重要作用。我国低碳技术转化服务体系主要由地区性与行业性的生产力促进中心、国家级/省级的科技成果推广中心、科技企业孵化器和国家重点建设的国家技术转化中心等一系列中介服务机构组成。加快各类国家级数据库的建设，制定实施资源共享制度，依托国家节能技术推广平台，为中介机构提供及时、准确、系统的信息服务，实现集“信息集散—技术评价—市场预测—决策支持—专家咨询—用户服务”为一体的全方位服务体系。同时要加强对中介机构的规范化、标准化管理，加强中介从业人员能力建设，重点支持一批专业服务水平高、组织协调能力强、已树立服务品牌和信誉的中介服务机构，在各方面加大支持力度，提升服务质量和水平，为低碳技术推广创造良好的环境。

（5）加快促进国内市场与国际市场的接轨，活跃低碳技术成果转化推广市场。首先，通过建立中国碳市场推动低碳技术成果转化推广市场规范。在对低碳技术基础研究工作提供充分保障和稳定支持的同时，放手让一切有利于提高低碳技术水平、经济社会效益的成果以各种方式进入低碳技术市场。其次，要利用价格杠杆推动低碳技术成果转化推广。可考虑与发达国家合作建立世界通用低碳技术成果定价机制，并以此作为当事人议价的基础，为技术商品成交转化提供便利。最后，要加快国内低碳技术成果转化推广市场与国际市场的接轨。开拓国内国际两个市场，扩大低碳技术的广泛交流、合作和转化，迅速实现与国际市场的全面接轨。

13.4 中国低碳技术成果转移模式探究

13.4.1 国外低碳技术成果转移经验

13.4.1.1 国外低碳技术成果转移现状

欧盟在低碳经济、税收等方面推出了一系列的法案和措施，为低碳技术提供融资计划，从而助力研发成果市场化，成立欧洲能源研究联盟和欧洲能源研究院执行发展低碳经济计划，鼓励低碳技术的发展与转移。

英国推行“政府投资、企业运作”的模式，以政府为主导，以全体企业、公共部门和居民为主体的互动体系，促进商用技术的研发推广。从市场、政府两方面对低碳技术创新形成需求拉动，加大财政投入，运用税费减免、财政补贴等手段引导企业投资低碳技术项目，引导民众使用低碳产品。

德国前期投入了大量的财政资金用于推动节能减排相关核心技术研发和产业基础能力上，将高能耗的传统产业转型升级，后期采用多手段政策激励用于低碳技术应用市场的培育，并利用专业技术转移机构，推动低碳技术的转移。

美国鼓励政府和私营行业投资新能源技术产业，在财政和金融两方面采取措施，促进低碳技术商业化。通过提高发明人成果转化收益分配、多渠道的金融扶持方式，构建完整的技术转移体系，提高创新积极性，提高成果转化的效率，降低科技成果转化与技术开发的费用。

日本的低碳技术转移是以市场为导向，资金来源于政府或企业，由官产学研联合担任作为科研工作的主体，政府的职能是制定优惠政策和搭建合作平台。各高校的“知识产权本部”机构统一管理知识创新和成果转让，并通过立法保护高校发明人的权益。

13.4.1.2 国外低碳技术成果转移对我国的启示

（1）制定全面的低碳政策体系。各国通过成立独立研究机构，制定低碳发展路线图；在低碳战略的框架下，制定限制排放的法规和低碳技术标准，从源头上控制温室气体的排放；根据本国的低碳技术重点发展方向，制定低碳领域的研发计划，并集中力量研发、突破低碳领域的关键技术；制定配套政策法规和金融服务刺激低碳技术的市场化应用，对于本国优势的低碳技术鼓励进行跨国技术转移。

（2）建立统一的低碳技术转移平台或联盟和低碳技术示范区，为高校、科研机构的技术拥有者提供合作、应用平台，为低碳技术提供有针对性的技术转移服务。

（3）明确知识产权的归属，制定合理的分成与分配机制，激发科研人员的技术创新积极性，促进提高技术转移效率和效果。

13.4.1.3 国外知名技术转移机构及运营模式

牛津大学创新组织（OUI）服务主要包括专利申请和特许经营、技术和市场咨询、创立衍生公司三种模式。明确了科研机构研究人员、投资者、企业三者的权责，让科研人员不必担心资金问题专注于研究工作。

美国国家技术转移中心（NTTC）拥有6个地区技术转移中心（RTTC），在企业和研究机构（如联邦实验室、高校院所）之间承担双向技术信息交换的工作，整合700个联邦实验室与100所大学的研发成果资料进行分析归类，建设成信息网站，克服局部区域内部技术转移困难的问题。

日本产业技术综合研究院（AIST）在日本建立了8个区域研究基地，按照企业模式运作，研发成果统一归AIST知识产权部所有，并统筹运用，开展区域创新模式振兴区域经济。

德国弗劳恩霍夫应用研究促进协会借鉴企业运作模式，拥有经费自主使用权，与大学有机融合，开展多学科并存、跨专业领域的交叉研究，建立了灵活、高机动性的研究体制，显著提高了研发组织的适应性、开拓性和竞争力。

13.4.1.4 国外知名技术成果转移机构对中国的启示

一是利用信息化手段，构建整合性技术信息平台。定期更新的创新技术的数据库，将先进技术实时录入信息化系统中，为企业提供创新技术查询和咨询服务。二是灵活运作机制，研发机构高度柔性化。研发机构与产业界合作研发，通过技术授权获得资金支持维持机构运转。三是直接面向产业提供一体化技术转移服务。高校成立专业化的技术转移机构，或将其技术转移业务外包，便于研究机构面向产业界现实需求。四是开展多层次共性技术研究活动。技术转移机构通过设立分支机构负责区域性的技术转移，同时将共性技术研究分为长期、中长期、短期三类，开展面向未来产业具有导向性作用的研究活动，带动产业共性技术的发展。

13.4.2 国内低碳技术成果转移现状与需求

13.4.2.1 政策引导情况

为引导和推动高效节能技术的研发和应用，国家发改委、科技部、工业和信息化部、住房和城乡建设部、交通运输部纷纷制定了多种政策。

科技部组织编制了两批次《节能减排与低碳技术成果转化推广清单》，围绕工业、能源、交通、化工、建筑等相关领域节能减排和优化升级的重大科技需求，征集了共 66 项节能减排与低碳技术成果。工业和信息化部发布了《节能机电设备（产品）推荐目录（第七批）》和《“能效之星”产品目录》，提出坚持过程节能与产品节能相结合，以信息通信技术应用带动全社会节能减排，加强行业节能减排技术创新推广。住房和城乡建设部制定了《全国绿色建筑创新奖管理办法》和《科学技术计划项目管理办法》，遴选重大创新和效果突出的新技术、新产品、新工艺，推动我国绿色建筑及其技术的健康发展。交通运输部设立了节能减排与应对气候变化工作办公室，发布了《建设低碳交通运输体系指导意见》和《建设低碳交通运输体系试点工作方案》等指导性文件，设立节能减排专项资金进一步促进交通运输节能减排技术推广应用。国家质量监督检验检疫总局主管全国节能低碳产品认证工作，联合国家发改委制定了《节能低碳产品认证管理办法》，并发布了两批低碳产品认证目录。

13.4.2.2 金融扶持情况

为了发挥金融对低碳节能行业的支持、引导作用，缓解企业融资困境，促进高耗能产业的转型升级，国家、各省市、各部委发布了多项专项引导资金扶持政策，为企业提供财政资金支持，同时与清洁发展委托贷款的优惠贷款、创新创业大赛引导社会资本等非财政资金扶持措施互补，构建扶持低碳节能产业发展的多元化金融扶持体系。

13.4.2.3 园区载体扶持情况

2015 年工业和信息化部与国家发改委同意全国两批共 51 家园区开展国家低碳工业园区的试点建设，推动园区使用可再生能源，加快重点用能行业低碳化改造、培育集聚低碳型企业、推广工业园区低碳管理模式。我国多家园区以节能环保技术为主题，构建的创新载体为节能环保产业链提供了智力服务与支持，进一步加快节能减排技术的创新、成果转移及推广，加快节能环保产业的发展。

13.4.2.4 低碳技术成果转移与推广应用案例

1）新能源汽车

自 2009 年以来，国务院提出新能源汽车发展的规划和目标，中央出台多项政策覆盖了产业、科技、交通、财税、基础设施等方面，为新能源汽车的推广和应用创建了较为完善的政策体系。具体措施有：产学研协同助力科技成果转移转化，搭建产业技术创新联盟加强行业共性关键技术的研发与推广，开展国际技术转移合作，以城市为平台、加强政策综合集成，建设示范推广城市。一方面提高了排放标准和要求，大幅度增加国内市场需求，利用政策优惠措施和补贴激励了企业和消费者的参与热情；另一方面突破了一些关键技术，提升了核心竞争力，更有利于我国新能源汽车走出去。

2）节能环保装备

我国制定了节能环保产业发展规划，发布了《重大环保技术装备与产品产业化工程实施方案》，通过制（修）订节能环保标准，充分发挥标准对环保技术的应用与发展的催生促进作用。具体措施有：建设国家重点实验室和产业创新基地，打造技术转化应用服务平台，成立产学研创新联盟推动核心环保技术研发与应用，实施低碳技术示范工程，推广环保装备及技术。部分控制技术、装备、指标已经跟国际先进水平并驾齐驱甚至处于领先地位，关键技术和装备实现了国产化，并成功技术转移并输出到国外。通过建设低碳技术应用示范项目，迅速提高低碳技术应用率及环保装备的使用率。

13. 4. 2. 5　低碳技术转移模式

1）传统低碳技术转移模式

传统低碳技术转移模式有科研成果点对点直接转移、搭建技术熟化服务平台、技术集成经营、高校院所衍生企业、平台型转移、技术市场交易、第三方经纪服务。目前这些转移模式都有成功实施的案例，如上海高等研究院与上海松江区共建上海低碳产业技术研究院，搭建中国-东盟技术转移中心推动“中国制造”走出去，在湖南成立湖南省国际低碳技术交易中心，中国建材检验认证集团股份有限公司提供低碳与节能减排的第三方服务等。

2）绿色技术银行——低碳技术转移新模式

绿色技术银行——低碳技术转移新模式集聚全球技术、资本、人才等创新要素，打造绿色技术库和资源汇聚平台；坚持市场化原则，打造绿色技术金融平台，促进科技金融紧密结合；秉持专业化思维，打造一站式创新服务平台，引导绿色环保领域科研活动面向产业发展，促进科研管理向创新服务转变，提供专业化咨询、管理、孵化、转移等服务。

13. 4. 3　国内低碳技术成果转移存在的问题和发展趋势

13. 4. 3. 1　低碳技术成果转移存在的问题

随着积极推动各类政策、扶持措施的落实到位，推广工作已取得了巨大成效，“十二五”期间总体实现节能减排的预期目标，但在低碳技术成果转移、推广过程中依然存在一些亟待解决的问题。

（1）多方管理模式导致低碳技术成果转化率低。各类资源分散，遴选征集的低碳技术清单、低碳产品目录无法为耗能企业提供系统性集成解决方案，财政资金扶持的应用推广项目偏向于大规模或行业领军企业，导致对于急需低能节能技术应用的中小企业示范引领效果未能达到预期水平，政策实施有效性有待提高。

（2）中介服务力量分散，缺乏综合性服务平台：服务机构分散化、碎片化，企业无法提供跨领域、跨区域、全过程的技术转移集成服务，缺乏对低碳技术产业的系统性技术服务支持。

（3）融资渠道丰富，但受惠企业比例较低：金融服务应覆盖低碳技术成果转化的各个阶段（如前期孵化项目、中期成长项目、后期发展项目），不能仅仅依靠某一项活动解决社会资本的引入问题，因此虽然我国建立了多元化金融扶持体系，但受多方面因素的影响，真正受惠企业比例较低。

13. 4. 3. 2　国内低碳技术成果转移需求

（1）探索低碳技术成果“产学研”的深度融合模式，提高科技成果转化率。充分利用科技部及国家发改委发布的低碳技术清单，建立全国低碳技术转移、交易平台，打通低碳技术“研究”和“应用”双环节的“技术提供方”与“应用者”的信息通道，促进高校院所、低碳技术研发企业、低碳技术成果应用企业三者的深度融合。

（2）建设以需求为导向的跨国技术转移体系，推动低碳技术、产品、服务“引进来”和“走出去”。加强低碳技术、产品、案例人才等双向信息交流，不仅仅只是引进先进的低碳技术和产品，还需在“一带一路”倡议带动下推动我国先进低碳技术、产品的输出，提升“中国制造”的国际口碑。

（3）集聚国内优质低碳技术服务资源，提供一站式科技服务解决方案。实现信息、数据的共享，以此提升中小企业、高校院所的低碳技术创新能力、成果转化能力。

13. 4. 3. 3　发展趋势

（1）完善技术服务体系，统筹全国低碳技术成果转化推广工作。改变原有技术转移服务机构分散状态，组建一批以行业协会、研发机构或行业龙头企业引领的低碳技术研发及其成果转化推广联盟形成风险共担的低碳技术联合开发与成果转化推广体系，促进行业内部在低碳技术成果转化推广知识产权共享的协同与合作。

（2）创新服务机制，提高低碳科技成果转化率。通过创新服务机制，整合资源建立一个低碳政策、技术知识和信息要素双向流动的动态联合体；聚集低碳技术领域的专业创新孵化载体，形成强劲的创新群落，对低碳技术成果、低碳型企业和低碳技术创业企业进行孵化培育；培养和组建专业技术经纪人队伍，加速科研机构和低碳技术研发创新型企业的原创成果转化转移。

（3）构建多维度的低碳技术成果示范模式。整合区域内资源建立低碳技术示范推广中心，聚焦区域特色的低碳产业，有重点地选择适用良好的节能减排与低碳技术进行引进、实验、示范和推广，推动当地低碳产业的转型升级；建立低碳技术展示、交易中心，促进跨区域、跨行业的技术、成果交流；利用互联网，依托低碳技术推广清单及产品目录，搭建全国低碳技术交易中心网络平台，进行低碳技术成果展示，为我国优秀低碳技术打开

“走出去”的通道，提高低碳技术交易成功率。

13.4.4 促进低碳技术成果转化推广的建议

13.4.4.1 建设目标

(1) 搭建全国低碳技术成果转化网络。以全国各省级 CDM 技术服务中心为基础，筹建以高校院所、低碳需求企业、服务机构为成员单位的全国性低碳技术成果转化联盟。通过成熟地区的跨国技术转移和国内在产学研合作工作的基础上探索低碳技术成果转化推广经验，通过服务联盟将成功经验在全国推广将大幅度提高行动的效果。

(2) 建设低碳技术公共服务体系需要的基础资源。通过建设和运行一网、一中心、六库，充分发挥公共服务体系查询、统计、分类检索等支持保障服务功能，收集分析企业需求，建立区域性低碳科技资源共享机制，解决低碳技术推广难、转化难，以及技术与资金、政策、专家衔接不够等问题。

一网：低碳技术成果转化推广公共服务信息网络系统（线上）。

一中心：在全国遴选合适的产业园区，增加低碳技术成果展示交易服务内容。

六库：低碳技术成果库、企业需求库、低碳专家库、低碳实践案例库、低碳政策库、投融资企业库。

(3) 实践层面探索低碳技术成果转化推广的机制。中国经济发达的长三角、珠三角地区，均处在后工业化阶段，政府环境政策良好，企业资金实力雄厚，更能接受或投入未来战略制高点新技术。

(4) 提升基层科技系统和重点能耗企业科技、能源管理人员应对气候变化的能力。通过培训、交流等能力建设重心下移解决“最后一公里”的问题。

13.4.4.2 主要任务

围绕低碳技术的推广、应用及低碳产业的发展，推动联盟成员之间的资源共享和开放合作，提升低碳产业的群体创新能力；协调联盟成员之间的关系，形成对低碳产业发展的共识。协调低碳产业相关产品设计、制造、测试、应用、服务，协调联盟成员之间分工及产品配套，推动形成完整的产业链条，促进低碳产业发展；组建全国低碳产业技术创新战略联盟技术委员会，提供智力和技术支撑；协调联盟成员之间、联盟成员与联盟外机构之间的专利技术许可，增强联盟成员的竞争力；协助政府对低碳产业发展实行监督和管理，发挥行业渠道优势，向政府反映联盟成员的意愿和要求，提出促进全国低碳产业发展的建设性意见，为政府制定相关产业政策提供依据；开展国内外低碳技术与产业领域的科技合作和交流，举办低碳成果推广产业发展论坛等活动。

13.4.4.3 组织架构方案

联盟由联盟大会、理事会、秘书处、专家技术委员会、服务机构、高校院所、低碳技术产业化企业、投融资机构组成。联盟大会制定联盟发展规划和工作方针；理事会是联盟大会的执行机构；秘书处负责联盟的日常工作；专家技术委员会为联盟开展科学性、前瞻性、基础性研究和可持续发展提供专业学术指导与智力保障。

13.4.4.4 工作职责

（1）联盟聚合资源，促进全国低碳产业创新资源整合与优化，构建低碳产业创新体系；解读国家有关方针、政策，引领产业发展方向，加强突破性研发和自主创新能力，引领产业先进技术水平；广泛开展产学研合作，联合行业专家共同推进低碳产业创新体系建设、企业自主创新能力建设；推进联盟产业链配套体系建设、联盟成员互动体系建设，形成联盟合力和联盟集聚优势；开展促进低碳产业与技术的交流活动，共同推动节能减排与低碳技术成果转化推广。

（2）业务范围。针对低碳新技术应用，成果交流推广；分行业、分重点领域整合一批研究机构和专家资源，研究编写形成培训教材，策划低碳成果转化系列课程体系；面向政府、产业、企业和热点专题，组织开展多方面、全方位培训，培养懂技术、懂标准、懂业务的复合型专家、行家和能手；能效对标、评估诊断与咨询和开展成果转化融资路演。

13.4.4.5 联盟活动

（1）建立技术推广需要的资源和线上推广，实现低碳技术成果在线对接、技术需求在线发布、信息智能匹配推送等线上实时方式推广，搭建供需平台。

（2）建设数据库。以国家发改委发布的《国家重点推广的低碳技术目录》《国家重点节能低碳技术推广目录》（节能部分）和科技部发布的《节能减排与低碳技术成果转化推广清单》为基础，搭建低碳技术成果库；收集企业需求，建立低碳咨询专家库，提供低碳发展咨询和技术指导；建设低碳实践案例库，让低碳领域实践者在平台上免费分享，提供一个同行学习、经验分享、资源对接和创新激发的平台；建立低碳政策库为企业提供政策宣传和咨询服务，并指导申报政府资助项目；建设投融资企业库，开展投融资对接活动，为低碳项目投融资提供中介服务。

（3）线下示范与推广，探索联盟线下成果推广的模式，并将成熟经验推广至全国其他省份。例如，开展科技系统和重点能耗企业培训、低碳技术成果推广大会、产业园区推广、建立低碳技术成果展示交易服务中心、利用能效及碳排放对标管理活动、服务联盟年会推广等。

（4）把握“一带一路”倡议机遇，打通“走出去”通道。共建联合低碳科技合作载体，促成关键领域的科技研发、成果转化及深度应用，积极对接全球创新资源，加强国内外知名技术转移机构深度合作。

第 14 章　中国应对气候变化科技统计体系研究

本章按投入—产出—成果转化的逻辑模型构建中国应对气候变化科技统计的指标框架，力求能够较全面反映、持续监测国家在应对气候变化领域的科技投入、科技成果总量和水平，以及科技对社会经济发展的影响等。为促进应对气候变化科技统计工作，建议建立中国应对气候变化科技统计信息平台，公布我国历年应对气候变化科技统计数据，展示我国在应对气候变化科学领域具有关键意义的研究进展、整体水平变动以及具有示范效应的技术成果。

14.1 引　　言

充分依靠科技进步与创新应对气候变化带来的挑战，是我国实现绿色发展、履行国际责任义务的重要途径。当前应对气候变化科技的内涵和边界尚不清晰，缺乏对相关科技活动的监测统计，难以拿出有力支撑国际谈判的基础性统计数据。因此，亟须研究并开展应对气候变化科技统计工作，充分重视和利用统计监测工作、评估评价工作推动应对气候变化目标的实现。

14.2 应对气候变化科技统计的现状

（1）我国高度重视应对气候变化科技工作，但缺乏专门针对应对气候变化科技统计的指导性文件。

20 世纪 90 年代，我国开始建设应对气候变化政策部门。1990 年国务院专门成立了国家气候变化协调小组；1998 年建立国家气候变化对策协调小组，负责我国气候变化领域重大活动和对策；2007 年国务院成立国家应对气候变化领导小组，由国务院总理任组长；2008 年在国家发改委专门设立应对气候变化司，负责统筹协调和归口管理国家应对气候变化工作；2013 年 7 月，国务院对国家应对气候变化领导小组组成单位和人员进行了调整，李克强总理担任组长；2018 年 3 月，国务院机构改革确定组建生态环境部，行使应对气候变化和减排职责。

在国家战略规划制定层面，2007 年，《中国应对气候变化国家方案》发布，明确了 2010 年中国应对气候变化的具体目标、基本原则、重点领域及其政策措施；同年 6 月，由科技部、国家发改委等 14 个部门联合发布了《中国应对气候变化科技专项行动》，明确了“十一五”期间应对气候变化科技发展的重点任务和保障措施；2012 年 7 月，发布了《“十二五”国家应对气候变化科技发展专项规划》，明确了“十二五”期间在应对气候变化科技创新工作方面的重点研究方向和相关领域；2014 年，国家发改委会同有关部门发布了《国家应对气候变化规划（2014—2020 年）》，强调了重点发展和推广的低碳技术与应对气候变化适应技术；2017 年，科技部联合环境保护部、中国气象局发布了《“十三五”应对气候变化科技创新专项规划》，明确了“十三五”期间应对气候变化科技创新的发展思路、发展目标、重点技术发展方向、重点任务和保障措施。

在战略研究报告层面，自 2007 年开始，我国每五年发布一次《应对气候变化国家评估报告》，目前为止共出版三次（2015 年出版《第三次气候变化国家评估报告》），报告对气候变化研究的关键问题进行梳理，全面反映我国科学界在气候变化领域的最新研究进展，展示我国在应对气候变化方面的成果。自 2009 年开始，国家发改委每年发布《中国应对气候变化的政策与行动》报告，从减缓、适应、发展低碳试点、战略规划和制度建设、基础能力建设、社会参与、国际谈判和国际交流等多个领域出发，简要介绍我国政策和行动的基本状况。

在科技任务部署层面，“十一五”期间，国家科技计划重点围绕节能和提高能效、可再生能源和新能源开发利用、清洁能源汽车、清洁生产、资源综合利用、环境保护以及二氧化碳捕集和封存再利用等方面组织了一批重大项目，科研经费投入达 136 亿元。“十二五”期间，科技部、中国科学院、国家自然科学基金委员会、中国气象局等 10 个部门分别通过国家科技支撑计划，国家高技术研究发展计划（863 计划），国家重点基础研究发展计划（973 计划），应对气候变化国家重大科学研究计划，国家国际科技合作计划项目，应对气候变化专项，中国科学院战略性先导科技专项，国家自然科学基金，农、林、水、环保、气象、海洋等各类公益性行业专项基金，CDM 基金，全球环境基金等多种渠道部署科研项目，累计投入经费 138. 59 亿元。“十三五”期间，在新的五类科技计划（基金、专项）中，国家重点研发计划作为应对气候变化科技投入主渠道，在已启动实施的 42 个国家重点研发计划专项中有“全球变化及应对”“粮食丰产增效科技创新”“煤炭清洁高效利用和新型节能技术”等九个重点专项部署了相关任务，内容涉及科学基础、减缓和适应气候变化三个领域，国家自然科学基金、技术创新引导专项（基金）、基地和人才专项，分别从自由科学探索、成果转化和能力建设的角度全方位支撑应对气候变化领域的发展。国家科技任务布局得到进一步优化，“十三五”前两年（2016 ~ 2017 年）已经投入约 137 亿元，有望再创新高。

在应对气候变化统计层面，2013 年 5 月，国家发改委、国家统计局联合印发了《关于加强应对气候变化统计工作的意见》，这是我国首次对气候变化相关事务进行全面统计的工作。在所构建的统计体系中，仅“应对气候变化相关管理”类别和“应对气候变化的资金投入”类别中的科技统计、节能投入等条日涉及科技统计，但对如何进行进一步更加详细的指标统计、制定统计方案，并没有一个指导性的文件。

（2）国际上非常重视应对气候变化科技工作，一些国家和组织在气候变化统计监测方面已有所研究与实践，但尚未发现专门针对气候变化科技的统计指标体系。

20 世纪 80 年代以来，欧盟在适应和减缓气候变化方面做了较多努力与尝试。2013 年 4 月，发布了《欧盟气候变化适应战略》，着重提到科技能力建设在适应气候变化的重要性。在促进和管理应对气候变化科技相关工作方面，由于涉及众多国家，欧盟善用开放化平台。例如，2012 年 3 月，欧盟推出“欧洲气候适应平台”，主要为欧盟成员、地方、跨区域组织提供应对气候变化科学技术支撑和相关咨询建议，并提供由科技部门研究出来应对气候变化的最新技术和创新结果。2016 年，欧盟联合研究中心的“欧盟能效平台”正式上线启动，借助平台强大的数据分析能力，帮助欧盟成员国、区域及城市系统科学地开展节能工作，提升能效。

步入 21 世纪以来，日本在“环境立国”战略和“低碳社会行动”的指引推动下，将绿色低碳发展作为经济转型的核心，在低碳节能技术领域保持优势甚至引领世界发展方向。20 世纪 70 年代，日本大规模投入、研发可再生能源技术；东京都政府、横滨市政府分别于 2007 年 1 月、2008 年 1 月公布了《东京气候变化战略——低碳东京十年计划的基本策略》和《横滨摆脱地球变暖行动方针》，以全面落实应对气候变化行动，降低人均碳排放，推进可再生能源利用；2008 年，日本综合科学技术会议公布了“低碳技术计划”，明确了 2050 年日本能源创新技术发展路线图，提出了实现低碳社会的技术战略以及环境和能源技术创新的促进措施。在 2011 年发布的《第四期科技基本计划（2011—2015 年）》中，明确了与应对气候变化相关的任务和亟须突破的方向；2014 年，日本首相安倍晋三发起“为地球降温创新论坛”，旨在为世界各国领导人、行业代表、学术人员和政策制定者的讨论与合作提供一个全球平台，以了解能源和环境技术的创新如何为气候变化提供解决方案。2016 年 10 月制定的《2050 年能源与环境创新战略计划》，提出应对气候变化相关创新领域的发展目标。1980 ~ 2008 年，日本的能源效率提高了 38%，居世界第一，实现了从“能耗大国”到“新能源大国”的转变。

澳大利亚指导国家应对气候变化的核心文件为《澳大利亚气候变化科学国家框架》，以气候科学为支撑，关注减缓政策、适应政策，致力于形成一个全球性的气候变化解决方案。澳大利亚科学框架的实施方案，将政策问题与气候变化科学在减缓和适应等方面的优先事项相对系统地联系起来，使利益相关者了解气候变化的影响，帮助研究和应对气候变化的工作者与相关资金投入能够找准气候变化最需要迫切关注的领域。

2002 年，美国时任总统布什协调重组了指导美国气候变化研究和技术开发的总体管理结构，建立了气候变化科学与技术整合委员会，负责协调气候变化科学和技术的研究。设立了“气候变化科学计划”和“气候变化技术计划”两个实施计划。2002 ~ 2009 年，两个实施计划分别提供了数十份独立的评估报告。2009 年奥巴马执政以后，上述两个实施计划被归入全球变化研究计划，在该计划主导下，每四年出版一次（最近一版为 2014 年）的《国家气候评估》总结气候变化对美国的影响。奥巴马执政阶段，美国向低碳经济转型的行动进一步深化，一系列有关应对气候变化的政策相继出台，推出绿色能源法案，更加注重在应对气候变化过程中对于美国国内经济社会效应的兼顾，发展低碳、绿色能源经济。2014 年 10 月，美国白宫发布了国家环境保护局（Environmental Protection Agency，EPA）等联邦部门与机构制定的《适应气候变化计划》，着眼于行动目标、适应能力建设、绩效评估等。2017 年特朗普就任美国总统，撤除了“气候行动计划”，大幅度消减气候变化相关的经费预算，撤销了奥巴马政府时期的气候变化政策，并于 6 月 1 日宣布美国退出

《巴黎协定》，引发了美国各界人士的强烈不满，苹果公司、Facebook（脸书）等声明将继续积极采取行动应对气候危机，美国十位州长以及华盛顿特区市长加入了“美国气候行动联盟”，包括纽约州、加利福尼亚州等，以表达维护《巴黎协定》的决心。

在应对气候变化的统计工作方面。1989 年，由美国总统倡议建立的“美国全球变化研究计划”曾提出了一个初步的气候变化监测指标体系，EPA 在初步指标的基础上，与 40 多个政府机构、学术机构和其他组织的数据提供者合作，编译了有关气候变化的原因和影响关键指标体系，但这些指标只构成针对监测气候变化的一个统计体系，并不涉及科技相关内容的统计。1999 年，北欧四国的能源与环境部门组成合作小组，根据已有数据制定了潜在的气候变化指标清单，从应对气候变化的驱动力、压力、现状和对策四个方面列出了相关指标数据，未涉及科技统计相关内容。澳大利亚环境和能源部公布的关于气候变化的基本统计指标主要为气温、降水模式变化等气候变化科学数据，未从减缓、适应和气候变化的经济社会影响方面全面建立与应对气候变化相关的统计体系。世界银行关于气候变化的相关统计，包含了农业、能源与电力、温室气体等 8 类 22 个指标。英国国际发展部（Department for International Development，DFID）和 Harewell 国际有限公司的报告从规划过程、受保护的资产、知识和决策三个方面发展设计了适应气候变化的一系列指标/评价体系，用于评价国际气候基金（International Climate Fund，ICF）在气候变化适应方面支出的有效性。2012 年，世界资源研究所（World Resources Institute，WRI）发布关于国家适应能力的报告，从确定科学研究优先事项、协调、信息管理和气候风险管理方面评估适应气候变化。2015 年，联合国欧洲经济委员会（Economic Commission for Europe，ECE）发布了《欧洲统计会议关于改进气候变化相关统计的建议》，相关统计数据（如环境、社会和经济数据）衡量人类因素引起的气候变化、气候变化对人类和自然系统的影响、人类避免气候变化带来后果所采取的努力以及人类适应气候变化所采取的努力。其中，仅“研究与开发：资助与绿色部门或气候减缓相关的研究与开发”条目涉及科技统计。综上所述，尽管一些国家和组织在气候变化统计监测方面有所研究和实践，但多为环境、社会和经济等方面的数据统计，尚未发现专门针对应对气候变化科技的统计指标体系。

14.3 开展应对气候变化科技统计面临的问题及形势

应对气候变化内涵丰富，涉及诸多行业领域，科研任务部署相对分散，科技管理难度大。应对气候变化科技内涵丰富，涉及领域众多，业界和科技管理者对应对气候变化科技的内涵、边界等基本概念缺乏统一认识。长期以来，应对气候变化相关科研任务分散在不同的科技计划、专项、基金或项目中，难以剥离和汇总，增加了科技管理工作难度。2014 年国家科技计划管理改革启动实施，分散在中央各部门的财政科研项目经过三年过渡期的优化整合，最终将形成国家重点研发计划等五大类。在新的科技体系架构下，应对气候变化相关科研任务以何种形式进行部署实施，涉及哪些科技计划、基金、项目，科研管理组织模式和实施机制要做哪些优化调整，仍需经过系统梳理和专门分析，逐步厘清并提出政策建议。

国际可比的应对气候变化科技统计体系尚未推出，国际社会对我国应对气候变化科技工作的认知、认可度低。当前，我国尚未针对应对气候变化领域科技工作开展有计划的、全面的监测统计工作。我国应对气候变化领域的科技投入规模、研发活动进展、成果产出清单、节能减排效果等方面，没有形成一套国际可比的统计指标和国际公认的计量方法，导致国际社会对我国应对气候变化科技工作的认知、认可度低，不具备开展国际交流与深度合作的基础。

我国应对气候变化科技进步，对实现减排目标的贡献程度不明确，难以在国际谈判中发挥关键作用。应对气候变化归根结底要依靠科技的进步和创新。然而，要兑现我国“2030 年左右使二氧化碳排放达到峰值并争取尽早实现”的承诺，科技工作对此的贡献程度并不明确。及时、全面地开展我国应对气候变化科技统计工作，既能够充分体现我国对应对气候变化的重视程度和决心，强化科研工作要紧密围绕实现节能减排目标的价值导向，也能支撑研究提出应对气候变化领域的科技贡献率，使科技创新在国际谈判中成为亮点，为彰显负责任大国的软实力发挥举足轻重的作用。

14.4 应对气候变化的科技内涵

应对气候变化领域通常包括自然科学基础，影响、适应与脆弱性，减缓三个主要科技发展方向。参考 IPCC AR5、气候变化国家评估报告、中国应对气候变化专项行动、国家应对气候变化科技发展规划等重要报告和文件，结合国家重点研发计划、国家科技重大专项等国家科技任务部署，以及部门、地方科技任务部署，可以明确应对气候变化领域的科学内涵和统计范围。

1）自然科学基础领域

在 IPCC AR5 报告中，气候变化自然科学基础方面的综合评估报告重点包括了解过去的气候变化、记录当前的气候变化以及预估未来的气候变化相关的要素。经研究，我们认为应对气候变化自然科学基础可以概括为人类对气候变化过程及其机理的认知、理解、模拟和预估。气候变化自然科学基础的具体内容并非是一成不变的，最近几十年，随着气候变化科学的迅速发展和全球气候的不断变化，人类对气候变化的科学认知亦不断深入，其内涵、边界及覆盖范围也在相应的扩展延伸。气候变化自然科学基础领域的主要内容包括：气候系统各圈层的观测、古气候、碳循环和其他生物地球化学循环、能量循环、温室气体和气溶胶与辐射强迫、气候模式研究、近期和长期气候变化预估、气候变化的检测与归因等。

2）影响、适应与脆弱性领域

在 IPCC AR5 报告中，影响是指气候变化对自然和人类的影响。适应是指针对实际或预计的气候及其影响进行调整的过程。在人类系统中，适应是力图缓解或避免危害，或利用各种有利机会；在某些自然系统中，人类的干预也许有助于适应预计的气候及其影响。脆弱性是指易受负面影响的倾向或习性。气候变化的影响、适应与脆弱性涵盖自然气候系统、生态系统、人类和社会之间的相互作用，并将这种相互作用列于长期以来一直强调的气候变化对不同部门和区域的生物物理影响之上。其内容和边界以及涉及的领域与区域随着科学的发展和认识的深入而不断扩展。气候变化的影响、适应与脆弱性不仅关注淡水资源、陆地生态系统、内陆水生系统、海岸带系统和低洼地区、海洋系统、粮食生产系统及粮食安全等自然的和人为管理的资源与系统及其利用，还进一步关注城市、农村、关键经济部分及服务等人居、工业和基础设施等，以及人类健康、人类安全、生计与贫苦等人类的健康、福祉和安全等经济与社会方面，并且更为关注对气候变化的自然和社会影响的综合理解。从适应的角度，考虑适应的需求和选择、规划和执行、机遇、限制和局限性及适应的经济学方面等内容。气候变化的影响、适应与脆弱性的内容涵盖观测到的影响及其检测和归因、预估气候变化的综合影响及不同情景和时间尺度的区域变化、脆弱性和风险管理。

3）减缓领域

在 IPCC AR5 报告中，减缓是指为减少温室气体的排放源或增加温室气体的汇而进行的人为干预。从减缓气候变化的目的、主体、对象、途径和重大科技计划的耦合关系出发，我们认为减缓气候变化科技的主要内涵是：为推动经济社会和生态环境可持续发展，国家、地方政府、高等院校、科研院所、企业、社会公众等主体，根据各自职责、能力和目标需要，通过调整产业结构、优化能源结构、加强节能提效、增加森林及生态系统碳汇、践行低碳生活等措施，实现减少温室气体排放的科学发现、技术突破、工艺改进、设备生产和变革相关制度的科技行为活动。

14.5 应对气候变化科技统计指标体系

14.5.1 构建统计指标体系的基本原则

一是充分体现应对气候变化科技工作的贡献，增加决策者、学术界及社会各界对应对气候变化科技工作的重视程度和认知认可度。二是引导科技工作者的工作方向，统计指标体系是统计和评价的基础，统计指标的设置具有导向性作用，应通过对相关工作方向的关注和重视，引导科技工作者为我国加快推进绿色低碳发展、推进生态文明建设做出实质性贡献。三是契合科技任务部署的实际，符合当前科技任务部署的格局，体现当前相关科技任务部署的关键内容、核心目标和特点。四是与现有统计信息平台有机衔接、充分一致，以增强数据的可获得性，便于数据间的汇总比较，并易于被管理者和科技工作者理解和接受。

14.5.2 中国应对气候变化科技任务部署

为了明确应对气候变化科技统计的范围和对象，需对应对气候变化科技任务的部署情况进行研究剥离。按照科技投入的渠道，应对气候变化相关科研任务主要来自国家财政资助、部门公益性行业科研专项资助、地方政府资助、社会企业金融及资本市场投资的科研项目、CDM 等利用国际条约的资金机制资助的科研项目等。按照分类实施、分步推进的原则，需从国家层面剥离应对气候变化科技任务的部署情况。“十三五”期间，新的科技计划体系把分散在各部门的中央财政科研项目优化整合为五大类，以国家重点研发计划、国家科技重大专项和国家自然科学基金为重点，依据应对气候变化自然科学基础，影响、适应与脆弱性和减缓的内涵与内容范围，梳理得到了各领域国家科技任务部署的主渠道。

在国家重点研发计划和国家科技重大专项中，通过分析已经启动实施的 42 个国家重点研发计划的实施方案和 2016 年、2017 年申报指南，以及 10 个民口国家科技重大专项的“十三五”实施方案，发现有 9 个重点研发计划和 2 个重大专项部署了应对气候变化相关科研任务。专项研究任务在不同层面上属于应对气候变化范畴：专项的全部内容属于应对气候变化范畴的专项，如“全球变化及应对”、“新能源汽车”重点研发计划和“核电专项”重大专项；大部分研究内容属于应对气候变化范畴的专项，如“煤炭清洁高效利用和新型节能技术”重点研发计划中除“燃煤污染控制方向”外的内容、“油气开发专项”重大专项中与天然气相关的内容；部分任务方向属于应对气候变化范畴的专项，如“水资源高效开发利用”重点研发计划中“综合节水理论与关键技术设备”、“非常规水资源开发利用技术与设备”的任务方向，“智能电网技术与装备”重点研发计划中“大规模可再生能源并网消纳”、“多能源互补的分布式供能与微网”的任务方向；任务方向中部分内容属于应对气候变化范畴的专项，如“粮食丰产增效科技创新”重点研发计划中“粮食作物灾变过程及其减损增效调控机制”的任务方向，仅气候灾害相关内容属于应对气候变化的范畴，通过梳理 2017 年立项项目任务书，发现此类任务内容部分属于某一项目的子课题，部分属于某一项目子课题的部分研究内容（表 14-1）。

表 14-1　国家重点研发计划和国家科技重大专项中相关任务部署情况

领域	专项类别	专项名称
自然科学基础	国家重点研发计划	全球变化与应对
		典型脆弱生态修复与保护研究（部分）
影响、适应与脆弱性	国家重点研发计划	典型脆弱生态修复与保护研究（部分）
		水资源高效开发利用（部分）
		粮食丰产增效科技创新（部分）
减缓	国家重点研发计划	新能源汽车
		绿色建筑及建筑工业化（部分）
		煤炭清洁高效利用和新型节能技术（部分）
		深海关键技术与装备（部分）
		智能电网技术与装备（部分）
	国家科技重大专项	油气开发专项（天然气开发部分）
		核电专项

在国家自然科学基金中，鉴于国家自然科学基金项目类型数量多、分布面广，通过选取关键词检索项目信息库获得应对气候变化相关项目和成果情况，相关示例情况见表 14-2。

表 14-2 使用关键词在项目信息库中检索应对气候变化相关任务示例

项目名称	项目类型	所属科学学部	使用关键词
气候变化影响下海洋浮游生态系统的动力学模型研究	面上项目	数学物理科学部	气候变化
基于 D-A 结构的新型低带隙共轭聚合物太阳能电池材料的合成及光伏性能研究	青年科学基金项目	化学科学部	太阳能
基于林木碳储量及其变化速率的碳汇造林树种选择与碳汇成熟龄确定的研究	面上项目	生命科学部	碳汇
西太平洋暖池与东亚古环境：沉积记录的海陆对比	创新研究群体科学基金	地球科学部	古气候
化学吸收法高效捕集二氧化碳的多场耦合行为研究	面上项目	工程与材料科学部	二氧化碳捕集
混合动力电动汽车能量及驱动系统的优化控制与关键技术	重点项目	信息科学部	新能源汽车
我国电力行业碳排放权交易体系构建的实验研究	青年科学基金项目	管理科学部	碳排放
热浪对城市居民健康影响作用的预测研究	面上项目	医学科学部	热浪

基地和人才专项与技术创新引导专项（基金）暂未进行分析研究。应对气候变化领域国家科技任务部署的具体情况如图 14-1 所示。

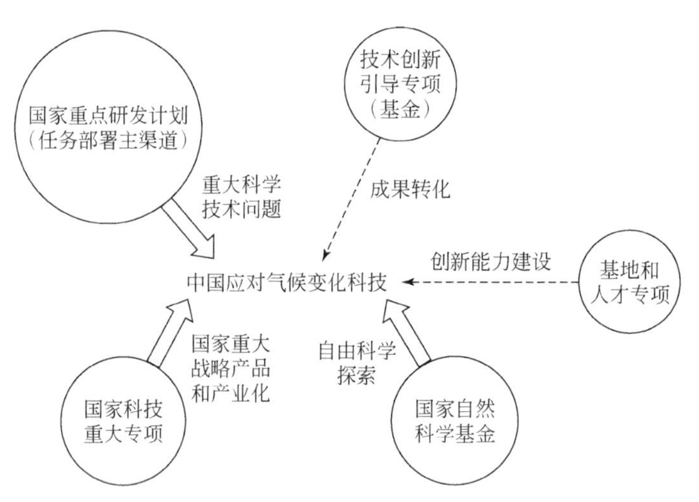

图 14-1 应对气候变化领域国家科技任务部署的具体情况

14.5.3 中国应对气候变化科技统计指标体系内容

按“投入—产出—成果转化”的逻辑模型构建中国应对气候变化科技统计的指标框架，力求能够较全面反映、持续监测国家在应对气候变化领域的科技投入、科技成果总量和水平，以及科技对社会经济发展的影响等。

投入为我国在应对气候变化科技方面所投入的资源，投入指标的设计以科技项目、经费投入、人员投入和科研机构四个方面为主，通过对相关科技项目部署情况、经费投入情况、从事应对气候变化科技人员的数量和结构、开展相关工作的科研机构的类别和数量反映我国对应对气候变化科技的投入力度和重视程度。

产出为利用所投入的资源取得的相应产出，体现中国在应对气候变化科技方面的能力建设、成果和项目运行效益。为了更好地反映应对气候变化的自然科学基础，影响、适应与脆弱性，减缓三个领域的特色产出，产出指标的设计分为共性指标和特色指标。共性指标体现共性产出，从政策和规划、文章和专著、专利和软件著作权、标准、人才培养和国家级奖项六个方面设计。特色指标体现领域特色产出，从应对气候变化的自然科学基础，影响、适应与脆弱性，减缓三个领域分别设计。根据国家重点研发计划项目的产出类型，归类成新理论、新原理、新方法，新产品，新技术，关键部件，数据库，应用解决方案，实验装置/系统，工程工艺等，在此基础上，依据应对气候变化自然科学基础，影响适应与脆弱性，减缓领域的内容和具体项目产出形式，经整合、细化、调整或补充后形成三个领域的特色指标。

成果转化为产出成果经过转化和应用产生的成效，成果转化指标的设计以温室气体减排、节能降耗、经济效益和社会效益四个方面为主（图 14-2）。

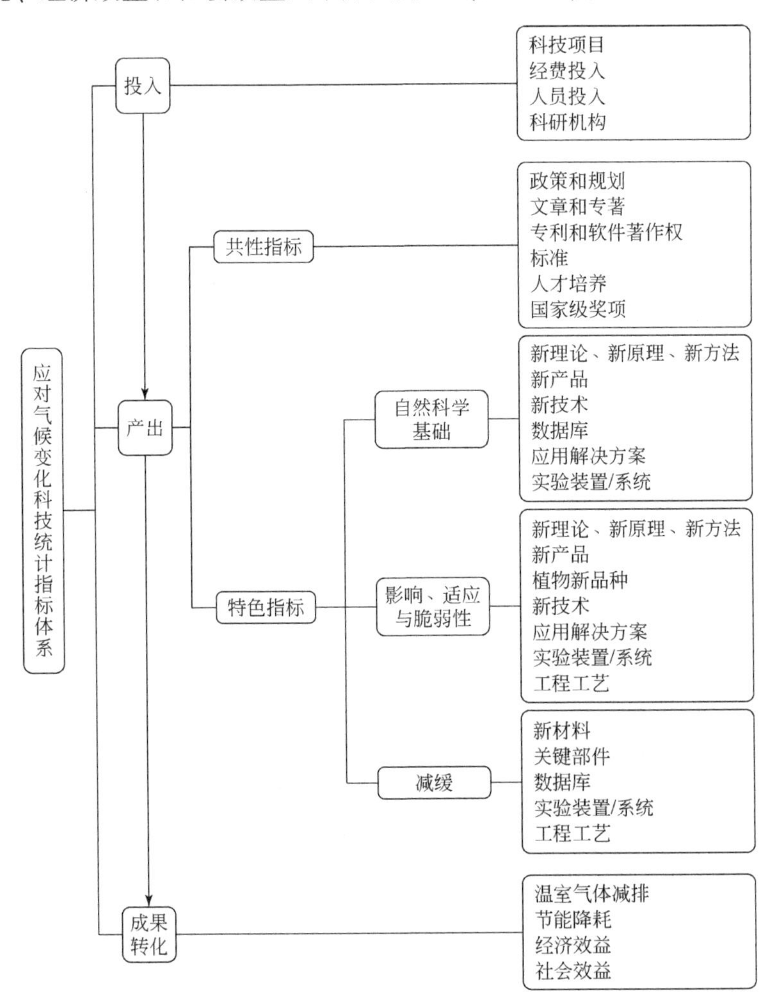

图 14-2 中国应对气候变化科技统计指标体系

基于中国应对气候变化科技统计指标体系，进一步细分相关指标。投入指标进一步细分为 17 个二级指标（表 14-3），共性产出指标进一步细分为 20 个二级指标（表 14-4）。特色产出指标针对不同领域的内容，根据相关领域国家科技任务部署情况，通过梳理相关重点专项的主要成果产出形式设计，除共性产出外，自然科学基础领域提出新理论、新原理、新方法等 6 个一级指标、14 个二级指标（表 14-5），影响、适应与脆弱性领域提出新理论、新原理、新方法等 7 个一级指标、9 个二级指标（表 14-6），减缓领域提出新材料等 5 个一级指标、10 个二级指标（表 14-7）。成果转化指标进一步细化为 8 个二级指标（表 14-8）。

表 14-3　中国应对气候变化科技投入指标体系

一级指标	二级指标	指标解释
科技项目	国家科技计划项目	国家新五类科技计划项目数量（个）
	部门科研专项项目	相关部门资助科研专项项目数量（个），如国家发改委应对气候变化司国家应对气候变化专项项目等
	地方政府资助科研项目	省（区、市）科技厅（局）资助科研项目数量（个），如广东省科技厅资助科研项目、北京市自然科学基金项目等
	社会资金投资的科研项目	企业、金融及资本市场投资的科研项目数量（个）
	国际资金资助科研项目	通过国际条约由国际资金资助的科研项目数量（个），如 CDM 项目
经费投入	财政科技投入经费	中央、部门和地方财政用于应对气候变化科技的经费（亿元），包括国家五类科技计划项目中央财政经费投入、部门和省（区、市）科技厅（局）提供的配套资金，以及通过部门预算进行的应对气候变化科技投入、省市级相关的财政科技投入等
	企业自筹经费	企业为国家科技计划自筹经费（亿元）
	国际资金资助经费	通过国际条约由国际资金资助的科研项目经费总额（亿元）
	应对气候变化科技投入占当年科技投入总额的比例	应对气候变化科技投入占当年科技投入总额的比例（%）
人员投入	从事应对气候变化科技人员数量	参加国家、部门、地方、社会和国际科技项目的科技人员总量（万人）
	从事应对气候变化科技人员结构	从事应对气候变化科技人员的职称分布（正高级、副高级、中级、初级、其他）
	海外应对气候变化科技人员引进数量	从事应对气候变化科技的海外人才引进数量（长江学者、千人计划、万人计划、青年千人计划）
科研机构	大专院校	我国全日制普通高等院校（个）
	事业型研究单位	
	其他事业单位	
	国有企业	
	私营企业	

表 14-4　中国应对气候变化科技共性产出指标体系

一级指标	二级指标	指标解释
政策和规划	政策建议	政策建议数量（份）
	规划草案	规划草案数量（份）
文章和专著	文章	SCI/EI 收录文章、被 IPCC 报告引用文章篇数（篇）
	专著	专著数量（部）
专利和软件著作权	专利	发明专利、PCT 专利数量（项）
	软件著作权	软件著作权数量（项）
标准	国家标准	国家标准数量（项）
	行业标准	行业标准数量（项）
	地方标准	地方标准数量（项）
	企业标准	企业标准数量（项）
人才培养	领军人物	晋升院士人数（人）
	中青年优秀人才	国家杰出青年/优秀青年人数（人）
	后备人才	硕士/博士/博士后人数（人）
	战略人才	参与 IPCC 科学评估工作的我国科学家人数（人）、参加气候变化国际谈判中国政府代表团平均规模（人/a）
	气候变化领域发表高水平文章的中国作者人数	气候变化领域发表高水平文章的中国作者人数（人）
国家级奖项	国家最高科学技术奖	国家最高科学技术奖（项）
	国家自然科学奖	一等奖、二等奖数量（项）
	国家技术发明奖	一等奖、二等奖数量（项）
	国家科学技术进步奖	一等奖、二等奖数量（项）
	中华人民共和国国际科学技术合作奖	中华人民共和国国际科学技术合作奖数量（项）

表 14-5　应对气候变化自然科学基础领域特色产出指标

一级指标	二级指标	示例解释
新理论、新原理、新方法	新理论	人类对气候变化过程认识的新理论
	新原理	气候变化过程的新机理
	新方法	全球变化对自然和人类社会系统影响与风险评估方法与模型
新产品	数据产品	全球变化重要参数的相关数据产品；融合多元数据的多尺度、多界面全球变化数据产品
新技术	模拟新技术	人类对气候变化过程及其机理的模拟新技术
	预估新技术	人类对气候变化过程及其机理的预估新技术；碳汇监测新技术等

续表

一级指标	二级指标	示例解释
数据库	大数据共享平台	全球变化大数据共享平台；碳汇监测网络等
	公共软件平台	试验场景系统、集成耦合系统、诊断评估系统和分析优化系统的地球系统模式公共软件平台
应用解决方案	可持续转型方案	应对全球变化可持续性转型的减缓和适应模型与方案
实验装置/系统	碳汇监测设备	碳汇监测设备
	全球变化观测系统	全球变化关键过程和重要参数的观测系统，如地、空、天基立体观测体系，近海与深海大洋环境综合观测，极地环境变化及其对全球影响的综合监测，冰冻圈融冻变化和土壤水分观测
	同化系统	多种观测资料的多尺度同化系统及数据耦合系统
	高分辨率气候系统模式	大气环流模式、海洋环流模式、海冰模式、路面过程模式及耦合了以上各种模式形成的气候系统模式
	地球系统模式预测系统	气候系统模式气候预测、地球系统模式气候变化预测、区域地球系统模式气候变化预测系统等

表 14-6　应对气候变化的影响、适应与脆弱性领域特色产出指标

一级指标	二级指标	示例解释
新理论、新原理、新方法	监测评价新方法	节水潜力、用水效率、非常规水资源评价方法；水危机识别、评价和预警理论方法；气候变化对粮食作物产量、品质、土壤地力和资源利用效率的影响评估报告；生态系统服务功能评估技术体系
新产品	生态修复产品	盐碱地改良剂、专用肥料和生长调节剂等
植物新品种	植物新品种	对消减气候变化具有补偿作用的品种，如耐旱品种、节水型品种等
新技术	技术方案	气象灾害监测预警技术体系；气象灾害保产技术体系；节水方法、预报方法
应用解决方案	治理方略和途径	应对气候变化影响江河治理方略；适应气候变化的可持续丰产增效、低排放环境友好的新型耕作与栽培途径
实验装置/系统	装置设备	节水装置、非常规水资源利用装置；盐碱地整治工程装备；生态修复材料与装备
	监测预警平台	不同气象灾害监测预警评估及调控信息平台；生态安全模拟与预警平台；生态安全决策支持系统与模拟分析平台
	软件平台	气候变化条件下多尺度水资源预警预报通用模型及软件平台
工程工艺	技术示范	绿色气象防灾减损丰产增效技术示范；高效用水、综合节水技术示范；非常规水利用示范；应对气候变化生态系统灾害防控、综合治理及修复示范

表 14-7　应对气候变化减缓领域特色产出指标

一级指标	二级指标	示例解释
新材料	新材料	新能源汽车新型电池材料、电机驱动控制器新材料；建筑用高效节能材料和保温隔热储热材料；核电绝缘材料、耐腐蚀材料等
关键部件	核心组件和零部件	新能源汽车电池、发动机、控制器、底盘等组件；核电相关阀门、传感器、连接及定型组器件等
数据库	数据库	新能源汽车动力电池材料、电池和系统数据库、自然驾驶数据库、混合动力技术性能数据库；CO_2在不同封存条件下的基础物性数据库；绿色建筑节能减排规划设计基础信息数据库、绿色建筑“四节一环保”大数据系统；核电实验、运行及评价验证数据库
数据库	软件平台	智能电动汽车异构开放结构的嵌入式软件平台；工业化建筑耗能减振与隔振设计分析软件系统；核电软件包
实验装置/系统	设备样机	煤炭高效发电、清洁转化、CCUS、工业余能回收利用、工业流程及装备节能、数据中心及公共机构节能方面的设备样机、装备及装置；高效供暖及节能装置；煤矿区煤层气一体化开采装备；核反应堆设备；燃料装卸系统等关键设备；运行维护设备；萃取及分离设备
实验装置/系统	集成系统	新能源汽车电力电子集成系统、电机驱动总成等技术集成系统；深海核动力平台综合信息系统；发电机输出电能变换、储能、能量管理系统设计和系统集成；绿色建筑技术集成
实验装置/系统	试验平台	电动自动驾驶汽车技术平台；小型高能效电动轿车平台；核电关键设备设计制造平台；数字仿真平台；核电材料非常规性能试验研究平台和泵阀公共试验台
实验装置/系统	技术服务平台	新能源汽车整车评测平台；节能科普宣传基地和技术推广平台；工业化建筑高效施工技术应用平台；商业化高温气冷堆研究发展实验平台和技术服务支撑平台；核电后处理厂情报调研与服务系统平台
工程工艺	产品的产业化	新能源汽车电池、控制器等配件的产业化；燃料电池汽车、插电式汽车等整车的产业化；煤炭高效发电机组的产业化运行；煤炭清洁转化的催化剂，CCUS 的吸收剂、吸附剂等的工业规模生产
工程工艺	示范工程	电动自动驾驶汽车技术示范、燃料电池车示范；煤炭高效发电、煤炭清洁转化、CCUS、工业余能回收利用、工业流程及装备节能、数据中心及公共机构节能方面的示范应用；深海核动力平台示范工程；绿色建筑示范工程；煤矿区煤层气一体化开采示范工程；核电站示范工程

表 14-8　应对气候变化成果转化指标体系

一级指标	二级指标	指标单位
温室气体减排	减少温室气体排放量	tCO_2eq
节能降耗	提高能效	tce
	降低能耗	tce
经济效益	降低成本	亿元
	创造收益	亿元
社会效益	碳市场和交易体系的使用	频次
	可再生能源技术工业的行业、环境科技领域的就业人数	人
	非化石能源在能源消费结构中的份额比的下降幅度	%

14.5.4　中国应对气候变化科技统计指标体系应用及完善

14.5.4.1　“十三五”前期，中国应对气候变化科技项目部署及经费投入情况梳理

在已启动实施的42 个国家重点研发计划中，“全球变化及应对”、“粮食丰产增效科技创新”和“煤炭清洁高效利用和新型节能技术”等9 个重点研发计划部署了相关任务，内容涉及自然科学基础，影响、适应与脆弱性和减缓气候变化三个领域。经梳理2016 年、2017 年相关重点研发计划项目清单，气候变化相关领域投入经费达48. 95 亿元左右（其中全球变化及应对重点研发计划15 个项目实施后择优评估未公布经费、43 个项目的部分内容属于应对气候变化领域，经费未纳入统计）。其中自然科学基础领域的“全球变化及应对”重点研发计划投入资金10. 0327 亿元；影响、适应与脆弱性领域的“粮食丰产增效科技创新”、“水资源高效开发利用”和“典型脆弱生态修复与保护研究”重点研发计划投入资金5. 2058 亿元；减缓领域的“新能源汽车”、“煤炭高效清洁利用”、“智能电网技术与装备”、“深海关键技术与装备”和“绿色建筑及建筑工业化”重点专项投入资金共33. 7115 亿元。国家科技重大专项中“核电专项”和“油气开发专项”的部分内容与减缓气候变化密切相关。相关内容在2016 年及2017 年累计投入资金约85. 0114 亿元。科技部国际合作司在2016 年、2017 年部署6 个气候变化相关项目，投入资金约0. 2311 亿元。综上，据不完全统计，2016 年、2017 年，应对气候变化相关项目经费投入累积超过134. 1926 亿元（表14-9）。

表 14-9　我国应对气候变化科技项目部署及经费投入情况

科技计划类型	专项名称	2016 年	2017 年
重点研发计划	全球变化及应对	立项29 个，中央财政投入52 887 万元（不包含未公布经费的8 个项目）	立项24 个，中央财政投入47 440 万元
	新能源汽车	立项19 个，中央财政投入101 488 万元	立项20 个，中央财政投入71 646 万元。（不包含未公布经费的2 个项目）

续表

科技计划类型	专项名称	2016 年	2017 年
重点研发计划	煤炭高效清洁利用	立项 17 个，其中 15 个相关，涉及中央财政投入 39 601 万元（不包含未公布经费的 2 个项目）	立项 23 个，其中 20 个相关，涉及中央财政投入 47 707 万元
	智能电网技术与装备	立项 19 个，其中 11 个（7 个项目整体相关，4 个项目部分内容相关）相关，涉及中央财政投入 23 555 万元	立项 20 个，其中 12 个（11 个项目整体相关，1 个项目部分内容相关）相关，涉及中央财政投入 18 751 万元。（不包含未公布经费的 3 个项目）
	深海关键技术与装备	立项 41 个，其中 2 个相关，涉及中央财政投入 8 000 万元	立项 23 个，其中 5 个相关，涉及中央财政投入 10 732 万元
	水资源高效开发利用	立项 39 个，其中 2 个项目部分内容相关，无法测中央财政投入数。	立项 30 个，其中 8 个相关，涉及中央财政投入 12 238 万元
	粮食丰产增效科技创新	立项 9 个，其中 1 个相关，涉及中央财政投入 10 000 万元	立项 17 个，其中 12 个相关（4 个项目整体相关，8 个项目部分内容相关），涉及中央财政投入 13 707 万元
	绿色建筑及建筑工业化	立项 21 个，其中 7 个相关（3 个项目整体相关，4 个项目部分内容相关），涉及中央财政投入 10 876 万元	立项 21 个，其中 5 个相关（2 个项目整体相关，3 个项目部分内容相关），涉及中央财政投入 4 759 万元
	典型脆弱生态修复与保护研究	立项 37 个，其中 21 个（4 个项目整体相关，17 个项目部分内容相关）相关，涉及中央财政投入 8 600 万元	立项 29 个，其中 9 个（5 个项目整体相关，4 个项目部分内容相关）相关，涉及中央财政投入 7 513 万元
重大专项	油气开发专项（天然气部分）	52 个课题，543 088. 14 万元	22 个课题，116 081. 86 万元
	核电专项	6 个课题，27 503. 16 万元	22 个课题，163 441. 35 万元
科技部国际合作司气候变化相关项目		5 个课题，1 997. 4 万元	1 个课题，314 万元

分析发现，“十三五”期间的 2016 ~ 2017 年已投入资金 130 多亿元，与“十一五”（136 亿元）、“十二五”（159 亿元）期间相比，投入力度有望再创新高，且投入结构和领域分布比较合理，兼顾全球气候变化相关基础研究、减缓技术研发与示范、影响评估与适应技术研发与示范等。

14. 5. 4. 2 中国应对气候变化在论文发表、人才队伍、国家级奖项方面的共性产出梳理

在论文发表方面，中国作者发表气候变化领域论文的全球占比迅速上升，2007 ~ 2017 年发表气候变化领域论文占全球的 11%，2014 年，中国在气候变化领域的研究论文产出

仅次于美国，跃居全球第二位，论文的国际化程度大幅度提升，2017 年，与国外作者合作发表论文数约占中国发表论文总数的 40%。在 IPCC AR5 中，中国作者的人数为 43 名，中国科学家撰写的论文被引用近千篇，其中第一工作组评估报告引用了约 450 篇（约占总篇数的 4.9%）。在人才队伍方面，应对气候变化领域研究人员数量增长迅速，2017 年气候变化领域发表高水平文章的中国作者达 12 504 人，是十年前的 7.5 倍；参加气候变化国际谈判代表队伍持续壮大，2009～2017 年中国政府代表团平均规模大于 150 人/a，相比 1997 年增长近 10 倍。在国家级奖项方面，2017 年共评出 271 个获奖项目和 9 名科技专家。生态环境领域共有 16 项国家科学技术进步二等奖，其中 3 项与应对气候变化相关，分别为“竹林生态系统炭灰监测与增汇减排关键技术及应用”“高效节能环保烧结技术及装备的研发与应用”“新一代超低排放重型商用柴油机关键技术开发及产业化”；1 项国家技术发明一等奖与应对气候变化相关，即“燃煤机组超低排放关键技术研发及应用”；在授予中华人民共和国国际科学技术合作奖的 7 名外籍科技专家中，瑞典籍的 Deliang Chen 作为“第三极环境”国际计划的执行委员会委员，参与完成了《青藏高原环境变化科学评估》报告，为青藏高原的环境保护和生态建设提供了科学依据与有力指导。通过梳理工作，在共性产出指标人才培养方面，建议增加气候变化领域发表高水平文章的中国作者人数、参与 IPCC 科学评估工作的我国科学家人数和参加气候变化国际谈判中国政府代表团平均规模指标。

14.5.4.3 特色产出指标案例研究及指标完善

在自然科学基础研究领域，通过梳理 2017 年“全球变化及应对”重点研发计划 24 个项目的任务书，分析统计重点研发计划的产出类型和成果，发现专项的产出成果包括实验装置/系统，应用解决方案，数据库，新技术，新产品，新理论、新原理、新方法 6 类，其中以新理论、新原理、新方法最多，实验装置/系统最少。在影响、适应与脆弱性领域，通过梳理“粮食丰产增效科技创新”重点研发计划中“粮食主产区主要气象灾变过程及其减灾包产调控关键技术”和“水稻生产系统对气候变化的响应机制及其适应性栽培途径”两个项目的任务书，发现“粮食主产区主要气象灾变过程及其减灾包产调控关键技术”项目产出成果包括新理论、新原理、新方法，新产品，新技术，数据库和应用解决方案，以新产品、应用解决方案和新技术为主；“水稻生产系统对气候变化的响应机制及其适应性栽培途径”项目产出成果包括新理论、新原理、新方法和应用解决方案。在减缓领域，通过梳理“煤炭清洁高效利用和新型节能技术”重点研发计划中“高效灵活二次再热发电机组研制及工程示范”和“用于 CO_2 捕集的高性能吸收剂/吸附材料及技术”两个项目的任务书，发现“煤炭清洁高效利用和新型节能技术”项目成果产出包括新理论、新原理、新方法，新产品，新技术和应用解决方案，其中以新理论、新原理、新方法，新技术，新产品和应用解决方案为主；“用于 CO_2 捕集的高性能吸收剂/吸附材料及技术”项目成果产出包括新理论、新原理、新方法，新产品，新技术，应用解决方案，实验装置/系统，工程工艺和关键部件，以新理论、新原理、新方法，新技术和新产品为主。通过梳理工作，建议“粮食丰产增效科技创新”重点研发重点专项研究成果及考核指标的产出类型中增加植物新品种，“煤炭清洁高效利用和新型节能技术”重点研发计划研究成果及考核指标的产出类型中增加新材料。

14.6 应对气候变化科技统计工作机制

14.6.1 总体设计

在组织领导方面，由于应对气候变化工作内容涵盖极广、相关事务的管理隶属于多个部门，建议成立“中国应对气候变化科技统计跨部门工作小组”，统一协调推动相关统计工作。在部门分工方面，各部门在工作小组的领导下，分别统计应对气候变化科技统计指标体系中与本部门相关的统计任务，工作小组协调统筹并汇总指标统计结果。为推进工作小组的日常工作，设立办公室，联络各组成单位并组织召开工作协调会议。为保障统计工作和相关事项决策的科学化、民主化和规范化，成立应对气候变化科技统计专家咨询组，为应对气候变化科技统计工作决策、相关制度的制定与修订、重点任务部署以及应对气候变化科技创新能力监测和评价等提供咨询意见，并接受委托开展政策调研和战略研究等相关工作。为保障统计结果公开性、可获得性，建立“中国应对气候变化科技统计信息平台”，公布我国历年应对气候变化科技统计数据，展示我国在应对气候变化科学领域具有关键意义的研究进展、统计指标以及具有示范效应的技术成果。

14.6.2 实施机制

采用分类推进、分步实施的实施机制。首先，在国家层面上对国家科技计划（专项、基金）项目进行统计，通过公开数据库信息检索，获取论文、专利、专著、奖项等公开信息；依托国家创新调查、国家科技管理信息系统等，获取科技投入、人才培养、平台建设等基本信息，统计应对气候变化科技的基本指标数据；建立应对气候变化科技成果定期填报制度，以获取更加具体的成果产出及其效益。其次，推进相关部门、地方和依托国际条约的资金机制支持相关项目的统计，统计相关部门应对气候变化科技情况；开放地方应对气候变化科技统计、数据汇缴接口，动员地方开展应对气候变化科技统计工作；统计利用国际条约的资金机制支持的相关项目。最后，在统计工作的基础上，还可进一步开展相关评价活动，将相关统计结果纳入《气候变化国家评估报告》，发布《中国应对气候变化科技统计年鉴》并开展中国应对气候变化科技发展评估。应对气候变化科技统计实施机制如图 14-3 所示。

14.6.3 计划安排

在协调工作安排方面，工作小组于每年年底组织召开统计工作协调会议，总结和考核

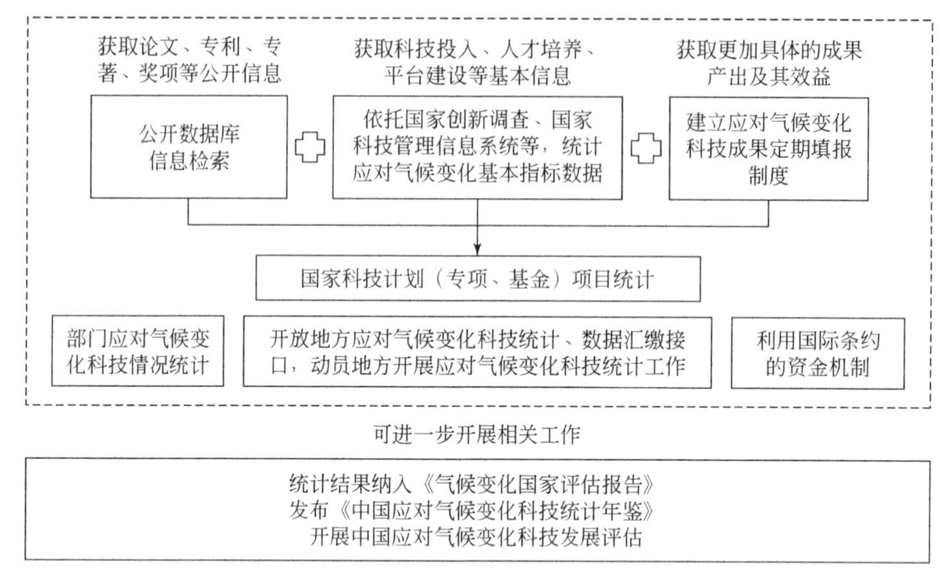

图 14-3　应对气候变化科技统计实施机制示意图

本年度统计工作，计划和安排下一年度统计工作方案，设计和制定各类统计调查表及问卷、统计数据采集方案和数据审核要求，并分发至各部门的统计负责人。在部门统计工作部署方面，各部门的统计负责人进一步制定具体工作方案，将指标统计工作部署给部门相关处室或下属单位中具体的统计专员，明确统计工作任务、责任范围，将各一级统计指标和二级统计指标落实到相关人员，并对相关人员进行必要的知识、能力培训，保障统计数据的真实性、准确性，以及数据来源的权威性及可追踪性。在统计调查与数据收集方面，各部门应建立统计工作流程图，设置各项统计工作安排、实施和完成的时间线与统计工作的推进顺序，以指导统计负责人及统计专员在规定的截止日期之前对统计调查工作实施，以及结果的收缴、整理、审核与提交进行合理有序的安排。部门负责人对本部门的统计和调查工作进行整理与初审，工作小组对统计指标数据进行复审和数据汇总。在统计数据发布方面，工作小组组织召开协调工作会议，各单位统计负责人联合专家组对统计数据、调查结果进行终审，经过最终审核的统计指标数据将纳入当年的“中国应对气候变化科技统计体系”，并被录入“中国应对气候变化科技统计信息平台”。在评价研究方面，工作小组组织召开研讨会，邀请专家组对年度应对气候变化科技统计的结果进行分析、评估，聚焦科技统计体系中的相关核心指标，分析我国应对气候变化的科技投入、科技产出状况，跟踪监测我国应对气候变化的科技创新能力和科技发展水平，分析我国未来应对气候变化科技工作中的主要挑战及优先领域，出版发布《中国应对气候变化科技能力监测和评价报告》，为决策部门、科研机构和社会公众提供开放访问与下载。

14.6.4　工作保障

在资金方面，设立应对气候变化科技统计工作专项经费，用于支持工作小组、各部门统计负责人以及统计专员、专家咨询组的相关工作，“中国应对气候变化科技统计信息平台”的运营、管理和维护，以及相关报告的编撰、出版发行和推广宣传。在人员方面，各部门须安排一位司局级领导作为联络人和本部门统计工作的负责人，领导、组织和指导本部门承担的所有统计工作。在工作考核方面，工作小组每年对各单位的统计工作进行考核，包括各成员单位统计工作效率、指标统计质量及完成情况、能力建设等。根据考核情况，适当实施奖惩措施，并调整安排下一阶段的统计工作。在统计结果的推广方面，加大我国应对气候变化的科技统计结果及发布的相关报告的宣传力度，通过新闻发布会、互联网等媒体平台做好成果宣传。动员国家、地区的决策部门、科研机构以及应对气候变化相关产业从业人员予以高度重视并积极开发利用，强化国家和地方层面对应对气候变化科技创新能力的培育，积极接收关于指标体系建设和完善方面的反馈建议。在此基础上，工作小组亦可组织相关人士参与应对气候变化科技创新相关主题的论坛，强化政策、科研和产业等多方面对于应对气候变化科技创新的协同推进作用。

14.7　结论及建议

（1）在国家五类科技计划（基金、专项）中，尽管应对气候变化科技任务没有作为一个单独的专项进行部署，但经研究剥离后，应对气候变化自然科学基础，影响、适应与脆弱性，减缓三个领域相关研究任务部署基本明确，统计对象及范围基本清晰。自 2014 年国家科技计划管理改革启动，分散在中央各部门的财政科研项目优化整合为国家新五类科技计划。课题组通过梳理研究国家科技重大专项“十三五”实施计划（2016 ~ 2020 年）、国家重点研发计划实施方案（2015 ~ 2020 年）、项目申报指南（2016 ~ 2018 年）、项目任务书，并使用关键词检索国家自然科学基金的项目库，基本明确了新五类科技计划（基金、专项）中应对气候变化的任务部署情况，统计的对象及范围基本清晰。

（2）科技项目的投入、产出和成果转化是形成创新链、价值链、产业链的基本要素。基于此，根据中国应对气候变化科技任务部署，结合中国应对气候变化科技的特征属性，本章提出了具体统计指标建议及示例。各项指标共同构成了中国应对气候变化科技统计指标体系。考虑到统计数据的可获得性、准确性和统计工作的可操作性，课题组提出的一级指标，与国家重点研发计划等国家计划（基金、专项）的项目任务书中的产出类型一致，归类成新理论，新原理，新产品，新技术，新方法，关键部件，数据库，应用解决方案，实验装置/系统，工程工艺等产出类型。并根据应对气候变化领域项目提出的具体产出形式，对统计指标体系进行了整合、细化，并对个别指标进行了调整和补充。

（3）应对气候变化科技统计涉及领域广、层次类型多，建议对不同类别项目情况的统计应分类推进、分步实施。根据应对气候变化科技项目资金来源的渠道，可分为国家层面的国家科技计划类项目，国家发改委等部门的科研专项项目，地方政府（科技厅/局）资助的科研项目，企业、金融及资本市场投资的科研项目，利用国际条约的资金机制资助的国际项目等。建议首先选取国家科技计划（专项、基金）中的若干典型项目，开展科技统计试点，同时完善统计指标体系，形成统计工作制度。在此基础上，再逐步全面推开对国家其他科技任务、其他层面应对气候变化科技工作的统计工作。

（4）在国家应对气候变化科技创新工作的组织方面，应加强部门协作。气候变化涉及能源、交通、农业、林业、海洋、国防、社会保障、健康卫生等多个方面，横跨自然科学和社会科学，相关事务的管理隶属于多个部门，工作内容涵盖极广，因此应对气候变化的科技统计工作是一项需要多部门进行协作的系统工程。建议建立“中国应对气候变化科技统计跨部门工作小组”，由科技部、生态环境部、国家发改委、中国气象局任领导单位，其他成员单位应包括财政部、国家统计局、教育部等负责相关内容统计的部门。应对气候变化科技统计工作应在“中国应对气候变化科技统计跨部门工作小组”的领导下，由各部门分工实施和完成。

（5）应对气候变化科技统计工作应充分与国家创新调查、国家科技管理信息系统等对接，通过多种渠道、多种方式获取相关统计数据，并与现有的项目过程管理环节有机结合。应对气候变化科技统计工作应依托国家创新调查、国家科技管理信息系统，并从公开数据库等获取应对气候变化基本指标数据的统计信息，直接调取数据具有操作便捷、可信度高且能减轻科研人员的填报负担。为了获取更加具体的成果产出及效益，可建立应对气候变化科技成果定期填报制度，并与现有的项目中期检查等过程管理有机结合，将应对气候变化科技成果统计纳入项目的过程管理。

（6）建议将应对气候变化科技统计结果纳入《第四次气候变化国家评估报告》。《气候变化国家评估报告》是我国气候变化工作成果和进展情况的系统总结，可为 IPCC 报告的编制提供重要借鉴。目前《气候变化国家评估报告》已发布三期，并于 2018 年启动了《第四次气候变化国家评估报告》的编写工作。鉴于《第三次气候变化国家评估报告》包含“数据集成”部分，课题组建议将应对气候变化科技统计结果作为单独章节，纳入《第四次气候变化国家评估报告》“数据集成”分报告。目的是专门反映我国应对气候变化科技工作的进展情况，评估科技发展对节能减排的贡献程度。

（7）建议基于应对气候变化科技统计工作，开展应对气候变化科技的“十三五”中期评估。为全面掌握我国应对气候变化领域改革任务落实情况，评估“十三五”时期我国应对气候变化科技发展顶层设计和任务布局合理性、“十三五”总体目标和指标的实现程度、科研任务的总体进展与科技发展水平、科技成果转化应用情况与实施成效，以及新的科技管理体系的完备性和有效性等，发现存在的问题和不足，对“十三五”后半期科技发展方向提出可行性建议。通过评估，了解我国应对气候变化科技发展整体状况，发现存在的问题和不足，促进“十三五”目标早日实现。

第 15 章 “创新使命”重点任务和战略机制研究

本章分析总结国际清洁能源国家研发经费高效利用的经验，研究我国“创新使命”倍增计划的实施路线，包括明确清洁能源范围，确定我国《创新使命联合声明》（Mission Innovation，MI）倍增基线、倍增目标和实施方案，并提出促进私营部门加强清洁能源经费投入的建议。

15.1 引　　言

2015 年 11 月 30 日，科技部部长万钢以习近平主席代表身份出席了《公约》第 21 次缔约方大会开幕式期间举行的“创新使命”倡议启动仪式，20 国代表共同宣布 MI。为了促进经济增长、提高能源接入和安全、应对气候变化，MI 将加速清洁能源创新，实现绩效突破和成本削减，以便提供廉价、可靠的清洁能源解决方案，并在未来的 20 年及更长时间里，实现对全球能源系统的彻底变革。MI 的主要内容包括：成员国寻求 5 年内清洁能源研发的政府和/或政府引导投资翻倍；发挥私营部门和商业部门在清洁能源投资上的引领作用；采取透明、高效的方式实施“创新使命”；共享各国清洁能源研发活动的信息。

在 MI 的倡议下，每个 MI 成员国将根据本国资源、需求和国情，独立制定清洁能源创新融资战略。MI 成员国也鼓励其他合作伙伴国基于互惠互利原则参与国际合作。目前 MI 的工作重点包括政府清洁能源研发投入倍增计划、7 项“创新挑战”和 MI 部长级会议。

15.2 国际清洁能源国家研发经费高效利用的经验分析与借鉴

15.2.1 欧盟

15.2.1.1 在各清洁能源领域的科研投入情况

欧盟在各清洁能源领域的财政投入主要来源于“研究与创新框架计划 2014 ~ 2020”（the Framework Programme for Research and Innovation 2014 ~ 2020，EP，又称“地平线 2020”）。其中，在基础能源研究和太阳能、风能及其他可再生能源两个领域的经费投入比例较大；在基础能源研究，太阳能、风能及其他可再生能源和工业及建筑三个领域的投入项目数量较多；从项目的运行周期上来看，主要以 2 ~ 4 年的中长期项目为主。

从欧盟在各清洁能源领域投入经费比例来看（图 15-1），太阳能、风能及其他可再生能源领域投入经费最多，占总投入的 24%；在基础能源研究领域投入也非常大，占总投入的 22%；在电网、工业及建筑领域的投入分别占总投入的 13%、10%；在生物燃料及能源、氢能及燃料电池领域投入占比均为 8%。

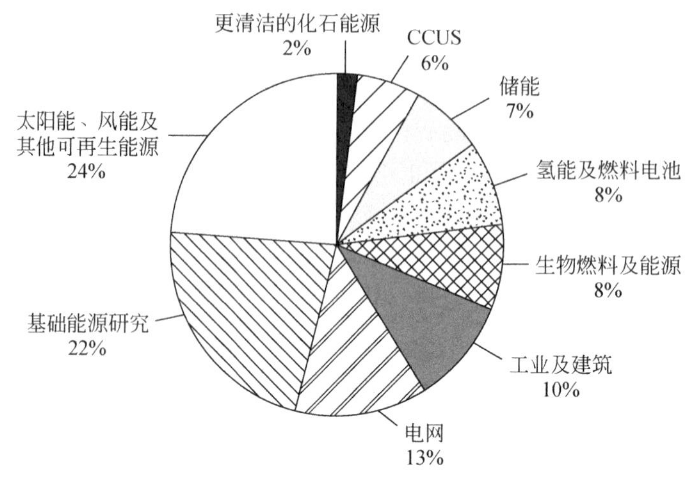

图 15-1　欧盟在各清洁能源领域投入经费比例

从欧盟在各清洁能源领域投入和总投入经费情况来看，在太阳能、风能及其他可再生能源领域，项目总投入经费及欧盟投入的经费均是最多的。可见，欧盟比较重视可再生能源领域的研发。从欧盟投入经费与总投入经费的比例关系来看，占比最高的是基础能源研究领域，欧盟投入经费占总投入经费的 88%，更清洁的化石能源占比也非常高，占比为 87%。

15.2.1.2　科研经费的管理模式

按每十年制定一次针对未来十年的战略发展规划，欧盟在 2010 ~ 2020 年的战略发展规划（European 2020 Strategy）中将“确保欧洲的国际竞争力”列为重点工作。欧盟委员会（European Commission，EC）作为欧盟的执行机构，为推进未来十年的战略发展规划，推行名为创新联盟（Innovation Union，IU）的系列活动。

“地平线 2020”是 IU 举办的系列活动之一，以公开征集、评选后注资的形式推动科研成果走向市场。换言之，“地平线 2020”是以项目形式出现的金融工具，是资金流通的平台，也是欧盟迄今为止最大的研究和创新类项目。

“地平线 2020”包含横向七个版块，纵向分跨十九个领域。七个版块分别为优秀科学（excellent science）、行业领导者（industrial leadership）、社会挑战（societal challenges）、欧洲原子能（euratom）、传播前沿和扩大参与规模（spreading excellence and widening participation）、科学与社会（science with and for society），以及由欧洲创新与技术研究院（European Institute of innovation and technology，EIT）常年注资的知识与创新共同体

（knowledge and innovation communities，KICs）相关项目。社会挑战旨在通过“地平线2020”活动反映欧洲十年战略发展规划的政策重点，并表达欧洲及其他地区公民主要关心的问题，实现经济及社会的并行发展。十九个领域包括农业与林业、海洋资源、生物科技、生物产业、能源、气候与环境、食物与健康饮食、医疗、产业技术、创新革命、原材料、研究机构、中小型企业、信息通信技术、安全保卫、社会科学与人文、社会环境、交通运输及募集资金。

表 15-1 “地平线 2020”三大战略优先领域与四项单列资助计划[①]

三大战略优先领域	总预算金额（亿欧元）	经费比例	行动计划	单项预算金额（亿欧元）	单项经费比例（%）
优秀科学	244.41	31.73%	欧洲研究理事会：最优秀科研人员领衔的前沿研究	130.95	17
			未来和新兴技术：开创新的创新领域	26.96	3.5
			玛丽·斯克沃多夫斯卡-居里行动：科研培训和职业生涯发展计划	61.62	8
			欧洲基础研究设施，包括 e-基础设施：建造世界一流的基础设施	24.88	3.23
行业领导者技术	170.16	22.09%	在使能技术和工业技术中保持领军地位：信息通信技术、纳米技术、材料、生物技术、制造技术、空间技术	135.57	17.6
			撬动风险投资：激励研发和创新领域的私人投资与风险投资	28.42	3.69
			中小企业创新计划：促进各类中小企业各种形式的创新	6.16	0.8
社会挑战	296.79	38.53%	卫生、人口变化和福利	74.72	9.7
			粮食安全，可持续农业、林业和渔业，海洋与内陆水研究，生物经济	38.51	5
			安全、清洁、高效的能源	59.31	7.7
			智能、绿色和综合的交通	63.39	8.23
			应对气候变化行动、环境、资源效率和原材料	30.81	4
			欧洲在一个不断变化的世界中创建包容性、创新性和反省性的社会	13.09	1.7
			社会安全——保障欧洲及其公民的自由与安全	16.95	2.2

① http://www.most.gov.cn/gnwkjdt/201204/t20120405_93538.htm.

续表

四项单列资助计划	资助内容	总预算金额（亿欧元）	经费比例（%）
传播前沿和扩大参与规模	引入卓越具体措施，来衡量人才的广泛程度和参与的扩大程度	8.16	1.06
科学与社会	建立科学和社会之间的有效合作，招募新的人才，培养科研人才的社会意识和责任感	4.62	0.6
欧洲创新与技术研究所	支持知识和创新群体，促进产学研结合	27.11	3.52
联合研究中心非核能研究（JRC）		19.03	2.47
“地平线 2020” 框架计划		770.26	100

15.2.2 美国

15.2.2.1 美国能源部在各清洁能源领域的科研投入情况

2017 年 5 月，美国能源部公布其 2018 年的预算方案①。对于清洁能源领域的研发投入，较 2016 年和 2017 年的资助经费相比，2018 年预算资助经费被大幅度削减。2016 年的资助经费为 6.36 亿美元、2017 年的资助经费为 6.35 亿美元，而 2018 年的预算资助经费被削减到 3.91 亿美元，如图 15-2 所示。

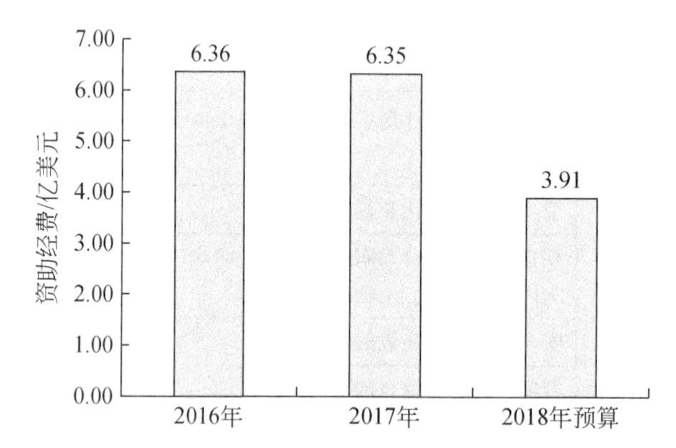

图 15-2　2016～2018 年美国能源部在清洁能源领域资助经费

2018 年实际资助经费未能获取，此处采用 2018 年预算

具体来看，可再生能源、能效（工业及建筑、交通运输）、CCUS、电网、氢能及燃料电池、核能等领域的经费削减幅度较大，具体数据见表 15-2。

① https://energy.gov/cfo/downloads/fy-2018-budget-justification [2018-7-1].

表 15-2 美国能源部在清洁能源领域经费情况

（单位：10^3 美元）

分类	研究领域	2016 年经费	2017 年经费	2018 年预算经费
科学	基础能源科学	1 849 000	1 845 485	1 554 500
	核物理	617 100	615 927	502 700
能源效率和可再生能源	可持续交通			
	车辆技术	310 000	309 411	82 000
	生物能源技术	225 000	224 571	56 600
	氢和燃料电池技术	100 950	100 758	45 000
	可再生能源			
	太阳能	241 600	241 141	69 700
	风能	95 450	95 269	31 700
	水力	70 000	69 867	20 400
	地热技术	71 000	70 865	12 500
	能源效率			
	先进制造业	228 500	228 066	82 000
	联邦能源管理计划	27 000	26 949	10 000
	建筑技术	200 500	200 119	67 500
	建筑防寒保暖和政府联合组计划	265 000	264 496	0
	企业资助			
	指导性项目	155 000	154 705	125 849
	战略计划	21 000	20 960	0
	设备和基础设施	62 000	61 882	92 000
电力传输和能源可靠性	传输可靠性（原清洁能源传输和可靠性）	39 000	38 926	13 000
	弹性分配系统（原智能电网研究与开发）	35 000	34 933	10 000
	能量传输系统的网络安全	62 000	61 882	42 000
	储能	20 500	20 461	8 000
	变压器的弹性元件和先进的组件	5 000	4 990	5 000
	传输许可和技术援助（原国家电力传输）	7 500	7 486	6 000
	基础设施安全和能源恢复	9 000	8 983	9 000
	指导性项目	28 000	27 947	27 000

续表

分类	研究领域	2016 年经费	2017 年经费	2018 年预算经费
化石能源研究与开发	碳捕集、储存和电力系统			
	碳捕集	101 000	100 809	16 000
	碳储存	106 000	105 800	15 000
	先进能源系统	105 000	104 800	46 000
	交叉学科研究	50 000	49 905	37 800
	超临界转化电力	15 000	14 971	0
	天然气技术	43 000	42 918	5 500
	石油-油等非传统化石能源技术	20 321	20 282	15 000
	特别招聘计划	700	699	200
	研究和运营	73 713	73 573	78 100
	基础设施	64 348	64 225	63 100
	指导性项目	52 918	52 817	58 478
核能	大学集成计划	5 000	4 990	0
	STEP R&DSTEP 的研发	5 000	4 990	0
	小型模块化反应堆的许可技术支持	62 500	62 381	0
	反应堆概念的研发和示范	141 718	141 449	94 000
	燃料循环的研发	203 800	203 413	88 500
	核能利用技术	111 600	111 388	105 360
	放射设施管理	24 800	24 753	9 000
	爱达荷州设施管理	222 582	222 159	204 140
	爱达荷州的全面保障和安全	126 161	125 921	133 000
	国际核合作	3 000	2 994	2 500
	指导性项目	80 000	79 848	66 500

15.2.2.2 科研经费的管理模式

美国没有设立专门的科技主管部门，对于科技研发是采用分散型的管理模式。美国的科技管理相关事务由各相关部门按照其分工职责和所辖领域分别完成，但国家从最高层设立了统筹协调机构，负责科技政策、科技规划的制定等，以统筹协调国家的科技资源。同样，对于科研经费的预算、分配、使用和监督等工作，也均由多个部门协同管理完成。

1）2018 年美国科研经费的拨付情况

2017 年 3 月 16 日，美国白宫公布了总金额为 1.15 万亿美元的 2018 年政府预算大纲——《美国优先：一份让美国再次伟大的预算蓝图》（*America First A Budget Blueprint to Make America Great Again*）[①]。

在该预算中，除国防部、国土安全部、退伍军人事务部的预算增加了 6% ~8% 外，其他部门的预算均比 2017 年有所降低。其中，国家环境保护局的削减幅度最大，从 2017 年的 83 亿美元削减至 2018 年的 57 亿美元，降幅高达 31.3%；卫生与公共服务部的削减金额最高，从 2017 年的 841 亿美元削减至 2018 年的 690 亿美元，降幅为 17.9%。能源部的财政预算也有所降低，从 2017 年的 297 亿美元削减至 2018 年的 280 亿美元，降幅为 5.6%（表 15-3）。即便幸免于预算大幅度冲击的机构也将面临研究重心和优先领域的调整，如国家航空航天局（NASA）对地球科学领域（主要是研究全球气候变化的地球科学研究项目）的资助被削减 1.02 亿美元，至 18 亿美元等。此外，若干奥巴马执政时期的重要科研计划被停止，包括国家环境保护局的“清洁电力计划”、商务部国家海洋和大气管理局的“海洋资助计划”、商务部国家标准与技术研究所的“制造业拓展伙伴关系计划”等。

表 15-3　美国政府预算经费情况表　　单位：亿美元

部门	2017 年执行值	2018 年申请
能源部	297	280
农业部	226	179
商务部	93	78
国防部	6338	6390
教育部	680	590
卫生与公共服务部	841	690
国土安全部	413	441
住房和城市发展部	469	407
内务部	131	116
司法部	288	277

① https://www.whitehouse.gov/sites/whitehouse.gov/files/omb/budget/fy2018/2018_blueprint.pdf[2018-7-1].

续表

部门	2017 年执行值	2018 年申请
劳工部	121	96
国务院、国际开发署和国际金融项目	357	256
运输部	186	162
财政部	126.19	121
退伍军人事务部	745	789
国家环境保护局	83	57
国家航空航天局	192.54	191
中小企业管理局	0.7833	0.8265

该预算大纲是特朗普上任后提交的第一份联邦政府预算，虽然只是大纲，缺少细节，但已经很清晰地表明特朗普政府一贯的政治立场，带有浓厚的个人色彩。预算草案的经费分配与优先领域调整体现了特朗普强调的“美国优先”原则（重点表现在重国防、轻民用，重国内、轻国际）。

2）美国科研经费预算管理机制

美国的科研经费管理由多个机构相互合作与监督，共同保证美国科研经费的合理使用。这些机构可以大致分为三个部分，分别是白宫、国会和各联邦机构，美国的科研经费管理由这三个部分共同负责。其中，白宫协助总统来协调全国的科技工作，包括联邦科研经费预算的编制；国会负责科研经费预算的审批；各联邦机构编制本领域的科研经费预算，并上交给白宫。另外，美国科学促进会（American Association for the Advancement of Science，AAAS）会对每年的科研经费预算情况进行分析。

美国的预算法制化程度相当高，编制的预算要付诸执行。首先要经过国会制定并通过预算法案和拨款法案，随后当总统在法案上签字后才能执行。如果国会审批通过是前置条件，当出现总统未签署相应的法案时，则国会可以 2/3 多数通过议案，这时即使总统没有在法案上签字，预算也可以执行。美国的科研经费管理体制中，虽然没有一个统一的科技管理部门，但有统一的研发预算来统领美国的科技研发的经费管理①。

3）美国科研经费分配制度

美国部委层面主要负责科研经费分配决策、各部门落实政策执行情况。美国未设统一的科技管理机构，但科研管理事务却划分到多个不同的职能部门，研发经费直接拨付到部门，部门内设有专门的科研管理机构，并根据部门情况各自管理经费拨付。其中，联邦政府共有 30 多个负责科技政策经费管理的部门，包括 14 个国家部门，其他独立机构和半官方、非官方组织机构。14 个部门包括了国务院、财政部、国防部、司法部、内政部、农业部、商务部、劳工部、卫生与公众服务部、住房和城市发展部、交通部、能源部、教育部和国土安全部，每个部下设有局、处、署、科等机构，并管辖相应的研究所、实验室

① 韩凤芹，张绘，吴宇伦．美国研发预算管理体制：做法与借鉴［J］．经济研究参考，2017，（22）：7-17.

等；其他独立机构是指 NASA、国家科学基金会（National Science Foundation，NSF）等独立机构；半官方、非官方组织机构是指国家科学院（National Academy of Sciences，NAS）、国家工程院（National Academy of Engineering，NAE）等。

美国目前对于分配联邦科研经费并未制订标准化程序，通常由决策官员、高级公务员和国会参谋通过政治决议达成。因此，美国部委间的科技预算决策主要依赖于部委间的预算博弈，经费按照部门功能分配，对于基础研究、应用研究、试验与发展等不同功能的科研项目给予不同经费支持，各部委相互独立、相互竞争，具有完全不同的运行机制，总是千方百计地为自己的计划争得更多预算支持，因此竞争激烈，"很难" 达成共识[①]。

4）美国科研经费监督评价体系

美国建立了完善的绩效监督评价体系，制定了严格的科技评价制度和科学的科技研发绩效评价指标体系。

（1）科学研究评估的对象涵盖了研究人员、研究团队、国家实验室、科研机构与大学，也有受资助的研究领域、研究计划乃至整个国家的研究实力，运用系统性的大数据分析和信息统计，进行经常性制度化的长期监测。

（2）美国政府不仅非常重视采用专家评估法或者聘请独立的科技评价机构，负责评估和评价科技研发预算安排的合法性、有效性，而且要求政府部门先估算自己高效率完成一个科技研发项目的成本，再与私营承包商所需成本进行比较，即外部观察法，通过对比政府和市场的成本，引入外部标准。这样就把科研经费有效运用到各个重点项目和重要领域，避免了经费使用的重复浪费。美国审计总署也需要参与对科技预算绩效评估的全过程，重点是对科技项目、政策进行事中及事后评估，最终形成评估报告。

（3）绩效评估主要涵盖的方面也由过去注重发表论文等直接产出转向更为注重长期影响的成果，如高层次人才流动、国际合作水平、技术创新形式、经济效益和对社会文化发展的整体贡献[②]。

5）美国能源部先进能源研究计划署的项目管理模式

着眼于未来能源科技的发展，美国能源部在"2014～2018 年战略规划" 中提出了合并科学和能源业务管理模块，将基础研究、应用能源研发和市场解决方案高度集成化的指导思想，并在实践上强调以目标为导向和多学科融合，更好地连接基础研究和应用工作，相继设立了 3 种全新的能源研发计划/创新平台：先进能源研究计划署（Advanced Research Projects Agency-Energy，ARPA-E）、能源前沿研究中心（Energy Frontier Research Center，EFRC）和能源创新中心（Energy Innovation Hub，EIH），形成了推进清洁能源研发的"组合拳"[③]。

ARPA-E 是在 NAS 的建议下于 2007 年创建的，直接隶属于美国能源部。2009 年《美

---

① 智强，杨英．中美国家科技决策体系：国家、部委和项目层面的比较研究［J］．科技进步与对策，2016，33（15）：83-89.

② 韩凤芹，张绘，吴宇伦．美国研发预算管理体制：做法与借鉴［J］．经济研究参考，2017，(22)：7-17.

③ 陈伟．美国先进能源研究计划署管理创新研究及对我国的启示［J］．科学学与科学技术管理，2016，37（11）：20-33.

国经济复苏与再投资法案》专门为 ARPA-E 拨款 4 亿美元开展工作。截至 2017 年 2 月，ARPA-E 已为开放式申请下 580 多个项目提供了超过 15 亿美元资助[①]。

（1）任务使命。ARPA-E 的使命是快速支持高风险、高回报的能源技术早期开发，利用变革性方案解决三大挑战：能源独立、温室气体排放与气候变化及保持美国的技术领先地位。其只投资和关注有潜力对美国能源现状产生巨大影响的革命性能源技术，特别是帮助受资助者跨越创新价值链上的“死亡之谷”（技术鸿沟、商业化鸿沟），推动其接受下一步公共或私营投资进入市场开拓阶段，带来巨大经济和社会效益。

（2）资助途径。ARPA-E 有两种资助途径：①制定领域主题研究计划，在主题研究计划下采用指向性的资助模式支持创新者高风险、高回报、具有颠覆性创新潜力的能源技术开发项目。②定期开展开放式申请，快速支持非共识探索和机会型探索，避免遗漏在主题研究领域之外的创新思想。一项主题计划经费总额一般在 3000 万美元左右，资助 10 ~ 15 个项目，资助周期为 1 ~ 3 年，单个项目资助额为 50 万 ~ 1000 万美元，平均为 200 万 ~ 300 万美元。

（3）组织管理模式。ARPA-E 采用非常灵活的组织和管理模式，其扁平化高效运营模式已经成为美国政府内部小型资助机构的典范，其管理费用为 3200 万美元，只占机构总经费的 8% 左右[②]。人员组成中政府公务员占少数，而主要聘用限定期限的专业人员开展具体项目的技术和市场转化方面的管理工作。

（4）立项实施流程。ARPA-E 资助项目实施特点是快速高效，从主题计划启动到资助项目开始执行一般为 6 ~ 8 个月，最快为 2 个月，项目执行期为 1 ~ 3 年。ARPA-E 资助项目实施的全流程如下：主题计划启动（创意、构思提出）→内部研讨→主题计划批准→编写发布项目招标公告→申请者提交项目计划书提案→评审小组评议提案→申请者抗辩→项目遴选确定→资助金额公布→合同协商和拨款→持续进展评估→项目移交进一步投资→市场开拓[③]。

（5）项目管理评估模式。在具体项目评估方面，计划主管开展主动项目管理评估，手段包括制定项目进程和成本目标、每季度检查技术里程碑实现情况、经常到项目地址进行现场考察、举行年度检查会议等。在项目无法达到技术里程碑要求时，计划主管会考虑与项目承担者沟通绩效改进措施，必要时利用“通过/不通过”（go/no-go）决策机制快速决定终止项目，将资金转而投向更有希望的项目。同时，署长和副署长负责管理这些计划主管，并会定期审查计划进展情况。通过这些措施，ARPA-E 能够对纳税人资金承担起监管责任。截至 2014 年 2 月，因为没有达到技术里程碑或项目目标，ARPA-E 终止了约 15 个项目，将项目剩余资金退回国库。但 ARPA-E 不将其视为失败，而是认为项目仍提供了新的视角并且提供了需要汲取的经验教训。

（6）内外部协调模式。ARPA-E 积极与美国能源部其他业务局、其他联邦机构、学术

---

① https://arpa-e.energy.gov/?q=site-page/arpa-e-impact.

② https://arpa-e.energy.gov/sites/default/files/ARPA-E%20FY17%20Budget%20Request.pdf [2018-7-1].

③ https://arpa-e.energy.gov/sites/default/files/ARPA-E_Strategic_Vision_Report_101713_0.pdf [2018-7-1].

界以及私营部门等技术共同体密切协调，以确保项目不会出现重复资助，并且形成合力。ARPA-E 在召开研讨会、制定项目招标公告的技术指标和对项目申请进行评议时都邀请上述利益相关方参加。在美国能源部内部 ARPA-E 主要通过署长建立的高级技术顾问小组来进行协调，在主题计划形成初期，即密切合作来协调研究投资，并确定存在的资助空白/技术鸿沟[①]。而在美国能源部外部，ARPA-E 与其他联邦机构通过跨机构合作协议、建立合作伙伴计划、密切磋商和形成研讨会制度来进行协调[②]。

15.2.2.3 特朗普政府对于清洁能源研发的政策分析

自 2017 年 1 月特朗普总统上任，美国政府的清洁能源政策已经出现较明显变化，奥巴马政府的主流政策趋向是促进清洁能源发展和遏制全球气候变暖，而特朗普政府在清洁能源政策上与奥巴马政府存在较大的分歧。

能源政策是特朗普竞选和执政的优先议题之一。早在 2016 年 5 月，尚未得到共和党正式提名的特朗普就前往北达科他州宣布其能源计划，他用一个公式来表达改革主旨，即“少量调节并开始钻探更多的石油和天然气”（regulate less and start drilling a lot more for oil and gas）；此外，多次强调了“美国优先”和“能源独立”，为促进就业增加化石能源开采，放松对油气公司的管制，开放更多联邦土地供能源开发，支持拱顶石管道（Keystone XL）项目，拯救煤炭产业等[③]。

2017 年 1 月特朗普就职后，随即发布了《美国优先能源计划》（An America First Energy Plan）[④]，以此作为新一届政府能源政策的总纲领，其内容延续了竞选期间的承诺。核心内容包括：致力于废除有害且无用的政策，如《气候行动计划》（Climate Action Plan）及《美国水法》（Waters of the US）；致力于推动页岩油气革命，为千百万美国民众创造就业及致富机会；致力于发展清洁煤炭技术，复兴煤炭工业；致力于推动能源独立，摆脱对石油输出国组织（Organization of the Petroleum Exporting Countries，OPEC）产油国及任何对美国利益持敌意态度国家的能源依赖。

2017 年 3 月 28 日，白宫新闻秘书办公室发布了《特朗普总统的能源独立政策》（President Trump's Energy Independence Policy）[⑤]。文件开宗明义表明了特朗普总统的立场：将解除对美国能源的限制，让这一财富流入美国的社区。该文件提出，前一届政府加在美国人身上昂贵的法规，损害了美国的工作和能源生产，因此亟须改革。该文件援引美国国家经济研究协会（NERA）经济咨询公司的分析，指出《清洁电力计划》可能每年耗资多达 3900 万美元，并将 41 个州的电力价格至少提高 10%；该文件还援引国家矿产协会（National Mining Association，NMA）的评估，认为《清洁电力计划》将导致煤炭产量下降 2.42 亿 t；此外，该文件还披露美国的 27 个州、24 个行业协会、37 个农村电动合作社和

---

① https://arpa-e. energy. gov/sites/default/files/ARPA-E%20FY13%20Budget%20Request. pdf [2018-7-1].

② https://arpa-e. energy. gov/sites/default/files/ARPA-E%20FY14%20Budget%20Request. pdf [2018-7-1].

③ http://money. cnn. com/2016/05/26/investing/donald-trump-energy-plan/index. html [2018-7-1].

④ https://www. whitehouse. gov/america-first-energy [2018-7-1].

⑤ https://www. whitehouse. gov/the-press-office/2017/03/28/president-trumps-energy-independence-policy [2018-7-1].

3 个工会在联邦法院状告《清洁电力计划》违法。除否定了奥巴马的能源政策外，特朗普还解除对能源生产和相关就业的规制；指示 EPA 中止、修正或废除 4 个与原能源计划有关可能压制美国能源工业的措施；废除前一届政府有碍于能源独立的“气候变化行动”；解除对石油、天然气和页岩油气行业的限制；指示所有政府机构重审现存伤害国内能源生产的行动，中止、修订或废除没有得到法律授权的行动；指示各部门用最有效的科学和经济学进行监管分析；解散温室气体社会成本机构间工作组；避免联邦对能源过度监管，要还权于州。该文件的最后，特朗普两次强调要废除《清洁电力计划》。

特朗普多次声称气候变化是“骗局”，在 2017 年 6 月 1 日，在美国国内外一片反对声中，特朗普正式宣布退出《巴黎协定》①，又一次表达了他强烈反对奥巴马政府气候议程和否认上一届政府能源决策的坚定态度。在 2017 年 10 月 10 日，EPA 局长斯科特·普鲁伊特签署文件，正式宣布废除奥巴马政府推出的气候政策《清洁电力计划》②。

特朗普政府对于清洁能源研发的新政策主要有以下几个特点。

1）有选择性地支持可再生能源技术的发展

（1）大幅度削减太阳能、风能等新能源领域的经费投入。特朗普多次声称太阳能发电成本太高、风力发电会杀死大量鸟类。美国能源部部长里克·佩里 2017 年 11 月 2 日在华盛顿举行的会议上再次发表了对于风能、太阳能以及电网等无法稳定持续供能的观点③。从美国能源部、国家环境保护局等部门的 2018 年预算中也可以明显看出，特朗普政府大幅度削减在太阳能、风能、水力、地热能等新能源领域的经费投入。

（2）支持下一代核能技术的开发。特朗普政府支持核能发展，放开对核能研究的限制，包括对先进反应堆和小型模块堆的研究。但特朗普政府没有对核能政策及其评审做进一步阐述，除美国能源部部长里克·佩里曾多次重申政府对核能尤其是先进反应堆和小型模块堆发展的支持外④，没有出台具体政策扶持核能技术。这也使得美国业界相关人士对于美国核电的未来持悲观态度，《华尔街日报》报道了由于不敌天然气低价竞争、政府法规过于繁复、市场结构等因素，美国核能电厂提前退役 6 座反应炉，并宣布未来将陆续关闭更多反应炉③⑤，未来核能技术的发展前景有待观察。

2）重视传统能源的研发投入

特朗普政府十分支持传统化石能源的发展，其《美国优先能源计划》的核心理念之一是对传统的化石能源，如石油、天然气、煤炭等进行大力扶植。

（1）支持清洁煤技术，重振美国煤炭工业。在支持清洁煤技术发展方面，特朗普政府与奥巴马政府的政策基本一致。美国是煤炭消费大国，奥巴马执政期间已推出清洁煤计划作为应对气候变化的重要内容之一，并投入巨资用于 CCS 技术的研究与应用，同时推进实

---

① http://www.businessinsider.com/trump-paris-agreement-climate-change-2017-6［2018-7-1］.

② http://news.xinhuanet.com/world/2017-10/11/c_1121786263.htm［2018-7-1］.

③ https://www.greentechmedia.com/articles/read/rick-perry-doe-coal-nuclear-proposal-is-rebalancing-the-market#gs.BLum45o［2018-7-1］.

④ https://www.wsj.com/articles/does-nuclear-power-have-a-robust-future-in-the-u-s-1510628700［2018-7-1］.

⑤ http://www.chinatimes.com/cn/newspapers/20171115000104-260203［2018-7-1］.

施煤炭产业转型升级。特朗普政府否定《气候行动计划》无疑是为其煤炭工业的发展松绑，通过 CCS 技术的广泛运用，提高能效、减少污染、大力振兴煤炭相关工业，并进一步创造就业机会。

（2）鼓励天然气技术发展。特朗普政府主张放松天然气项目的监管政策，鼓励天然气发电，并提出“公私合投”模式的基建计划支撑天然气基础设施建设项目。监管放松及天然气港口、管道等基础设施的兴建，将直接减少天然气的运输、储存和使用成本，增加就业岗位，政府对相关基建的补贴也将激励天然气生产商扩大生产，有利于美国在未来参与国际天然气出口份额和定价权的争夺。此外，天然气发电提供了低廉的工业用电价格，不仅会增强美国本土制造业的竞争力，还将吸引其他海外制造商“回归”，这恰恰与特朗普制造业回归的战略目标相呼应，但预计此举将会受到来自煤炭行业复苏的竞争①。

（3）开发本土页岩油气。大力发展美国本土的页岩油气，通过进一步扩大美国页岩气产业的优势，从而促进美国的能源独立。奥巴马政府时期美国页岩油生产已经实现了显著跨越式发展，其产量自 2005 年的 9000 万桶左右增加到 2015 年的 17 亿桶左右②，特朗普政府的《美国优先能源计划》提出，充分开发利用美国本土价值约为 50 万亿美元的未开采页岩油气储量，特别是开采美国联邦政府拥有的矿权所覆盖的页岩油气资源，该计划特别提到这些页岩油气矿权为美国人民所有。通过产量提升所获得的收入将用于修建道路、学校、桥梁和公共基础设施。同时，美国的农业将会受益于更低的能源成本③。

综上所述，与奥巴马政府的能源政策相比，特朗普政府的能源政策已经超越了促进环境保护与能源产业发展本身，承载了更多美国未来发展的战略使命与要求。正如特朗普所言，“美国能源主导”（American Energy Dominance）将成为美国战略、经济与外交政策的目标④。

15.2.3 对于清洁能源研发投入高效利用的经验总结和借鉴

15.2.3.1 顶层设计指引

为了支撑与配合“欧盟 2020 战略”，应对国际金融危机以来欧洲经济萎靡不振的局面，2011 年 11 月，欧盟颁布了名为“地平线 2020”的新规划实施方案，以期依靠科技创新实现“促进实现智能、包容和可持续发展”的增长模式。“地平线 2020”的新规划中明确提出增加对清洁能源的研发投入力度，2014 ~ 2020 年总投入经费为 800 亿欧元，保证 MI 倍增计划的实现。

我国目前并未对清洁能源领域开展顶层规划设计，清洁能源领域相关的科研项目分布

① 王震，赵林，张宇擎．特朗普时代美国能源政策展望［J］．国际石油经济，2017，25（2）：1-8.

② https://www.eia.gov/tools/faqs/faq.php?id=847&t=6［2018-7-1］.

③ https://www.whitehouse.gov/america-first-energy［2018-7-1］.

④ https://www.eia.gov/tools/faqs/faq.php?id=847&t=6［2018-7-1］.

在不同的科技计划管理项目中。

15.2.3.2 灵活性

“地平线 2020”行动计划和项目并不是一直保持不变的，根据国际竞争的形势、社会发展的需求和技术进步的趋势等重新设计各项行动计划与相应的项目，即在“地平线 2020”规划规定的预算、目标和评价指标等整体框架不变的情况下，行动计划和相应的项目可以两年为一周期灵活变动，以保障研发和创新目标的顺利实现。由于科技飞速发展，形势瞬息万变，制定的规划在多年后常常已经跟不上科技形势与社会的需求，这给我国规划制定者带来很大的困扰。欧盟“规划七年不变，计划两年灵活调整”的做法具有很好的借鉴意义，可以有效避免“计划跟不上变化”带来的问题。

在科研经费的使用上，美国设有一种科研经费——附加管理费，由大学和政府机构直接协商，不受科研人员控制。举例来说，美国国立卫生研究院（National Institutes of Health，NIH）的管理费比例是 57%，如果一位教授申请 100 万美元的科研经费，附加管理费就是 57 万美元，因此申请总金额是 157 万美元。这笔附加管理费，由学校用来支付其所有办公室与实验室的水电、电话、复印、打印等基本费用，甚至后勤人员的工资。实质上，附加管理费是一种“均贫富”的措施，相当于资助经费较少或根本没有申请到经费的其他教授和科研人员，使他们可以专心做研究①。这种灵活的附加管理费可以更好地调动科研人员的积极性，投入清洁能源等领域的科研研究中。

15.2.3.3 调动多方力量推动清洁能源的积极性

美国清洁能源项目的顺利开展，除联邦政府层面的主导外，与各州政府的大力协助密不可分。与联邦政府相比，很多州政府推动清洁能源的积极性高，形成了一系列有效的激励政策，如 2002 年，美国加利福尼亚州政府引入可再生能源配额制（renewables portfolio standard，RPS），规定州内所有电力零售业者必须收购一定比例的可再生能源电力，从州层面政策上为清洁能源发展助力。此外，美国许多州政府设立了公共效益基金，按照零售电价 1% ~3% 的标准提取，通过定额补助、电费补贴、低息贷款等形式，对可再生能源和节能技术研发、市场推广等提供资助②。除此之外，对于之前奥巴马政府推动的全国性总量控制和排放交易机制，虽然已被特朗普政府否定，但以州为主导的区域性减排市场体系早已存在。区域温室气体减排行动（regional greenhouse gas initiative，RGGI）即是其中的典型代表，RGGI 是美国首个强制性的二氧化碳总量控制与交易计划，由美国东北部和大西洋中部的七个州于 2005 年 12 月发起成立。RGGI 碳市场较好地实现了经济效益和减排效益，繁荣了美国清洁能源的市场化应用。

“地平线 2020”为中小企业制定了一整套的实施措施。其中，将“社会的挑战”和“新兴产业技术”主题资助经费预算中的 15% 用于中小企业申请的项目。同时，计划还将

---

① http://www.ccdi.gov.cn/xcjy/hwgc/201411/t20141109_44906.html[2018-7-1].

② 罗承先．美国加州的可再生能源配额制及对我国的启示［J］．中外能源，2016，21（12）：19-26.

提供专门针对中小企业的申请基金。例如，通过“中小企业创新计划”为创新密集型的中小企业提供专项支持，通过“欧洲之星计划”（EuroStars）提升中小企业创新能力，让中小企业在与研发人员建立联系的基础上获得高新技术，提供更多获得风险融资的机会。

因此，对于我国而言，除政府层面的大决策指引外，要给予省市地方充分的自主发挥空间，并调动企业参与的积极性，发挥各方力量的主观能动性，共同助力清洁能源的高效开发和应用。

15.2.3.4 平衡竞争性经费配置中行政和科研的制约关系

竞争性分配方式是配置政府科研经费这一有限资源的有效方式，而行政和科研力量作为分配中的两大参与团体，对分配结果和效率起着至关重要的作用。美国 NSF 借助同行评议的项目官自主决策方式分配其科研预算，并实行官员负责制度，既制约了行政力量和科研力量的越权行为，又从数量和质量上保证了分配的有效性。当前，我国政府科研经费的分配仍然没有脱离行政管理的桎梏，从科技课题的制定、专家的筛选到评审的整个流程都有行政人员的话语权，项目主管部门掌握着财权和审批权，不仅容易滋生权力寻租行为，而且其对相关科研领域专业知识的缺乏也难以做出专业的决策。因此，在以后的政府科研经费竞争性配置中，要制约行政和科研两大力量的恶性发展，建立问责机制，提高评审专家及决策官员的责任感，树立正确的评审价值观；同时尽快完善同行评议的评审制度，严格筛选评选专家，在保护核心资料的前提下，加大评审流程的透明性，通过自由竞争，合理、公平地分配科研经费[①]。

15.2.3.5 加强国际合作和交流

“地平线 2020”旨在通过国际合作，增强欧盟在科研创新方面的吸引力，共同应对全球挑战。其对象分为三类：工业化和新兴经济体国家、邻国及发展中国家。计划将维持开放申请的原则，在鼓励欧盟以外的新申请人申请项目，确保世界各地的优秀研究人员和发明家能够申请到项目的同时，也鼓励欧盟参加第三国的科研计划，尤其是在互惠互利的原则下，采用国际合作的战略途径开展，促进各成员国科研能力的提升。

15.2.3.6 简化项目申请和管理流程

（1）简化项目结构。重点围绕三个战略目标进行结构设计，提升项目设计的质量；同时，根据不同情况灵活处理（如申请资格、评估、知识产权等）问题。

（2）简化资金使用规定。在对实际成本进行补偿时充分考虑投资者优先的原则，如 EC 公布了“地平线 2020”科研规划提案，旨在整合欧盟各国的科研资源，加快促进科技创新，推动经济增长和就业增加。对“地平线 2020”的重点布局和主要特点进行研究分析。同一个项目中对所有申请者和活动执行统一的贷款利率；对有需要的特定地区提供一

① 吴卫红，杨婷，陈高翔，等. 美国联邦政府科研经费的二次分配模式及启示［J］. 科技管理研究，2017，37（11）：37-43.

次性无息贷款、奖金和资金输出。

（3）完善项目管理。旨在进一步推进控制与信任，风险承担与风险规避之间达到新的平衡。具体包括对同等条件申请人进行事前财务能力评估；减少证明财务状况证书的数量要求；对风险控制、欺诈检测和一次性审计进行事后审核，降低项目参与者的审计负担，并将事后审核的时效期限从五年调整为四年。此外，“地平线 2020” 在 FP7 流程设计的基础上进一步简化项目管理流程，制定统一规则，操作简单易行，审批门槛大幅度降低，平均申请时间可减少 100 天。

15.3 中国“创新使命”倍增计划研究

15.3.1 中国 MI 框架下的清洁能源领域范围

通过借鉴国际上 MI 成员国的清洁能源领域范畴，以及与中国政府部门和相关行业专家的研讨，确定了中国在 MI 框架下支持的 8 个清洁能源领域范围，分别是能源效率、化石燃料的清洁利用、可再生能源、核裂变与聚变、氢能及燃料电池、电力和储能技术、跨领域技术或研究以及其他清洁能源项目，各领域又包含不同的子领域，共 30 个子领域，涵盖范围广泛（表 15-4）。

表 15-4 中国清洁能源涵盖的领域范围

领域范围	子领域范围
能源效率	工业
	民用和商用建筑
	交通
	其他能效
化石燃料的清洁利用	石油和燃气
	煤炭
	碳捕集和储藏
	其他化石燃料
可再生能源	太阳能
	风能
	海洋能
	生物燃料
	地热能
	水电
	其他可再生能源

续表

领域范围	子领域范围
核裂变与聚变	核裂变
	核聚变
	其他核能技术
氢能及燃料电池	氢能
	燃料电池
电力和储能技术	电力生产
	输电配电
	储能（非传输方式）
	其他电力和储能技术
跨领域技术或研究	电动汽车
	能源储藏
	智能电网
	能源系统分析
	基础能源研究
	其他跨领域研究
其他清洁能源项目	—

15.3.2 中国 MI 倍增基线和倍增目标

15.3.2.1 中国清洁能源研发投入统计

本研究采用数据调研分析法，于 2016 年对中国国家部委和能源领域中央企业（共 57 家单位）开展了“十二五”和“十三五”期间清洁能源研发投入的经费调研。调研单位包括国家部委 19 家，中央企业 38 家。调研的清洁能源领域涵盖能源效率、化石燃料的清洁利用、可再生能源、核裂变与聚变、氢能及燃料电池、电力和储能技术、电动汽车和智能电网等跨领域技术或研究。调研经费来源包括政府拨款和中央企业自筹两方面。由于“十三五”期间的科研项目逐年启动，科研经费的统计截至 2016 年年底。国家发改委和国家能源局未给出相关数据，科技部、国家自然科学基金委员会等主要的研发投入单位给出的经费统计数据是整个“十二五”期间的，并未按照年度划分，本次数据统计结果为“十二五”期间科研经费投入总额及“十三五”期间已经拨付的科研经费。“十二五”期间科研经费统计结果见表 15-5。

表 15-5　中国"十二五"期间国家部委和中央企业各清洁能源领域的科研经费投入额

单位：亿元

领域范围	国家部委投入	中央企业投入	合计
能源效率	8	18	26
化石燃料的清洁利用	28	429	457
可再生能源	32	233	264
核能	60	121	182
氢能及燃料电池	4	2	6
电力和储能技术	70	89	159
交叉领域研究（包含智能电网和电动汽车等）	22	87	109
其他清洁能源项目	7	6	13
合计	231	985	1216

依据本研究的调研成果，中国确定了科研投入基线为"十二五"期间国家部委和中央企业投入总量的年平均值，约 250 亿元（约合 38 亿美元），倍增计划到 2020 年，实现 500 亿元（约合 76 亿美元）的清洁能源研发投入。

15.3.2.2　中国"十二五"清洁能源研发投入分析

1）经费来源

根据中国的国情，政府科研投入由国家部委和中央企业两部分组成，国家部委的投入占比为 19%，中央企业的投入占比为 81%（表 15-6）。

表 15-6　中国"十二五"期间清洁能源研发投入国家部委和中央企业的占比分析

单位：%

领域范围	国家部委	中央企业
能源效率	31	69
化石燃料的清洁利用	6	94
可再生能源	12	88
核能	33	67
氢能及燃料电池	67	33
电力和储能技术	44	56
交叉领域研究（包含智能电网和电动汽车等）	20	80
其他清洁能源研究	54	46
合计	19	81

2）不同领域的投入比例分析

"十二五"期间从国家部委和中央企业的总投入来看，对于 8 个领域的投入占比，最高的是化石燃料的清洁利用，占 38%，这与中国能源消费结构以煤炭为主有密切关系。可再生能源占比第二，达到 22%，核能占比第三，达到 15%，这也彰显了中国对于能源结构转型的意愿，将大力推进煤炭等化石燃料清洁高效利用，着力发展非煤炭能源，形成煤、油、气、核、新能源、可再生能源多轮驱动的能源供应体系。交叉领域研究中智能电网和电动汽车逐步受到国家的重视，在“十二五”期间予以较大的支持，也是未来清洁能源重要的领域方向。

15.3.3 中国倍增计划的实施方案

15.3.3.1 政府研发投入计划的主要经费来源

1）“十三五”期间科技部统一管理的相关研发计划

中国已经于 2015 年开始整合中央各部门管理的科技计划（专项、基金等），新确立的研发计划中国家重点研发计划、国家自然科学基金、技术创新引导专项（基金）、基地和人才专项等与清洁能源有密切关系。

2）科技部统一管理的其他科技专项

2016 ~ 2017 年，科技部统一管理的“十二五”期间的研发计划还有部分项目在继续执行，包括 973 计划、863 计划、国家科技支撑计划、政策引导类科技计划及专项、国际科技合作、创新人才推进计划等。

3）其他中央部委和中央管理的国有企业的相关计划/项目

国家能源局专项、国家能源应用技术研究及工程示范项目、国资委专项基金、工业和信息化部电子信息产业发展基金等。

中央管理的国有企业是承担相关研发计划的重要力量，其对于研发计划的配套资金支持也属于倍增计划的一部分。同时，这些国有企业还会根据行业、技术发展趋势，自主设立清洁能源领域的相关研发项目。

15.3.3.2 倍增的总体路径

分两种情景对倍增的路径进行了分析，具体如下。

1）情景 1

根据我国五年财政计划，参照“十二五”期间科研数据调研统计方法，“十三五”期间需要实现 500 亿元/a 的投入，合计 2500 亿元的科研投入（图 15-3）。

2）情景 2

参照美国及欧盟的倍增路径，按照科研投入的年平均增长率（15%），结合中国具体的国情，“十三五”期间的科研投入会在 2017 ~ 2019 年实现快速增长，2020 年趋于平稳。在此情景下，参考以往中国五年财政计划的科研投入模式，给出“十三五”末年（2020 年）实现倍增的路径（表 15-7 和图 15-4）。

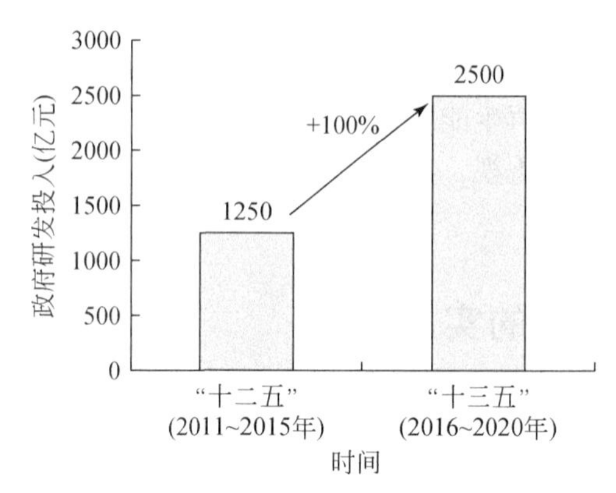

图 15-3　中国政府（国家部委和中央企业）清洁能源研发投入倍增的总体路径（情景 1）

表 15-7　“十三五”期间中国政府（国家部委和中央企业）清洁能源研发投入量（情景 2）

指标	2016 年	2017 年	2018 年	2019 年	2020 年	合计
经费投入（亿元）	255	335	420	460	500	1970
增长率（%）	2	31	25	10	9	15（平均增长率）

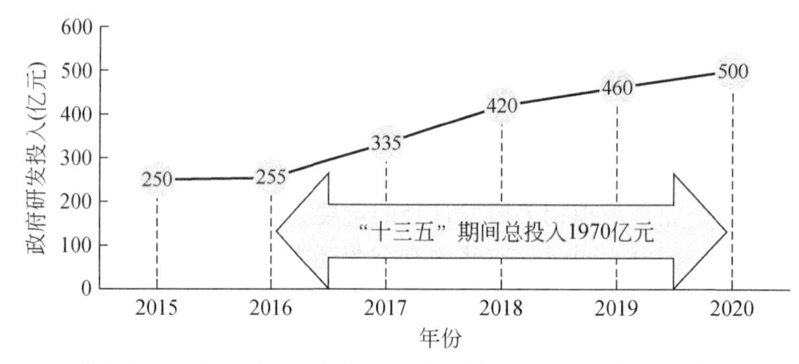

图 15-4　中国政府（国家部委和中央企业）清洁能源研发投入倍增总体路径（情景 2）

在经费来源方面，国家部委的经费投入应加大支持科研示范项目及国家级公共实验平台的建设，投入的增长大于两倍，在实现倍增计划上发挥更大的作用，在“十三五”期间的科研投入占比达到 25%。而中央企业在实现倍增计划上依旧发挥主力作用，在“十三五”期间的科研投入占比达到 75%（表 15-8）。

表 15-8　中国国家部委和中央企业的清洁能源研发投入占比　　单位：%

来源	“十二五”期间占比	“十三五”期间占比
国家部委	19	25
中央企业	81	75

15.4 促进私营部门加强清洁能源经费投入的建议

15.4.1 中国清洁能源融资瓶颈

当前中国清洁能源投融资市场的主要问题是：国家对清洁能源的日益重视与金融支持严重脱节；清洁能源作为全新的能源供应形式与传统金融手段单一不相适应；清洁能源应该获得长周期的融资服务，但金融市场缺乏长周期的风险把控能力；清洁能源行业中，中小企业的融资尤其艰难。一方面是平稳增长的市场需求和难得的发展机遇，另一方面是资金融通市场的有限渠道，使中国清洁能源与融资市场正处于不匹配的矛盾中。

（1）金融机构缺乏对清洁能源的深入了解和认识。对火电厂和水电站来说，光伏、风电等清洁能源属于新生事物。金融机构缺乏对清洁能源项目的深入认识。很多金融机构对其了解很少，甚至完全不了解。有些只是从媒体上得到信息，并没有专业团队对清洁能源项目进行风险评估。整个清洁能源产业链的风险也并不相同，但常常被金融机构以整个产业链的最高风险评估来对待。例如，弃风限电问题主要发生在“三北”地区，而广东不存在弃风限电问题，可广东的风电项目申请贷款受到了银行在弃风限电方面的质疑，项目无法获得相应的资金支持。投资者对风险的把控不明，使项目获得资金的条件较高，从而拉高项目综合融资成本。

（2）融资形式单一。中国清洁能源获得资金渠道极其有限，绿色金融体系不够完善。尽管存在政策资金、银行贷款、债券、定向增发等形式，但在实际中大部分清洁能源项目仍然通过银行贷款获得资金。其他的金融机构，如证券公司、担保公司、金融租赁公司等机构从资金收益要求上来看要高于银行，而清洁能源项目尚未建立起成熟且具有吸引力的商业模式，也就无法从上述渠道获得资金支持。

银行的融资常常受到外部的影响，以光伏为例，2011 年银行对光伏产业的态度已经“变脸”，“断贷”和提前“收贷”使“寒冬”中的光伏企业雪上加霜。2013 年 8 月，欧盟“双反”最后协商阶段，多家银行明确表态：如果高税率确立，对光伏企业将加大限制贷款和清收未到期贷款的力度。在制造业受限的同时，下游市场也同样被波及，商业银行对一般企业债权（包括新能源企业）的风险权重为 100%，对符合条件的微型和小型企业债权的风险权重为 75%，而对个人住房抵押贷款的风险权重为 50%，可见对光伏的风险评级较高，授信更加谨慎。

（3）现有政策不能体现清洁能源项目的环境效益。清洁能源项目属于环境友好型项目，其环境效益无法体现在投资人的经济收益中。清洁能源项目初期建设投资成本高，项目收益比较单一，主要依靠国家补贴资金扶持，市场环境不够成熟，无法独立与常规能源相竞争。现有政策还不能将清洁能源的环境效益内部化。就发电上网环节，清洁能源和传统电力主体间的矛盾日益严重，无法实现清洁能源的全额保障性收购，弃风限电的情况日益严重，清洁能源项目的投资收益无法得到根本保证。

（4）中小企业、中小型项目融资难问题。现有金融市场的融资工具包括银行贷款、绿色债券等，主要还是为大型企业服务，清洁能源行业的中小型企业面临严重的融资难问题。随着能源市场的改革，分布式项目被提高到突出的地位，是实现“四个能源革命”的重要抓手，未来会有大量的小型分布式项目。大型国有企业项目审批周期长、流程复杂，很难开发小型分布式项目。中小型企业将是分布式项目的主要开发力量，与其他行业不同，清洁能源的中小型项目效率并不会下降，因此收益是有保障的。唯一需要的就是设计一套专门针对中小型项目的金融工具和机制。

15.4.2 发展清洁能源配套融资体系

中国在制定清洁能源的金融扶持政策时应充分考虑市场在资源配置中的作用，围绕金融资本的运作规律来设计相关政策，通过政策引导来降低清洁能源的投资风险，保障清洁能源项目的盈利能力，提高清洁能源项目的经济收益，将清洁能源项目的环境外部性效益内部化。

（1）打造健康市场投资环境，保障资金投资收益。首先，加快电力市场的改革，建立以清洁能源发电为主导的电力市场机制，彻底解决弃风限电、弃光限电消纳问题。清洁能源技术主要用于发电，目前弃风限电、弃光限电等问题已经严重影响清洁能源的发展，使清洁能源项目的投资风险不断加大。只有实现清洁能源发电全额保障性收购，降低清洁能源发电项目的投资风险，才可以获得更多资金支持。其次，减少行政干预，实现清洁能源电费附加资金的实时结算。以目前的电网能力，完全可以实现清洁能源电费附加资金的实时结算，应尽量减少电费结算难度和结算周期，让补贴发放及时到位，保障清洁能源项目的盈利预期，降低清洁能源项目的投资风险。

（2）保障清洁能源政策调整的可预知性。目前，各金融机构对清洁能源项目的不信任主要来自于两方面：一方面是电力市场；另一方面是电价下调预期。清洁能源电价调整，从国际经验来看，清洁能源电价补贴下降是必然的趋势，但是中国对可再生能源电价调整的政策中并没有制定出具有周期性、规律性和可计算性的政策规范，或可供金融机构专业团队进行风险评估的数据参考，导致在对清洁能源项目进行风险评估时无据可依。以日本为例，日本的清洁能源电价每年会在固定时间进行公布，对于清洁能源电价的计算和调整由专业的第三方机构负责。中国电价政策缺乏类似的规律性制定过程，每次电价调整都会风言风语，各种消息满天飞，使整个行业动荡不安，非常不利于企业和金融机构进行长期规划。保证电价调整的规律和规范，可以降低企业经营风险，更好地帮助企业和金融机构做好风险控制，有利于绿色金融吸纳清洁能源项目。

（3）完善信息数据平台，加强政府部门之间、政府与第三方机构间的协调合作。行业数据信息公开，建立稳定的跨部门合作协调机制，确保绿色金融政策的统一性和稳定性。需要国家发改委、国家能源局、财税部门、环保部门、金融机构以及社会中介机构等多方主体的合作。行业技术信息公开、行业标准以及违法违规处置等，必须充分借用社会监督、社会评估的力量，及时反馈执法和政策落实情况，提高政府工作效率，不断提高清洁能源市场的置信度，打造安全可靠的投资环境。

（4）推进财税政策、货币政策、信贷政策与产业政策的协调配合，强化对金融机构开展绿色金融业务的激励和约束，特别是针对清洁能源项目为主题的相关金融政策。不断优化设计货币政策结构，将常规货币政策工具与绿色金融和清洁能源项目挂钩，以进一步发挥货币政策定向微调的功能。制定专门的清洁能源绿色贷款政策。在调整央行资产结构时，增加“绿色”“清洁能源”等因素。将环境相关风险纳入评估金融稳定性的指标体系和模型，制定一个绿色宏观、微观评估框架，以及一套标准化的环境评估方法，使监管机构和政策制定者能够测量、评估企业与环境政策目标的相关活动。在银行监管政策中融入绿色金融内容，强调清洁能源可持续发展的重要性。加大发展绿色债券市场，促进保险业对清洁能源项目的积极作用。稳定财政政策在支持清洁能源项目金融方面的作用。

（5）支持开展排污权、收费权质（抵）押等担保贷款业务。探索利用供热、发电、污水垃圾发电、产气等预期收益开展质押贷款业务。研究探索投贷结合、信用担保、信用保证保险等创新型金融服务。探索碳金融对清洁能源开发与应用的支持。支持面向清洁能源企业创新需求的金融产品创新，探索建立清洁能源知识产权质押融资市场化风险补偿机制。

（6）支持各级财政成立清洁能源产业投资发展基金，吸引民间资本入股并参与管理运营。利用各类金融资源，成立清洁能源担保基金，为清洁能源企业融资提供担保服务。通过项目的分散性和多样性来控制并降低整体的风险。大力发展股权投资基金和资产证券化业务，支持符合条件的清洁能源及相关企业到包括区域性股权市场在内的多层次资本市场挂牌上市和发债融资。支持符合条件的清洁能源及相关企业发行公司债券、发行项目收益债用于加大创新投入。

第16章　应对气候变化技术创新国际合作战略与对策

加强科技合作是全球应对气候变化的重要手段，也是《巴黎协定》中达成的国际共识。本章系统梳理气候变化领域现有国际科技合作机制的运作模式，介绍发达国家开展应对气候变化技术国际合作的实践，在此基础上，结合中国当前的合作现状、利益诉求、技术水平和国际环境，提出中国对外开展应对气候变化技术国际合作的战略思考。总体上，建议以生态文明理念作为驱动合作的内在动力，实现合作参与主体利益、环境效益和经济效益的多赢目标，通过有效的政策设计促进个体、公共机构、私营部门、社会组织/大学、科研机构在合作中发挥更大的作用。

16.1　引　　言

《巴黎协定》释放出全球低碳转型的积极信号，依靠技术创新与合作应对气候变化成为国际共识和主要行动。当前，全球应对气候变化科技发展呈现新形势，相关技术的创新增速提高，但全球分布仍呈分散态势，基础研发、系统化和定制化需求亟待各国合力加强。随着国际政治经济形势的变化，应对气候变化领导力格局也已经发生了改变，欧盟在全球气候治理中的领导力下降，美国总统特朗普上任后即在能源、环境、贸易、气候变化等领域采取一系列新举措，并宣布退出《巴黎协定》，这均将对全球以及中国低碳科技创新与合作产生复杂影响。气候变化是各国共同面临的发展问题，在这一问题上各国互为“命运共同体”，这一问题的解决需要技术的支撑，但技术的支撑也需要全球智慧和全球协作。在科技应对气候变化问题上，如何最大限度地寻求共识点并尽快行动起来？如何考量当前形势和未来行动对中国的战略意义？如何把握新形势，开展符合中国利益和全人类利益的应对气候变化国际科技合作？均是亟待理清的问题。

16.2　应对气候变化国际科技合作现状

16.2.1　科技应对气候变化新形式

为实现《巴黎协定》将全球平均温度上升幅度限定在2℃以内，并努力实现1.5℃的目标，通过技术创新与转让应对气候变化是重要途径之一，但其潜力仍有待大规模释放。从应对气候变化技术转让的对象和频率来看，至今为止，低碳技术的国际转让仍主要在发达国家之间通过市场进行，发达国家与发展中国家之间、发展中国家内部之间的低碳技术转让仍较少发生。从应对气候变化技术转让的效果来看，在这些有限的面向发展中国家和欠发达国家的低碳技术转让实践中，作为技术接收方的发展中国家和欠发达国家，大多仅停留在接受和使用了低碳技术设备方面，并未从中获得直接的低碳技术创新能力，因此，应对气候变化面临着前所未有的技术创新与合作需求。

《巴黎协定》释放了积极的技术合作信号，使通过国际科技合作的方式提高全球应对气候变化的能力日渐成为共识；技术开发与转让已经从单纯强调发达国家技术转让的义务向更务实地追求应对气候变化领域的技术合作转变。这一转变体现了各国对应对气候变化问题上"命运休戚相关"的深刻认同，既强调不同，对发展中国家和欠发达国家的区别对待并给予更多的支持；又强调合作，希望实现全球的技术合作与共赢。

全球气候变化领导力出现断档，以科技合作应对气候变化迎来窗口期。一方面，受全球经济危机和欧债危机影响，欧洲经济一度陷入低迷；欧盟东扩导致其内部气候政策分化，相关谈判失效，欧盟在全球气候治理中的领导力下降。另一方面，美国特朗普政府宣布退出《巴黎协定》，宣告了美国在气候变化问题上的立场从"逐步积极"退变为"十分消极"。这意味着美国已经主动放弃了其在全球气候治理中的领导权。预计未来一段时期，气候谈判将在严格履约、落实《巴黎协定》减排承诺以及达成更加积极的共识并付诸行动等方面十分困难，但发展科技和开展科技合作应对气候变化领域则成为最有可能达成共识的领域。

16.2.2 全球应对气候变化技术发展态势及挑战

从全球范围来看，在低碳技术及其产业化领域，并未形成几个国家甚至几个企业"一家独大"或"几家独大"的高度集中局面。这一方面意味着应对气候变化技术研发及产业化，充满了巨大的创新空间和市场潜力；另一方面意味着低碳技术的研发需要集合全球的创新知识、资源和巨大的初期资金投入。从总体来看，全球应对气候变化技术的发展具有如下特点：一是全球应对气候变化技术创新迅速增长；二是全球应对气候变化技术分布呈分散态势，基础研发和系统化定制仍需发展；三是尽管新能源技术专利数量多，但核心技术专利极少，多数专利仅仅是局部的细微改进；四是发展中国家的清洁技术发展仍难以吸引足够的风险投资。

全球应对气候变化技术发展面临的挑战：一是传统的技术创新模式不利于应对气候变化技术的创新和扩散；二是清洁能源领域频发的"贸易战"阻碍了清洁能源技术的创新和扩散；三是知识产权因素制约应对气候变化技术创新、扩散和合作。

16.3 现有国际技术合作机制的运作模式

16.3.1 《公约》下的相关合作机制

《公约》于2010年在其第16次缔约方大会（COP16）通过的《坎昆协议》中，以缔约方决定的形式正式确立了技术机制。该机制旨在强化技术开发与转让行动的目标，以支持减缓和适应气候变化行动，尤其是支持发展中国家应对气候变化的行动。2011 年，《公约》第 17 次缔约方大会（COP17）通过《德班决议》，进一步明确和细化了技术机制的具体安排。2012 年，《公约》第 18 次缔约方大会（COP18）通过《多哈决议》，明确了 CTCN 的组织结构。

技术机制于 2012 年全面启动，随着 CTCN 获得丹麦政府、UNDP 等国家和国际组织的支持以及在华沙会议上通过工作模式与程序，技术机制逐步进入常态化运行阶段。TEC 每年定期举行会议，举办气候技术活动，支持解决关键技术政策问题的努力。TEC 的主要成果之一是向《公约》缔约方大会提交年度关键信息和建议，TEC 通过这些信息和建议推广各国可能采取的加速国家、区域与国际气候技术行动的措施。TEC 还通过制作政策简报（TEC 简报和其他技术文件），为利益相关方提供信息以促进气候技术工作。此外，TEC 还通过举办区域性和专题性的研讨活动，以加强各国在气候技术行动领域的合作。

CTCN 的核心工作主要是技术支持、知识共享、合作与网络三方面。截至 2018 年，全世界共有 396 个网络成员，主要分布在亚洲、西欧和北美洲，已经成立了 158 个国家特定实体（NDE），在收到发展中国家通过 NDE 或是国家选举产生的联络点提交的请求时，CTCN 会迅速动员其全球的气候技术专家网络为该地区设计并定制专门的解决方案。

CTCN 还通过其通信工具和知识管理系统，开展气候技术相关活动。截至 2016 年 12 月，网站共有包括网络成员在内的多达 10 768 种信息来源，共提供网络研讨会 75 场，参与人数超过 2200 人。此外，2013 ~ 2016 年，CTCN 举办了 21 次区域论坛和讲习班，培训 NDE，其目的是确保发展中国家持续提供高质量的请求。约有 650 名与会者出席了会议，其中包括来自 134 个国家的 NDE 代表。CTCN 还组织了三个利益相关者论坛，与私营部门进行接触。截至 2017 年 4 月，CTCN 已收到技术支持请求 181 项，其中 13 项已完成，49 项正处于执行阶段，40 项正在设计阶段，29 项正在审查中，但还有 50 项不活跃。CTCN 通过孵化器计划提供具体和强化的培训给予最不发达国家 NDE 特别支持。截至 2017 年 3 月，共有 19 个国家参与此计划，提交 14 项技术援助请求。

16.3.2 《公约》外的相关合作机制

《公约》外的相关合作机制重点包括联合国相关机构下不同级别的行动倡议：一是联合国高级别活动和倡议（如技术促进机制、针对最不发达国家的联合国技术银行）；二是联合国各方案与专门机构承办的活动和倡议；三是全球和区域多边倡议（如多边开发银行开展的一些活动和举措）；四是公共与私人活动和倡议；五是研究与开发合作；六是知识管理。

技术条款通常是联合国协定的一个关键组成部分。在环境领域内，至少有 18 项国际协定、公约和议定书包含了技术条款。高级别活动和倡议包括信托基金、最不发达国家的联合国技术银行、联合国能源机制。此外，联合国各执行机构也有许多相关倡议。

技术促进机制是根据第三次发展筹资问题国际会议上通过的《亚的斯亚贝巴行动议

程》成立的，目的是支持可持续发展目标。技术促进机制由以下几部分组成：①联合国促进可持续发展的科学技术创新机构间工作组；②关于可持续发展目标的科学技术创新问题年度多利益相关方合作论坛；③作为关于现有科技创新举措、机制和方案的信息网关的一个在线平台。

针对最不发达国家的联合国技术银行根据自愿和共同商定的条款与条件，促进科学研究和创新，促进技术向最不发达国家传播和转让，以及对知识产权的必要保护，并将努力避免与其他国际技术倡议的措施重复。联合国技术银行具有以下三个相关功能：①技术转让和收购；②作为科学技术和创新支持机制；③建立最不发达国家的研究人员和科学家之间的联系与便捷通道。

总的来说，《公约》外的活动和倡议集中在联合国，包括多边、公共和私人及研发（R&D）倡议，其中的活动和举措包括以下几项：①技术信息，促进利益相关者之间的信息流通；②能力建设；③有利环境，重点是查明和消除障碍，以及一些其他活动。其中，大多数倡议都有私营部门或多利益相关方成分，表明私营部门的重要性日益增加。许多高级别的倡议围绕清洁能源、可再生能源、能源效率和可持续能源获取，提供了促进政策和行动的平台，并为各国政府、金融和商业实体、多边机构筹集资金。

16.4 发达国家开展应对气候变化技术国际合作的实践

国际科技合作是各个国家应对气候变化的一个重要手段。通过国际科技合作，国家一方面可以利用各国的创新优势资源，解决、突破应对气候变化的关键技术难题；另一方面可以补充对外关系，促进技术转移，打开国外可再生能源市场。所以，应对气候变化的科技合作不仅仅限于科学研发的合作，还包括技术转移、国际投资、能力培训等方面的合作。

总结现有合作政策研究的分析框架（政治型政策工具和经济型政策）可以发现，应对气候变化的科技合作涵盖的范围普遍比单纯的科技研究合作更为广泛。美国、欧盟、日本等发达国家/集团在相关政策上各有侧重。美国和日本都是以促进合作为主要目标，日本的合作导向性比美国更为明显，也更强调同发展中国家，尤其是亚洲地区发展中国家的合作，而欧盟的政策总体来看是二者兼顾。在手段上，美国偏向于使用以多边倡议为主的政治型工具，日本则大量使用（如气候援外、双边金融等）经济型工具来促进合作，欧盟在政策工具的使用上更为平衡。中国的政策偏向以政治型工具来促进相关研究的进展，在促进合作方面显得较为薄弱，经济型工具的使用有着明显的不足。

总体来看，发达国家/集团开展应对气候变化合作存在如下趋势。

（1）全球科研合作还有许多困境有待解决，知识产权问题首当其冲。在《公约》第23次缔约方大会期间，附属科学技术咨询机构（科技咨询机构）为缔约方进行了非正式磋商，以确定《巴黎协定》技术框架的基本原则和结构。审议的进展对五个关键主题进行了定义：创新、实施、有利环境和能力建设、合作和利益相关者参与以及支持。五个关键主题的共同点是让私营部门参与技术开发以及让技术向发展中国家的转移。激励私营部门广泛传播其尖端的气候技术，需要缔约方商定一个共同的知识产权框架。这种知识产权框架应该能够解决技术提供者和受体的关切。然而，工业化国家和发展中国家之间的历史性困难及仍在进行的谈判表明，这并非易事。前者主张采用严格的专利法来保护其技术知识产权，后来主张建立更加灵活的知识产权框架，并增加对其他昂贵技术许可的财政支持。

（2）加强资金合作依旧是国际社会和发达国家关注的重点，尤其是如何鼓励来自私人部门的投资。自 2010 年以来，全球清洁能源技术研发的公共投资额在 2015 年下降了约 10 亿美元，达到 260 亿美元。因此，2017 年 7 月在北京举行的清洁能源部长级会议上，来自欧盟、英国、芬兰、挪威、澳大利亚、中国、印度、墨西哥和沙特阿拉伯等不同地区或国家的能源部长分享了他们与公共和私营部门共同合作削减先进新清洁技术成本的经验，以及公共部门如何在私人投资者犹豫不决的情况下分担风险。各部长、企业家和专家达成的共识是政府应在新技术适应方面发挥更积极的作用。这包括制定明确的目标和指标来指导创新，提供有风险的资金，建立促进知识共享的新机制，并确保广泛分享绿色转型的好处。

（3）发达国家应对气候变化科技研发投入的增长缓慢，全球创新努力进展缓慢。从全球来看，世纪之交的研发支出占 GDP 的比例基本停滞不前，2000 ~2013 年仅为 0.1%。世界各地区的创新活动增长不平衡。美国的研发支出比例基本稳定（2000 年为 2.6%，2014 年为 2.8%），欧盟仍然低于 2%。在同一时期，亚洲三个主要国家的相关支出大幅度增加，2000 年，中国在研发上的投入仅占 GDP 的 0.9%，2014 年达到 2.1%；同期，韩国（2.1% ~4.3%）和日本（3.0% ~3.6%）出现类似显著增长的情况。

16.5 中国对外开展应对气候变化技术国际合作的战略思考

16.5.1 中国对外开展应对气候变化合作政策现状分析

中国在应对气候变化合作方面的态度一直是负责任且积极的。中国在历次应对气候变化的谈判中发挥积极的推动作用，也受到联合国等国际组织和外界的肯定。中国在相关科技领域也开展了大量的合作，通过参与国际组织，引进资金和技术，同发达国家建立了许多科技合作的双边机制。中国同发展中国家的科技合作上也投入了大量的资金，成立了气候变化南南合作基金等，也通过技术援助向发展中国家提供应对气候变化的相关科技成果。

中国应对气候变化科技合作的主要政策文件是《中国应对气候变化科技专项行动》（简称专项行动）和《可再生能源和新能源国际科技合作计划》（简称能源合作计划）。结合政策文本的具体内容可以看出，中国的政策是以政治型工具促进研究为导向的。同时，中国在国际科技合作中的定位还是以发展中国家为主，十分强调对先进技术的引进和人才同发达国家的交流（表 16-1）。

表 16-1 中国应对气候变化科技合作政策工具

类型	政策工具名称	政策目标	主要合作对象	来源
政治型	气候变化相关科技合作纳入双边、多边政府间协议	研究+合作	全体国家	专项行动
	扩大开放程度	合作	全体国家	专项行动
	鼓励人才交流	研究	发达国家	专项行动
	参与国家合作研究	研究	发达国家	能源合作计划
	参与制定新能源标准与规范	合作+研究	发达国家	能源合作计划
	促进国际交流与对话	合作	全体国家	能源合作计划
经济型	推进参与技术转让机制	合作	发达国家	专项行动
	建立产业化示范	研究	发达国家	能源合作计划
混合型	科技合作“走出去”战略	合作+研究	发达国家	专项行动

通过与发达国家应对气候变化科技合作政策的比较，中国在政策工具的使用和定位上还有以下两点不足。

（1）依赖政治型工具的使用，对经济型工具缺乏重视。与政治型工具相比，经济型工具在推动务实的研究合作和技术转让方面有着更为明显的效果。同时，经济型工具还能带动相关方面的私人投资，减少政府在财政支出上的压力，也能为技术合作落地提供支持。

（2）强调以促进研究为导向的政策，以促进合作为导向的政策较少。中国相关政策的主要目的是通过国际科技合作促进中国队应对气候变化研究的进展，这虽然无可厚非，但国际科技合作的最终落脚点是在促进合作，这说明了中国在将应对气候变化科技合作整合总体外交战略方面还比较薄弱，也与中国坚持发展中国家的定位有关。

16. 5. 2 中国对外开展应对气候变化技术国际合作的利益诉求

中国作为新兴发展中国家，对应对气候变化技术国际合作有特殊的利益诉求，体现在以下几个方面。

（1）中国的低碳产业日趋壮大，在新能源设备研制技术方面取得了长足的进步，在核能发电等应对气候变化技术领域形成了一定的优势，实现了获得国内自主知识产权和共有国际市场知识产权，并实现了一定的产业化目标。

（2）中国已逐渐成为新能源大国，但核心技术的缺失仍然是企业“软肋”所在。开展应对气候变化技术对外合作可进一步提升中国低碳技术的研发能力。

（3）积极参与气候领域国际科技合作，今后如何提升应对气候变化技术国际合作的效果，使之与中国的气候外交、能源外交和经贸外交战略紧密相连，并发挥协同一致的效应，仍有可提升的空间。

16.5.3 新形势下中国开展应对气候变化技术国际合作的战略意义

新形势下中国开展应对气候变化技术国际合作具有十分重要的战略意义。

（1）可助力中国低碳产业海外拓展。中国低碳技术发展迅速，优势产能的对外输出需求增加，开展应对气候变化国际科技合作可助力中国低碳产业海外拓展。

（2）提升中国国际科技合作话语权。把握全球应对气候变化科技创新机遇期，提升中国国际科技合作话语权，为参与全球气候治理提供有力科技支撑。

（3）为中国“后巴黎时代”如何参与全球气候治理找到适当的切入点。以应对气候变化领域全球科技合作为切入点，提出议题建议、中国立场和方案，对中国而言具有重大的战略价值。一方面，倡导低碳科技国际合作不涉及过于敏感的减排利益问题，在当前国际形势下更容易凝聚各方共识。另一方面，倡导低碳科技国际合作，可以成为中国在“后巴黎时代”全球气候治理中发挥引领作用的重要抓手，推动气候谈判走出“零和”游戏，取得务实进展。这既能体现中国积极落实《巴黎协定》的行动，也能避免因美国的退出而将减排压力增加到中国身上。

16.5.4 中国开展应对气候变化技术国际合作的总体建议

新形势下，中国开展应对气候变化技术国际合作事业应贯彻生态文明理念的核心要求，着眼全局、谋划未来，通过全方位布局合作行动计划，助力中国应对气候变化目标的早日实现，提出以下几点总体建议。

（1）把握全球气候治理主动权，加强低碳科技创新与国际合作领域顶层设计，积极部署国际合作。中国应继续坚持和倡导《巴黎协定》，这样既可以占领道德制高点，增加中国的国际影响力，发展和强化合作伙伴，又可以推进国内的能源结构转型和环境保护。在逐渐增强中国全球气候治理影响力的过程中，应对气候变化的科技创新与国际合作可以作为战略切入点，既有助于增强中国在全球气候治理中的作用，又能避免纠结于减缓和资金等敏感问题，符合中国当前所处阶段的国际地位和国内发展需求。需要加强这方面的顶层设计，做最有利于中国发展的部署。抓住落实《巴黎协定》的机遇，积极谋划中国低碳科技对外合作的总体方略。尽快制定中国应对气候变化低碳科技对外合作方案，确立中国未来应对气候变化国际低碳科技合作的重点国家、优先领域、合作路线图、合作模式、机制安排和保障措施等具体内容。积极完善中国科技援外的法律制度，将气候变化作为科技援外规划、方案和专项行动的优先领域。

（2）发挥低碳科技创新合作领域的国际号召力作用，尽早在国际场合提出低碳科技创新合作的中国方案。中国可选择在《公约》谈判及其他国际场合多谈低碳科技创新合作的积极影响，多提全球低碳科技创新合作方案的概念、设想以及具体实施方案，由此引导国际社会对低碳科技创新合作的关注并发挥中国的建设性作用。中国的实施方案可以与“一带一路”倡议、中国双边对外援助、南南合作基金、绿色技术银行等战略和机制协调配合以形成合力。

（3）以提升中国低碳科技对外合作能力为契机，全面提升中国参与全球治理的能力。加大低碳产业知识产权海外布局和风险防控，提升知识产权对外合作水平。完善低碳行业和技术的标准体系建设，积极参与国际低碳行业和技术标准的制定与交流，提升低碳国际标准制定话语权。尽早实现中国应对气候变化低碳科技对外合作方案与中国的整体外交战略、经贸战略的对接和协同，以提升中国在全球治理中的整体外交实力。

（4）用好现有对话合作机制，增强与相关国家和地区开展低碳科技合作的针对性与有效性。在特朗普政府政策转型之际，重新定位中美科技合作关系，明确中国低碳科技与美国的合作利益，用好中美现有战略对话机制，用好跨国公司、民间团体力量，管控清洁能源贸易摩擦，扩大与美国地方层面的交流，推进中美低碳科技投资等领域合作。明确共同利益，夯实合作基础，加深中欧低碳技术基础研发、示范推广、标准化建设等领域的合作关系。用好、用活南南合作等现有机制及安排，加强与“一带一路”沿线国家低碳、环保和能源领域在标准应用、市场开拓、技术推广应用等领域合作。

（5）倡导应用大数据资源和先进的统计工具，开展国际国内有利于全球应对气候变化技术合作创新的基础测量和数据统计相关领域的合作。建立平台、方法、分类和数据库，鼓励政府与企业合作开展调研，为筛选合作的优先领域、优先模式、优先措施、标准制定和实施等相关内容提供依据。建立与完善衡量中国低碳科技发展水平和持续创新能力的指标体系。完善中国低碳技术发展水平、对外合作、国际竞争力等多方面的监测、统计、评估、发布、共享等的组织管理模式和运行机制。为准确研判中国低碳科技创新合作水平确立对外合作目标提供及时的支持。

（6）积极推动与发达国家间的“南-北”低碳科技合作。不断从先进技术能力、生产制造能力、规模效应、市场、资本、政策环境等多方面挖掘双方的互补性、共赢点。积极参与发达国家发起的国际低碳科技研发项目活动，开展联合研发，尊重知识产权，谋求增进与发达国家在技术研发、科学创新、知识产权等领域的交流、互信和合作。积极发起和主导一些国际重大的多边低碳科技合作计划，充分利用全球资源，集合全球科学家和工程师的智慧，合作攻关应对气候变化领域的共性技术难题和瓶颈问题，逐步增强中国在低碳科技领域的话语权。

（7）着力推动与其他发展中国家及欠发达国家间的“南-南”低碳科技合作。寻求共同的发展目标、应对气候变化共性技术的解决方案，与其他发展中国家广泛开展政策、技术、标准等方面的交流合作。通过南南合作加强知识开发者与使用者之间的合作，推动共性技术在发展中国家之间的合作研发和共享。充分利用气候变化南南合作基金，合理设计气候变化南南合作基金促进南南应对气候变化科技合作的整体方案和具体计划，确立与气候变化南南合作基金规模相适应的重点科技领域、战略合作对象、主要合作方式等。有效发挥中国在应对气候变化南南合作中的影响力。

（8）进一步探索“南-北-南”低碳科技合作新形式。在市场机制、标准体系和技术需求等多方面探索合作空间，促进公共和私营部门在“南-北-南”合作中发挥更大的主导作用，寻求三方合作共赢机会，共同进行联合的科技研发和产业化合作项目，实现低碳技术在全球的广泛应用。实现各方短期利益和中长期利益的对接，发挥各方的比较优势，并实现比较优势的动态转移和新的比较优势的逐步形成。

（9）调动民间力量，加强科技创新领域合作模式探索及试验，为尽早提出低碳科技创新合作领域的中国方案提供基础和支撑。发挥各级政府在推动企业、研究机构、金融机构、行业组织等民间力量开展低碳科技合作中的桥梁作用，探索以企业为主体，市场为导向，成果应用为目标的“技术-市场-资本-成果”的合作模式。推动上海绿色技术银行试点项目进展及经验分享，探索农业、软件、电子、信息、医疗等领域已有的成功合作模式，提出低碳科技合作可资借鉴的合作模式及落地方案。

（10）树立整体意识，尽早开展提升全球气候治理影响力及低碳科技国际合作号召力等方面的综合性战略研究。特朗普执政后的众多举措对低碳科技创新合作的影响证明，美国一贯有能力将其本国政策/法律输出至国际，以配合其全球相关领域治理之需。中国应加强对美国相关政策/法律国际化输出的研究，尽早将参与全球气候治理、低碳科技对外合作等战略目标与国内环保、应对气候变化、科技、对外贸易、知识产权等领域政策法律制定、实施及上述领域的对外合作紧密联系起来，开展综合性的战略研究，提出综合性应对策略，以配合中国气候外交之需。

（11）创新人才引进战略，吸纳全球创新资源。以特朗普政府限制移民政策为契机，制定和完善相关政策法律，加快中国人才体制改革，创新人才自由流动方式，激发人才创新能动性，吸引各国优秀研究人才来中国从事研究工作，将联合创新与自主创新有机结合，全面推进中国低碳科技发展水平。

16.5.5　中国构建应对气候变化技术国际合作体系的关键要素

新形势下，中国构建应对气候变化技术国际合作体系的关键要素如下。

（1）以生态文明理念作为驱动合作的内在动力。生态文明理念下的应对气候变化技术国际合作可以超越对市场范式追逐私人利益最大化的偏好和工具理性的路径依赖，使国际气候有益技术转让的治理和相应的制度建构过渡到依靠全球合作和生态共享为核心价值的思想范式中。

（2）实现多赢的合作目标。实现应对气候变化技术产权化、资本化、市场化、政策化的有效对接，使作为全球财富的应对气候变化技术能够在满足公共产品供给，并受惠于技术提供者，从而达到各参与主体利益、环境效益和经济效益的多赢。

（3）遵循“生态人”的合作原则，包括坚持公平与正义原则，主张权利、责任和义务的统一；坚持环境利益优先原则；坚持预防为主原则。通过一系列应对气候变化技术的合作行动，为现有和未来应对气候变化创建良好的能力环境。

（4）体现协同的合作内容。根据生态文明“尊重自然规律、顺应和保护自然”的要求，重新定位各国在应对气候变化中的技术需求，并相应调整各国进行技术创新合作的发力点，开展机制和政策领域的合作，开展有利于全球应对气候变化技术合作创新的基础测量和数据统计相关领域的合作。

（5）基于互信的合作形式。建立长期的互信，增强合作的动力，创新并实践股权、契约、非股权等多样化的合作形式。

（6）多元参与的合作主体。需致力于通过有效的政策设计促进个体、公共机构、私营部门、社会组织/大学、科研机构在合作中发挥更大的作用。

（7）开放分享的合作成果。通过创新过程的开放和创新结果的共享，应对气候变化技术实现了跨越式发展，其核心是整合创新资源、构建创新网络、获取溢出效应、克服技术障碍、降低研发风险、拓宽商业化渠道，追求以低成本、快速度实现创新成果的转化，以期为技术创新提供方和运用方创造更大的价值。

16.5.6 中国构建应对气候变化技术国际合作体系的战略构想

当前，全球应对气候变化技术创新增长迅速，但相关技术全球分布呈分散态势，基础研发、系统化和定制化均有待各国合力加强。中国始终是全球气候治理进程的维护者，积极参与气候变化多边进程，并以自身实际行动兑现应对气候变化承诺。近年来，中国逐渐从纯粹的低碳技术输入国和受援国，转变为技术输入和输出并举的低碳大国。在“后巴黎时代”的全球气候治理中，中国应当做好战略性调整和布局，以应对气候变化领域国际科技合作为切入点，以践行人类命运共同体利益，开展科技合作应对气候变化，主动引领全球气候治理新方向为指导思想，以实现中国生态文明建设目标和应对气候变化软实力与科技竞争力提升为内在动力，全面、积极、主动引领全球气候治理走向依靠国际科技合作应对气候变化新方向。

以践行人类命运共同体利益作为驱动合作的指导思想。以践行人类命运共同体利益，开展科技合作应对气候变化，主动引领全球气候治理新方向为指导思想。人类命运共同体理念的提出为构建新型全球治理体系提供了新的思维方式和更为合理的价值理念。构建人类命运共同体，实现共赢共享，关键在行动。通过开展科技合作促进应对气候变化技术的开发与转让对全球实现减缓温室气体排放和适应气候变化的目标至关重要。

同时，深入开展应对气候变化领域的对外合作，以推动中国低碳发展和应对气候变化的技术进步，也是加速中国培育经济新增长点，加速向可持续发展模式转变的内在要求。新形势下，中国应当积极把握在应对气候变化领域开展科技合作的战略机遇，以践行人类命运共同体利益，开展科技合作应对气候变化，主动引领全球气候治理新方向为指导思想，明确科技应对气候变化是打造人类命运共同体的重要内容，是践行人类命运共同体利益的重要方向，主张在应对气候变化领域“科技无国界、受益应当由全人类共同分享”，积极在全球气候治理中发挥相应的作用，贡献中国方案和中国力量，力争推动科技应对变化的国际共识转化为全球气候治理的行动方向。

定位于号召者、引领者和协调人的角色。其一，积极发挥科技合作应对气候变化领域的国际号召力作用。《巴黎协定》的达成，预示着低碳科技合作的国际共识日渐明显，但如何使这种国际共识转化为“后巴黎时代”气候治理的重要抓手，并付诸实际行动，仍需要国际社会共同努力。在《公约》减排承诺自主决定，供资压力对中国可能上升的情况下，中国可选择在《公约》谈判及其他国际场合多强调科技合作应对气候变化在当前国际形势下的现实意义，多阐述低碳科技的创新和应用对各国实现经济可持续发展与低碳社会转型的积极影响。其二，坚持多元参与、各尽所能、务实提案、共同引领。号召各国开展科技合作应对气候变化，并不意味着中国要独树一帜，在国际科技合作应对气候变化的行动中扮演“排头兵”“领头羊”的角色。当前，中国正处于应对气候变化科技的发展期，虽然中国已经在核电等低碳技术领域具备了一定的国际竞争力，但较发达国家而言，中国低碳科技整体上仍处于跟跑或追赶阶段，国际竞争力有待进一步提升。因此，需强调合作主体的多元参与、共同引领，鼓励处于不同科技发展阶段的国家各自尽其所能参与到合作中来，并鼓励各国地方政府、企业、科研机构和社会团体等积极参与合作。推动各方展开有关全球低碳科技创新合作方案的概念、设想、实施方案和相关经验与教训的大讨论，使中国对科技合作应对气候变化的号召力转化为多数国家的共同意愿和行动，共同引领气候治理的科技合作新方向和新行动。其三，不冒进、不退缩，做好应对气候变化科技创新合作领域的协调人。需要看到，在以科技合作应对气候变化的总体共识向具体行动转化的过程中，必然会因为合作各方科技水平和基本国情的差异而在合作中产生分歧。“后巴黎时代”，协调人的作用对于处理科技合作应对气候变化事务异常重要。

中国积极引领气候治理的科技合作新方向，就是要定位于在“后巴黎时代”气候治理中发挥协调人的作用。协调人的作用旨在引导不同科技水平和科技合作意愿的参与者向着共同目标努力，往往体现出大国外交的成熟、自信和值得信任，不带个体偏见。协调人不是要争当权威或绝对主导者，也不是要一味地做一个“亲力亲为者”，而是一个个体的软实力和感染力的体现。在国际气候谈判场合，协调人作用的发挥，有助于尽快发现各参与方优势，利益趋同的可能性，找准关键点和突破口，借势借力整合有利资源，贡献各方在技术、资本、智力、市场等多方面的力量，形成政、产、学、研和国际组织、多边机制多元化投入的格局，进而“团结一切可以团结的力量”，高效和妥当地实现各方利益和共同目标。

美国虽然退出了《巴黎协定》，但并不意味着美国不担心气候变化会给其带来的潜在危害，因而，发展清洁技术仍然会是其政府需要考虑的内容。我们可以不跟美国谈要不要遵守《巴黎协定》，但可以跟美国谈具体的合作，只要对美国而言有利可图，我们仍然可以将美国的创新资源调动起来。

务实推进近期、中期和远期战略目标的实现。其一，近期目标——适应现有话语权，充分体现参与度。用好现有对话渠道和资金渠道，巩固和拓展合作领域，彰显中国利用科技合作应对气候变化的主动行为，积极引领低碳科技合作新走向。用好中美、中欧、中德、中法、中以、中巴（西）、中俄、中加以及中比创新对话机制，促进在清洁、低碳等应对气候变化科技领域开展务实合作。落实中国–非洲、中国–东盟、中国–南亚、上海合作组织国家、拉丁美洲国家、阿拉伯国家等科技伙伴计划就应对气候变化科技领域开展合作的有关内容。利用联合国体系、G20 机制、亚太经济合作组织合作机制、金砖国家合作机制、“一带一路”倡议等多边对话渠道，设计使别国能共鸣、中国能掌控的低碳科技合作具体议题，引导各方广泛开展讨论。利用气候变化南南合作基金、亚洲基础设施投资银行、金砖国家开发银行、丝路基金等现有资金渠道，为相关地区开展低碳领域科技合作提供资金支持。其二，中期目标——塑造话语权，发挥建设性作用。主动有所作为，探索建立新机制，提出新方案，借助《公约》资金渠道，落实中国提出的相关合作机制和方案。着眼于调动全球科技资源为中国科技发展所用，探索建立以相关领域国际国内科学家、智库团体为基础的“低碳科技国际合作战略咨询网络”机制，并适时成立实体机构和秘书处(可考虑设在中国)，就应对气候变化领域的大科学和大工程等战略性问题，开展广泛交流，及时提出应对气候变化所需要的大科学和大工程计划，为各国开展低碳科技创新和国际合作提供战略科技咨询建议。基于中国科技“三跑”并行的现实需求和实现非对称性科技竞争优势的战略考虑，针对应对变化科技领域的基础研发、示范、应用等不同阶段，具体分析与现有合作方和潜在合作方展开合作的力量对比、合作的竞争性与互补性、相关合作风险等，确立中国与发达国家，中国与其他发展中国家的合作重点及合作模式，紧密结合国际政治形势，适时提出中国有关全球应对气候变化科技合作的立场和方案。借助《公约》资金渠道，提议、形成和实施中国提出的促进低碳科技合作共赢的资金配套计划，充分发挥《公约》资金机制，实现应对气候变化减缓和适应目标的作用。其三，远期目标——实现话语权，发挥创造性引领作用。致力于打造中国低碳国际科技交往中“引进来”与“走出去”并重的新格局。探索在《公约》下形成“南-北-南”合作新框架，实现与《公约》内外资金机制的联动，对接南南合作、南北合作，形成名副其实的全球科技合作网络，使科技资源能被各个网点及时获取，科技成果能被全球共享。

坚持互信、共治、多样、普惠的合作原则。当前，在低碳技术领域，各国科技发展水平不同、优势各异，既存在互补，也存在竞争，甚至有些情况还会存在合作地位极其不对等的现状。在科技合作应对气候变化问题上，如何避免不同发展阶段的国家之间在合作意愿上产生的障碍？如何避免因为短期利益上的竞争性而放弃合作？这就需要确立各国在合作中坚持互信原则，通过充分交流，增信释疑。科技合作应对气候变化对全人类的发展具有正外部性效应，是在践行人类命运共同体的共同利益。确立各国在应对气候变化领域的国际科技合作中看到长远利益上的趋同性，坚定遵守互信原则，这既是开展合作的先决基础，也是取得合作效果的必要条件。

尽管各国科技发展实力不同，但无论是哪一类发展水平的国家参与应对气候变化的科技合作中来，均是有利可图的，这是一种长远利益，更是一种根本利益。如何确保各方利益的实现，就需要坚持共治原则。

在应对气候变化科技合作领域，号召多元主体共同参与、共同引领是坚持共治原则的具体内容，也与中国在“后巴黎时代”以主动引领的方式参与气候治理的战略思路一致。各国通过科技合作应对气候变化，除了长远利益上的趋同外，也存在短期利益上的差别，这就需要通过具体的合作安排来实现由合作意愿向合作行动迈进的目标，需要倡导多样化、适应性的合作，即对具体的合作要有明确的战略定位，对合作领域要有战略预判和战略重点，对合作形式要有战略安排和设计；需要有针对性地制定与发达国家、其他发展中国家及欠发达国家之间优势互补的合作计划，探索并引导“南-北-南”三方技术合作等新形式。

为保证科技合作的成果能尽快且广泛地应用于全球各地的应对气候变化行动中，合作应坚持普惠原则，强调力求通过信息和数据共享等手段，实现合作过程的互联互通，合作中的经验惠及合作主体的各合作阶段，合作的成果普遍惠及各国家。

在新形势下，中美低碳科技合作应致力于携手拓展低碳科技合作领域，增强低碳科技在应对气候变化中的作用力。具体而言，中美合作应定位于增进与美国地方政府及企业界在应对气候变化科技合作领域的共识，消除科技合作知识产权问题上的误解，增强互信。加强与美国地方政府的沟通，积极促成发展战略对接。重点着眼于清洁煤利用、可再生能源及零排放汽车、能效提升和节能技术、气候变化预测、储能、核能、电网现代化等领域的基础研发、示范、资本引入、成果转化等领域的合作。在合作形式上，一方面，可通过优惠的财税政策和人才政策，吸引更多美国企业和机构来中国设立研发中心与院校。另一方面，强调共赢共享，倡导双方政府（中央或地方）和双方企业/机构共同出资，联合实验室、联合研发机构、联合办学、互派科研人员往来等，设立清洁低碳技术专利扶持基金，建立低碳技术专利池，形成“政-产-研-用”便利化渠道。妥善处理合作中的知识产权问题，可参考中美清洁能源联合研究中心知识产权框架安排的成功经验，探索形成适合于中美各类合作的知识产权指导建议。

在新形势下，中欧应增进战略互信，共同发挥在应对气候变化领域的引领作用。具体而言，中欧应加强减缓气候变化政策措施的对话与交流，共商应对气候变化科技合作新问题和新路径，致力于能源供应、工业、建筑、交通及航空和海运活动等重点行业的节能与提高能效领域的基础研发和标准规范领域的合作；清洁和可再生能源、低碳技术及适应方案的开发和应用领域的合作。在合作形式上，一方面，可考虑由双方政府共同出资、共同建立全球性的应对气候变化科技合作管理机构，并可考虑将“低碳科技国际合作战略咨询网络”机制作为管理机构的核心，联合发起应对气候变化领域国际大科学和大工程项目的研究与实施等，联合建立区域性实验平台和研发机构等。另一方面，可考虑以单方面出资或多渠道筹措资金等方式，在第三国开展标准共建及互认等领域的合作，为探索实现“南-北-南”合作新模式积累经验。此外，要把握好当前中欧关系的良好态势，妥善处理经贸领域的清洁能源贸易摩擦，为双方开展相关领域科技合作营造良好的外部环境。

与“一带一路”国家合作，应紧扣双方需求，寻找合作切入点和着力点，有针对性地推进相关领域国际合作。具体而言，合作应定位于向有需求的“一带一路”国家部署中国优势低碳技术，寻求双方在应对气候变化共性技术需求领域的联合研发和示范，保持和凝聚在科技合作应对气候变化方面的共识。重点考虑在适应气候变化领域、水电、风电、光伏发电、生物质能源（如沼气）等清洁能源技术领域，先进冶金节能装备和技术等工业低碳技术领域，基础设施、交通和能源，节能低碳标准体系完善，以可再生能源为主体，智慧能源网为平台的新能源体系等领域的合作。在合作形式上，其一，与基础研究水平较高的国家合作，可通过双方共同出资或我方单独出资等形式，就共性重大技术课题开展联合研究、共建联合实验室等合作平台。其二，与技术经验丰富、法制相对健全、市场环境较好的国家合作，可利用“一带一路”现有的政府间合作平台及亚洲基础设施投资银行、丝路基金、气候变化南南合作基金等渠道，通过技术许可贸易、建设低碳技术开发区、低碳技术孵化器等手段，并依托旗舰项目，转让中国成熟的技术和经验，并可通过联合制定标准，推动相关领域标准的互认和统一。其三，与欠发达国家合作，可依托《公约》资金渠道和开办技术培训班等形式，输出中国成熟技术经验及标准，为今后开展合作打下良好基础。